网站开发案例课堂

HTML 5+CSS 3+JavaScript 网页设计案例课堂(第 2 版)

刘春茂　编著

清华大学出版社
北　京

内 容 简 介

本书以零基础讲解为宗旨，用实例引导读者深入学习，采取【HTML 5 网页设计→CSS 3 美化网页→JavaScript 动态特效→综合案例实战】的讲解模式，深入浅出地讲解 CSS+DIV 的各项技术及实战技能。

本书第 I 篇主要内容包括初识 HTML 5、HTML 5 网页的文档结构、HTML 5 网页中的文本和图像、用 HTML 5 建立超链接、用 HTML 5 创建表格、用 HTML 5 创建表单、用 HTML 5 绘制图形、HTML 5 中的音频和视频等；第 II 篇主要内容包括 CSS 3 概述与基本语法、用 CSS 3 美化网页字体与段落、用 CSS 3 美化网页图片、用 CSS 3 美化网页背景与边框、用 CSS 3 美化超级链接和鼠标、用 CSS 3 美化表格和表单的样式、用 CSS 3 美化网页菜单、用滤镜美化网页元素、CSS 3 中的动画效果等；第 III 篇主要内容包括 JavaScript 编程基本知识、JavaScript 的程序控制结构与语句、JavaScript 中的函数、JavaScript 对象编程、JavaScript 的内置对象、HTML 5、CSS 3 和 JavaScript 的综合应用等；第 IV 篇主要内容包括制作企业门户类网页、制作在线购物类网页、移动设备类型网站开发。

本书适合任何想学习网页前台网页设计与布局的人员，无论您是否从事计算机相关行业，是否接触过 HTML 5、CSS 3 和 JavaScript，通过学习均可快速掌握 HTML 5+CSS 3+JavaScript 的设计方法和技巧。

图书在版编目(CIP)数据

HTML 5+CSS 3+JavaScript 网页设计案例课堂/刘春茂编著. —2 版. —北京：清华大学出版社，2018 (2019.8重印)

(网站开发案例课堂)

ISBN 978-7-302-48673-2

Ⅰ. ①H…　Ⅱ. ①刘…　Ⅲ. ①超文本标记语言—程序设计　②网页制作工具　③JAVA 语言—程序设计　④HTML5　⑤CSS3　Ⅳ. ①TP312　②TP393.092

中国版本图书馆 CIP 数据核字(2017)第 270525 号

责任编辑：张彦青
装帧设计：李　坤
责任校对：张彦彬
责任印制：李红英
出版发行：清华大学出版社
网　　址：http://www.tup.com.cn, http://www.wqbook.com
地　　址：北京清华大学学研大厦 A 座　　邮　　编：100084
社 总 机：010-62770175　　邮　　购：010-62786544
投稿与读者服务：010-62776969, c-service@tup.tsinghua.edu.cn
质量反馈：010-62772015, zhiliang@tup.tsinghua.edu.cn
印 装 者：清华大学印刷厂
经　　销：全国新华书店
开　　本：190mm×260mm　　**印　张**：32.75　　**字　数**：793 千字
版　　次：2015 年 1 月第 1 版　2018 年 1 月第 2 版　　**印　次**：2019 年 8 月第 3 次印刷
定　　价：75.00 元

产品编号：076557-01

前　　言

“网站开发案例课堂”系列图书是专门为办公技能和网页设计初学者量身定制的一套学习用书。整套书涵盖高效办公、网站开发、数据库设计等方面。整套书具有以下几个特点。

前沿科技

无论是网站建设、数据库设计还是HTML 5、CSS 3，我们都精选较为前沿或者用户群最大的领域推进，帮助大家认识和了解最新动态。

权威的作者团队

组织国家重点实验室和资深应用专家联手编著该套图书，融合丰富的教学经验与优秀的管理理念。

学习型案例设计

以技术的实际应用过程为主线，全程采用图解和同步多媒体结合的教学方式，生动、直观、全面地剖析使用过程中的各种应用技能，降低难度以提升学习效率。

为什么要写这样一本书

目前，HTML 5、CSS 3和JavaScript是网页制作和设计的黄金搭档。特别是HTML 5的出现，大大减轻了前端开发者的工作量，降低了开发成本。目前学习和关注的人越来越多，而很多网页制作和设计的初学者都苦于找不到一本通俗易懂、容易入门和案例实用的参考书。通过本书的案例实训，读者可以很快地上手流行的工具，提高职业化能力，从而帮助解决公司与学生的双重需求问题。

本书特色

■ 零基础、入门级的讲解

无论您是否从事计算机相关行业，是否接触过网页制作和设计，都能从本书中找到最佳起点。

■ 超多、实用、专业的范例和项目

本书在编排上紧密结合深入学习网页制作技术的先后过程，从HTML 5的基本概念开始，带领大家逐步深入地学习各种应用技巧，侧重实战技能，使用简单易懂的实际案例进行分析和操作指导，让读者读起来简明轻松，操作起来有章可循。

■ 随时检测自己的学习成果

每章首页中，均提供了学习目标，以指导读者重点学习及学后检查。

大部分章最后的“跟我学上机”板块，均根据本章内容精选而成，读者可以随时检测自己的学习成果和实战能力，做到融会贯通。

■ 细致入微、贴心提示

本书在讲解过程中，在各章中使用了“注意”“提示”“技巧”等小贴士，使读者在学习过程中更清楚地了解相关操作、理解相关概念，并轻松掌握各种操作技巧。

■ 专业创作团队和技术支持

本书由千谷高新教育中心编著和提供技术支持。

您在学习过程中遇到任何问题，可加入 QQ 群(案例课堂 VIP)——451102631 进行提问，专家人员会在线答疑。

超值资源大放送

■ 全程同步教学录像

涵盖本书所有知识点，详细讲解每个实例及项目的过程及技术关键点。比看书更轻松地掌握书中所有的网页制作和设计知识，而且扩展的讲解部分使您得到比书中更多的收获。

■ 超多容量王牌资源

赠送大量王牌资源，包括实例源代码、教学幻灯片、本书精品教学视频、88 个实用类网页模板、12 部网页开发必备参考手册、HTML 5 标签速查手册、精选的 JavaScript 实例、CSS 3 属性速查表、JavaScript 函数速查手册、CSS+DIV 布局赏析案例、精彩网站配色方案赏析、网页样式与布局案例赏析、Web 前端工程师常见面试题等。读者可以通过 QQ 群(案例课堂 VIP)——451102631 获取赠送资源，也可以扫描二维码，下载本书资源。

读者对象

- 没有任何网页设计基础的初学者。
- 有一定的 HTML 5 和 CSS 3 基础，想精通网页制作和设计的人员。
- 有一定的 HTML 5 和 CSS 3 基础，没有项目经验的人员。
- 正在进行毕业设计的学生。
- 大专院校及培训学校的老师和学生。

创作团队

本书由刘春茂编著，参加编写的人员还有刘玉萍、张金伟、蒲娟、周佳、付红、李园、郭广新、侯永岗、王攀登、刘海松、孙若淞、王月娇、包慧利、陈伟光、胡同夫、王伟、展娜娜、李琪、梁云梁和周浩浩。在编写过程中，我们竭尽所能地将最好的讲解呈现给读者，但也难免有疏漏和不妥之处，敬请不吝指正。若您在学习中遇到困难或疑问，或有何建议，可写信至信箱 357975357@qq.com。

编　者

目　录

第 I 篇　HTML 5 网页设计

第 II 篇 CSS 3 美化网页

第 III 篇 JavaScript 动态特效

第 IV 篇　综合案例实战

第 1 篇

HTML 5 网页设计

第 1 章

初识 HTML 5

目前，网络已经成为人们娱乐、工作中不可或缺的一部分，网页设计也成为学习计算机知识的重要内容之一。制作网页可采用可视化编辑软件，但是无论采用哪一种网页编辑软件，最后都是将所设计的网页转化为 HTML。

HTML 是网页设计的基础语言，本章就来介绍 HTML 的基本概念和编写方法，以及浏览 HTML 文件的方法，使读者初步了解 HTML，从而为后面的学习打下基础。

1.1 HTML 5 的基本概念

因特网上的信息是以网页形式展示给用户的，网页是网络信息传递的载体。网页文件是用标记语言书写的，这种语言称为超文本标记语言(Hyper Text Markup Language，HTML)。

1.1.1 HTML 的发展历程

HTML 是一种描述语言，而不是一种编程语言，主要用于描述超文本中内容的显示方式。标记语言从诞生至今，经历了 20 多年，发展过程中也有很多曲折，经历的版本及发布日期如表 1-1 所示。

表 1-1　超文本标记语言的发展过程

版　本	发布日期	说　明
超文本标记语言(第一版)	1993 年 6 月	作为互联网工程工作小组(IETF)工作草案发布(并非标准)
HTML 2.0	1995 年 11 月	作为 RFC 1866 发布，在 RFC 2854 于 2000 年 6 月发布之后被宣布已经过时
HTML 3.2	1996 年 1 月 14 日	W3C 推荐标准
HTML 4.0	1997 年 12 月 18 日	W3C 推荐标准
HTML 4.01	1999 年 12 月 24 日	微小改进，W3C 推荐标准
ISO HTML	2000 年 5 月 15 日	基于严格的 HTML 4.01 语法，是国际标准化组织和国际电工委员会的标准
XHTML 1.0	2000 年 1 月 26 日	W3C 推荐标准(修订后于 2002 年 8 月 1 日重新发布)
XHTML 1.1	2001 年 5 月 31 日	较 1.0 有微小改进
XHTML 2.0 草案	没有发布	2009 年，W3C 停止了 XHTML 2.0 工作组的工作
HTML 5	2014 年 10 月	W3C 推荐标准

1.1.2 什么是 HTML 5

HTML 5 是一种描述性的标记语言，用于描述超文本中的内容和结构。HTML 最基本的语法是<标记符></标记符>。标记符通常都是成对使用，有一个开头标记和一个结束标记。结束标记只是在开头标记的前面加一个斜杠“/”。当浏览器收到 HTML 文件后，就会解释里面的标记符，然后把标记符相对应的功能表达出来。

例如，在 HTML 5 中用<p></p>标记符来定义一个换行符。当浏览器遇到<p></p>标记符时，会把该标记中的内容自动形成一个段落。当遇到
标记符时，会自动换行，并且该标记符后的内容会从一个新行开始。这里的
标记符是单标记，没有结束标记，标记后的“/”符号可以省略；但为了使代码规范，一般建议加上。

1.1.3 HTML 5 文件的基本结构

完整的 HTML 文件包括标题、段落、列表、表格、绘制的图形以及各种嵌入对象，这些对象统称为 HTML 元素。一个 HTML 5 文件的基本结构如下：

```
<!DOCTYPE html>
<html>                        文件开始的标记
<head>                        文件头部开始的标记
...                           文件头部的内容
</head>                       文件头部结束的标记
<body>                        文件主体开始的标记
...                           文件主体的内容
</body>                       文件主体结束的标记
</html>                       文件结束的标记
```

从上面的代码可以看出，在 HTML 文件中，所有的标记都是相对应的，开头标记为< >，结束标记为</>，在这两个标记中间添加内容。这些基本标记的使用方法及详细解释见第 2 章的内容。

1.2 HTML 5 的优势

从 HTML 4.0、XHTML 到 HTML 5，从某种意义上讲，这是 HTML 描述性标记语言的一种更加规范的过程，因此，HTML 5 并没有给开发者带来多大的冲击。但 HTML 5 也增加了很多非常实用的新功能。下面介绍 HTML 5 的一些优势。

1.2.1 解决了跨浏览器问题

浏览器是网页的运行环境，因此浏览器的类型也是在网页设计时会遇到的一个问题。由于各个软件厂商对 HTML 标准的支持有所不同，导致同样的网页在不同的浏览器下会有不同的表现。并且 HTML 5 新增的功能在各个浏览器中的支持程度也不一致，浏览器的因素变得比以往传统的网页设计更加重要。

为了保证设计出来的网页在不同浏览器上效果一致，HTML 5 会让问题简单化，具备友好的跨浏览器性能。针对不支持新标签的老式 IE 浏览器，用户只要简单地添加 JavaScript 代码，就可以让它们使用新的 HTML 5 元素。

1.2.2 新增了多个新特性

HTML 语言从 1.0 至 5.0 经历了巨大的变化，从单一的文本显示功能到图文并茂的多媒体显示功能，许多特性经过多年的完善，已经成为一种非常重要的标记语言。尤其是 HTML 5，对多媒体的支持功能更强。具体而言，它具备如下功能。

(1) 新增了语义化标签，使文档结构明确。

(2) 新的文档对象模型(DOM)。

(3) 实现了 2D 绘图的 Canvas 对象。

(4) 可控媒体播放。

(5) 离线存储。

(6) 文档编辑。

(7) 拖放。

(8) 跨文档消息。

(9) 浏览器历史管理。

(10) MIME 类型和协议注册。

对于这些新功能，支持 HTML 5 的浏览器在处理 HTML 5 代码错误的时候必须更灵活，而那些不支持 HTML 5 的浏览器将忽略 HTML 5 代码。

1.2.3 用户优先的原则

HTML 5 标准的制定是以用户优先为原则的，一旦遇到无法解决的冲突时，规范会把用户放到第一位，其次是网页的作者，再次是浏览器，接着是规范制定者(W3C/WHATWG)，最后才考虑理论的纯粹性。所以，总体来看，HTML 5 的绝大部分特性还是实用的，只是有些情况下还不够完美。

举例说明一下，下述 3 行代码虽然有所不同，但在 HTML 5 中都能被正确识别：

```
id="HTML 5"
id=HTML 5
iD="HTML 5"
```

在以上示例中，除了第一个外，另外两个语法都不是很严谨，这种不严谨的语法被广泛使用，遭到一些技术人员的反对。但是无论语法严格与否，对网页查看者来说没有任何影响，他们只需要看到想要的网页效果就可以了。

为了增强 HTML 5 的使用体验，还加强了以下两个方面的设计。

1. 安全机制的设计

为确保 HTML 5 的安全，在设计 HTML 5 时做了很多针对安全的设计。HTML 5 引入了一种新的基于来源的安全模型，该模型不仅易用，而且对各种不同的 API 都通用。使用这个安全模型，可以做一些以前做不到的事情，不需要借助于任何所谓聪明、有创意却不安全的 hack 就能跨域进行安全对话。

2. 表现和内容分离

表现和内容分离是 HTML 5 设计中的另一个重要内容，HTML 5 在所有可能的地方都努力进行了分离，也包括 CSS。实际上，表现和内容的分离早在 HTML 4 中就有设计，但是分离得并不彻底。为了避免可访问性差、代码高复杂度、文件过大等问题，HTML 5 规范中更细致、清晰地分离了表现和内容。但是考虑 HTML 5 的兼容性问题，一些老的表现和内容的代码还是可以兼容使用的。

1.2.4 化繁为简的优势

作为当下流行的通用标记语言，HTML 5 越简单越好。所以在设计 HTML 5 时，严格遵循了“简单至上”的原则，主要体现在以下几个方面。

(1) 新的简化的字符集声明。

(2) 新的简化的 DOCTYPE。

(3) 简单而强大的 HTML 5 API。

(4) 以浏览器原生能力替代复杂的 JavaScript 代码。

为了实现以上这些简化操作，HTML 5 规范需要比以前更加细致、精确，比以往任何版本的 HTML 规范都要精确。

在 HTML 5 规范细化的过程中，为了避免造成误解，几乎对所有内容都给出了彻底、完全的定义，特别是对 Web 应用。

基于多种改进过的、强大的错误处理方案，HTML 5 具备了良好的错误处理机制。具体来讲，HTML 5 提倡重大错误的平缓恢复，再次把最终用户的利益放在了第一位。举例来说，如果页面中有错误的话，在以前，可能会影响整个页面的显示，而在 HTML 5 中，不会出现这种情况，取而代之的是以标准方式显示 broken 标记，这要归功于 HTML 5 中精确定义的错误恢复机制。

1.3 HTML 5 文件的编写方法

有两种方式可以产生 HTML 文件：一种是自己写 HTML 文件，事实上这并不是很困难，也不需要特别的技巧；另一种是使用 HTML 编辑器，它可以辅助使用者来做编写工作。

1.3.1 使用记事本手工编写 HTML 5

前面介绍过，HTML 5 是一种标记语言，标记语言代码是以文本形式存在的。因此，所有的记事本工具都可以作为它的开发环境。

HTML 文件的扩展名为.html 或.htm，将 HTML 源代码输入到记事本并保存之后，可以在浏览器中打开文档以查看其效果。

使用记事本编写 HTML 文件的具体操作步骤如下。

step 01 单击 Windows 桌面上的“开始”按钮，选择“所有程序”→“附件”→“记事本”命令，打开一个记事本，在记事本中输入 HTML 代码，如图 1-1 所示。

step 02 编辑完 HTML 文件后，选择“文件”→“保存”命令或按 Ctrl+S 组合键，在弹出的“另存为”对话框中，选择“保存类型”为“所有文件”，然后将文件扩展名设为.html 或.htm，如图 1-2 所示。

step 03 单击“保存”按钮，即可保存文件。打开网页文档，在浏览器中预览，如图 1-3 所示。

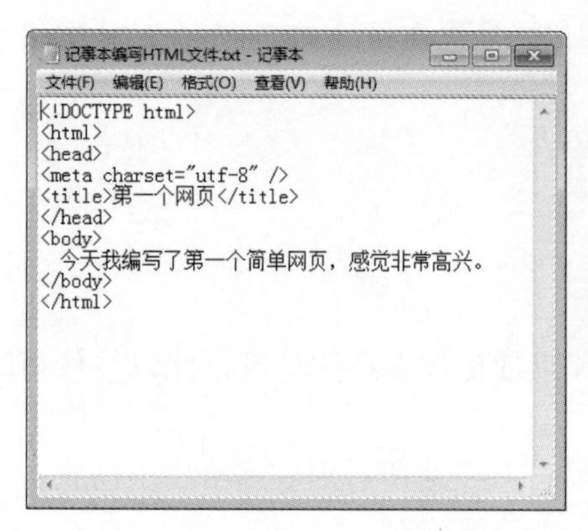

图 1-1 编辑 HTML 代码

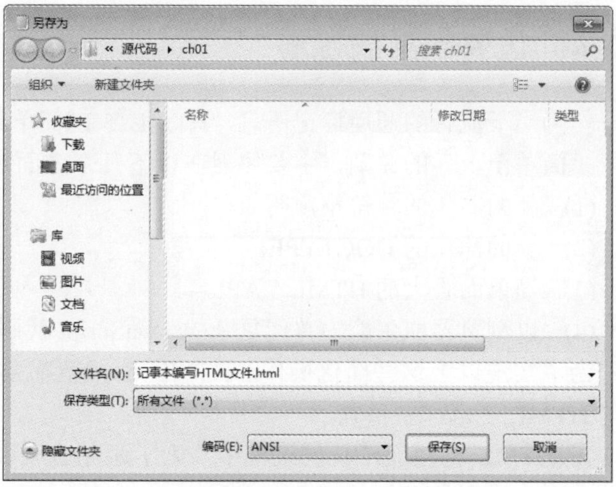

图 1-2 “另存为”对话框

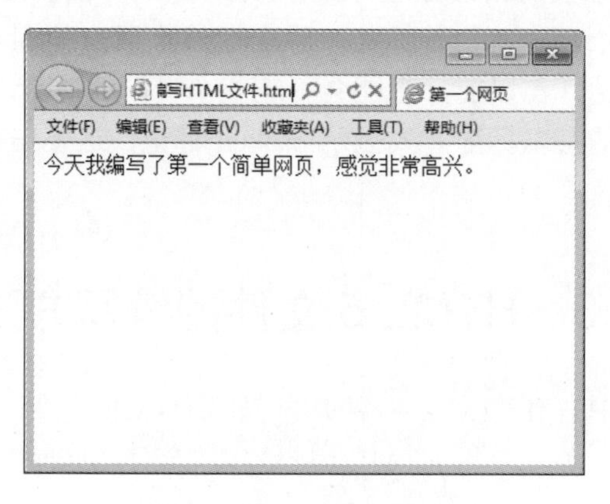

图 1-3 网页的浏览效果

1.3.2 使用 Dreamweaver CC 编写 HTML 文件

“工欲善其事，必先利其器。”虽然使用记事本可以编写 HTML 文件，但是编写效率太低，对于语法错误及格式都没有提示。因此，很多专门编写 HTML 网页的工具弥补了这种缺陷。Adobe 公司的 Dreamweaver CC 用户界面非常友好，是一款非常优秀的网页开发工具，深受广大用户的喜爱。Dreamweaver CC 的主界面如图 1-4 所示。

1. 文档窗口

文档窗口位于界面的中部，它是用来编排网页的区域，与在浏览器中的结果相似。在文档窗口中，可以将文档分为 3 种视图显示模式。

(1) 代码视图。使用代码视图，可以在文档窗口中显示当前文档的源代码，也可以在该窗口中直接键入 HTML 代码。

(2) 设计视图。在设计视图下无须编辑任何代码，可以直接使用可视化的操作编辑网页。

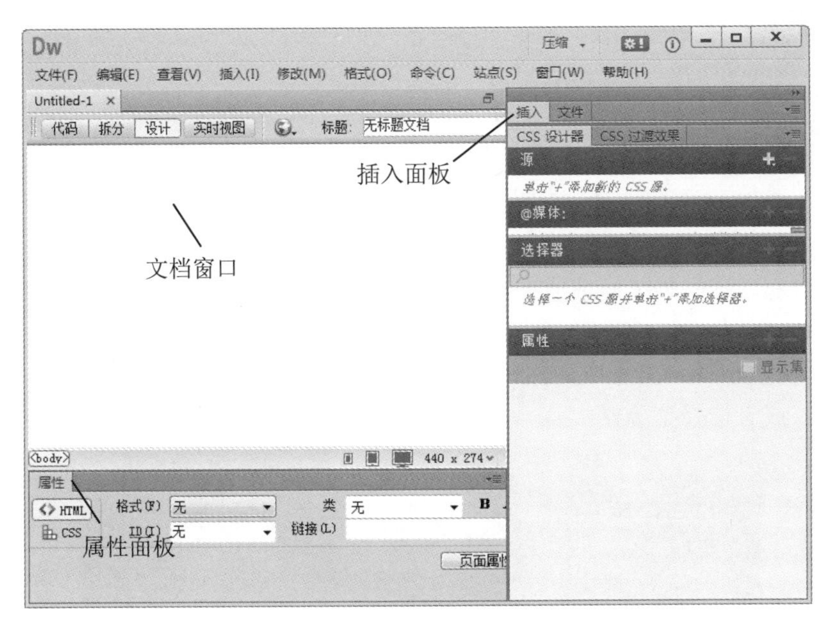

图 1-4　Dreamweaver CC 的主界面

(3) 拆分视图。在拆分视图下，左半部分显示代码视图，右半部分显示设计视图。在这种视图模式下，可以通过键入 HTML 代码直接观看效果，还可以通过设计视图插入对象，直接查看源文件。

在各种视图间进行切换时，只需要在文档工具栏中单击相应的视图按钮即可。文档工具栏如图 1-5 所示。

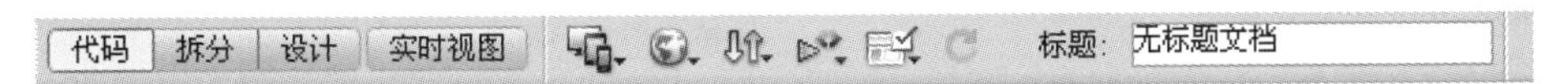

图 1-5　文档工具栏

2. “插入”面板

“插入”面板是在设计视图下使用频度很高的面板之一。“插入”面板默认打开的是“常用”页，它包括了最常用的一些对象。例如，在文档中的光标位置插入一段文本、图像或表格等。用户可以根据需要切换到其他页，如图 1-6 所示。

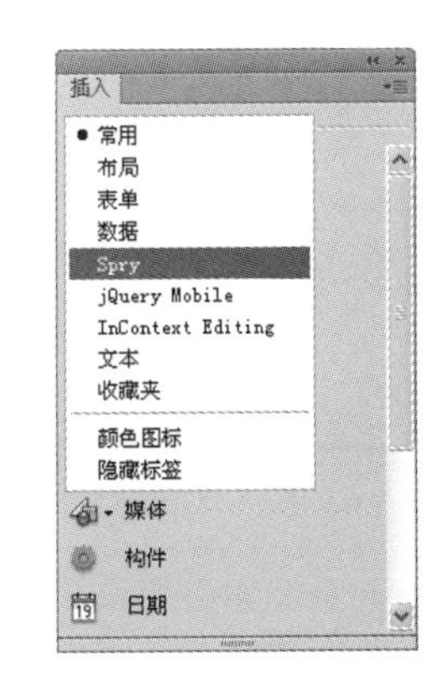

图 1-6　“插入”面板

3. “属性”面板

“属性”面板中主要包含当前选择的对象相关属性的设置。可以通过菜单栏中的“窗口”→“属性”命令或 Ctrl+F3 组合键打开或关闭“属性”面板。

“属性”面板是常用的一个面板，因为无论要编辑哪个对象的属性，都要用到它。其内容也会随着选择对象的不同而改变。例如，当光标定位在文档主体文字内容部分时，“属性”面板显示文字的相关属性，如图 1-7 所示。

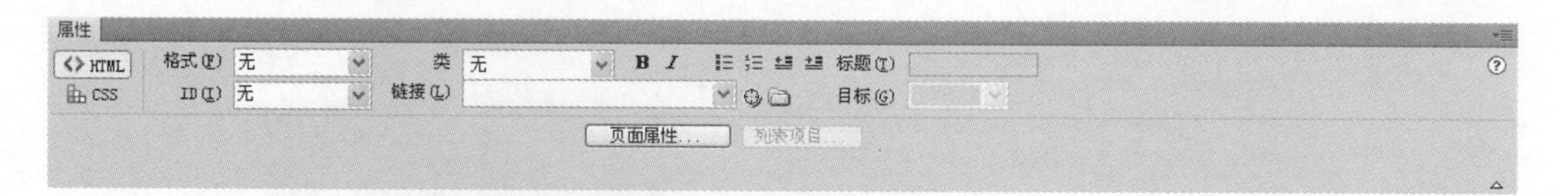

图 1-7 “属性”面板

Dreamweaver CC 中还有很多面板，在以后使用时，再做详细讲解。打开的面板越多，编辑文档的区域就会越小，为了便于编辑文档，可以通过 F4 功能键快速隐藏和显示所有面板。

使用 Dreamweaver CC 编写 HTML 文件的具体操作步骤如下。

step 01 启动 Dreamweaver CC，如图 1-8 所示，在欢迎屏幕的“新建”栏中选择 HTML 选项。或者选择菜单栏中的“文件”→“新建”命令(快捷键为 Ctrl+N)。

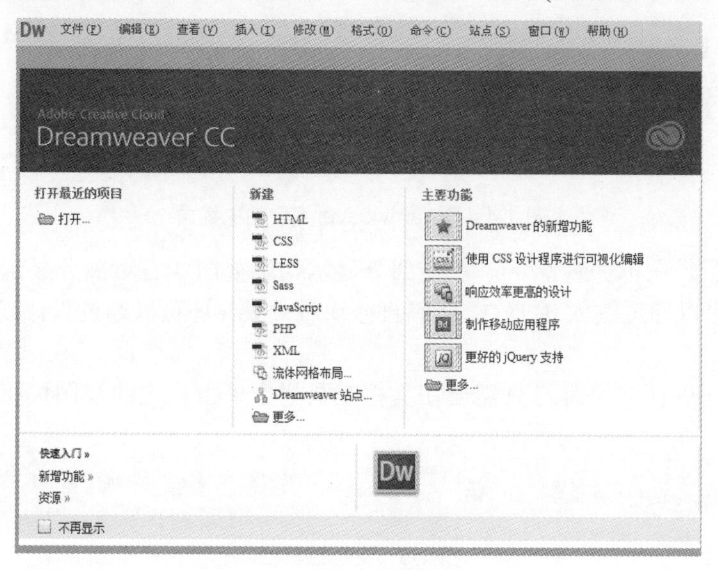

图 1-8 包含欢迎屏幕的主界面

step 02 弹出“新建文档”对话框，如图 1-9 所示，在“页面类型”列表中选择 HTML 选项。

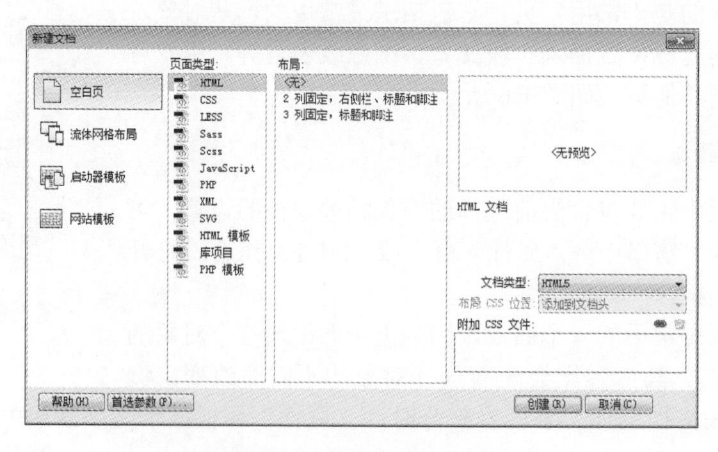

图 1-9 “新建文档”对话框

step 03 单击“创建”按钮，创建 HTML 文件，如图 1-10 所示。

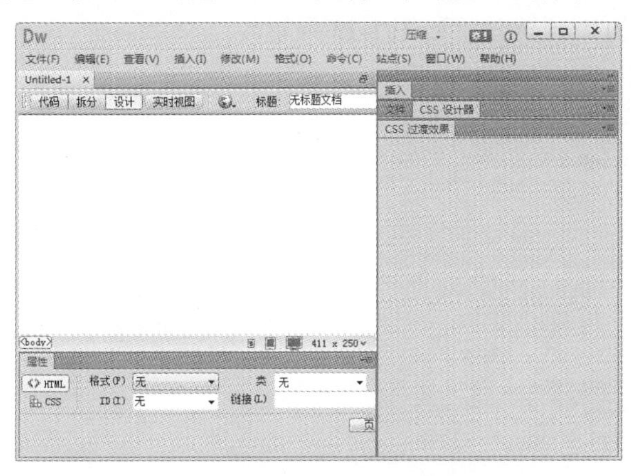

图 1-10 在设计视图下显示创建的文档

step 04 在文档工具栏中，单击“代码”按钮，切换到代码视图，如图 1-11 所示。

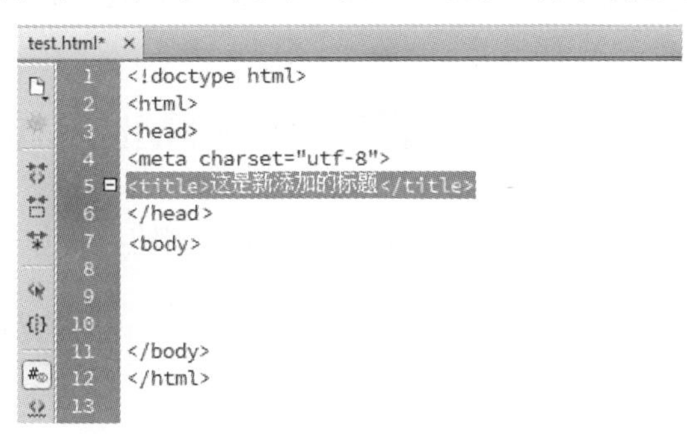

图 1-11 在代码视图下显示创建的文档

step 05 修改 HTML 文档标题，将代码中<title>标记中的网页标题修改成“第一个网页”。然后在<body>标记中键入“今天我使用 Dreamweaver CC 编写了第一个简单网页，感觉非常高兴。”。

完整的 HTML 代码如下：

```
<!doctype html >
<html>
<head>
<meta charset=utf-8" />
<title>第一个网页</title>
</head>
<body>
今天我使用 Dreamweaver CC 编写了第一个简单网页，感觉非常高兴。
</body>
</html>
```

step 06 保存文件。从菜单栏中选择“文件”→“保存”命令或按 Ctrl+S 组合键，弹出“另存为”对话框。在该对话框中选择保存位置，并输入文件名，单击“保存”按钮，如图 1-12 所示。

step 07 单击文档工具栏中的图标，选择查看网页的浏览器，或按 F12 键，使用默认浏览器查看网页，预览效果如图 1-13 所示。

图 1-12　保存文件

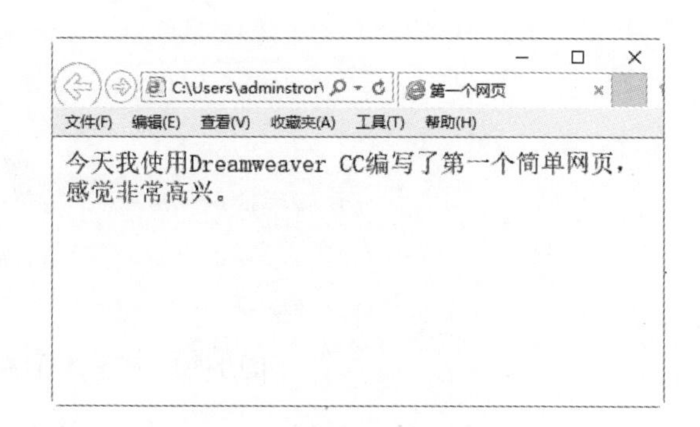

图 1-13　浏览器预览效果

1.4　使用浏览器查看 HTML 5 文件

开发者经常需要查看 HTML 源代码及其效果。使用浏览器可以查看网页的显示效果，也可以在浏览器中直接查看 HTML 源代码。

1.4.1　查看页面效果

前面已经介绍过，为了测试网页的兼容性，可以在不同的浏览器中打开网页。在非默认浏览器中打开网页的方法有很多种，在此介绍两种常用的方法。

方法一：选择浏览器中的“文件”→“打开”命令(有些浏览器的菜单命令为“打开文件”)，选择要打开的网页即可，如图 1-14 所示。

方法二：在 HTML 文件上右击，从弹出的快捷菜单中选择“打开方式”，然后选择需要的浏览器，如图 1-15 所示。如果浏览器没有出现在菜单中，可以选择“选择其他应用(C)”命令，在计算机中查找浏览器程序。

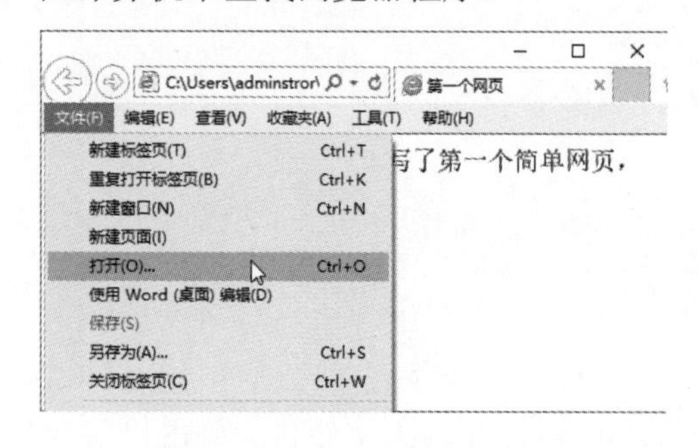

图 1-14　选择“打开”命令

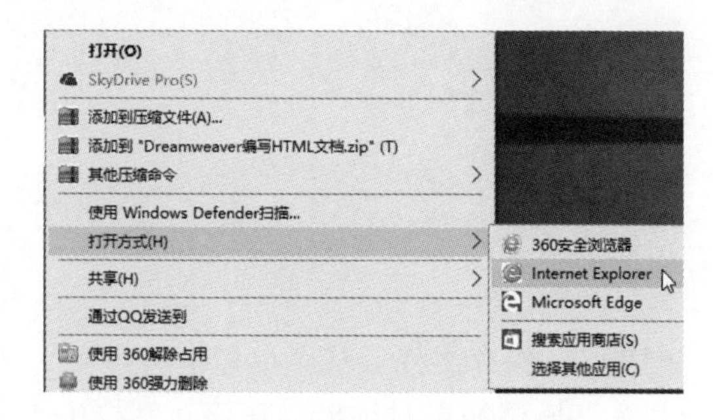

图 1-15　选择不同的浏览器来打开网页

1.4.2 查看源文件

查看网页源代码的常见方法有以下两种。

(1) 在页面空白处右击，从弹出的快捷菜单中选择“查看源”命令，如图 1-16 所示。

图 1-16 选择“查看源”命令

(2) 在浏览器的菜单栏中选择“查看”→“源”命令，如图 1-17 所示。

图 1-17 选择“源”命令

由于浏览器的规定各不相同，有些浏览器将“查看源”命名为“查看源代码”，但是，操作方法完全相同。

1.5 疑难解惑

疑问 1：为何使用记事本编辑的 HTML 文件无法在浏览器中预览，而是直接在记事本中打开？

很多初学者，在保存文件时，没有将 HTML 文件的扩展名.html 或.htm 作为文件的后缀，导致文件还是以.txt 为扩展名，因此无法在浏览器中查看。如果读者是通过鼠标右击创建记事本文件的，在为文件重命名时，一定要以.html 或.htm 作为文件的后缀。特别要注意的是，当 Windows 系统的扩展名隐藏时，更容易出现这样的错误。读者可以在“文件夹选项”对话框中查看是否显示扩展名。

疑问 2：如何显示或隐藏 Dreamweaver CC 的欢迎屏幕？

Dreamweaver CC 的欢迎屏幕可以帮助使用者快速进行打开文件、新建文件和获取相关帮助的操作。如果读者不希望显示该窗口，可以按 Ctrl+U 组合键，在弹出的窗口中，选择左侧的“常规”页，将右侧“文档选项”部分的“显示欢迎屏幕”取消勾选。

第2章 HTML 5网页的文档结构

一个完整的HTML 5网页文档包括标题、段落、列表、表格、绘制的图形以及各种嵌入对象，这些对象统称为HTML 5元素。本章详细介绍HTML 5网页文档的基本结构。

2.1 HTML 5 文件的基本结构

在一个 HTML 5 文档中，必须包含<HTML></HTML>标记，并且放在一个 HTML 5 文档中的开始和结束位置。即每个文档以<HTML>开始，以</HTML>结束。<HTML></HTML>之间通常包含两个部分，分别为<HEAD></HEAD>和<BODY></BODY>。HEAD 标记包含 HTML 头部信息，如文档标题、样式定义等。BODY 包含文档主体部分，即网页内容。需要注意的是，HTML 标记不区分大小写。

2.1.1 HTML 5 页面的整体结构

为了便于读者从整体上把握 HTML 5 的文档结构，我们通过一个 HTML 5 页面来介绍 HTML 5 页面的整体结构，示例代码如下：

```
<!DOCTYPE HTML>
<HTML>
<HEAD>
    <TITLE>网页标题</TITLE>
</HEAD>
<BODY>
    网页内容
</BODY>
</HTML>
```

从上面的代码可以看出，一个基本的 HTML 5 页面由以下几个部分构成。

(1) <!DOCTYPE HTML>声明。该声明必须位于 HTML 5 文档中的第一行，也就是位于<html>标记之前。该标记告知浏览器文档所使用的 HTML 规范。<!DOCTYPE HTML>声明不属于 HTML 标记；它是一条指令，告诉浏览器编写页面所用的标记的版本。由于 HTML 5 版本还没有得到浏览器的完全认可，后面介绍时还采用以前的通用标准。

(2) <HTML></HTML>标记。说明本页面是用 HTML 语言编写的，使浏览器软件能够准确无误地解释和显示。

(3) <HEAD></HEAD>标记。是 HTML 的头部标记，头部信息不显示在网页中，此标记内可以包含一些其他标记，用于说明文件标题和整个文件的一些公用属性。可以通过<style>标记定义 CSS 样式表，通过<script>标记定义 JavaScript 脚本文件。

(4) <TITLE></TITLE>标记。TITLE 是 HEAD 中的重要组成部分，它包含的内容显示在浏览器的窗口标题栏中。如果没有 TITLE，浏览器标题栏将显示本页的文件名。

(5) <BODY></BODY>标记。BODY 包含 HTML 页面的实际内容，显示在浏览器窗口的客户区中。例如，在页面中，文字、图像、动画、超链接以及其他 HTML 相关的内容都是定义在 BODY 标记里面的。

2.1.2 HTML 5 新增的结构标记

HTML 5 新增的结构标记有<footer></footer>和<header></header>标记。但是，这两个标

记还没有获得大多数浏览器的支持，这里只做简单介绍。

<header>标记定义文档的页眉(介绍信息)，使用示例如下：

```
<header>
<h1>欢迎访问主页</h1>
</header>
```

<footer>标记定义 section 或 document 的页脚。在典型情况下，该元素会包含创作者的姓名、文档的创作日期或者联系信息。使用示例如下：

```
<footer>作者：元澈　联系方式：13012345678</footer>
```

2.2　HTML 5 基本标记详解

HTML 文档最基本的结构主要包括文档类型说明、HTML 文档开始标记、元信息、主体标记和页面注释标记。

2.2.1　文档类型说明

基于 HTML 5 设计准则中的“化繁为简”原则，Web 页面的文档类型说明(DOCTYPE)被极大地简化了。

细心的读者会发现，在第 1 章中使用 Dreamweaver CC 创建 HTML 5 文档时，文档头部的类型说明代码如下：

```
<!DOCTYPE html PUBLIC "-//W3C//DTD XHTML 1.0 Transitional//EN"
  "http://www.w3.org/TR/xhtml1/DTD/xhtml1-transitional.dtd">
```

上面为 XHTML 文档类型说明，可以看到，这段代码既麻烦又难记，HTML 5 对文档类型进行了简化，简单到 15 个字符就可以了，代码如下：

```
<!DOCTYPE html>
```

DOCTYPE 声明需要出现在 HTML 5 文件的第一行。

2.2.2　HTML 标记

HTML 标记代表文档的开始。由于 HTML 5 语言语法的松散特性，该标记可以省略，但是为了使之符合 Web 标准和体现文档的完整性，养成良好的编写习惯，这里建议不要省略该标记。

HTML 标记以<html>开头，以</html>结尾，文档的所有内容书写在开头和结尾的中间部分。语法格式如下：

```
<html>
...
</html>
```

2.2.3 头标记 head

头标记 head 用于说明文档头部的相关信息，一般包括标题信息、元信息、定义 CSS 样式和脚本代码等。HTML 的头部信息以<head>开始，以</head>结束，其语法格式如下：

```
<head>
...
</head>
```

<head>元素的作用范围是整篇文档，定义在 HTML 语言头部的内容往往不会在网页上直接显示。

在头标记<head>与</head>之间还可以插入标题标记 title 和元信息标记 meta 等。

1. 标题标记

HTML 页面的标题一般是用来说明页面用途的，它显示在浏览器的标题栏中。在 HTML 文档中，标题信息设置在<head>与</head>之间。标题标记以<title>开始，以</title>结束，其语法格式如下：

```
<title>
...
</title>
```

在标记中间的“...”就是标题的内容，它可以帮助用户更好地识别页面。预览网页时，设置的标题在浏览器的左上方标题栏中显示，如图 2-1 所示。此外，在 Windows 任务栏中显示的也是这个标题。页面的标题只有一个，位于 HTML 文档的头部。

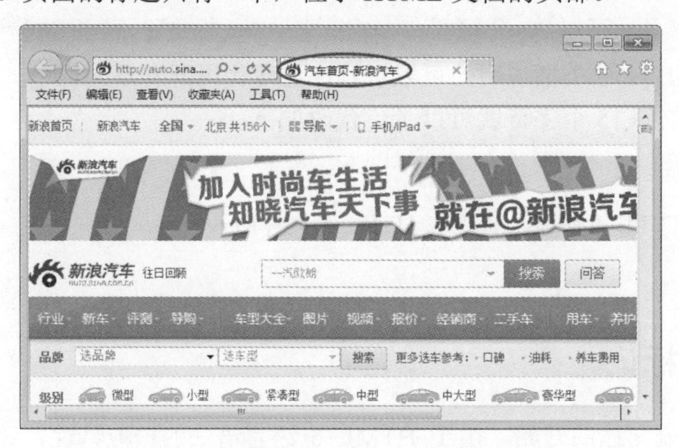

图 2-1 标题栏在浏览器中的显示效果

2. 元信息标记

<meta>元素可提供有关页面的元信息(meta-information)，比如针对搜索引擎和更新频度的描述和关键词。<meta>标记位于文档的头部，不包含任何内容。<meta>标记的属性定义了与文档相关联的名称/值对，<meta>标记提供的属性及其取值如表 2-1 所示。

表 2-1　<meta>标记提供的属性及其取值

属　性	值	描　述
charset	character encoding	定义文档的字符编码
content	some_text	定义与 http-equiv 或 name 属性相关的元信息
http-equiv	content-type expires refresh set-cookie	把 content 属性关联到 HTTP 头部
name	author description keywords generator revised others	把 content 属性关联到一个名称

1)　字符集 charset 属性

在 HTML 5 中，有一个新的 charset 属性，它使字符集的定义更加容易。例如，下面的代码告诉浏览器，网页使用 ISO-8859-1 字符集显示：

```
<meta charset="ISO-8859-1">
```

2)　搜索引擎的关键词

在早期，meta keywords 关键词对搜索引擎的排名算法起到一定的作用，也是很多人进行网页优化的基础。关键词在浏览时是看不到的，其使用的格式如下：

```
<meta name="keywords" content="关键词,keywords" />
```

不同的关键词之间应使用半角逗号隔开(英文输入状态下)，不要使用“空格”或“|”间隔。

是 keywords，不是 keyword。

关键词标签中的内容应该是一个短语，而不是一段话。

例如，定义针对搜索引擎的关键词，代码如下：

```
<meta name="keywords" content="HTML, CSS, XML, XHTML, JavaScript" />
```

关键词标签 keywords，曾经是搜索引擎排名中很重要的因素，但现在已经被很多搜索引擎完全忽略。如果我们加上这个标签，对网页的综合表现没有坏处。不过，如果使用不恰当的话，对网页非但没有好处，还有欺诈的嫌疑。在使用关键词标签 keywords 时，要注意以下几点。

- 关键词标签中的内容要与网页核心内容相关，应当确信使用的关键词出现在网页文本中。
- 应当使用用户易于通过搜索引擎检索的关键词，过于生僻的词汇不太适合作为 meta

标签中的关键词。

- 不要重复使用关键词，否则可能会被搜索引擎惩罚。
- 一个网页的关键词标签里最多包含 3～5 个最重要的关键词，不要超过 5 个。
- 每个网页的关键词应该不一样。

由于设计者或 SEO 优化者以前对 meta keywords 关键词的滥用，导致目前它在搜索引擎排名中的作用很小。

3) 页面描述

meta description 元标签(描述元标签)是一种 HTML 元标签，用来简略描述网页的主要内容，是通常被搜索引擎用在搜索结果页上展示给最终用户看的一段文字。页面描述在网页中并不显示出来。页面描述使用的格式如下：

```
<meta name="description" content="网页的介绍" />
```

例如，定义对页面的描述，代码如下：

```
<meta name="description" content="免费的 Web 技术教程。" />
```

4) 页面定时跳转

使用<meta>标记可以使网页在经过一定时间后自动刷新，这可通过将 http-equiv 属性值设置为 refresh 来实现。content 属性值可以设置为更新时间。

在浏览网页时经常会看到一些欢迎信息的页面，在经过一段时间后，这些页面会自动转到其他页面，这就是网页的跳转。页面定时刷新跳转的语法格式如下：

```
<meta http-equiv="refresh" content="秒;[url=网址]" />
```

上面的[url=网址]部分是可选项，如果有这部分，页面定时刷新并跳转；如果省略该部分，页面只定时刷新，不进行跳转。

例如，实现每 5 秒刷新一次页面。将下述代码放入 head 标记中即可：

```
<meta http-equiv="refresh" content="5" />
```

2.2.4 网页的主体标记 body

网页所要显示的内容都放在网页的主体标记内，它是 HTML 文件的重点所在。在后面章节所介绍的 HTML 标记都将放在这个标记内。然而，它并不仅仅是一个形式上的标记，它本身也可以控制网页的背景颜色或背景图像，这将在后面进行介绍。主体标记是以<body>开始、以</body>标记结束的，其语法格式如下：

```
<body>
...
</body>
```

在构建 HTML 结构时，标记不允许交错出现，否则会造成错误。

在下列代码中，<body>开始标记出现在<head>标记内，这是错误的：

```
<html>
<head>
<title>标记测试</title>
<body>
</head>
</body>
</html>
```

2.2.5 页面注释标记<!-- -->

注释是在 HTML 代码中插入的描述性文本，用来解释该代码或提示其他信息。注释只出现在代码中，浏览器对注释代码不进行解释，并且在浏览器的页面中不显示。在 HTML 源代码中适当地插入注释语句是一种非常好的习惯，对于设计者日后的代码修改、维护工作很有好处；另外，如果将代码交给其他设计者，他们也能很快读懂该设计者所撰写的内容。

语法：

```
<!--注释的内容-->
```

注释语句元素由前后两半部分组成，前半部分一个左尖括号、一个半角感叹号和两个连字符，后半部分由两个连字符和一个右尖括号组成：

```
<html>
<head>
    <title>标记测试</title>
</head>
<body>
    <!--这里是标题-->
    <h1>HTML 5 网页设计</h1>
</body>
</html>
```

页面注释不但可以对 HTML 中一行或多行代码进行解释说明，而且可以注释掉这些代码。如果希望某些 HTML 代码在浏览器中不显示，可以将这部分内容放在<!--和-->之间。例如，修改上述代码，如下所示：

```
<html>
<head>
    <title>标记测试</title>
</head>
<body>
    <!--
    <h1>HTML 5 网页</h1>
    -->
</body>
</html>
```

修改后的代码将<h1>标记作为注释内容处理，在浏览器中将不会显示这部分内容。

2.3 HTML 5 语法的变化

为了兼容各个不统一的页面代码，HTML 5 的设计在语法方面做了以下变化。

2.3.1 标签不再区分大小写

标签不再区分大小写是 HTML 5 语法变化的重要体现，如以下例子的代码：

```
<!DOCTYPE html>
<html>
<head>
<title>大小写标签</title>
</head>
<body>
<P>这里的标签大小写不一样</p>
</body>
</html>
```

在 IE 11.0 浏览器中预览，效果如图 2-2 所示。

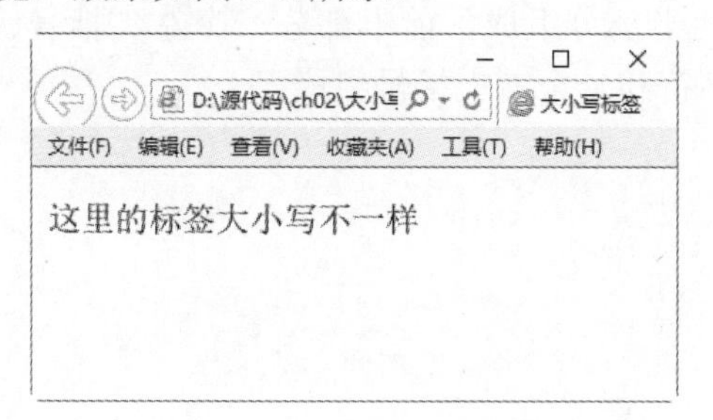

图 2-2 网页预览效果

虽然“<P>这里的标签大小写不一样</p>”中开始标记和结束标记不匹配，但是这完全符合 HTML 5 的规范。用户可以通过 W3C 提供的在线验证页面来测试上面的网页，验证网址为 http://validator.w3.org/。

2.3.2 允许属性值不使用引号

在 HTML 5 中，属性值不放在引号中也是正确的，如以下代码片段：

```
<input checked="a" type="checkbox"/>
<input readonly type="text"/>
<input disabled="a" type="text"/>
```

上述代码片段与下面的代码片段效果是一样的：

```
<input checked=a type=checkbox/>
<input readonly type=text/>
<input disabled=a type=text/>
```

尽管HTML 5允许属性值可以不使用引号，但是仍然建议读者加上引号。因为如果某个属性的属性值中包含空格等容易引起混淆的属性值，此时可能会引起浏览器的误解。例如以下代码：

```
<img src=mm ch02/01.jpg />
```

此时浏览器就会误以为src属性的值就是mm，这样就无法解析路径中的01.jpg图片。如果想正确解析到图片的位置，就必须添加上引号。

2.3.3　允许部分属性的属性值省略

在HTML 5中，部分标志性属性的属性值可以省略。例如，以下代码是完全符合HTML 5规范的：

```
<input checked type="checkbox"/>
<input readonly type="text"/>
```

其中checked="checked"省略为checked，而readonly="readonly"省略为readonly。

在HTML 5中，可以省略属性值的属性如表2-2所示。

表2-2　可以省略属性值的属性

属　性	省略属性值
checked	省略属性值后，等价于checked="checked"
readonly	省略属性值后，等价于readonly="readonly"
defer	省略属性值后，等价于defer="defer"
ismap	省略属性值后，等价于ismap="ismap"
nohref	省略属性值后，等价于nohref="nohref"
noshade	省略属性值后，等价于noshade="noshade"
nowrap	省略属性值后，等价于nowrap="nowrap"
selected	省略属性值后，等价于selected="selected"
disabled	省略属性值后，等价于disabled="disabled"
multiple	省略属性值后，等价于multiple="multiple"
noresize	省略属性值后，等价于noresize="noresize"

2.4　综合案例——符合W3C标准的HTML 5网页

通过本章的学习，读者了解到HTML 5较以前版本有了很大的改变，本章就标记语法部分进行了详细的阐述。

下面制作一个符合W3C标准的HTML 5网页，具体操作步骤如下。

step 01 启动Dreamweaver CC，新建HTML文档，并单击文档工具栏中的“代码”视图按钮，切换至代码状态，如图2-3所示。

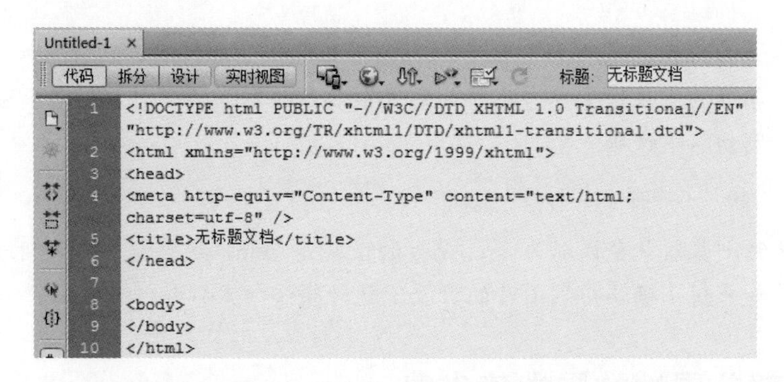

图 2-3 使用 Dreamweaver CC 新建 HTML 文档

step 02 图 2-3 中的代码是 XHTML 1.0 格式的，尽管与 HTML 5 完全兼容，但是为了简化代码，可以将其修改成 HTML 5 规范的。修改文档说明部分、<html>标记部分和<meta>元信息部分，修改后，HTML 5 结构的代码如下：

```
<!DOCTYPE html>
<html>
<head>
<meta charset="utf-8" />
<title>HTML 5 网页设计</title>
</head>

<body>
</body>
</html>
```

step 03 在网页主体中添加内容。例如，在 body 部分增加如下代码：

```
<!--白居易诗-->
<h1>续座右铭</h1>
<P>
千里始足下,<br>
高山起微尘。<br>
吾道亦如此,<br>
行之贵日新。<br>
</P>
```

step 04 保存网页，在 IE 11.0 中预览，效果如图 2-4 所示。

图 2-4 网页的预览效果

2.5　跟我学上机——简单的 HTML 5 网页

下面制作一个简单的 HTML 5 网页，具体操作步骤如下。

step 01 打开记事本文件，在其中输入如下代码：

```
<!DOCTYPE html>
<html>
<head>
<title>简单的 HTML 5 网页</title>
</head>
<body>
  <h1>清明</h1>
  <P>
  清明时节雨纷纷,<br>
  路上行人欲断魂。<br>
  借问酒家何处有,<br>
  牧童遥指杏花村。<br>
  </P>
<img src="qingming.jpg">
</body>
</html>
```

step 02 保存网页，在 IE 11.0 中预览，效果如图 2-5 所示。

图 2-5　网页的预览效果

2.6 疑难解惑

疑问 1：在网页中，语言的编码方式有哪些？

在 HTML 5 网页中，<meta>标记的 charset 属性用于设置网页的内码语系，也就是字符集的类型。对于国内，经常要显示汉字，通常设置为 gb2312(简体中文)和 UTF-8 两种。英文是 ISO-8859-1 字符集，此外还有其他的字符集，这里不再介绍。

疑问 2：网页中的基本标签是否必须成对出现？

在 HTML 5 网页中，大部分标签都是成对出现的。不过也有部分标签可以单独出现，如<p/>、
、<img/>和<hr/>等。

第 3 章 HTML 5 网页中的文本和图像

文字和图像是网页中最主要、最常用的元素。在互联网高速发展的今天，网站已经成为一个展示与宣传自我的通信工具，公司或个人可以通过网站介绍公司的服务和产品或介绍自己。这些都离不开网站中的网页，而网页的内容主要是通过文字和图像来体现的。本章就来介绍 HTML 5 网页中的文本和图像。

3.1 在网页中添加文本

在网页中添加文本的方法有多种，按照文字的类型，可以分为普通文本的添加和特殊字符文本的添加两种。

3.1.1 普通文本的添加

普通文本是指汉字或者在键盘上可以直接输入的字符。读者可以在 Dreamweaver CC 代码视图的 body 标签部分直接输入；或者在设计视图下直接输入。如图 3-1 所示为 Dreamweaver CC 的“设计”视图窗口，用户可以在其中直接输入汉字或英文字符。

如果有现成的文本，可以使用复制、粘贴的方法，把需要的文本从其他窗口中复制过来。在粘贴文本的时候，如果希望只把文字粘贴过来，而不需要粘贴文档中的其他格式，可以使用 Dreamweaver CC 的“选择性粘贴”功能。

“选择性粘贴”功能只在 Dreamweaver CC 的设计视图中起作用，因为在代码视图中，粘贴的仅有文本，没有格式。例如，将 Word 文档表格中的文字复制到网页中，而不需要表格结构。操作方法如下：从菜单栏中选择“编辑”→“选择性粘贴”命令，或按 Ctrl+Shift+V 组合键，弹出“选择性粘贴”对话框，在对话框中选中“仅文本”单选按钮，如图 3-2 所示。

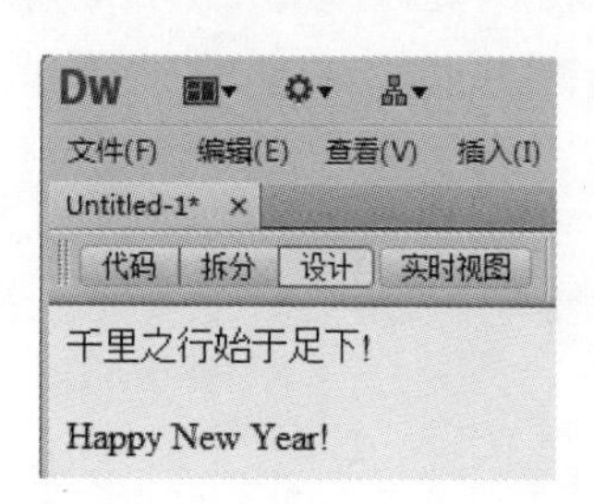

图 3-1 “设计”视图窗口

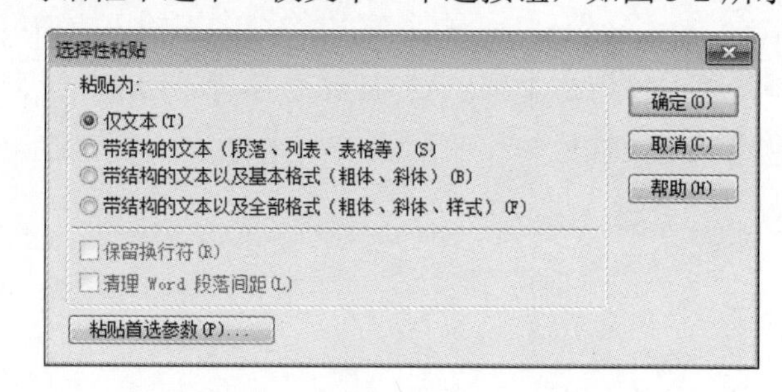

图 3-2 “选择性粘贴”对话框

3.1.2 特殊字符文本的添加

目前，很多行业上的信息都出现在网络上，每个行业都有自己的行业特性，如数学、物理和化学都有特殊的符号。

那么如何在网页中添加这些特殊的字符呢？

在 HTML 中，特殊符号以&开头，后面跟相关的特殊字符。例如，大括号和小括号被用于声明标记，因此如果在 HTML 代码中需要输入“<”和“>”字符，就不能直接输入了，需要当作特殊字符进行处理。在 HTML 中，用“<”代表符号“<”，用“>”代表符号“>”。例如，输入公式 a>b，在 HTML 中需要这样表示：a>b。

HTML 中还有大量这样的字符，如空格、版权等，常用的特殊字符如表 3-1 所示。

表 3-1　常用的特殊字符

显　示	说　明	HTML 编码
	半角大的空格	
	全角大的空格	
	不断行的空格	
<	小于	<
>	大于	>
&	&符号	&
"	双引号	"
©	版权	©
®	已注册商标	®
™	商标(美国)	™
×	乘号	×
÷	除号	÷

在编辑化学公式或物理公式时，使用特殊字符的频度非常高。如果每次输入时都去查询或者要记忆这些特殊特号的编码，工作量是相当大的。在此为读者提供一些技巧。

(1)　在 Dreamweaver CC 的设计视图下输入字符，如输入 a>b 这样的表达式，可以直接输入。对于部分键盘上没有的字符，可以借助“中文输入法”的软键盘。在中文输入法的软键盘上单击鼠标右键，弹出特殊符号分类，如图 3-3 所示。选择所需的类型，如选择“数学符号”，弹出数学相关的符号，如图 3-4 所示。单击自己需要的符号，即可输入。

PC键盘	标点符号
希腊字母	数字序号
俄文字母	数学符号
注音符号	单位符号
拼　音	制表符
日文平假名	特殊符号
日文片假名	

中 极品五笔

图 3-3　特殊符号分类

图 3-4　数学符号

(2)　文字与文字之间的空格，如果超过一个，那么从第 2 个空格开始，都会被忽略掉。快捷地输入空格的方法如下：将输入法切换成“中文输入法”，并置于“全角”(Shift+空格)状态，直接按空格键即可。

(3)　对于上述两种方法都无法实现的字符，可以使用 Dreamweaver CC 的“插入”菜单来实现。选择“插入”→HTML→“特殊字符”菜单命令，在所需要的字符中选择，如果没有所需要的字符，可选择“其他字符”选项，在打开的“插入其他字符”对话框中选择即可，如图 3-5 所示。

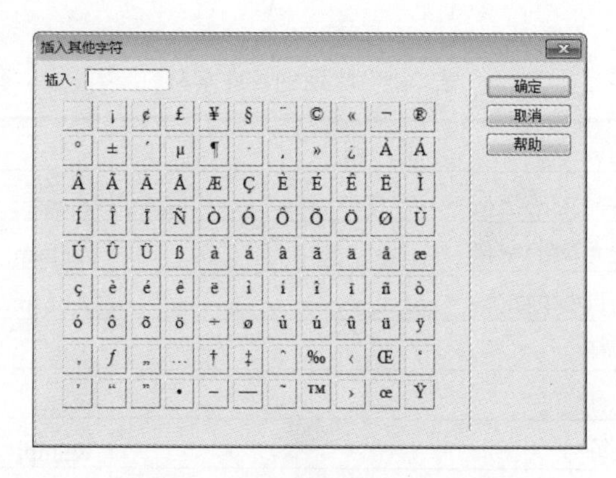

图 3-5　“插入其他字符”对话框

注意：尽量不要使用多个“ ”来表示多个空格，因为多数浏览器对空格的距离的实现是不一样的。

3.1.3　使用 HTML 5 标记添加特殊文本

在文档中经常会出现重要文本(加粗显示)、斜体文本、上标和下标文本等。

1. 重要文本

重要文本通常以粗体显示、强调方式显示或加强调方式显示。HTML 中的<b>标记、<em>标记和<strong>标记分别实现了这 3 种显示方式。

【例 3.1】设置重要文本。

```
<!DOCTYPE html>
<html>
<head>
<title>无标题文档</title>
</head>
<body>
<p><b>粗体文字的显示效果</b></p>
<p><em>强调文字的显示效果</em></p>
<p><strong>加强调文字的显示效果</strong></p>
</body>
</html>
```

在 IE 11.0 中预览，效果如图 3-6 所示，实现了文本的 3 种显示方式。

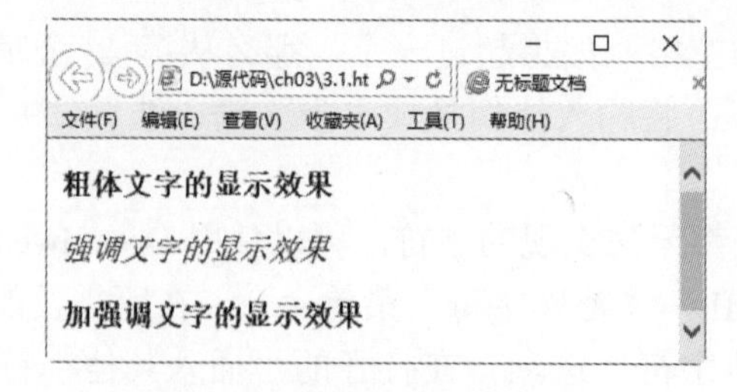

图 3-6　重要文本的预览效果

2. 斜体文本

HTML 中的<i>标记实现了文本的倾斜显示。放在<i></i>之间的文本将以斜体显示。

【例 3.2】设置斜体文本。

```
<!DOCTYPE html>
<html>
<head>
<title>无标题文档</title>
</head>
<body>
<i>下面是斜体文字的显示效果</i>
<i>迟日江山丽</i>
<i>春风花草香</i>
<i>泥融飞燕子</i>
<i>沙暖睡鸳鸯。</i>
</body>
</html>
```

在 IE 11.0 中预览，效果如图 3-7 所示，其中文本以斜体显示。

HTML 中的重要文本和倾斜文本标记已经过时，是需要读者忘记的标记，这些标记都应该使用 CSS 样式来实现，而不应该继续用 HTML 来实现。随着后面学习的深入，读者会逐渐发现，虽然 HTML 和 CSS 能实现相同的效果，但是 CSS 所能实现的控制远远比 HTML 要细致、精确得多。

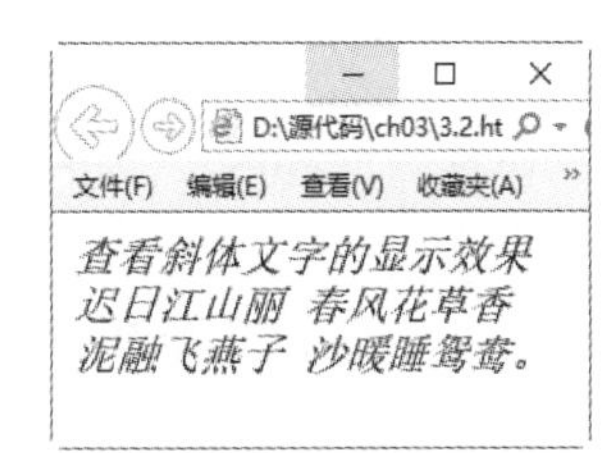

图 3-7 斜体文本的预览效果

3. 上标和下标文本

在 HTML 中用<sup>标记实现上标文本，用<sub>标记实现下标文本。<sup>和</sub>都是双标记，放在开始标记和结束标记之间的文本会分别以上标或下标的形式出现。

【例 3.3】设置上标和下标。

```
<!DOCTYPE html>
<html>
<head>
<title>无标题文档</title>
</head>
<body>
 <!-上标显示-->
 <p>c=a<sup>2</sup>+b<sup>2</sup></p>
 <!-下标显示-->
 <p>H<sub>2</sub>+O→H<sub>2</sub>O</p>
</body>
</html>
```

在 IE 11.0 中预览，效果如图 3-8 所示，分别实现了上标和下标文本的显示。

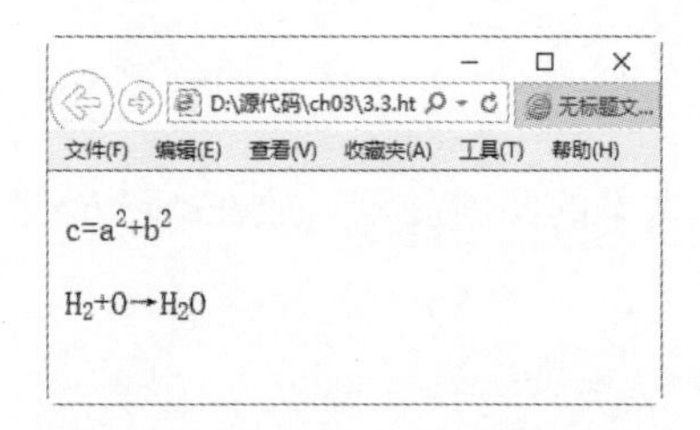

图 3-8　上标和下标的预览效果

3.2　文本排版

在网页中，对文字段落进行排版时，并不像文本编辑软件 Word 那样可以定义许多模式来安排文字的位置。在网页中，要让某一段文字放在特定的地方，是通过 HTML 标记来完成的。其中，换行使用
标记，换段使用<p>标记。

3.2.1　换行标记

换行标记
是一个单标记，它没有结束标记，是英文单词 break 的缩写，作用是将文字在一个段内强制换行。一个
标记代表一个换行，连续的多个标记可以实现多次换行。使用换行标记时，在需要换行的位置添加
标记即可。例如，下面的代码实现了对文本的强制换行。

【例 3.4】使用换行标记。

```
<!DOCTYPE html>
<html>
<head>
<title>文本段换行</title>
</head>
<body>
你见，或者不见我<br/>
我就在那里<br/>
不悲不喜<br/>
你念，或者不念我<br/>
情就在那里<br/>
不来不去
</body>
</html>
```

在 HTML 源代码中，虽然主体部分的内容在排版上没有换行，但是增加
标记后，在 IE 11.0 中实现了换行效果，如图 3-9 所示。

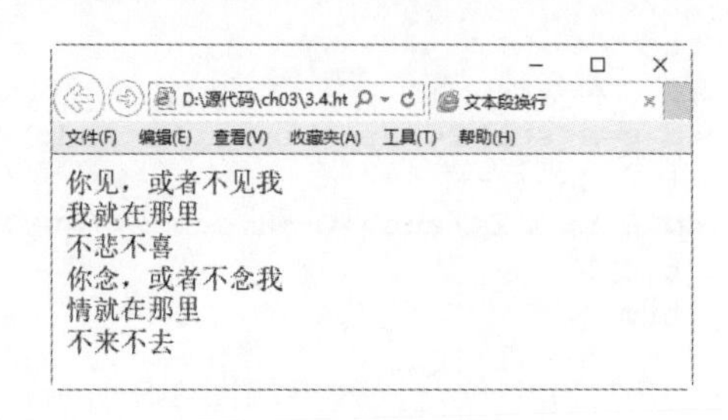

图 3-9　换行标记的使用

3.2.2　段落标记<p>

段落标记是双标记，即<p></p>，在

<p>开始标记和</p>结束标记之间的内容形成一个段落。如果省略结束标记，从<p>标记开始，直到遇见下一个段落标记之前的文本，都在一个段落内。

【例 3.5】使用段落标记。

```
<!DOCTYPE html>
<html>
<head>
<title>段落标记的使用</title>
</head>
<body>
<p>《春》 作者：朱自清</p>
<p>盼望着，盼望着，东风来了，春天的脚步近了。</p>
<p>
一切都像刚睡醒的样子，欣欣然张开了眼。山朗润起来了，水涨起来了，太阳的脸红起来了。
</p>
<p>
小草偷偷地从土里钻出来，嫩嫩的，绿绿的。园子里，田野里，瞧去，一大片一大片满是的。坐着，躺着，打两个滚，踢几脚球，赛几趟跑，捉几回迷藏。风轻悄悄的，草软绵绵的。
</p>
<p>
桃树、杏树、梨树，你不让我，我不让你，都开满了花赶趟儿。红的像火，粉的像霞，白的像雪。花里带着甜味儿，闭了眼，树上仿佛已经满是桃儿、杏儿、梨儿。花下成千成百的蜜蜂嗡嗡地闹着，大小的蝴蝶飞来飞去。野花遍地是：杂样儿，有名字的，没名字的，散在花丛里，像眼睛，像星星，还眨呀眨的……
</p>
</body>
</html>
```

在 IE 11.0 中预览，效果如图 3-10 所示，<p>标记将文本分成了 4 个段落。

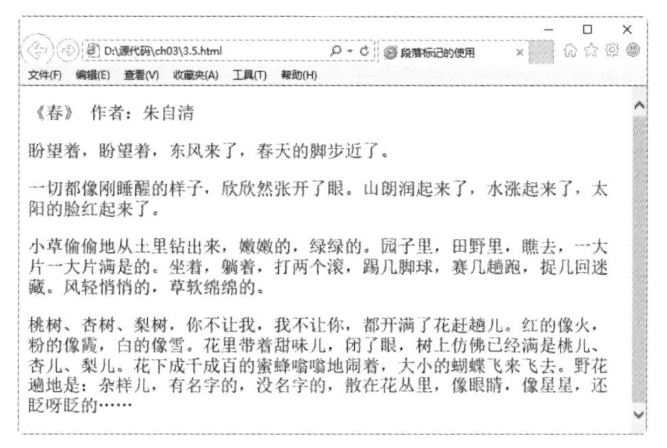

图 3-10 段落标记的使用

3.2.3 标题标记<h1>~<h6>

在 HTML 文档中，文本的结构除了以行和段出现之外，还可以作为标题存在。各种级别的标题由<h1>到<h6>元素来定义，<h1>至<h6>标题标记中的字母 h 是英文 headline(标题行)的简称。其中<h1>代表 1 级标题，级别最高，文字也最大，其他标题元素依次递减，<h6>的级别最低。

【例 3.6】使用标题标记。

```
<!DOCTYPE html>
<html>
<head>
<title>标题标记的使用</title>
</head>
<body>
<h1>卜算子·我住长江头</h1>
<h2>我住长江头，君住长江尾。</h2>
<h3>日日思君不见君，共饮长江水。</h3>
<h4>此水几时休，此恨何时已。</h4>
<h5>只愿君心似我心，定不负相思意。</h5>
<h6>作者：宋代 李之仪</h6>
</body>
</html>
```

在 IE 11.0 中预览，效果如图 3-11 所示。

注意 作为标题，它们的重要性是有区别的，其中<h1>标题的重要性最高，<h6>的重要性最低。

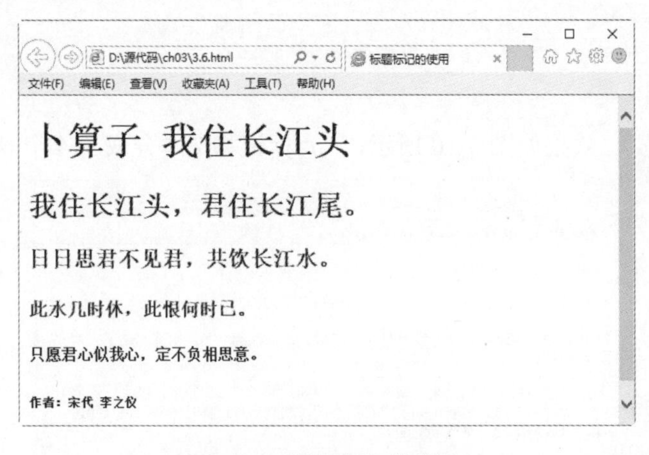

图 3-11 标题标记的使用

3.3 文字列表

文字列表可以有序地编排一些信息资源，使其结构化和条理化，并以列表的样式显示出来，以便浏览者能更加快捷地获得相应的信息。HTML 中的文字列表如同文字编辑软件 Word 中的项目符号和自动编号。

3.3.1 建立无序列表<ul>

无序列表相当于 Word 中的项目符号，无序列表的项目排列没有顺序，只以符号作为分项标识。

无序列表使用一对<ul></ul>标记，其中每一个列表项使用<li></li>，结构如下：

```
<ul>
  <li>无序列表项</li>
  <li>无序列表项</li>
  <li>无序列表项</li>
  <li>无序列表项</li>
</ul>
```

在无序列表结构中，使用<ul></ul>标记表示这一个无序列表的开始和结束，<li>则表示一个列表项的开始。

在一个无序列表中可以包含多个列表项，并且<li>可以省略结束标记。

下面的例子使用无序列表来实现文本的排列显示。

【例3.7】使用无序列表。

```
<!DOCTYPE html>
<html>
<head>
<title>嵌套无序列表的使用</title>
</head>
<body>
<h1>网站建设流程</h1>
<ul>
    <li>项目需求</li>
    <li>系统分析
      <ul>
        <li>网站的定位</li>
        <li>内容收集</li>
        <li>栏目规划</li>
        <li>网站内容设计</li>
      </ul>
   </li>
   <li>网页草图
      <ul>
        <li>制作网页草图</li>
        <li>将草图转换为网页</li>
      </ul>
   </li>
   <li>站点建设</li>
   <li>网页布局</li>
   <li>网站测试</li>
   <li>站点的发布与站点管理</li>
</ul>
</body>
</html>
```

在IE 11.0中预览，效果如图3-12所示。读者会发现，在无序列表项中，可以嵌套一个列表。如代码中的“系统分析”列表项和“网页草图”列表项中都有下级列表，因此在这对<li></li>标记间，又增加了一对<ul></ul>标记。

图 3-12　使用无序列表

3.3.2　建立有序列表<ol>

有序列表类似于 Word 中的自动编号功能，有序列表的使用方法与无序列表的使用方法基本相同，它使用<ol></ol>标记，每一个列表项前使用<li></li>。每个项目都有前后顺序之分，多数用数字表示，其结构如下：

```
<ol>
  <li>第 1 项</li>
  <li>第 2 项</li>
  <li>第 3 项</li>
</ol>
```

下面的例子使用有序列表实现文本的排列显示。

【例 3.8】使用有序列表。

```
<!DOCTYPE html>
<html>
<head>
<title>有序列表的使用</title>
</head>
<body>
<h1>本节内容列表</h1>
<ol>
  <li>认识网页</li>
  <li>网页与 HTML 差异</li>
  <li>认识 Web 标准</li>
  <li>网页设计与开发的流程</li>
  <li>与设计相关的技术因素</li>
</ol>
</body>
</html>
```

在 IE 11.0 中预览，效果如图 3-13 所示，可以看到新添加的有序列表。

图 3-13 使用有序列表

3.3.3 建立不同类型的无序列表

通过使用多个<ul>标签，可以建立不同类型的无序列表。

【例 3.9】使用不同类型的无序列表。

```
<!DOCTYPE html>
<html>
<body>
<h4>Disc 项目符号列表：</h4>
<ul type="disc">
 <li>苹果</li> <li>香蕉</li> <li>柠檬</li> <li>桔子</li>
</ul>
<h4>Circle 项目符号列表：</h4>
<ul type="circle">
 <li>苹果</li> <li>香蕉</li> <li>柠檬</li> <li>桔子</li>
</ul>
<h4>Square 项目符号列表：</h4>
<ul type="square">
 <li>苹果</li> <li>香蕉</li> <li>柠檬</li> <li>桔子</li>
</ul>
</body>
</html>
```

在 IE 11.0 中预览，效果如图 3-14 所示。

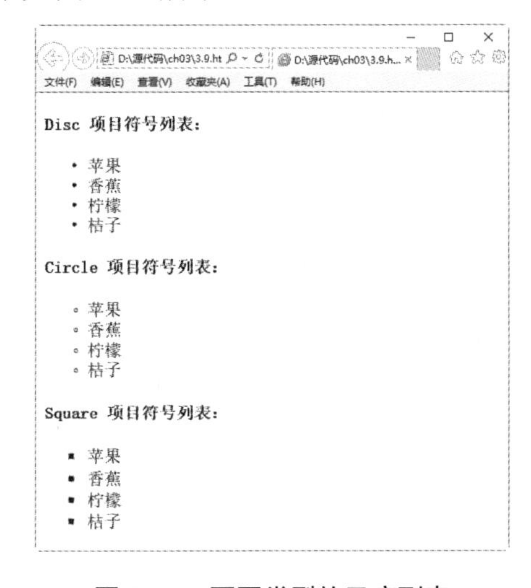

图 3-14 不同类型的无序列表

3.3.4　建立不同类型的有序列表

通过使用多个<ol>标签，可以建立不同类型的有序列表。

【例 3.10】使用不同类型的有序列表。

```
<!DOCTYPE html>
<html>
<body>
<h4>数字列表：</h4>
<ol>
 <li>苹果</li>
 <li>香蕉</li>
 <li>柠檬</li>
 <li>桔子</li>
</ol>
<h4>字母列表：</h4>
<ol type="A">
 <li>苹果</li>
 <li>香蕉</li>
 <li>柠檬</li>
 <li>桔子</li>
</ol>
</body>
</html>
```

在 IE 11.0 中预览，效果如图 3-15 所示。

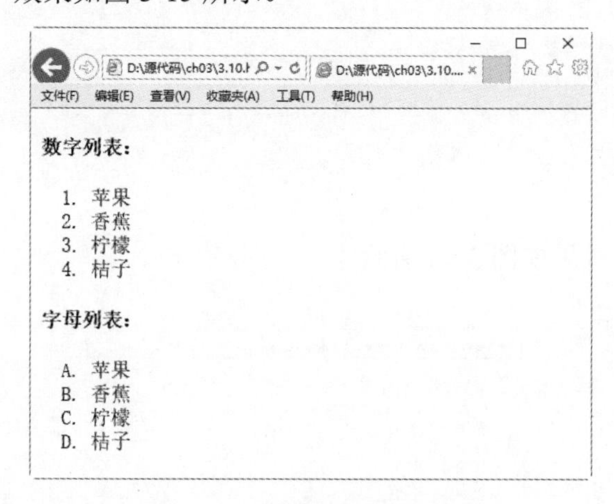

图 3-15　不同类型的有序列表

3.3.5　建立嵌套列表

嵌套列表是网页中常用的元素，使用<ul>标签可以制作网页中的嵌套列表。

【例 3.11】建立嵌套列表。

```
<!DOCTYPE html>
<html>
<body>
```

```
<h4>一个嵌套列表：</h4>
<ul>
    <li>咖啡</li>
    <li>茶
        <ul>
            <li>红茶</li>
            <li>绿茶
                <ul>
                    <li>中国茶</li>
                    <li>非洲茶</li>
                </ul>
            </li>
        </ul>
    </li>
    <li>牛奶</li>
</ul>
</body>
</html>
```

在 IE 11.0 中预览，效果如图 3-16 所示。

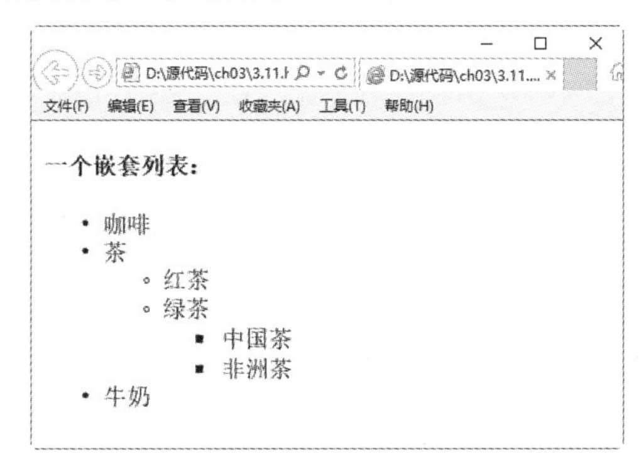

图 3-16　嵌套列表

3.3.6　自定义列表

在 HTML 5 中还可以自定义列表。自定义列表的标签是<dl>。

【例 3.12】自定义列表。

```
<!DOCTYPE html>
<html>
<body>
<h2>一个定义列表：</h2>
<dl>
   <dt>电脑</dt>
   <dd>是一种能够按照程序运行的电子设备……</dd>
   <dt>显示器</dt>
   <dd>以视觉方式显示信息的装置 ... ...</dd>
</dl>
</body>
</html>
```

在 IE 11.0 中预览，效果如图 3-17 所示。

图 3-17　自定义列表

3.4　网页中的图像<img>

图片是网页中不可缺少的元素，巧妙地在网页中使用图片，可以让网页增色不少。网页支持多种图片格式，并且可以对插入的图片设置宽度和高度。网页中使用的图像可以是 GIF、JPEG、BMP、TIFF、PNG 等格式的图像文件，其中使用最广泛的主要是 GIF 和 JPEG 两种格式。

3.4.1　在网页中插入图像

图像可以美化网页。插入图像使用单标记<img>。img 标记的属性及描述如表 3-2 所示。

表 3-2　img 标记的属性及描述

属　性	值	描　述
alt	text	定义有关图形的短描述
src	URL	要显示的图像的 URL
height	pixels %	定义图像的高度
ismap	URL	把图像定义为服务器端的图像映射
usemap	URL	定义作为客户端图像映射的一幅图像。可参阅<map>和<area>标签了解其工作原理
vspace	pixels	定义图像顶部和底部的空白。不支持。应使用 CSS 代替
width	pixels %	设置图像的宽度

1. 插入图像

src 属性用于指定图片源文件的路径，它是 img 标记必不可少的属性。其语法格式如下：

```
<img src="图片路径">
```

【例 3.13】在网页中插入图片。

```
<!DOCTYPE html>
<html>
```

```
<head>
<title>插入图片</title>
</head>
<body>
<img src="images/美图 1.jpg">
</body>
</html>
```

在 IE 11.0 中预览，效果如图 3-18 所示。

图 3-18 插入图片

2. 从不同来源插入图像

在插入图片时，用户可以将其他文件夹或服务器的图片显示到网页中。

【例 3.14】插入不同来源的图片。

```
<!DOCTYPE html>
<html>
<body>
<p>
 来自一个文件夹的图像：
 <img src="images/美图 2.jpg" />
</p>
<p>
来自 baidu 的图像：
<img
src="http://www.baidu.com/img/shouye_b5486898c692066bd2cbaeda86d74448.gif"
/>
</p>
</body>
</html>
```

在 IE 11.0 中预览，效果如图 3-19 所示。

图 3-19　从不同来源插入图片

3.4.2　设置图像的宽度和高度

在 HTML 文档中，还可以设置插入图片的显示大小，一般是按原始尺寸显示，但也可以任意设置显示尺寸。设置图像尺寸分别用属性 width(宽度)和 height(高度)。

【例 3.15】设置图片尺寸。

```
<!DOCTYPE html>
<html>
<head>
<title>插入图片</title>
</head>
<body>
<img src="images/美图1.jpg">
<img src="images/美图1.jpg" width="200">
<img src="images/美图1.jpg" width="200" height="300">
</body>
</html>
```

在 IE 11.0 中预览，效果如图 3-20 所示。可以看到，图片的显示尺寸是由 width(宽度)和 height(高度)控制。当只为图片设置一个尺寸属性时，另外一个尺寸就以图片原始的长宽比例来显示。图片的尺寸单位可以选择百分比或数值。百分比为相对尺寸，数值是绝对尺寸。

网页中插入的图像都是位图，所以放大尺寸时，图像会出现马赛克，变得模糊。

图 3-20 设置图片的宽度和高度

在 Windows 中查看图片的尺寸时，只需要找到图像文件，把鼠标指针移动到图像上，停留几秒后，就会出现一个提示框，说明图像文件的尺寸。尺寸后显示的数值代表图像的宽度和高度，如 256×256。

3.4.3 设置图像的提示文字

为图像添加提示文字可以方便搜索引擎的检索。除此之外，图像提示文字的作用还有以下两个。

(1) 当浏览网页时，如果图像下载完成，将鼠标指针放在该图像上，鼠标指针旁边会显示 title 标签设置的提示文字。

(2) 如果图像没有成功下载，在图像的位置上会显示 alt 标记设置的提示文字。

下面的示例将为图片添加提示文字效果。

【例 3.16】设置图片的提示文字。

```
<!DOCTYPE html>
<html>
<head>
<title>图片文字提示</title>
</head>
<body>
<img src="images/美图 2.jpg" alt="未加载完成时显示的替代文字" title="鼠标放上去显示的文字">
</body>
</html>
```

在 IE 11.0 中预览，效果如图 3-21 所示。用户将鼠标放在图片上，即可看到提示文字。

火狐浏览器不支持该功能。

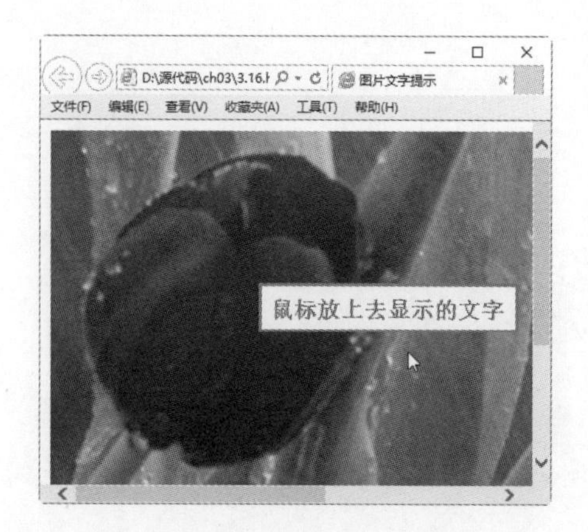

图 3-21　图片提示文字

3.4.4　将图片设置为网页背景

在插入图片时，用户可以根据需要，将某些图片设置为网页的背景。GIF 和 JPG 文件均可用做 HTML 背景。如果图像小于页面，图像会进行重复。

【例 3.17】将图片设置为网页背景。

```
<!DOCTYPE html>
<html>
<body background="images/background.jpg">
<h3>图像背景</h3>
</body>
</html>
```

在 IE 11.0 中预览，效果如图 3-22 所示。可以看出，由于图像小于页面，图像会重复出现。

图 3-22　图片背景

3.4.5 排列图像

在网页的文字中，如果插入了图片，这时就可以对图片进行排序。常用的排序方式为居中、底部对齐、顶部对齐3种。

【例 3.18】设置图片的对齐方式。

```
<!DOCTYPE html>
<html>
<body>
<h2>未设置对齐方式的图像：</h2>
<p>图像<img src ="images/logo.gif"> 在文本中</p>
<h2>已设置对齐方式的图像：</h2>
<p>图像 <img src="images/logo.gif" align="bottom">在文本中</p>
<p>图像 <img src ="images/logo.gif" align="middle">在文本中</p>
<p>图像 <img src ="images/logo.gif" align="top">在文本中</p>
</body>
</html>
```

在 IE 11.0 中预览，效果如图 3-23 所示。

图 3-23 设置图片对齐方式

bottom 对齐方式是默认的对齐方式。

3.5 综合案例——图文并茂的房屋装饰装修网页

本章讲述了网页组成元素中最常用的文本和图片。本综合案例是创建一个由文本和图片构成的房屋装饰效果网页，如图 3-24 所示。

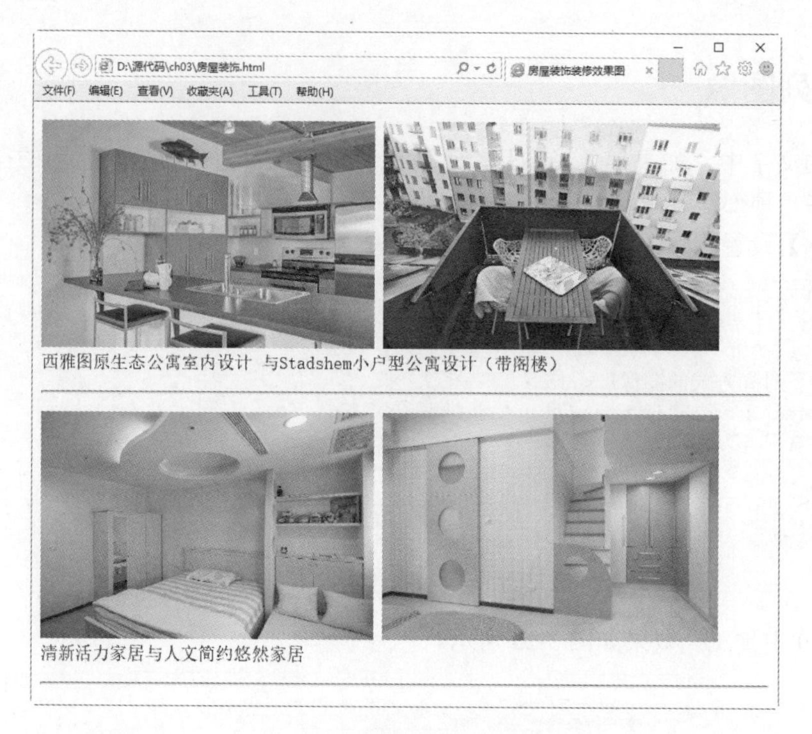

图 3-24　房屋装饰效果网页

具体操作步骤如下。

step 01 在 Dreamweaver CC 中新建 HTML 文档，修改成 HTML 5 标准的，代码如下：

```
<!DOCTYPE html>
<html>
<head>
<title>房屋装饰装修效果图</title>
</head>
<body>
</body>
</html>
```

step 02 在 body 部分增加如下 HTML 代码。保存页面：

```
<p><img src="images/xiyatu.jpg" width="300" height="200"/>
 <img src="images/stadshem.jpg" width="300" height="200"/><br />
 西雅图原生态公寓室内设计 与 Stadshem 小户型公寓设计(带阁楼)</p>
 <hr/>
<p><img src="images/qingxinhuoli.jpg" width="300" height="200"/>
 <img src="images/renwen.jpg" width="300" height="200"/><br />
 清新活力家居与人文简约悠然家居</p>
 <hr />
```

注意　<hr>标记的作用是定义内容中的主体变化，并显示为一条水平线，在 HTML 5 中，它没有任何属性。

另外，要快速插入图片及设置相关属性，可以借助于 Dreamweaver CS 的插入功能，或按 Ctrl+Alt+I 组合键。

3.6 跟我学上机——在线购物网站的产品展示效果

本练习创建一个由文本和图片构成的在线购物网站产品展示效果。

step 01 打开记事本文件，在其中输入如下代码：

```
<!DOCTYPE html>
<html>
<head>
<title>在线购物网站产品展示效果</title>
</head>
<body>
<p><img src="images/01.jpg" width="400" height="300"/>
<img src="images/02.jpg" width="400" height="300"/>
<img src="images/03.jpg" width="400" height="300"/><br />
康绮墨丽珍气洗发护发五件套                 
        静佳 Jplus 薰衣草茶树精油祛痘消印专家推荐 5 件套   
      JCare 葡萄籽咀嚼片 800mg×90 片三盒特惠礼包 </p>
<hr/>
<p><img src="images/04.jpg" width="400" height="300"/>
<img src="images/05.jpg" width="400" height="300"/>
<img src="images/06.jpg" width="400" height="300"/><br />
雅诗兰黛即时修护礼盒四件套                
          JUST BB 弹力保湿蜗牛系列特惠超值套装    
                      美丽加芬蜗
牛新生特惠超值礼包</p>
<hr />
</body>
</html>
```

step 02 保存网页，在 IE 11.0 中预览，效果如图 3-25 所示。

图 3-25 在线购物网站的产品展示效果

3.7 疑难解惑

疑问 1：换行标记和段落标记有什么区别？

换行标记是单标记，不能写结束标记。段落标记是双标记，可以省略结束标记，也可以不省略。在默认情况下，段落之间的距离和段落内部的行间距是不同的，段落间距比较大，行间距比较小。

HTML 无法调整段落间距和行间距，如果希望调整它们，就必须使用 CSS。

在 Dreamweaver CC 的设计视图下，按 Enter 键可以快速换段，按 Shift+Enter 组合键可以快速换行。

疑问 2：无序列表<ul>元素的作用是什么？

无序列表元素主要用于条理化和结构化文本信息。在实际开发中，无序列表在制作导航菜单时使用广泛。导航菜单的结构一般都使用无序列表来实现。

疑问 3：在浏览器中，图片为何无法显示？

图片在网页中属于嵌入对象，并不是保存在网页中，网页只是保存了指向图片的路径。浏览器在解释 HTML 文件时，会按指定的路径去寻找图片，如果在指定的位置不存在图片，就无法正常显示。为了保证图片的正常显示，制作网页时，需要注意以下几点。

第一，图片的格式一定是网页支持的。

第二，图片的路径一定要正常，并且图片文件扩展名不能省略。

第三，HTML 文件位置发生改变时，图片一定要跟随着改变，即图片位置与 HTML 文件位置始终保持相对一致。

第 4 章 用 HTML 5 建立超链接

HTML 文件中最重要的应用之一就是超链接，超链接就是当鼠标单击一些文字、图片或其他网页元素时，浏览器会根据其指示载入一个新的页面或跳转到页面的其他位置。超链接除了可链接文本外，也可链接各种媒体，如声音、图像、动画，通过它们，可享受丰富多彩的多媒体世界。

4.1 URL 的概念

URL 为 Uniform Resource Locator 的缩写，通常翻译为“统一资源定位器”，也就是人们通常所说的“网址”，它是对可以从互联网上得到的资源的位置和访问方法的一种简洁的表示，是互联网上标准资源的地址。互联网上的每个文件都有一个唯一的 URL，它包含的信息指出文件的位置以及浏览器应该怎样处理它。

4.1.1 URL 的格式

URL 由 4 个部分组成，即“协议”“主机名”“文件夹名”“文件名”，如图 4-1 所示。

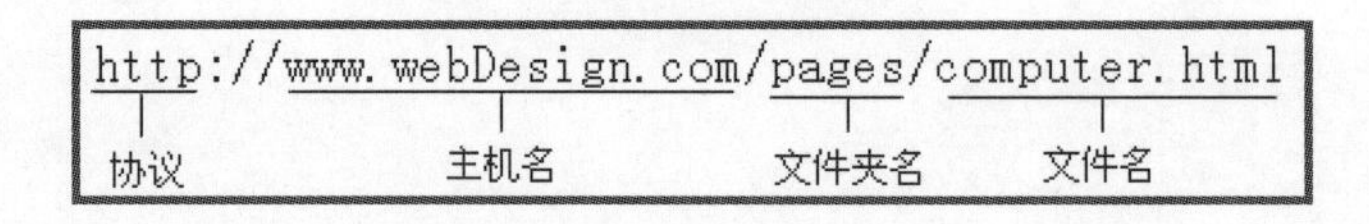

图 4-1 URL 的组成

(1) 协议。协议在互联网中有各种各样的应用，如 Web 服务、FTP 服务等。每种服务应用都有对应的协议，通常，通过浏览器浏览网页的协议都是 HTTP 协议，即“超文本传输协议”，因此通常网页的地址都以“http://”开头。

(2) 主机名。主机名(www.webDesign.com)表示文件存在于哪台服务器，主机名可以通过 IP 地址或者域名来表示。

(3) 文件夹名。确定了服务器主机后，还需要说明文件存在于这台服务器的哪个文件夹中，这里，文件夹可以分为多个层级。

(4) 文件名。确定文件夹后，就要定位到文件，即要指明显示哪个文件，网页文件通常以“.html”或“.htm”为扩展名。

4.1.2 URL 的类型

超链接的 URL 可以分为两种类型——“绝对 URL”和“相对 URL”。

(1) 绝对 URL 一般用于访问不是同一台服务器上的资源。

(2) 相对 URL 是指访问同一台服务器上相同文件夹或不同文件夹中的资源。如果访问相同文件夹中的文件，只需要写文件名即可；如果访问不同文件夹中的资源，URL 以服务器的根目录为起点，指明文档的相对关系，由文件夹名和文件名两部分构成。

下面的例子使用绝对 URL 和相对 URL 实现超链接。

【例 4.1】使用绝对 URL 和相对 URL。

```
<!DOCTYPE html>
<html>
<head>
<title>绝对 URL 和相对 URL</title>
</head>
```

```
<body>
  单击<a href="http://www.webDesign.com/index.html">绝对 URL</a>链接到
webDesign 网站首页<br />
  单击<a href="02.html">相同文件夹的 URL</a>链接到相同文件夹中的第 2 个页面<br />
  单击<a href="../pages/03.html">不同文件夹的 URL</a>链接到不同文件夹中的第 3 个页面
</body>
</html>
```

在上述代码中，第 1 个链接使用的是绝对 URL；第 2 个链接使用的是服务器相对 URL，也就是链接到文档所在的服务器的根目录下的 02.html；第 3 个链接使用的是文档相对 URL，即原文档所在文件夹的父文件夹下面的 pages 文件夹中的 03.html 文件。

在 IE 11.0 中预览网页，效果如图 4-2 所示。

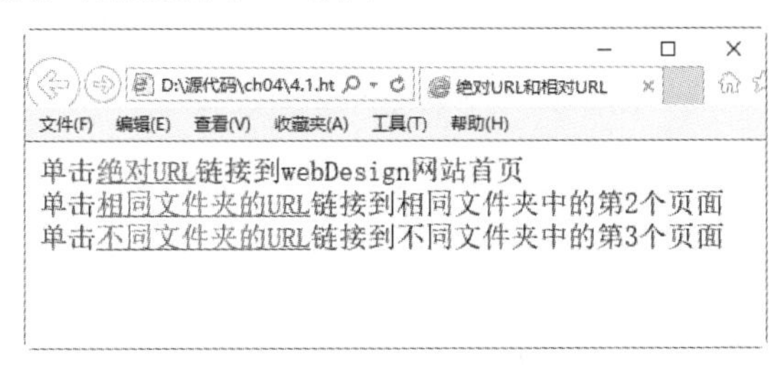

图 4-2 使用绝对 URL 和相对 URL

4.2 超链接标记<a>

在 HTML 5 中建立超链接所使用的标记为<a></a>。超链接最重要的有两个要素，设置为超链接的网页元素和超链接指向的目标地址。超链接的基本结构如下：

```
<a href=URL>网页元素</a>
```

4.2.1 设置文本和图片的超链接

设置超链接的网页元素通常使用文本和图片。文本超链接和图片超链接是通过<a></a>标记来实现的，将文本或图片放在<a>开始标记和</a>结束标记之间，即可建立超链接。下面的示例将实现文本和图片的超链接。

【例 4.2】设置文本和图片的超链接。

```
<!DOCTYPE html>
<html>
<head>
<title>文本和图片超链接</title>
</head>
<body>
<a href="a.html"><img src="images/01.jpg"></a>
<a href="b.html">公司简介</a>
</body>
</html>
```

在 IE 11.0 中预览网页，效果如图 4-3 所示。用鼠标单击图片，即可实现链接跳转。

图 4-3　文本和图片超链接的效果

在默认情况下，为文本添加超链接，文本会自动增加下划线，并且文本颜色变为蓝色，单击过的超链接文本会变成暗红色。图片增加超链接后，浏览器会自动给图片加一个粗边框。

4.2.2　创建指向不同目标类型的超链接

除了.html 类型的文件外，超链接所指向的目标类型还可以是其他各种类型，包括图片文件、声音文件、视频文件、Word、其他网站、FTP 服务器、电子邮件等。

1. 链接到各种类型的文件

超链接<a>标记的 href 属性指向链接的目标，目标可以是各种类型的文件。如果是浏览器能够识别的类型，会直接在浏览器中显示；如果是浏览器不能识别的类型，在 IE 浏览器中会弹出文件下载对话框，如图 4-4 所示。

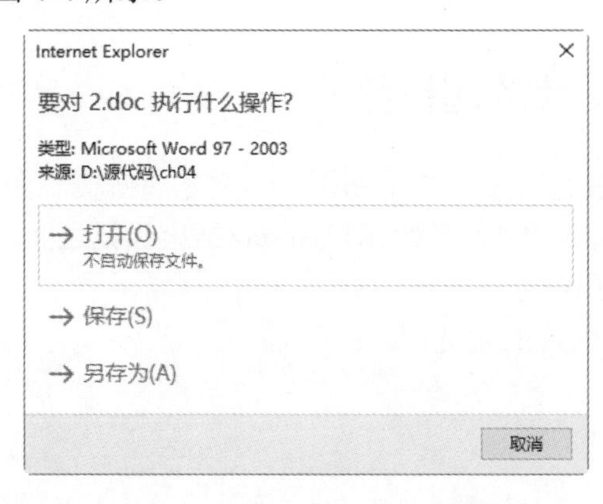

图 4-4　IE 中的文件下载对话框

【**例 4.3**】创建各种类型的链接。

```
<!DOCTYPE html>
<html>
<head>
<title>链接各种类型文件</title>
```

```
</head>
<body>
<p><a href="a.html">链接 html 文件</a></p>
<p><a href="coffe.jpg">链接图片</a></p>
<p><a href="2.doc">链接 word 文档</a></p>
</body>
</html>
```

在 IE 11.0 中预览网页，效果如图 4-5 所示。链接到了 HTML 文件、图片和 Word 文档。

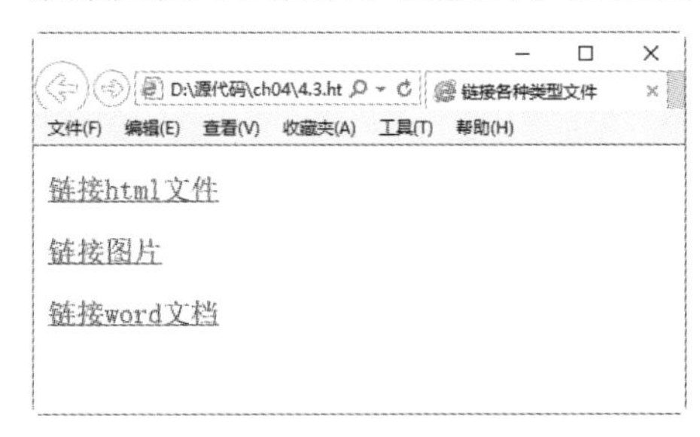

图 4-5 各种类型的链接

2. 链接到其他网站或 FTP 服务器

在网页中，友情链接也是推广网站的一种方式。下列代码实现了链接到其他网站或 FTP 服务器：

```
<a href="http://www.baidu.com">链接百度</a>
<a href="ftp://172.16.1.254">链接到 FTP 服务器</a>
```

注意：这里 FTP 服务器用的是 IP 地址。为了保证代码的正确运行，读者应填写有效的 FTP 服务器地址。

3. 设置电子邮件链接

在某些网页中，当访问者单击某个链接以后，会自动打开电子邮件客户端软件，如 Outlook 或 Foxmail 等，向某个特定的 E-mail 地址发送邮件，这个链接就是电子邮件链接。

电子邮件链接的格式如下：

```
<a href="mailto:电子邮件地址">网页元素</a>
```

【例 4.4】链接到电子邮件。

```
<!DOCTYPE html>
<html>
<head>
<title>电子邮件链接</title>
</head>
<body>
<img src="images/logo.gif" width="119" height="49"> [免费注册][登录]
<a href="mailto:kfdzsj@126.com">站长信箱</a>
</body>
</html>
```

在 IE 11.0 中预览网页，效果如图 4-6 所示，实现了电子邮件链接。

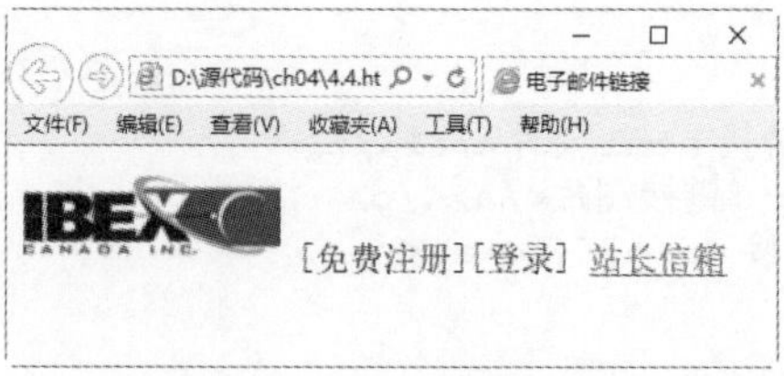

图 4-6　链接到电子邮件

单击“站长信箱”链接时，会弹出 Outlook 窗口，要求编写电子邮件，如图 4-7 所示。

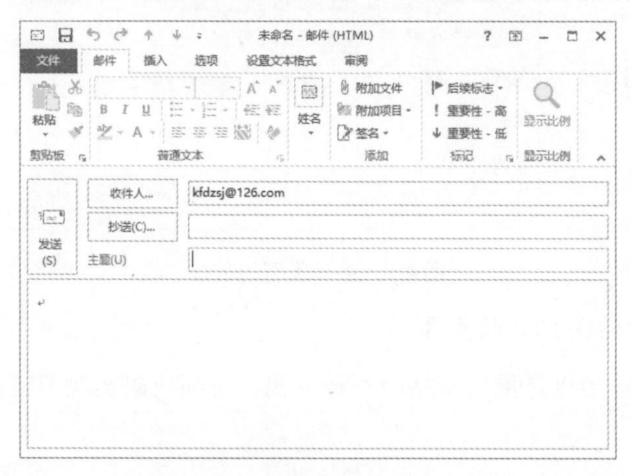

图 4-7　Outlook 新邮件窗口

4.2.3　设置以新窗口显示超链接页面

在默认情况下，当单击超链接时，目标页面会在当前窗口中显示，替换当前页面的内容。如果要在单击某个链接以后，打开一个新的浏览器窗口，在这个新窗口中显示目标页面，就需要使用<a>标签的 target 属性。

target 属性取值有 4 个，分别是_blank、_self、_top 和_parent。由于 HTML 5 不再支持框架，所以_top、_parent 这两个取值不常用。本节仅为读者讲解_blank、_self 值。其中，_blank 值为在新窗口中显示超链接页面；_self 代表在自身窗口中显示超链接页面，当省略 target 属性时，默认取值为_self。

【例 4.5】设置以新窗口显示超链接页面。

```
<!DOCTYPE html>
<html>
<head>
<title>以新窗口方式打开</title>
</head>
<body>
<a href="a.html target="_blank">新窗口</a>
</body>
</html>
```

在 IE 11.0 中预览网页，效果如图 4-8 所示。

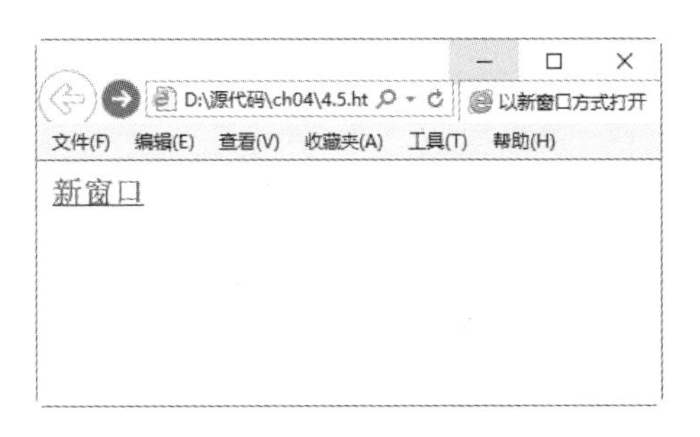

图 4-8　在新窗口显示超链接页面

4.2.4　链接到同一页面的不同位置

对于文字比较多的网页，需要对同一页面的不同位置进行链接，这时就需要建立同一网页内的链接。

【例 4.6】链接到同一页面的不同位置。

```
<!DOCTYPE html>
<html>
<body>
<p>
<a href="#C4">查看 第 4 章。</a>
</p>
<h2>第 1 章</h2>
<p>本章讲解图片相关知识……</p>
<h2>第 2 章</h2>
<p>本章讲解文字相关知识……</p>
<h2>第 3 章</h2>
<p>本章讲解动画相关知识……</p>
<h2><a name="C4">第 4 章</a></h2>
<p>本章讲解图形相关知识……</p>
<h2>第 5 章</h2>
<p>本章讲解列表相关知识……</p>
<h2>第 6 章</h2>
<p>本章讲解按钮相关知识……</p>
<h2>第 7 章</h2>
<p>本章讲解……</p>
<h2>第 8 章</h2>
<p>本章讲解……</p>
<h2>第 9 章</h2>
<p>本章讲解……</p>
<h2>第 10 章</h2>
<p>本章讲解……</p>
<h2>第 11 章</h2>
<p>本章讲解……</p>
<h2>第 12 章</h2>
<p>本章讲解……</p>
</body>
</html>
```

在 IE 11.0 中预览网页，效果如图 4-9 所示。

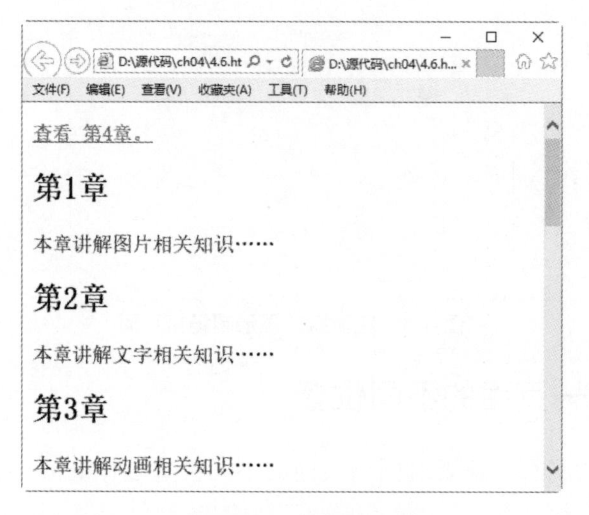

图 4-9 初始效果

单击页面中的链接，即可将“第 4 章”的内容跳转到页面顶部，如图 4-10 所示。

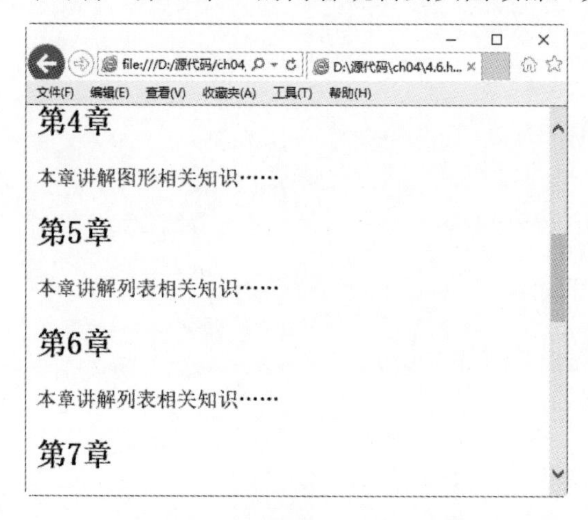

图 4-10 链接到“第 4 章”

4.3 创建热点区域

在浏览网页时，读者会发现，有时，当单击一张图片的不同区域时，会显示不同的链接内容，这就是图片的热点区域。所谓图片的热点区域，就是将一个图片划分成若干个链接区域，当访问者单击不同的区域，会链接到不同的目标页面。

在 HTML 5 中，可以为图片创建 3 种类型的热点区域：矩形、圆形和多边形。创建热点区域使用<map>和<area>标记，语法格式如下：

```
<img src="图片地址" usemap="#名称">
<map name="#名称">
   <area shape="rect" coords="10,10,100,100" href="#">
   <area shape="circle" coords="120,120,50" href="#">
```

```
  <area shape="poly" coords="78,13,81,14,53,32,86,38" href="#">
</map>
```

【例 4.7】创建热点区域。

```
<!DOCTYPE html>
<html>
<head>
<title>创建热点区域</title>
</head>
<body>
<img src="images/01.jpg" width="596" height="275" border="5" usemap="#Map">
<map name="Map">
  <area shape="rect" coords="10,10,100,100" href="#">
  <area shape="circle" coords="120,120,50" href="#">
  <area shape="poly" coords="78,13,81,14,53,32,86,38" href="#">
</map>
</body>
</html>
```

在 IE 11.0 中预览网页，效果如图 4-11 所示。

图 4-11 创建热点区域

在上面的语法格式中，需要注意以下几点。

(1) 要想建立图片热点区域，必须先插入图片。注意，图片必须增加 usemap 属性，说明该图像是热区映射图像，属性值必须以“#”开头，加上名字。

(2) <map>标记只有一个属性 name，其作用是为区域命名，其设置值必须与<img>标记的 usemap 属性值相同。

(3) <area>标记主要是定义热点区域的形状及超链接，它有 3 个必需的属性。

- shape：控制划分区域的形状，其取值有 3 个，分别是 rect(矩形)、circle(圆形)和 poly(多边形)。
- coords：控制区域的划分坐标。如果 shape 属性取值为 rect，那么 coords 的设置值分别为矩形的左上角 x、y 坐标点和右下角 x、y 坐标点，单位为像素；如果 shape 属性取值为 circle，那么 coords 的设置值分别为圆形圆心 x、y 坐标点和半径值，单位为像素；如果 shape 属性取值为 poly，那么 coords 的设置值分别为矩形各个点的 x、

y 坐标，单位为像素。

- href：该属性为区域设置超链接的目标，设置值为“#”时，表示为空链接。

4.4 创建浮动框架

HTML 5 中已经不支持 frameset 框架，但是它仍然支持 iframe 浮动框架的使用。浮动框架可以自由控制窗口大小，可以配合表格随意地在网页中的任何位置插入窗口，实际上就是在窗口中再创建一个窗口。

使用 iframe 创建浮动框架的格式如下：

```
<iframe src="链接对象">
```

其中，src 表示浮动框架中显示对象的路径，可以是绝对路径，也可以是相对路径。例如，下面的代码是在浮动框架中链接到百度网站。

【**例 4.8**】使用浮动框架。

```
<!DOCTYPE html>
<html>
<head>
<title>浮动框架中显示百度网站</title>
</head>
<body>
<iframe src="http://www.baidu.com"></iframe>
</body>
</html>
```

在 IE 11.0 中预览网页，效果如图 4-12 所示。

图 4-12 使用浮动框架的效果

从预览结果可见，浮动框架在页面中又创建了一个窗口，在默认情况下，浮动框架的宽度和高度为 220×120。如果需要调整浮动框架的尺寸，应该使用 CSS 样式。修改上述浮动框架尺寸时，应在 head 标记部分增加如下 CSS 代码：

```
<style>
iframe{
    width:800px;   //宽度
```

```
    height:600px;     //高度
    border:none;      //无边框
}
</style>
```

在 IE 11.0 中预览网页，效果如图 4-13 所示。

图 4-13 修改宽度和高度后的浮动框架

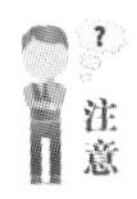

在 HTML 5 中，iframe 仅支持 src 属性，再无其他属性。

4.5 综合案例——用 Dreamweaver 精确定位热点区域

上面讲述了 HTML 创建热点区域的方法，但是最让读者头痛的地方，就是坐标点的定位。对于简单的形状还可以，如果形状较多且形状复杂，确定坐标点这项工作的工程量就很大，因此，不建议使用 HTML 代码去完成。这里将为读者介绍一个快速且能精确定位热点区域的方法。在 Dreamweaver CC 中可以很方便地实现这个功能。

用 Dreamweaver CC 创建图片热点区域的具体操作步骤如下。

step 01 创建一个 HTML 文档，插入一张图片文件，如图 4-14 所示。

图 4-14 插入图片

step 02 选择图片，在 Dreamweaver CC 中打开“属性”面板，面板左下角有 3 个蓝色图标按钮，依次代表矩形、圆形和多边形热点区域。单击左边的“矩形热区”工具图标，如图 4-15 所示。

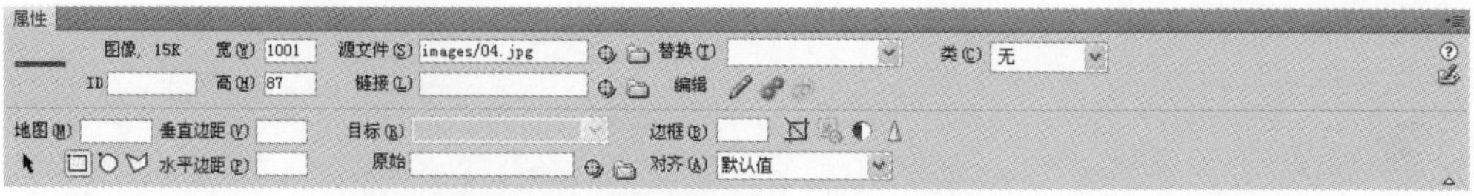

图 4-15　Dreamweaver CC 中图像的“属性”面板

step 03 将鼠标指针移动到被选中图片上，以“创意信息平台”栏中的矩形大小为准，按下鼠标左键，从左上方向右下方拖曳鼠标，得到矩形区域，如图 4-16 所示。

step 04 绘制出来的热区呈现出半透明状态，效果如图 4-17 所示。

图 4-16　绘制矩形热点区域

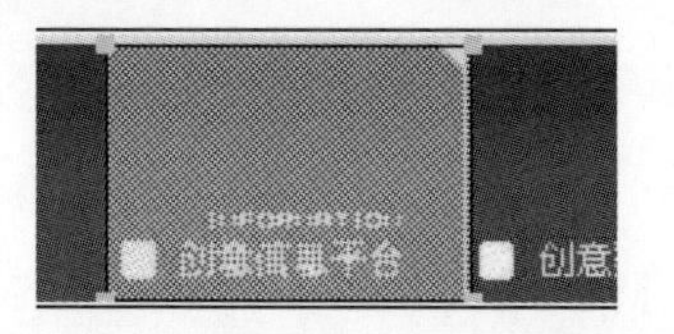

图 4-17　完成矩形热点区域的绘制

step 05 如果绘制出来的矩形热区有误差，可以通过“属性”面板中的“指针热点”工具进行编辑，如图 4-18 所示。

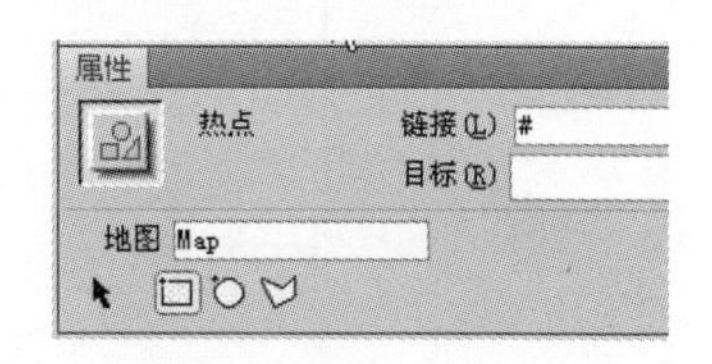

图 4-18　“指针热点”工具

step 06 完成上述操作后，保持矩形热区被选中状态，然后在“属性”面板的“链接”文本框中输入该热点区域链接对应的跳转目标页面。

step 07 在“目标”下拉列表框中有 4 个选项，它们决定着链接页面的弹出方式。这里，如果选择了“_blank”选项，那么矩形热区的链接页面将在新的窗口中弹出。如果“目标”选项保持空白，就表示仍在原来的浏览器窗口中显示链接的目标页面。这样，矩形热点区域就设置好了。

step 08 接下来继续为其他菜单项创建矩形热区。操作方法参阅上面的步骤，完成后的效果如图 4-19 所示。

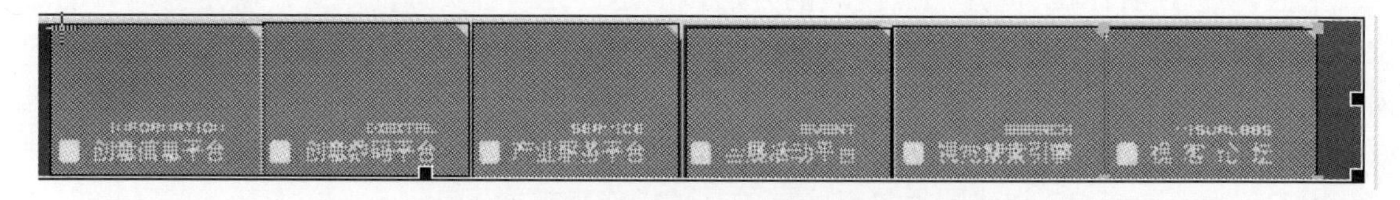

图 4-19　为其他菜单项创建矩形热点区域

step 09 完成后保存并预览页面。可以发现，凡是绘制了热点的区域，鼠标指针移上去时就会变成手形，单击时就会跳转到相应的页面。

step 10 至此，网站的导航就使用热点区域制作完成了。查看此时页面相应的 HTML 源代码如下：

```
<!DOCTYPE html>
<html>
<head>
<title>创建热点区域</title>
```

```
</head>
<body>
<img src="images/04.jpg" width="1001" height="87" border="0" usemap="#Map">
<map name="Map">
  <area shape="rect" coords="298,5,414,85" href="#">
  <area shape="rect" coords="412,4,524,85" href="#">
  <area shape="rect" coords="525,4,636,88" href="#">
  <area shape="rect" coords="639,6,749,86" href="#">
  <area shape="rect" coords="749,5,864,88" href="#">
  <area shape="rect" coords="861,6,976,86" href="#">
</map>
</body>
</html>
```

可以看到，Dreamweaver CC 自动生成的 HTML 代码结构与前面介绍的是一样的，但是所有的坐标都自动计算出来了，这正是网页制作工具的快捷之处。使用这些工具本质上和手工编写 HTML 代码没有区别，只是使用这些工具可以提高工作效率。

注意 本书所讲述的手工编写 HTML 代码，在 Dreamweaver CC 工具中几乎都有对应的操作，请读者自行研究，以提高编写 HTML 代码的效率。但是，读者应注意，使用网页制作工具前，一定要明白这些 HTML 标记的作用。因为一个专业的网页设计师必须具备 HTML 方面的知识，不然再强大的工具也只能是无源之水、无本之木。

4.6　跟我学上机——创建热点区域

参照矩形热区的操作方法，下面来创建圆形和多边形热点区域。创建热点区域的效果如图 4-20 所示。

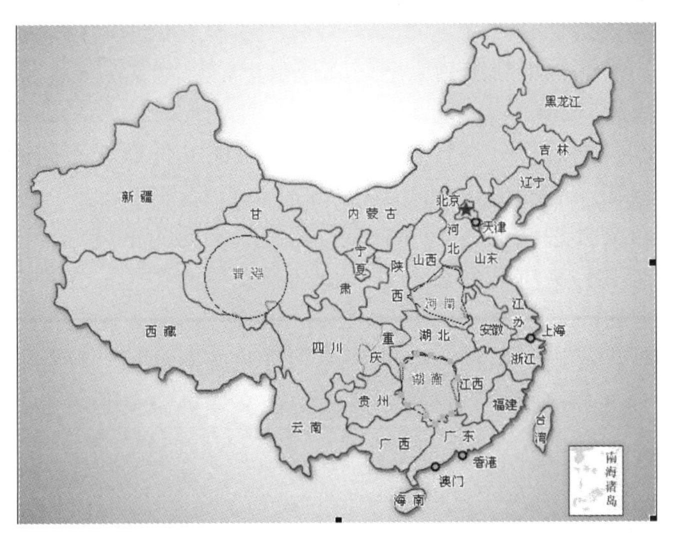

图 4-20　圆形和多边形热点区域

查看此时页面相应的 HTML 源代码如下：

```
<!DOCTYPE html>
<html>
<head>
<title>创建圆形和多边形热点区域</title>
</head>
<body>
<img src="images/china.jpg" width="618" height="499" border="0"
 usemap="#Map">
<map name="Map">
 <area shape="circle" coords="221,261,40" href="#">
 <area shape="poly" coords="411,251,394,267,375,280,395,295,
   407,299,431,307,436,303,429,284,431,271,426,255" href="#">
 <area shape="poly"
   coords="385,336,371,346,370,375,376,385,394,395,403,403,410,
   397,419,393,426,385,425,359,418,343,399,337" href="#">
</map>
</body>
</html>
```

4.7 疑难解惑

疑问 1：在创建超链接时，应该使用绝对 URL 还是相对 URL？

在创建超链接时，如果要链接的是另外一个网站中的资源，需要使用完整的绝对 URL；如果在网页中创建内部链接，一般使用相对于当前文档或站点根文件夹的相对 URL。

疑问 2：链接增多后，网站如何设置目录结构以方便维护？

当一个网站的网页数量增加到一定程度以后，网站的管理与维护将变得非常烦琐，因此掌握一些网站管理与维护的技术是非常必要的，可以节省很多时间。建立适合的网站文件存储结构，可以方便网站的管理与维护。网站文件组织结构方案及文件管理所遵循的 3 项原则如下。

(1) 按照文件的类型进行分类管理。将不同类型的文件放在不同的文件夹中，这种存储方法适用于中小型网站，是通过文件的类型对文件进行管理的。

(2) 按照主题对文件进行分类。网站的页面按照不同的主题进行分类存储。同一主题的所有文件存放在一个文件夹中，然后再进一步细分文件的类型。这种方案适用于页面与文件数量众多、信息量大的静态网站。

(3) 对文件类型进行进一步细分存储管理。这种方案是第一种存储方案的深化，将页面进一步细分后进行分类存储管理。这种方案适用于文件类型复杂、包含各种文件的多媒体动态网站。

第 5 章 用 HTML 5 创建表格

HTML 中的表格不但可以清晰地显示数据，而且可以用于页面布局。HTML 中的表格类似于 Word 软件中的表格，尤其是使用网页制作工具，操作很相似。

HTML 制作表格的原理是使用相关标记(如表格对象 table 标记、行对象 tr、单元格对象 td)来完成的。

5.1 表格的基本结构

使用表格显示数据，可以更直观和清晰。在 HTML 文档中，表格主要用于显示数据，虽然可以使用表格布局，但是不建议使用，它有很多弊端。表格一般由行、列和单元格组成，如图 5-1 所示。

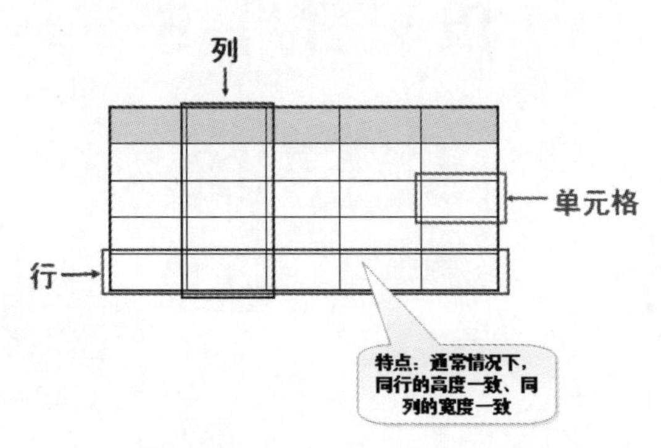

图 5-1　表格的组成

在 HTML 5 中，用于创建表格的标记如下。

(1)　<table>用于标识一个表格对象的开始，</table>标记标识一个表格对象的结束。一个表格中，只允许出现一对<table></table>标记。HTML 5 中不再支持它的任何属性。

(2)　<tr>用于标识表格一行的开始，</tr>标记用于标识表格一行的结束。表格内有多少对<tr></tr>标记，就表示表格中有多少行。HTML 5 中不再支持它的任何属性。

(3)　<td>用于标识表格某行中的一个单元格的开始，</td>标记用于标识表格某行中的一个单元格的结束。<td></td>标记应书写在<tr></tr>标记内，一对<tr></tr>标记内有多少对<td></td>标记，就表示该行有多少个单元格。在 HTML 5 中，<td>仅有 colspan 和 rowspan 两个属性。

最基本的表格必须包含一对<table></table>标记、一对或几对<tr></tr>标记以及一对或几对<td></td>标记。一对<table></table>标记定义一个表格，一对<tr></tr>标记定义一行，一对<td></td>标记定义一个单元格。

例如定义一个 4 行 3 列的表格。

【例 5.1】定义一个 4 行 3 列的表格。

```
<!DOCTYPE html>
<html>
<head>
<title>表格基本结构</title>
</head>
<body>
<table border="1">
  <tr>
    <td>A1</td>
    <td>B1</td>
    <td>C1</td>
```

```
  </tr>
  <tr>
    <td>A2</td>
    <td>B2</td>
    <td>C2</td>
  </tr>
  <tr>
    <td>A3</td>
    <td>B3</td>
    <td>C3</td>
  </tr>
  <tr>
    <td>A4</td>
    <td>B4</td>
    <td>C4</td>
  </tr>
</table>
</body>
</html>
```

在 IE 11.0 中预览网页，效果如图 5-2 所示。

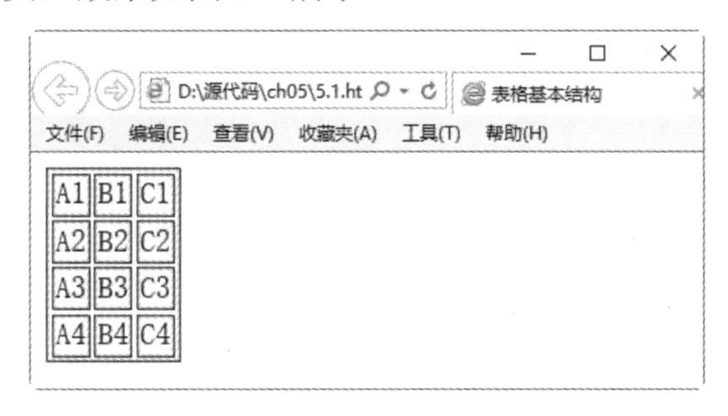

图 5-2 定义一个 4 行 3 列的表格

从预览图中，读者会发现，表格没有边框，行高及列宽也无法控制。进行上述知识讲述时，提到 HTML 5 中除了 td 标记提供两个单元格合并属性之外，<table>和<tr>标记也没有任何属性。

5.2 创建表格

表格可以分为普通表格和带有标题的表格，在 HTML 5 中可以创建这两种表格。

5.2.1 创建普通表格

例如，创建一列、一行三列和两行三列的三个表格。

【例 5.2】创建 3 个普通表格。

```
<!DOCTYPE html>
<html>
<body>
```

```
<h4>一列：</h4>
<table border="1">
<tr>
  <td>100</td>
</tr>
</table>
<h4>一行三列：</h4>
<table border="1">
<tr>
  <td>100</td>
  <td>200</td>
  <td>300</td>
</tr>
</table>
<h4>两行三列：</h4>
<table border="1">
<tr>
  <td>100</td>
  <td>200</td>
  <td>300</td>
</tr>
<tr>
  <td>400</td>
  <td>500</td>
  <td>600</td>
</tr>
</table>
</body>
</html>
```

在 IE 11.0 中预览网页，效果如图 5-3 所示。

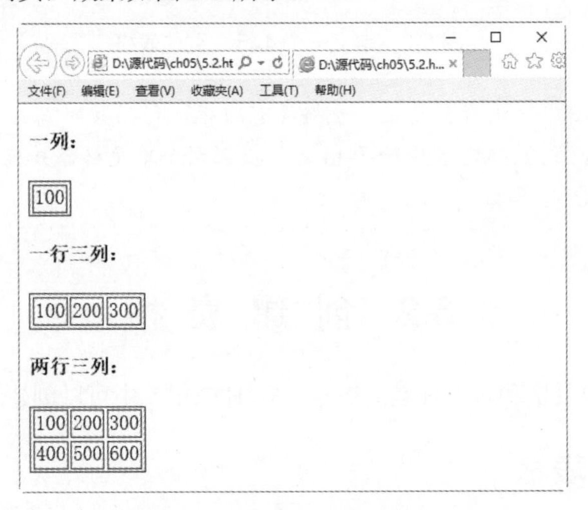

图 5-3　创建 3 个普通表格

5.2.2　创建一个带有标题的表格

有时，为了便于表述表格，还需要在表格的上面加上标题。

例如，创建一个带有标题的表格。

【例 5.3】创建带有标题的表格。

```
<!DOCTYPE html>
<html>
<body>
<h4>带有标题的表格</h4>
<table border="3">
<caption>数据统计表</caption>
<tr>
  <td>100</td>
  <td>200</td>
  <td>300</td>
</tr>
<tr>
  <td>400</td>
  <td>500</td>
  <td>600</td>
</tr>
</table>
</body>
</html>
```

在 IE 11.0 中预览网页，效果如图 5-4 所示。

图 5-4　创建一个带有标题的表格

5.3　编 辑 表 格

在创建好表格之后，还可以编辑表格，包括设置表格的边框类型、设置表格的表头、合并单元格等。

5.3.1　定义表格的边框类型

使用表格的 border 属性可以定义表格的边框类型，如常见的加粗边框的表格。

例如，创建不同边框类型的表格。

【例 5.4】定义表格的边框类型。

```
<!DOCTYPE html>
<html>
<body>
<h4>普通边框</h4>
<table border="1">
<tr>
  <td>First</td>
  <td>Row</td>
</tr>
<tr>
  <td>Second</td>
  <td>Row</td>
</tr>
</table>
<h4>加粗边框</h4>
<table border="8">
<tr>
  <td>First</td>
  <td>Row</td>
</tr>
<tr>
  <td>Second</td>
  <td>Row</td>
</tr>
</table>
</body>
</html>
```

在 IE 11.0 中预览网页，效果如图 5-5 所示。

图 5-5　创建不同边框类型的表格

5.3.2　定义表格的表头

表格中也存在有表头，常见的表头分为垂直的和水平的两种。例如，分别创建带有垂直和水平表头的表格。

【例 5.5】定义表格的表头。

```
<!DOCTYPE html>
<html>
<body>
<h4>水平的表头</h4>
<table border="1">
<tr>
  <th>姓名</th>
  <th>性别</th>
  <th>电话</th>
</tr>
<tr>
  <td>张三</td>
  <td>男</td>
  <td>123456</td>
</tr>
</table>
<h4>垂直的表头：</h4>
<table border="1">
<tr>
  <th>姓名</th>
  <td>小丽</td>
</tr>
<tr>
  <th>性别</th>
  <td>女</td>
</tr>
<tr>
  <th>电话</th>
  <td>123456</td>
</tr>
</table>
</body>
</html>
```

在 IE 11.0 中预览网页，效果如图 5-6 所示。

图 5-6　分别创建带有垂直和水平表头的表格

5.3.3　设置表格背景

当创建好表格后，为了美观，还可以设置表格的背景。例如，为表格定义背景颜色、为表格定义背景图片等。

1. 定义表格背景颜色

为表格添加背景颜色是美化表格的一种方式。

例如，为表格添加背景颜色。

【例 5.6】定义表格背景颜色。

```
<!DOCTYPE html>
<html>
<body>
<h4>背景颜色：</h4>
<table border="1"
bgcolor="green">
<tr>
  <td>100</td>
  <td>200</td>
</tr>
<tr>
  <td>300</td>
  <td>400</td>
</tr>
</table>
</body>
</html>
```

在 IE 11.0 中预览网页，效果如图 5-7 所示。

图 5-7　为表格添加背景颜色

2. 定义表格背景图片

除了可以为表格添加背景颜色外，还可以将图片设置为表格的背景。例如，为表格添加背景图片。

【例 5.7】定义表格背景图片。

```
<!DOCTYPE html>
<html>
<body>
<h4>背景图片：</h4>
<table border="1" background="images/1.gif">
<tr>
  <td>100</td>
```

```
  <td>200</td>
</tr>
<tr>
  <td>300</td>
  <td>400</td>
</tr>
</table>
</body>
</html>
```

在 IE 11.0 中预览网页，效果如图 5-8 所示。

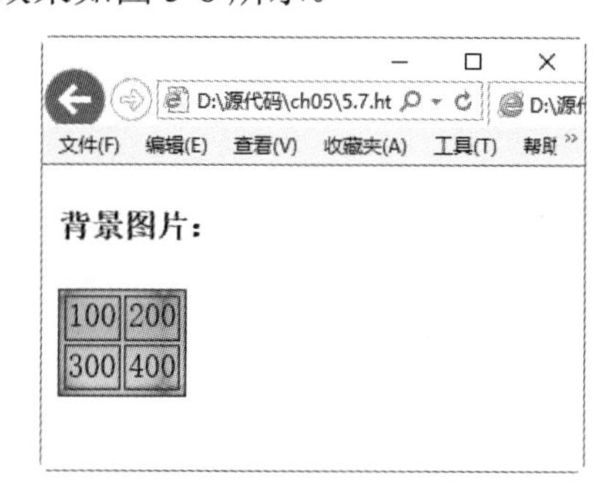

图 5-8　为表格添加背景图片

5.3.4　设置单元格的背景

除了可以为表格设置背景外，还可以为单元格设置背景，包括添加背景颜色和背景图片两种。

例如，为单元格添加背景。

【例 5.8】设置单元格的背景。

```
<!DOCTYPE html>
<html>
<body>
<h4>单元格背景</h4>
<table border="1">
<tr>
  <td bgcolor="red">100000</td>
  <td>200000</td>
</tr>
<tr>
  <td background="images/1.gif">200000</td>
  <td>300000</td>
</tr>
</table>
</body>
</html>
```

在 IE 11.0 中预览网页，效果如图 5-9 所示。

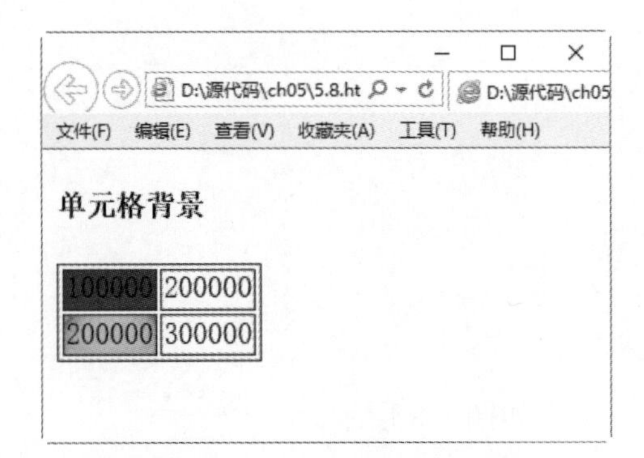

图 5-9　为单元格添加背景

5.3.5　合并单元格

在实际应用中，并非所有表格都是规范的几行几列，而是需要将某些单元格进行合并，以符合某种内容上的需要。在 HTML 中，合并的方向有两种：一是左右合并；二是上下合并。这两种合并方式只需要使用 td 标记的两个属性即可。

1. 用 colspan 属性合并左右单元格

左右单元格的合并需要使用 td 标记的 colspan 属性来完成，语法格式如下：

```
<td colspan="数值">单元格内容</td>
```

其中，colspan 属性的取值为数值型整数数据，代表几个单元格进行左右合并。

例如，在例 5.1 表格的基础上，将 A1 单元格和 B1 单元格合并成一个单元格。为第一行的第一个<td>标记增加 colspan= “2” 属性，并且将 B1 单元格的<td>标记删除。

【例 5.9】用 colspan 属性合并左右单元格。

```
<!DOCTYPE html>
<html>
<head>
<title>单元格左右合并</title>
</head>
<body>
<table border="1">
  <tr>
    <td colspan="2">A1 B1</td>
    <td>C1</td>
  </tr>
  <tr>
    <td>A2</td>
    <td>B2</td>
    <td>C2</td>
  </tr>
  <tr>
    <td>A3</td>
    <td>B3</td>
    <td>C3</td>
  </tr>
```

```
  <tr>
    <td>A4</td>
    <td>B4</td>
    <td>C4</td>
  </tr>
</table>
</body>
</html>
```

在 IE 11.0 中预览网页，效果如图 5-10 所示。

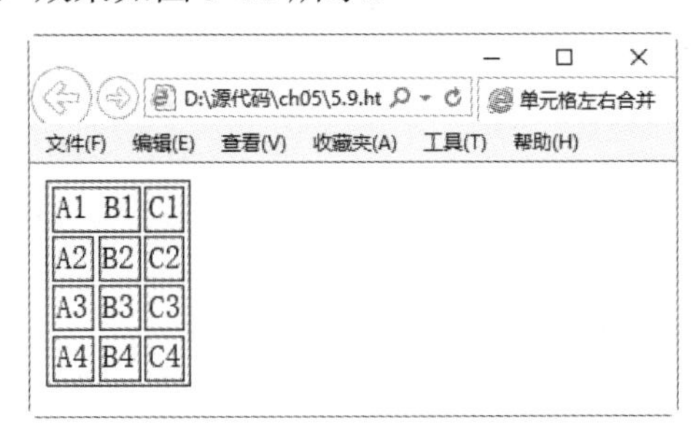

图 5-10 单元格左右合并

从预览图中可以看到，A1 和 B1 单元格合并成一个单元格，C1 还在原来的位置上。

合并单元格以后，相应的单元格标记就应该减少，例如，A1 和 B1 合并后，B1 单元格的<td></td>标记就应该丢掉，否则单元格就会多出一个，并且后面的单元格依次向右位移。

2. 用 rowspan 属性合并上下单元格

上下单元格的合并需要为<td>标记增加 rowspan 属性，语法格式如下：

```
<td rowspan="数值">单元格内容</td>
```

其中，rowspan 属性的取值为数值型整数数据，代表几个单元格进行上下合并。

例如，在例 5.1 表格的基础上，将 A1 单元格和 A2 单元格合并成一个单元格。为第一行的第一个<td>标记增加 rowspan=“2”属性，并且将 A2 单元格的<td>标记删除。

【例 5.10】用 rowspan 属性合并上下单元格。

```
<!DOCTYPE html>
<html>
<head>
<title>单元格上下合并</title>
</head>
<body>
<table border="1">
  <tr>
    <td rowspan="2">A1</td>
    <td>B1</td>
    <td>C1</td>
  </tr>
  <tr>
```

```
    <td>B2</td>
    <td>C2</td>
  </tr>
  <tr>
    <td>A3</td>
    <td>B3</td>
    <td>C3</td>
  </tr>
  <tr>
    <td>A4</td>
    <td>B4</td>
    <td>C4</td>
  </tr>
</table>
</body>
</html>
```

在 IE 11.0 中预览网页，效果如图 5-11 所示。

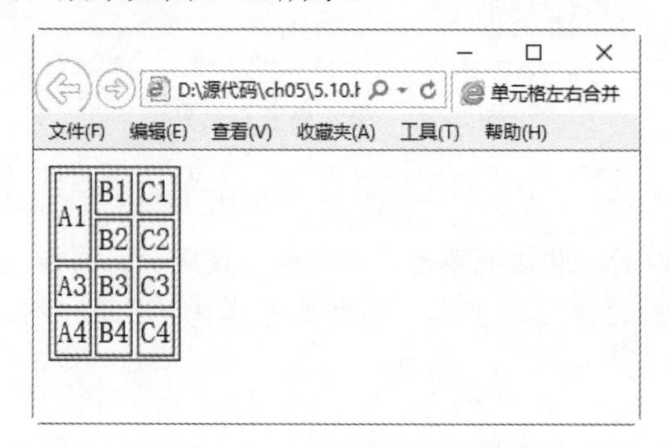

图 5-11　单元格上下合并

从预览图中可以看到，A1 单元格和 A2 单元格合并成了一个单元格。

通过上面对左右单元格合并和上下单元格合并的操作，读者会发现，合并单元格就是“丢掉”某些单元格。对于左右合并，就是以左侧为准，将右侧要合并的单元格“丢掉”；对于上下合并，就是以上方为准，将下方要合并的单元格“丢掉”。如果一个单元格既要向右合并，又要向下合并，该如实现呢？

【例 5.11】向两个方向合并单元格。

```
<!DOCTYPE html>
<html>
<head>
<title>单元格上下左右合并</title>
</head>
<body>
<table border="1">
  <tr>
    <td colspan="2" rowspan="2">A1B1<br>A2B2</td>
    <td>C1</td>
  </tr>
  <tr>
    <td>C2</td>
  </tr>
```

```
  <tr>
    <td>A3</td>
    <td>B3</td>
    <td>C3</td>
  </tr>
  <tr>
    <td>A4</td>
    <td>B4</td>
    <td>C4</td>
  </tr>
</table>
</body>
</html>
```

在IE 11.0中预览网页，效果如图5-12所示。

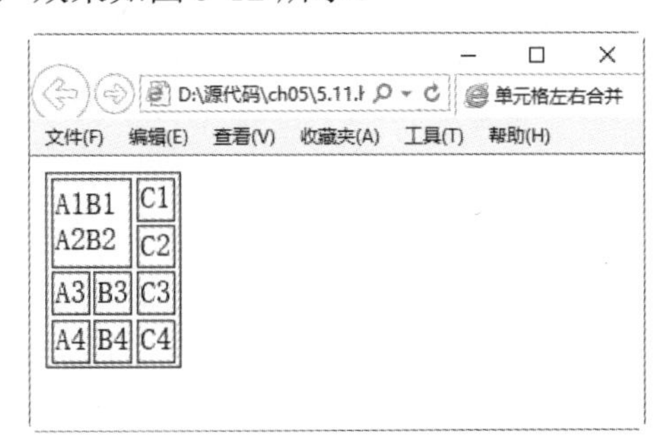

图5-12 两个方向合并单元格

从上面的代码可以看到，A1单元格向右合并B1单元格，向下合并A2单元格，并且A2单元格向右合并B2单元格。

3. 用Dreamweaver CC合并单元格

使用HTML创建表格非常麻烦，在Dreamweaver CC中，提供了表格的快捷操作，类似于在Word中编辑表格的操作。在Dreamweaver CC中创建表格，只需选择“插入”→“表格”菜单命令，在出现的对话框中指定表格的行数、列数、宽度和边框，即可在光标处创建一个空白表格。选择表格后，属性面板提供了表格的常用操作，如图5-13所示。

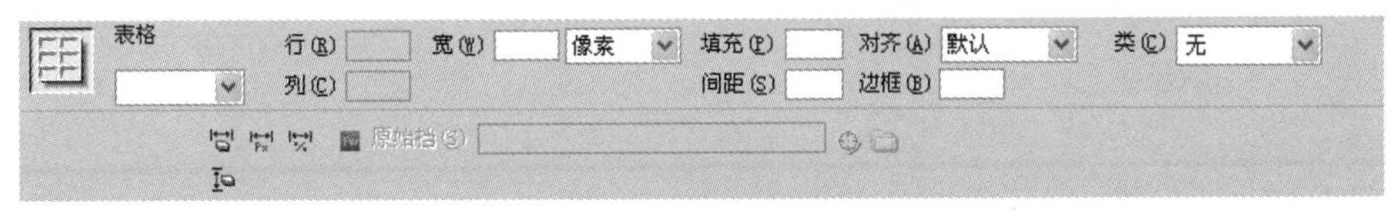

图5-13 表格的属性面板

注意 表格属性面板中的操作，请结合前面讲述的HTML语言。对于按钮命令，可将鼠标悬停于按钮之上，数秒之后会出现命令提示。

关于表格的操作不再赘述，读者可自行操作，这里重点讲解如何使用Dreamweaver CC合并单元格。在Dreamweaver CC可视化操作中，提供了合并与拆分单元格两种操作。拆分单元格的操作，其实还是进行合并的操作。进行单元格合并和拆分时，应将光标置于单元格内，

如果选择了一个单元格，拆分命令有效，如图 5-14 所示。如果选择了两个或两个以上单元格，则合并命令有效。

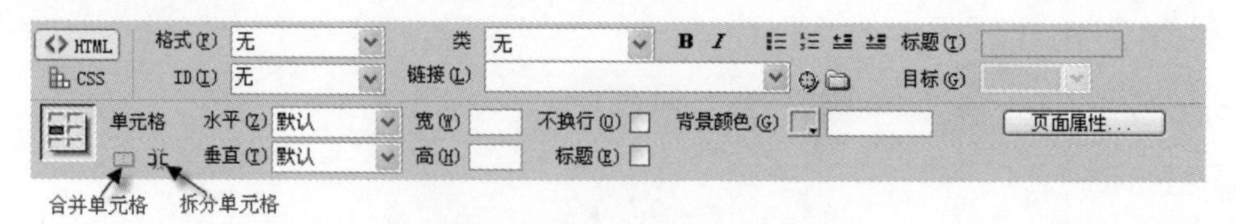

图 5-14　拆分单元格有效

5.3.6　排列单元格中的内容

使用 align 属性可以排列单元格内容，以便创建一个美观的表格。

【例 5.12】排列单元格中的内容。

```
<!DOCTYPE html>
<html>
<body>
<table width="400" border="1">
 <tr>
  <th align="left">项目</th>
  <th align="right">一月</th>
  <th align="right">二月</th>
 </tr>
 <tr>
  <td align="left">衣服</td>
  <td align="right">$241.10</td>
  <td align="right">$50.20</td>
 </tr>
 <tr>
  <td align="left">化妆品</td>
  <td align="right">$30.00</td>
  <td align="right">$44.45</td>
 </tr>
 <tr>
  <td align="left">食物</td>
  <td align="right">$730.40</td>
  <td align="right">$650.00</td>
 </tr>
 <tr>
  <th align="left">总计</th>
  <th align="right">$1001.50</th>
  <th align="right">$744.65</th>
 </tr>
</table>
</body>
</html>
```

在 IE 11.0 中预览网页，效果如图 5-15 所示。

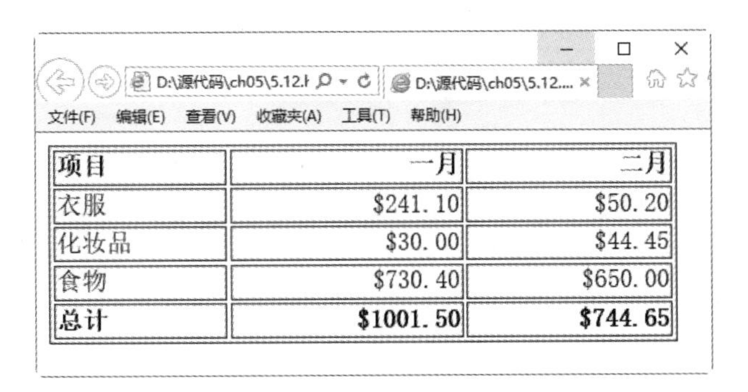

项目	一月	二月
衣服	$241.10	$50.20
化妆品	$30.00	$44.45
食物	$730.40	$650.00
总计	**$1001.50**	**$744.65**

图 5-15　排列单元格中的内容

5.3.7　设置单元格的行高与列宽

用 cellpadding 来创建单元格内容与其边框之间的空白，从而调整表格的行高与列宽。

【例 5.13】设置单元格的行高与列宽。

```
<!DOCTYPE html>
<html>
<body>
<h4>调整前</h4>
<table border="1">
<tr>
  <td>1000</td>
  <td>2000</td>
</tr>
<tr>
  <td>2000</td>
  <td>3000</td>
</tr>
</table>
<h4>调整后</h4>
<table border="1" cellpadding="10">
<tr>
  <td>1000</td>
  <td>2000</td>
</tr>
<tr>
  <td>2000</td>
  <td>3000</td>
</tr>
</table>
</body>
</html>
```

在 IE 11.0 中预览网页，效果如图 5-16 所示。

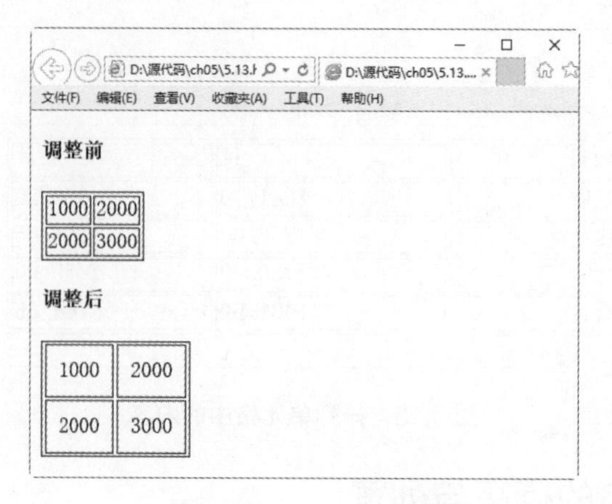

图 5-16 用 cellpadding 来调整表格的行高与列宽

5.4 完整的表格标记

上面讲述了表格中最常用也是最基本的 3 个标记<table>、<tr>和<td>，使用它们可以构建出最简单的表格。为了让表格结构更清楚，以及配合后面学习的 CSS 样式，更方便地制作各种样式的表格，表格中还会出现表头、主体、脚注等。

按照表格结构，可以把表格的行分组，称为“行组”。不同的行组具有不同的意义。行组分为 3 类——“表头”“主体”和“脚注”。三者相应的 HTML 标记依次为<thead>、<tbody>和<tfoot>。

此外，在表格中还有 2 个标记：<caption>标记表示表格的标题；在一行中，除了<td>标记表示一个单元格以外，还可以使用<th>表示该单元格是这一行的“行头”。

【例 5.14】制作完整的表格。

```
<!DOCTYPE html>
<html>
<head>
<title>完整表格标记</title>
<style>
tfoot{
   background-color:#FF3;
}
</style>
</head>
<body>
<table border="1">
  <caption>学生成绩单</caption>
  <thead>
    <tr>
      <th>姓名</th><th>性别</th><th>成绩</th>
    </tr>
  </thead>
   <tfoot>
    <tr>
      <td>平均分</td><td colspan="2">540</td>
```

```
    </tr>
  </tfoot>
  <tbody>
    <tr>
      <td>张三</td><td>男</td><td>560</td>
    </tr>
    <tr>
      <td>李四</td><td>男</td><td>520</td>
    </tr>
  </tbody>
</table>
</body>
</html>
```

从上面的代码中可以发现，使用<caption>标记定义了表格标题，同时用<thead>、<tbody>和<tfoot>标记对表格进行了分组。在<thead>部分使用<th>标记代替<td>标记定义单元格，<th>标记定义的单元格内容默认加粗显示。网页的预览效果如图5-17所示。

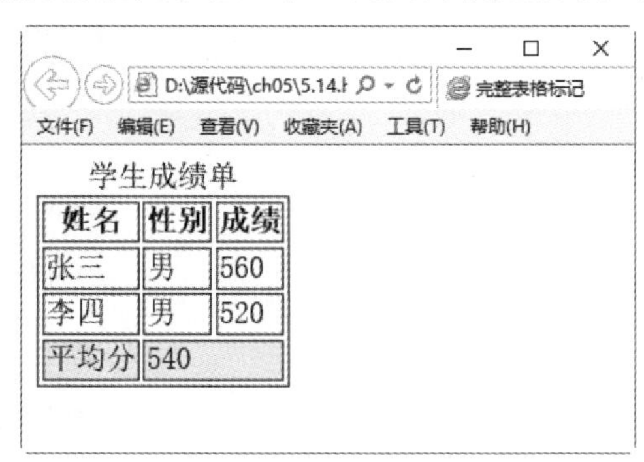

图5-17　完整的表格结构

<caption>标记必须紧随<table>标记之后。

5.5　综合案例——制作计算机报价表

利用所学的表格知识，来制作如图5-18所示的计算机报价表。

具体操作步骤如下。

step 01 新建HTML文档，并对其进行简化，代码如下：

```
<!DOCTYPE html>
<html>
<head>
<meta charset="utf-8" />
<title>完整表格标记</title>
</head>
<body>
</body>
</html>
```

计算机报价单

型号	类型	价格	图片
宏碁 (Acer) AS4552-P362G32MNCC	笔记本	￥2799	
戴尔 (Dell) 14VR-188	笔记本	￥3499	
联想 (Lenovo) G470AH2310W42G500P7CW3(DB)-CN	笔记本	￥4149	
戴尔家用 (DELL) I560SR-656	台式	￥3599	
宏图奇眩(Hiteker) HS-5508-TF	台式	￥3399	
联想 (Lenovo) G470	笔记本	￥4299	

图 5-18　计算机报价表

step 02 保存 HTML 文件，选择相应的保存位置，文件名为“综合示例——购物简易计算器.html”。

step 03 在 HTML 文档的 body 部分增加表格及内容，代码如下：

```
<table>
   <caption>计算机报价单</caption>
    <tr>
      <th>型号</th>
      <th>类型</th>
      <th>价格</th>
      <th>图片</th>
    </tr>
    <tr>
      <td>宏碁(Acer) AS4552-P362G32MNCC</td>
      <td>笔记本</td>
      <td>￥2799</td>
      <td><img src="images/Acer.jpg" width="120" height="120"></td>
    </tr>
    <tr>
      <td>戴尔(Dell) 14VR-188</td><td>笔记本</td>
```

```
      <td>￥3499</td>
      <td><img src="images/Dell.jpg" width="120" height="120"></td>
    </tr>
     <tr>
      <td>联想(Lenovo) G470AH2310W42G500P7CW3(DB)-CN  </td>
      <td>笔记本</td>
      <td>￥4149</td>
      <td><img src="images/Lenovo.jpg" width="120" height="120"></td>
    </tr>
    <tr>
      <td>戴尔家用(DELL)  I560SR-656</td>
      <td>台式</td>
      <td>￥3599</td>
      <td><img src="images/DellT.jpg" width="120" height="120"></td>
    </tr>
    <tr>
      <td>宏图奇眩(Hiteker)  HS-5508-TF</td>
      <td>台式</td>
      <td>￥3399</td>
      <td><img src="images/Hiteker.jpg" width="120" height="120"></td>
    </tr>
    <tr>
      <td>联想(Lenovo) G470</td>
      <td>笔记本</td>
      <td>￥4299</td>
      <td><img src="images/LenovoG.jpg" width="120" height="120"></td>
    </tr>
</table>
```

利用 caption 标记制作表格的标题，用<th>代替<td>作为标题行单元格。可以将图片放在单元格内，即在<td>标记内使用<img>标记。

step 04 在 HTML 文档的 head 部分增加 CSS 样式，为表格增加边框及相应的修饰，代码如下：

```
<style>
table{
    /*表格增加线宽为 3 的橙色实线边框*/
    border:3px solid #F60;
}
caption{
    /*表格标题字号 36*/
    font-size:36px;
}
th,td{
    /*表格单元格(th、td)增加边线*/
    border:1px solid #F90;
}
</style>
```

step 05 保存网页后，即可查看最终效果。

5.6 跟我学上机——制作学生成绩表

本练习将结合前面学习的知识，创建一个学生成绩表。具体操作步骤如下。

step 01 分析需求。

首先需要建立一个表格，所有行的颜色不单独设置，统一采用表格本身的背景色。然后根据 CSS 设置可以实现该效果，如图 5-19 所示。

D:\源代码\ch05\上机练习.html　学生成绩表
文件(F)　编辑(E)　查看(V)　收藏夹(A)　工具(T)　帮助(H)

学生成绩表

姓名	语文成绩
王锋	85
李伟	78
张宇	89
苏石	86
马丽	90
张丽	90
冯尚	85
李旺	75

图 5-19　变色表格

step 02 创建 HTML 网页，创建 table 表格。代码如下：

```
<!DOCTYPE html>
<html>
<head>
<title>学生成绩表</title>
</head>
<body>
<table border="0" cellpadding="0" cellspacing="1">
<caption>学生成绩表</caption>
    <tr>
      <th>姓名</th>
      <th>语文成绩</th>
    </tr>
    <tr class="hui">
      <td>王锋</td>
      <td>85</td>
    </tr>
    <tr>
      <td>李伟</td>
      <td>78</td>
    </tr>
    <tr class="hui">
      <td>张宇</td>
```

```
      <td>89</td>
    </tr>
    <tr>
      <td>苏石</td>
      <td>86</td>
    </tr>
    <tr class="hui">
      <td>马丽</td>
      <td>90</td>
    </tr>
    <tr>
      <td>张丽</td>
      <td>90</td>
    </tr>
    <tr class="hui">
      <td>冯尚</td>
      <td>85</td>
    </tr>
    <tr>
      <td >李旺</td>
      <td>75</td>
    </tr>
</table>
</body>
</html>
```

在 IE 11.0 中浏览网页，效果如图 5-20 所示，可以看到显示了一个表格，表格不带有边框，字体等都是默认显示。

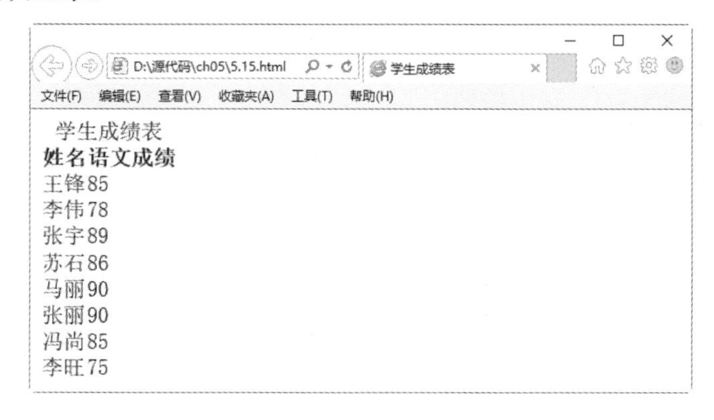

图 5-20 创建基本表格

step 03 添加 CSS 代码，修饰 table 表格和单元格：

```
<style type="text/css">
<!--
table {
    width: 600px;
    margin-top: 0px;
    margin-right: auto;
    margin-bottom: 0px;
    margin-left: auto;
    text-align: center;
```

```
    background-color: #000000;
    font-size: 9pt;
}
td {
    padding: 5px;
    background-color: #FFFFFF;
}
-->
</style>
```

在 IE 11.0 中浏览网页，效果如图 5-21 所示，可以看到显示了一个表格，表格带有边框，行内字体居中显示，但列标题背景色为黑色，其中字体不能够显示。

D:\源代码\ch05\5.15.html 学生成绩表
文件(F) 编辑(E) 查看(V) 收藏夹(A) 工具(T) 帮助(H)

学生成绩表

王锋	85
李伟	78
张宇	89
苏石	86
马丽	90
张丽	90
冯尚	85
李旺	75

图 5-21　设置 table 样式

step 04 添加 CSS 代码，修饰标题：

```
caption{
    font-size: 36px;
    font-family: "黑体", "宋体";
    padding-bottom: 15px;
}
tr{
    font-size: 13px;
    background-color: #cad9ea;
    color: #000000;
}
th{
    padding: 5px;
}
.hui td {
    background-color: #f5fafe;
}
```

上述代码使用了类选择器 hui 来定义每个 td 行所显示的背景色，此时需要在表格中每个奇数行都引入该类选择器。例如<tr class="hui">，从而设置奇数行的背景色。

在 IE 11.0 中浏览网页，效果如图 5-22 所示，可以看到，一个表格中列标题一行背景色显示为浅蓝色，并且表格中奇数行背景色显示为浅灰色，而偶数行背景色显示为默认的白色。

D:\源代码\ch05\5.15.html　学生成绩表

文件(F)　编辑(E)　查看(V)　收藏夹(A)　工具(T)　帮助(H)

学生成绩表

姓名	语文成绩
王锋	85
李伟	78
张宇	89
苏石	86
马丽	90
张丽	90
冯尚	85
李旺	75

图 5-22　设置奇数行背景色

step 05 添加 CSS 代码，实现鼠标悬浮变色：

```
tr:hover td {
   background-color: #FF9900;
}
```

在 IE 11.0 中浏览网页，效果如图 5-23 所示，可以看到，当鼠标放到不同行上面时，其背景会显示不同的颜色。

D:\源代码\ch05\5.15.html　学生成绩表

文件(F)　编辑(E)　查看(V)　收藏夹(A)　工具(T)　帮助(H)

学生成绩表

姓名	语文成绩
王锋	85
李伟	78
张宇	89
苏石	86
马丽	90
张丽	90
冯尚	85
李旺	75

图 5-23　鼠标悬浮改变颜色

5.7　疑难解惑

疑问 1：在 Dreamweaver CC 中如何选择多个单元格？

在 Dreamweaver CC 中选择单元格的操作类似于文字处理工具 Word，按住鼠标左键拖动鼠标，经过的单元格都会被选中。按住 Ctrl 键，单击某个单元格，该单元格将会被选中，这些单元格可以是连续的，也可以是不连续的。在需要选择区域的开头单元格中单击，按住Shift键，在区域的末尾单元格中单击，开头和结尾单元格组成的区域内的所有单元格将会被选中。

疑问2：表格除了显示数据，还可以进行布局，为何不使用表格进行布局？

在互联网刚刚开始普及时，网页非常简单，形式也非常单调，当时美国的David Siegel发明了使用表格布局，风靡全球。在表格布局的页面中，表格不但需要显示内容，还要控制页面的外观及显示位置，导致页面代码过多，结构与内容无法分离，这样就给网站的后期维护和很多其他方面带来了麻烦。

疑问3：用<thead>、<tbody>和<tfoot>标记对行进行分组的意义何在？

在HTML文档中增加<thead>、<tbody>和<tfoot>标记虽然从外观上不能看出任何变化，但是它们却使文档的结构更加清晰。另外，使用<thead>、<tbody>和<tfoot>标记除了使文档更加清晰外，还有一个更重要的意义，就是方便使用CSS样式对表格的各个部分进行修饰，从而制作出更炫的表格。

第 6 章 用 HTML 5 创建表单

在网页中，表单的作用比较重要，主要负责采集浏览者的相关数据。例如常见的登录表、调查表和留言表等。在 HTML 5 中，表单拥有多个新的表单输入类型，这些新特性提供了更好的输入控制和验证。

6.1 表单概述

表单主要用于收集网页上浏览者的相关信息。其标签为<form></form>。表单的基本语法格式如下：

```
<form action="url" method="get|post" enctype="mime"></form>
```

其中，action="url"指定处理提交表单的格式，它可以是一个 URL 地址或一个电子邮件地址。method="get"或"post"指明提交表单的 HTTP 方法。enctype="mime"指明用来把表单提交给服务器时的互联网媒体形式。

表单是一个能够包含表单元素的区域。通过添加不同的表单元素，将显示不同的效果。

【例 6.1】制作用户登录窗口。

```
<!DOCTYPE html>
<html>
<head></head>
<body>
<form>
    下面是输入用户登录信息
    <br>
    用户名称
    <input type="text" name="user">
    <br>
    用户密码
    <input type="password" name="password"><br>
    <input type="submit" value="登录">
</form>
</body>
</html>
```

在 IE 11.0 中浏览，效果如图 6-1 所示，可以看到用户登录信息页面。

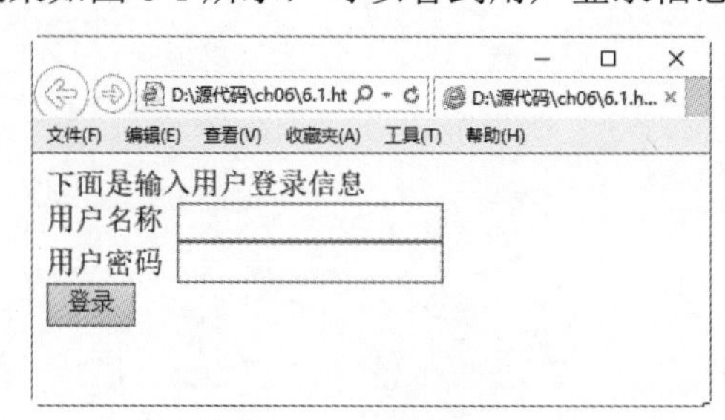

图 6-1 用户登录窗口

6.2 表单基本元素的使用

表单元素是能够让用户在表单中输入信息的元素。常见的有文本框、密码框、下拉列表框、单选按钮、复选框等。下面主要讲述表单基本元素的使用方法和技巧。

6.2.1 单行文本输入框

文本框是一种让访问者自己输入内容的表单对象，通常被用来填写单个字或者简短的回答，如用户姓名、地址等。

代码格式如下：

```
<input type="text" name="..." size="..." maxlength="..." value="...">
```

其中，type=“text”定义单行文本输入框，name 属性定义文本框的名称，要保证数据的准确采集，必须定义一个独一无二的名称；size 属性定义文本框的宽度，单位是单个字符宽度；maxlength 属性定义最多输入的字符数。value 属性定义文本框的初始值。

【例 6.2】设置单行文本输入框。

```
<!DOCTYPE html>
<html>
<head><title>输入用户的姓名</title></head>
<body>
<form>
    请输入您的姓名：
    <input type="text" name="yourname" size="20" maxlength="15">
    请输入您的地址：
    <input type="text" name="youradr" size="20" maxlength="15">
</form>
</body>
</html>
```

在 IE 11.0 中浏览，效果如图 6-2 所示，可以看到两个单行文本输入框。

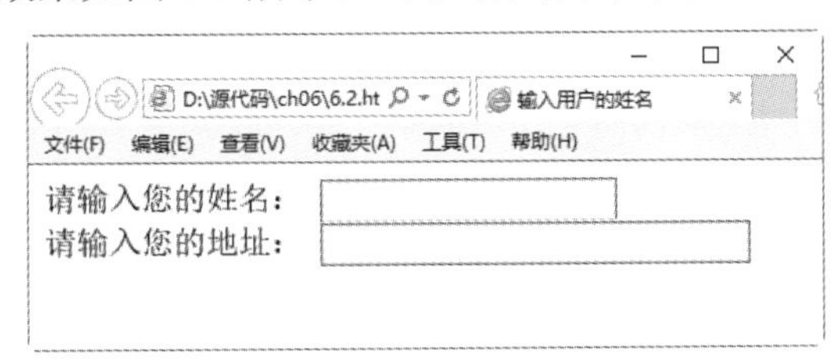

图 6-2 单行文本输入框

6.2.2 多行文本输入框

多行文本输入框(textarea)主要用于输入较长的文本信息。代码格式如下：

```
<textarea name="..." cols="..." rows="..." wrap="..."></textarea>
```

其中，name 属性定义多行文本框的名称，要保证数据的准确采集，必须定义一个独一无二的名称；cols 属性定义多行文本框的宽度，单位是单个字符宽度；rows 属性定义多行文本框的高度，单位是单个字符宽度。wrap 属性定义输入内容大于文本域时显示的方式。

【例 6.3】设置多行文本输入框。

```
<!DOCTYPE html>
<html>
```

```
<head><title>多行文本输入</title></head>
<body>
<form>
    请输入您最新的工作情况<br>
    <textarea name="yourworks" cols ="50" rows = "5"></textarea>
    <br>
    <input type="submit" value="提交">
</form>
</body>
</html>
```

在 IE 11.0 中浏览，效果如图 6-3 所示，可以看到多行文本输入框。

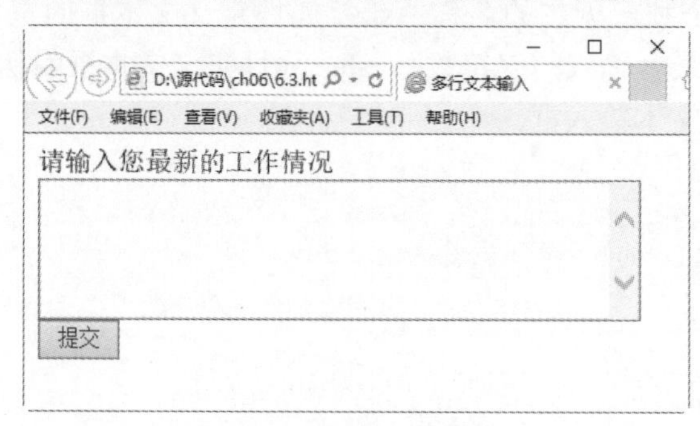

图 6-3　多行文本输入框

6.2.3　密码输入框

密码输入框是一种特殊的文本域，主要用于输入一些保密信息。当网页浏览者输入文本时，显示的是黑点或者其他符号，这样就增加了输入文本的安全性。代码格式如下：

```
<input type="password" name="..." size="..." maxlength="...">
```

其中 type="password" 定义密码框；name 属性定义密码框的名称，要保证唯一性；size 属性定义密码框的宽度，单位是单个字符宽度；maxlength 属性定义最多输入的字符数。

【例 6.4】设置密码输入框。

```
<!DOCTYPE html>
<html>
<head><title>输入用户姓名和密码</title></head>
<body>
<form>
用户姓名：
<input type="text" name="yourname">
<br>
登录密码：
<input type="password" name="yourpw"><br>
</form>
</body>
</html>
```

在 IE 11.0 中浏览，效果如图 6-4 所示，输入用户名和密码时，可以看到密码以黑点的形式显示。如果想查看输入的登录密码，可以单击眼睛图表，即可显示输入的具体代码。

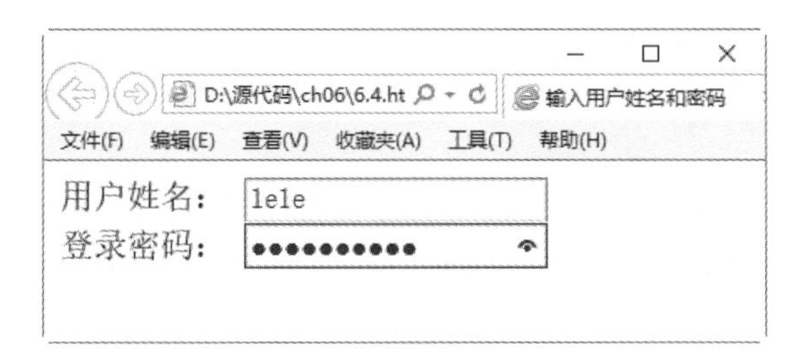

图 6-4 密码输入框

6.2.4 单选按钮

单选按钮主要是让网页浏览者在一组选项里只能选中一个。代码格式如下：

```
<input type="radio" name="" value="">
```

其中，type=“radio”定义单选按钮，name 属性定义单选按钮的名称，单选按钮都是以组为单位使用的，在同一组中的单选按钮都必须用同一个名称；value 属性定义单选按钮的值，在同一组中，它们的域值必须是不同的。

【例 6.5】设置单选按钮。

```
<!DOCTYPE html>
<html>
<head><title>选择感兴趣的图书</title></head>
<body>
<form>
    请选择您感兴趣的图书类型：
    <br>
    <input type="radio" name="book" value="Book1">网站编程<br>
    <input type="radio" name="book" value="Book2">办公软件<br>
    <input type="radio" name="book" value="Book3">设计软件<br>
    <input type="radio" name="book" value="Book4">网络管理<br>
    <input type="radio" name="book" value="Book5">黑客攻防<br>
</form>
</body>
</html>
```

在 IE 11.0 中浏览，效果如图 6-5 所示，即可以看到 5 个单选按钮，而用户只能选中其中一个。

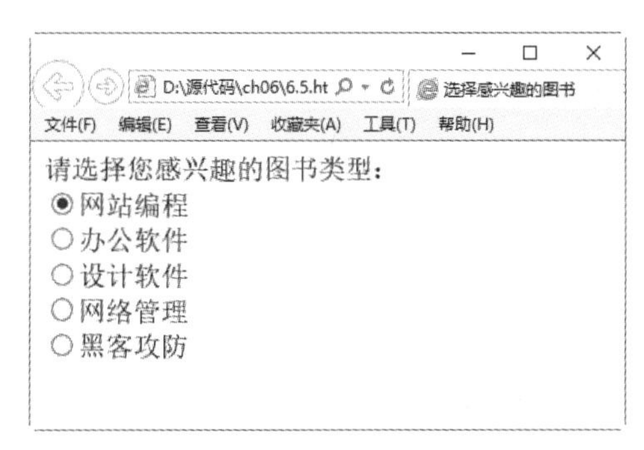

图 6-5 单选按钮

6.2.5　复选框

复选框主要是让网页浏览者在一组选项里可以同时选择多个选项。每个复选框都是一个独立的元素，都必须有一个唯一的名称。代码格式如下：

```
<input type="checkbox" name="" value="">
```

其中 type="checkbox"定义复选框；name 属性定义复选框的名称，在同一组中的复选框都必须用同一个名称；value 属性定义复选框的值。

【例 6.6】设置复选框。

```
<!DOCTYPE html>
<html>
<head><title>选择感兴趣的图书</title></head>
<body>
<form>
    请选择您感兴趣的图书类型：<br>
    <input type="checkbox" name="book" value="Book1">网站编程<br>
    <input type="checkbox" name="book" value="Book2">办公软件<br>
    <input type="checkbox" name="book" value="Book3">设计软件<br>
    <input type="checkbox" name="book" value="Book4">网络管理<br>
    <input type="checkbox" name="book" value="Book5" checked>黑客攻防<br>
</form>
</body>
</html>
```

checked 属性主要用来设置默认勾选项。

在 IE 11.0 中浏览，可以看到 5 个复选框，其中“黑客攻防”复选框被默认勾选。同时，浏览者还可以勾选其他复选框，效果如图 6-6 所示。

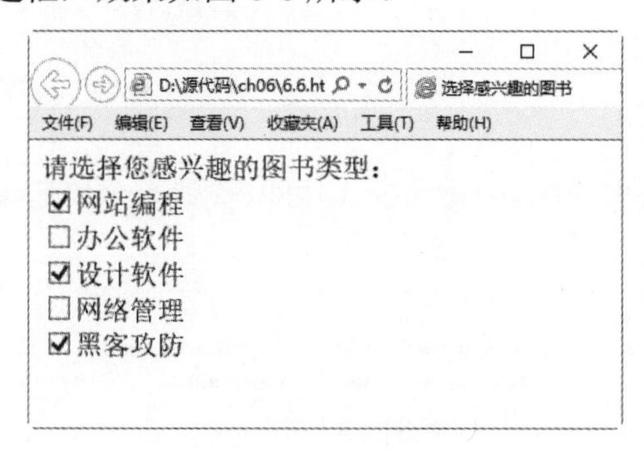

图 6-6　复选框

6.2.6　列表框

列表框主要用于在有限的空间里设置多个选项。列表框既可以用作单选，也可以用作复选。代码格式如下：

```
<select name="..." size="..." multiple>
   <option value="..." selected>
      ...
   </option>
   ...
</select>
```

其中，size 属性定义列表框的行数；name 属性定义列表框的名称；multiple 属性表示可以多选，如果不设置本属性，那么只能单选；value 属性定义列表项的值；selected 属性表示默认已经选中本选项。

【例 6.7】设置列表框。

```
<!DOCTYPE html>
<html>
<head><title>选择感兴趣的图书</title></head>
<body>
<form>
   请选择您感兴趣的图书类型：<br>
   <select name="fruit" size = "3" multiple>
      <option value="Book1">网站编程
      <option value="Book2">办公软件
      <option value="Book3">设计软件
      <option value="Book4">网络管理
      <option value="Book5">黑客攻防
   </select>
</form>
</body>
</html>
```

在 IE 11.0 中浏览，效果如图 6-7 所示，可以看到列表框，其中显示了 3 行选项，用户可以按住 Ctrl 键，选择多个选项。

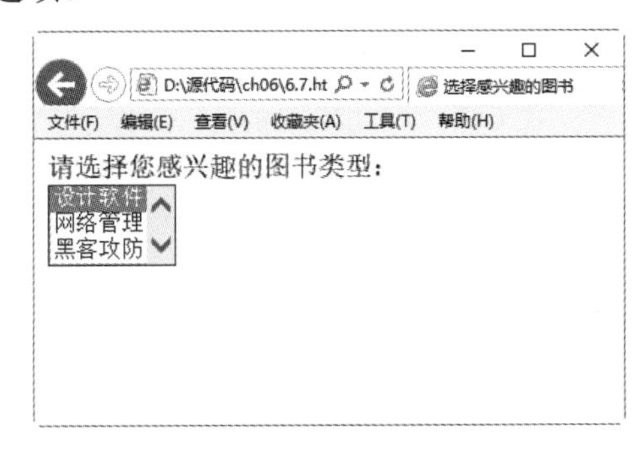

图 6-7　列表框

6.2.7　普通按钮

普通按钮用来控制其他定义了处理脚本的处理工作。代码格式如下：

```
<input type="button" name="..." value="..." onClick="...">
```

其中 type=“button”定义为普通按钮；name 属性定义普通按钮的名称；value 属性定义按钮的显示文字；onClick 属性表示单击行为，也可以是其他的事件，通过指定脚本函数来定

义按钮的行为。

【例 6.8】设置普通按钮。

```
<!DOCTYPE html>
<html/>
<body/>
<form/>
    单击下面的按钮，把文本框 1 的内容拷贝到文本框 2 中：
    <br>
    文本框 1: <input type="text" id="field1" value="学习 HTML 5 的技巧">
    <br>
    文本框 2: <input type="text" id="field2">
    <br>
    <input type="button" name="..." value="单击我" onClick="document
      .getElementById('field2').value=document
      .getElementById('field1').value">
</form>
</body>
</html>
```

在 IE 11.0 中浏览，效果如图 6-8 所示，单击“单击我”按钮，即可实现将文本框 1 中的内容复制到文本框 2 中的操作。

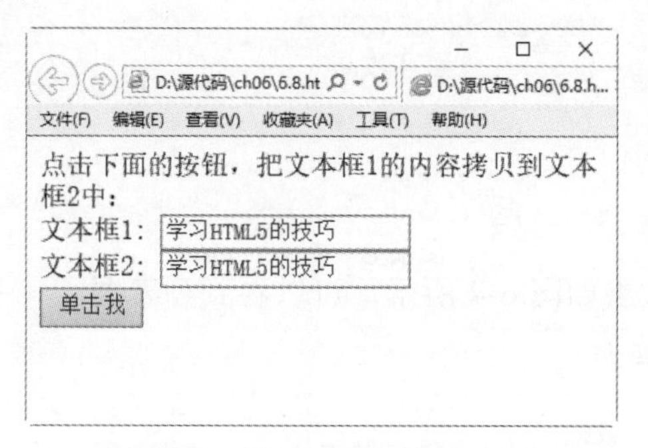

图 6-8　单击按钮后的复制效果

6.2.8　提交按钮

提交按钮用来将输入的信息提交到服务器。代码格式如下：

```
<input type="submit" name="..." value="...">
```

其中 type=“submit”定义为提交按钮；name 属性定义提交按钮的名称；value 属性定义按钮的显示文字。通过提交按钮，可以将表单里的信息提交给表单中 action 所指向的文件。

【例 6.9】设置提交按钮。

```
<!DOCTYPE html>
<html>
<head><title>输入用户名信息</title></head>
<body>
<form  action="http://www.yinhangit.com/yonghu.asp" method="get">
    请输入你的姓名:
    <input type="text" name="yourname">
```

```
    <br>
    请输入你的住址：
    <input type="text" name="youradr">
    <br>
    请输入你的单位：
    <input type="text" name="yourcom">
    <br>
    请输入你的联系方式：
    <input type="text" name="yourcom">
    <br>
    <input type="submit" value="提交">
</form>
</body>
</html>
```

在 IE 11.0 中浏览，效果如图 6-9 所示，输入内容后单击“提交”按钮，即可将表单中的数据发送到指定的文件。

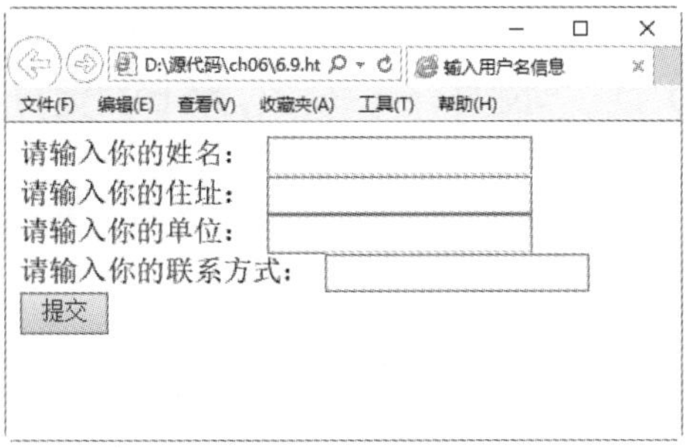

图 6-9　提交按钮

6.2.9　重置按钮

重置按钮又称为复位按钮，用来重置表单中输入的信息。其代码格式如下：

```
<input type="reset" name="..." value="...">
```

其中，type=“reset”定义复位按钮；name 属性定义复位按钮的名称；value 属性定义按钮的显示文字。

【例 6.10】设置重置按钮。

```
<!DOCTYPE html>
<html>
<body>
<form>
    请输入用户名称：
    <input type='text'>
    <br/>
    请输入用户密码：
    <input type='password'>
    <br>
    <input type="submit" value="登录">
    <input type="reset" value="重置">
</form>
```

```
</body>
</html>
```

在 IE 11.0 中浏览，效果如图 6-10 所示，输入内容后单击“重置”按钮，即可实现将表单中的数据清空的目的。

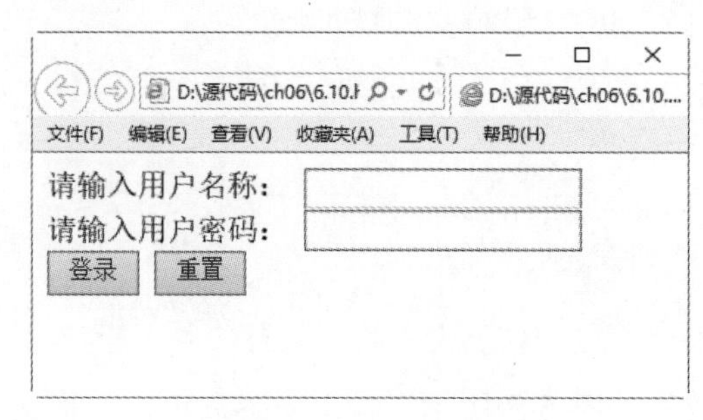

图 6-10 重置按钮

6.3 表单高级元素的使用

除了上述基本元素外，HTML 5 中还有一些高级元素。包括 url、email、time、range、search 等。

6.3.1 url 属性的使用

url 属性是用于说明网站网址的。显示为一个文本字段输入 URL 地址。在提交表单时，会自动验证 url 的值。其代码格式如下：

```
<input type="url" name="userurl"/>
```

另外，用户可以使用普通属性设置 url 输入框。例如，可以使用 max 属性设置其最大值、使用 min 属性设置其最小值、使用 step 属性设置合法的数字间隔、利用 value 属性规定其默认值。对于另外的高级属性中同样的设置不再重复讲述。

【例 6.11】使用 url 属性。

```
<!DOCTYPE html>
<html>
<body>
<form>
    <br/>
    请输入网址：
    <input type="url" name="userurl"/>
</form>
</body>
</html>
```

在 IE 11.0 中的浏览效果如图 6-11 所示，用户即可输入相应的网址。

图 6-11 url 属性的效果

6.3.2 email 属性的使用

与 url 属性类似，email 属性用于让浏览者输入 E-mail 地址。在提交表单时，会自动验证 email 域的值。其代码格式如下：

```
<input type="email" name="user_email"/>
```

【例 6.12】使用 email 属性。

```
<!DOCTYPE html>
<html>
<body>
<form>
    <br/>
    请输入您的邮箱地址：
    <input type="email" name="user_email"/>
    <br>
    <input type="submit" value="提交">
</form>
</body>
</html>
```

在 IE 11.0 中浏览，效果如图 6-12 所示，用户即可输入相应的邮箱地址。如果用户输入的邮箱地址不合法，单击“提交”按钮后，会弹出提示信息。

图 6-12 email 属性的效果

6.3.3 date 和 time 属性的使用

在 HTML 5 中，新增了一些日期和时间输入类型，包括 date、datetime、datetime-local、

month、week 和 time。它们的具体含义如表 6-1 所示。

表 6-1 HTML 5 中新增的一些日期和时间属性

属 性	含 义
date	选取日、月、年
month	选取月、年
week	选取周和年
time	选取时间
datetime	选取时间、日、月、年
datetime-local	选取时间、日、月、年(本地时间)

上述属性的代码格式彼此类似，例如以 date 属性为例，其代码格式如下：

```
<input type="date" name="user_date" />
```

【例 6.13】使用 date 属性。

```
<!DOCTYPE html>
<html>
<body>
<form>
    <br/>
    请选择购买商品的日期:
    <br>
    <input type="date" name="user_date"/>
</form>
</body>
</html>
```

在 Opera 中浏览，效果如图 6-13 所示，用户单击输入框中的向下按钮，即可在弹出的窗口中选择需要的日期。

图 6-13 date 属性的效果

6.3.4 number 属性的使用

number 属性提供了一个输入数字的输入类型。用户可以直接输入数值，或者通过单击微调框中的向上或者向下按钮来选择数值。其代码格式如下：

```
<input type="number" name="shuzi" />
```

【例 6.14】使用 number 属性。

```
<!DOCTYPE html>
<html>
<body>
<form>
    <br/>
    此网站我曾经来
    <input type="number" name="shuzi"/>次了哦！
</form>
</body>
</html>
```

在 Opera 11.6 中浏览，效果如图 6-14 所示，用户可以直接输入数值，也可以单击微调按钮选择合适的数值。

图 6-14　number 属性的效果

强烈建议用户使用 min 和 max 属性规定输入的最小值和最大值。

6.3.5　range 属性的使用

range 属性显示为一个滑条控件。与 number 属性一样，用户可以使用 max、min 和 step 属性来控制控件的范围。其代码格式如下：

```
<input type="range" name="" min="" max="" />
```

其中 min 和 max 分别控制滑条控件的最小值和最大值。

【例 6.15】使用 range 属性。

```
<!DOCTYPE html>
<html>
<body>
<form>
    <br/>
    英语成绩公布了！我的成绩名次为：
```

```
    <input type="range" name="ran" min="1" max="10"/>
</form>
</body>
</html>
```

在 IE 中浏览，效果如图 6-15 所示，用户可以拖曳滑块，从而选择合适的数值。

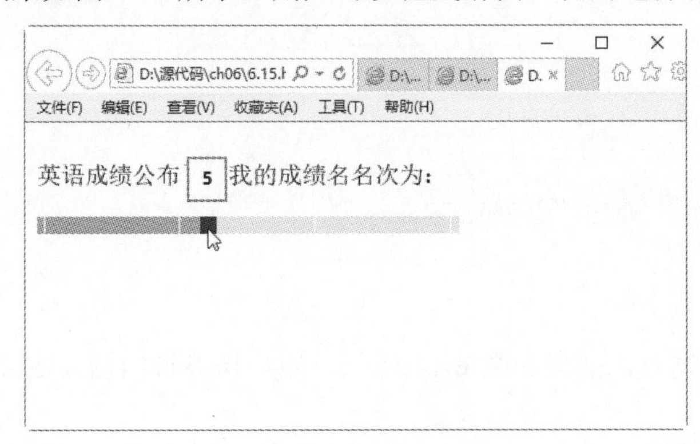

图 6-15　range 属性的效果

在默认情况下，滑块位于中间位置。如果用户指定的最大值小于最小值，则允许使用反向滑条，目前浏览器对这一属性还不能很好地支持。

6.3.6　required 属性的使用

required 属性规定必须在提交之前填写输入域(不能为空)。

required 属性适用于以下类型的输入属性：text、search、url、email、password、date、pickers、number、checkbox、radio 等。

【例 6.16】使用 required 属性。

```
<!DOCTYPE html>
<html>
<body>
<form>
    下面是输入用户登录信息
    <br>
    用户名称
    <input type="text" name="user" required="required">
    <br>
    用户密码
    <input type="password" name="password" required="required">
    <br>
    <input type="submit" value="登录">
</form>
</body>
</html>
```

在 IE 中浏览，效果如图 6-16 所示，如果用户只是输入密码，然后单击“登录”按钮，将弹出提示信息。

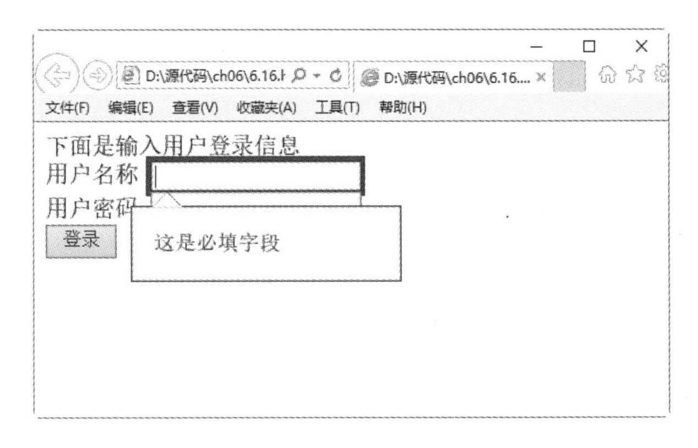

图 6-16 required 属性的效果

6.4 综合案例——创建用户反馈表单

本例中，将使用一个表单内的各种元素来开发一个简单网站的用户意见反馈页面。

具体操作步骤如下。

step 01 分析需求。

反馈表单非常简单，通常包含 3 个部分，需要在页面上方给出标题，标题下方是 nl 正文部分，即表单元素，最下方是表单元素提交按钮。在设计这个页面时，需要把“用户注册”标题设置成 h1 大小，正文使用 p 来限制表单元素。

step 02 构建 HTML 页面，实现表单内容。代码如下：

```
<!DOCTYPE html>
<html>
<head>
<title>用户反馈页面</title>
</head>
<body>
<h1 align=center>用户反馈表单</h1>
<form method="post">
    <p>姓    名:
    <input type="text" class="txt" size="12"
     maxlength="20" name="username" /></p>
    <p>性    别:
    <input type="radio" value="male" />男
    <input type="radio" value="female" />女</p>
    <p>年    龄:
    <input type="text" class=txt name="age" /></p>
    <p>联系电话:
    <input type="text" class=txt name="tel" /></p>
    <p>电子邮件:
    <input type="text" class=txt name="email" /></p>
    <p>联系地址:
    <input type="text" class=txt name="address" /></p>
    <p>
    请输入您对网站的建议<br>
    <textarea name="yourworks" cols ="50" rows = "5"></textarea>
```

```
    <br>
    <input type="submit" name="submit" value="提交"/>
    <input type="reset" name="reset" value="清除" /></p>
</form>
</body>
</html>
```

在 IE 11.0 中浏览，效果如图 6-17 所示，可以看到，创建了一个用户反馈表单，包含标题以及“姓名”“性别”“年龄”“联系电话”“电子邮件”“联系地址”“请输入您对网站的建议”等输入框和“提交”与“清除”按钮等。

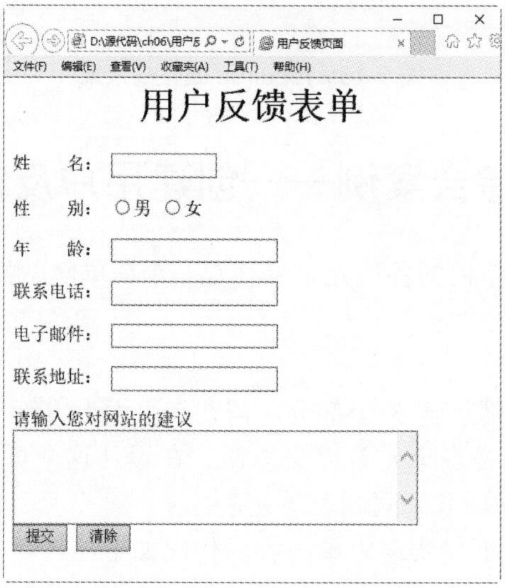

图 6-17　用户反馈页面

6.5　跟我学上机——制作用户注册表单

注册表单非常简单，通常包含 3 个部分，需要在页面上方给出标题，标题下方是正文部分，即表单元素，最下方是表单元素提交按钮。具体操作步骤如下。

step 01 打开记事本文件，在其中输入下述代码：

```
<!DOCTYPE html>
<html>
<head>
<title>注册表单</title>
</head>
<body>
<h1 align=center>用户注册</h1>
<form method="post">
    <p>姓    名:
    <input type="text" class=txt size="12"
     maxlength="20" name="username" />
    </p>
    <p>性    别:
    <input type="radio" value="male" />男
```

```
    <input type="radio" value="female" />女
    </p>
    <p>年    龄:
    <input type="text" class=txt name="age" />
    </p>
    <p>联系电话:
    <input type="text" class=txt name="tel" />
    </p>
    <p>电子邮件:
    <input type="text" class=txt name="email" />
    </p>
    <p>联系地址:
    <input type="text"  class=txt name="address" />
    </p>
    <p>
    <input type="submit" name="submit" value="提交" class=but />
    <input type="reset" name="reset" value="清除" class=but  />
    </p>
</form>
</body>
</html>
```

step 02 保存网页，在 IE 11.0 中预览，效果如图 6-18 所示。

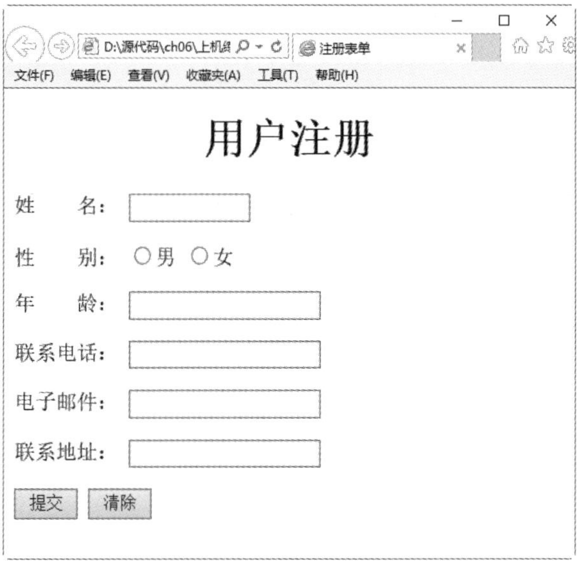

图 6-18　网页预览效果

6.6　疑 难 解 惑

疑问 1：如何在表单中实现文件上传框？

在 HTML 5 语言中，使用 file 属性实现文件上传框。其语法格式为：<input type="file" name="..." size="　" maxlength="　">。其中 type="file"定义为文件上传框，name 属性为文件

上传框的名称，size 属性定义文件上传框的宽度，单位是单个字符宽度；maxlength 属性定义最多输入的字符数。文件上传框的显示效果如图 6-19 所示。

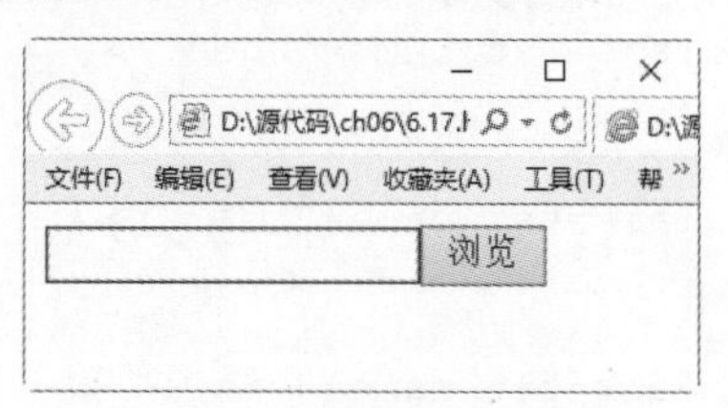

图 6-19　文件上传框

疑问 2：制作的单选按钮为什么可以同时选中多个？

此时用户需要检查单选按钮的名称，保证同一组中的单选按钮名称必须相同，这样才能保证单选按钮只能选中其中一个。

第7章 用HTML 5绘制图形

HTML 5呈现了很多新特性，其中一个最值得提及的特性就是HTML canvas，它可以对2D图形或位图进行动态、脚本的渲染。使用canvas可以绘制一个矩形区域，然后使用JavaScript可以控制其每一个像素。例如，可以用它来画图、合成图像，或做简单的动画。本章就来介绍如何使用HTML 5绘制图形。

7.1 添加 canvas 的步骤

canvas 标签是一个矩形区域，它包含两个属性 width 和 height，分别表示矩形区域的宽度和高度，这两个属性都是可选的，并且都可以通过 CSS 来定义，其默认值分别是 300px 和 150px。

canvas 在网页中的常用形式如下：

```
<canvas id="myCanvas" width="300" height="200"
  style="border:1px solid #c3c3c3;">
    Your browser does not support the canvas element.
</canvas>
```

在上面的示例代码中，id 表示画布对象名称，width 和 height 分别表示宽度和高度。最初的画布是不可见的，此处为了观察这个矩形区域，这里使用 CSS 样式，即 style 标记。style 表示画布的样式。如果浏览器不支持画布标记，会显示画布中间的提示信息。

画布 canvas 本身不具有绘制图形的功能，它只是一个容器，如果读者对于 Java 语言非常了解，就会发现 HTML 5 的画布和 Java 中的 Panel 面板非常相似，都可以在容器绘制图形。既然 canvas 画布元素放好了，就可以使用脚本语言 JavaScript 在网页上绘制图形了。

使用 canvas 结合 JavaScript 绘制图形，一般情况下需要下面几个步骤。

step 01 JavaScript 使用 id 来寻找 canvas 元素，即获取当前画布对象：

```
var c = document.getElementById("myCanvas");
```

step 02 创建 context 对象：

```
var cxt = c.getContext("2d");
```

getContext 方法返回一个指定 contextId 的上下文对象，如果指定的 id 不被支持，则返回 null，当前唯一被强制必须支持的是“2d”，也许在将来会有“3d”，注意，指定的 id 是大小写敏感的。对象 cxt 建立之后，就可以拥有多种绘制路径、矩形、圆形、字符以及添加图像的方法。

step 03 绘制图形：

```
cxt.fillStyle = "#FF0000";
cxt.fillRect(0,0,150,75);
```

fillStyle 方法将其染成红色，fillRect 方法规定了形状、位置和尺寸。这两行代码绘制一个红色的矩形。

7.2 绘制基本形状

画布 canvas 结合 JavaScript 可以绘制简单的矩形，还可以绘制一些其他的常见图形，如直线、圆等。

7.2.1 绘制矩形

用 canvas 和 JavaScript 绘制矩形时，涉及一个或多个方法，这些方法如表 7-1 所示。

表 7-1 绘制矩形的方法

方 法	功 能
fillRect	绘制一个矩形，这个矩形区域没有边框，只有填充色。这个方法有 4 个参数，前两个表示左上角的坐标位置，第 3 个参数为长度，第 4 个参数为高度
strokeRect	绘制一个带边框的矩形。该方法的 4 个参数的解释同上
clearRect	清除一个矩形区域，被清除的区域将没有任何线条。该方法的 4 个参数的解释同上

【例 7.1】绘制矩形。

```
<!DOCTYPE html>
<html>
<body>
<canvas id="myCanvas" width="300" height="200"
  style="border:1px solid blue">
    Your browser does not support the canvas element.
</canvas>
<script type="text/javascript">
var c = document.getElementById("myCanvas");
var cxt = c.getContext("2d");
cxt.fillStyle = "rgb(0,0,200)";
cxt.fillRect(10,20,100,100);
</script>
</body>
</html>
```

上述代码定义了一个画布对象，其 id 名称为 myCanvas，高度和宽度都为 500 像素，并定义了画布边框的显示样式。代码中首先获取画布对象，然后使用 getContext 获取当前 2d 的上下文对象，并使用 fillRect 绘制一个矩形。其中涉及一个 fillStyle 属性。fillStyle 用于设定填充的颜色、透明度等，如果设置为“rgb(200,0,0)”，则表示一个不透明颜色；如果设置为“rgba(0,0,200,0.5)”，则表示为一个透明度 50%的颜色。

在 IE 11.0 中浏览，效果如图 7-1 所示，可以看到网页中，在一个蓝色边框内显示了一个蓝色矩形。

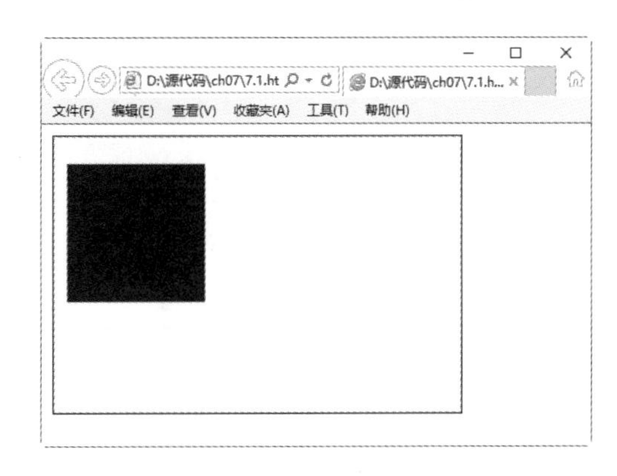

图 7-1 绘制矩形

7.2.2 绘制圆形

在画布中绘制圆形，可能要涉及下面几个方法，如表 7-2 所示。

表 7-2 绘制圆形的方法

方 法	功 能
beginPath()	开始绘制路径
arc(x,y,radius,startAngle, endAngle,anticlockwise)	x 和 y 定义的是圆的原点；radius 是圆的半径；startAngle 和 endAngle 是弧度，不是度数；anticlockwise 用来定义画圆的方向，值是 true 或 false
closePath()	结束路径的绘制
fill()	进行填充
stroke()	设置边框

路径是绘制自定义图形的好方法，在 canvas 中，通过 beginPath()方法开始绘制路径，这个时候，就可以绘制直线、曲线等，绘制完成后，调用 fill()和 stroke()完成填充和边框设置，最后通过 closePath()方法结束路径的绘制。

【例 7.2】绘制圆形。

```
<!DOCTYPE html>
<html><body>
<canvas id="myCanvas" width="200" height="200"
  style="border:1px solid blue">
    Your browser does not support the canvas element.
</canvas>
<script type="text/javascript">
var c = document.getElementById("myCanvas");
var cxt = c.getContext("2d");
cxt.fillStyle = "#FFaa00";
cxt.beginPath();
cxt.arc(70,18,15,0,Math.PI*2,true);
cxt.closePath();
cxt.fill();
</script>
</body></html>
```

在上面的 JavaScript 代码中，使用 beginPath 方法开启一个路径，然后绘制一个圆形，最后关闭这个路径并填充。在 IE 11.0 中浏览，效果如图 7-2 所示。

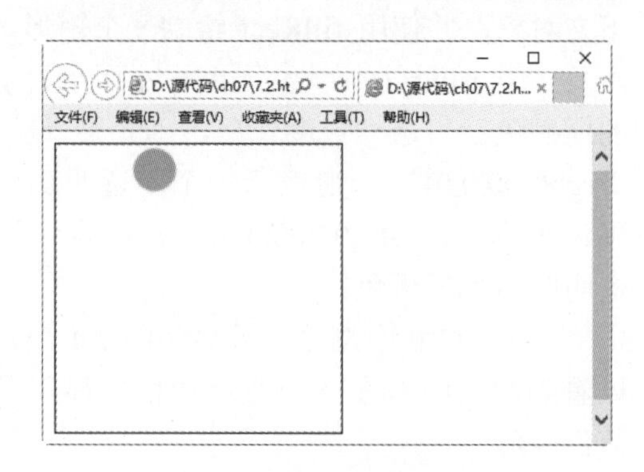

图 7-2 绘制圆形

7.2.3 使用 moveTo 与 lineTo 绘制直线

绘制直线常用的方法是 moveTo 和 lineTo，其含义如表 7-3 所示。

表 7-3　绘制直线的方法

方法或属性	功　能
moveTo(x,y)	不绘制，只是将当前位置移动到新目标坐标(x,y)，并作为线条的开始点
lineTo(x,y)	绘制线条到指定的目标坐标(x,y)，并且在两个坐标之间画一条直线。不管调用它们哪一个，都不会真正画出图形，因为还没有调用 stroke 和 fill 函数。当前，只是在定义路径的位置，以便后面绘制时使用
strokeStyle	指定线条的颜色
lineWidth	设置线条的粗细

【例 7.3】绘制直线。

```
<!DOCTYPE html>
<html>
<body>
<canvas id="myCanvas" width="200" height="200"
  style="border:1px solid blue">
    Your browser does not support the canvas element.
</canvas>
<script type="text/javascript">
var c = document.getElementById("myCanvas");
var cxt = c.getContext("2d");
cxt.beginPath();
cxt.strokeStyle = "rgb(0,182,0)";
cxt.moveTo(10,10);
cxt.lineTo(150,50);
cxt.lineTo(10,50);
cxt.lineWidth = 14;
cxt.stroke();
cxt.closePath();
</script>
</body>
</html>
```

在上面的代码中，使用 moveTo 方法定义一个坐标位置为(10,10)，然后以此坐标位置为起点，绘制了两条不同的直线，并用 lineWidth 设置了直线的宽度，用 strokeStyle 设置了直线的颜色，用 lineTo 设置了两个不同直线的结束位置。

在 IE 11.0 中浏览，效果如图 7-3 所示，可以看到，网页中绘制了两条直线，这两条直线在某一点交叉。

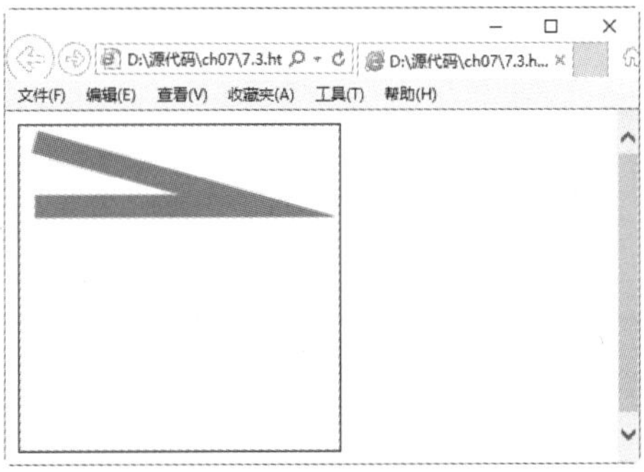

图 7-3　绘制直线

7.2.4　使用 bezierCurveTo 绘制贝塞尔曲线

在数学的数值分析领域中，贝塞尔(Bézier)曲线是电脑图形学中相当重要的参数曲线。更高维度的广泛化贝塞尔曲线就称作贝塞尔曲面，其中贝塞尔三角是一种特殊的实例。

bezierCurveTo()表示为一个画布的当前子路径添加一条三次贝塞尔曲线。这条曲线的开始点是画布的当前点，而结束点是(x, y)。两条贝塞尔曲线的控制点(cpX1,cpY1)和(cpX2,cpY2)定义了曲线的形状。当这个方法返回的时候，当前的位置为(x,y)。

方法 bezierCurveTo 的具体语法格式如下：

```
bezierCurveTo(cpX1, cpY1, cpX2, cpY2, x, y)
```

其参数的含义如表 7-4 所示。

表 7-4　绘制贝塞尔曲线的参数

参　数	描　述
cpX1, cpY1	与曲线的开始点(当前位置)相关联的控制点的坐标
cpX2, cpY2	与曲线的结束点相关联的控制点的坐标
x, y	曲线的结束点的坐标

【例 7.4】绘制贝塞尔曲线。

```
<!DOCTYPE html>
<html>
<head>
<title>贝塞尔曲线</title>
<script>
function draw(id)
{
    var canvas = document.getElementById(id);
    if(canvas==null)
        return false;
    var context = canvas.getContext('2d');
    context.fillStyle = "#eeeeff";
    context.fillRect(0,0,400,300);
    var n = 0;
    var dx = 150;
    var dy = 150;
    var s = 100;
    context.beginPath();
    context.globalCompositeOperation = 'and';
    context.fillStyle = 'rgb(100,255,100)';
    context.strokeStyle = 'rgb(0,0,100)';
    var x = Math.sin(0);
    var y = Math.cos(0);
    var dig = Math.PI/15*11;
    for(var i=0; i<30; i++)
    {
        var x = Math.sin(i*dig);
        var y = Math.cos(i*dig);
        context.bezierCurveTo(
          dx+x*s,dy+y*s-100,dx+x*s+100,dy+y*s,dx+x*s,dy+y*s);
    }
    context.closePath();
    context.fill();
    context.stroke();
}
</script>
```

```
</head>
<body onload="draw('canvas');">
<h1>绘制元素</h1>
<canvas id="canvas" width="400" height="300" />
</body>
</html>
```

在上面的 draw 函数代码中，首先使用 fillRect(0,0,400,300)语句绘制了一个矩形，其大小与画布相同，填充颜色为浅青色。然后定义了几个变量，用于设定曲线的坐标位置，在 for 循环中使用 bezierCurveTo 绘制贝塞尔曲线。在 IE 11.0 中浏览，效果如图 7-4 所示，可以看到，网页中显示了一个贝塞尔曲线。

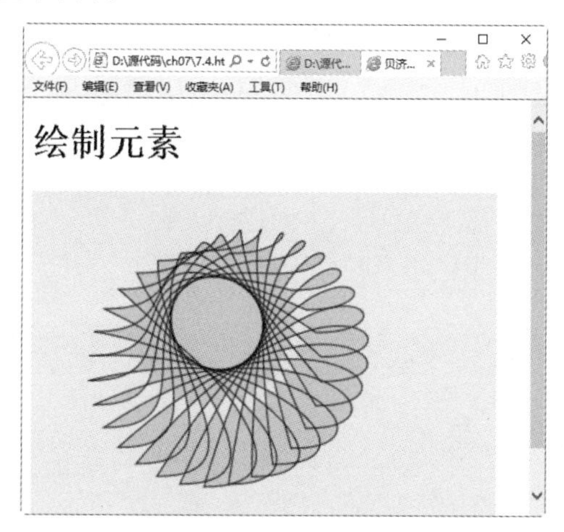

图 7-4 贝塞尔曲线

7.3 绘制渐变图形

渐变是两种或更多颜色的平滑过渡，是指在颜色集上使用逐步抽样算法，并将结果应用于描边样式和填充样式中。canvas 的绘图上下文支持两种类型的渐变：线性渐变和放射性渐变，其中，放射性渐变也称为径向渐变。

7.3.1 绘制线性渐变

创建一个简单的渐变非常容易。使用渐变需要以下 3 个步骤。

step 01 创建渐变对象：

```
var gradient = cxt.createLinearGradient(0,0,0,canvas.height);
```

step 02 为渐变对象设置颜色，指明过渡方式：

```
gradient.addColorStop(0,'#fff');
gradient.addColorStop(1,'#000');
```

step 03 在 context 上为填充样式或者描边样式设置渐变：

```
cxt.fillStyle = gradient;
```

要设置显示颜色，在渐变对象上使用 addColorStop 函数即可。除了可以变换成其他颜色外，还可以为颜色设置 alpha 值，并且 alpha 值也是可以变化的。为了达到这样的效果，需要使用颜色值的另一种表示方法，例如内置 alpha 组件的 CSSrgba 函数。绘制线性渐变时，会使用到下面两个方法，如表 7-5 所示。

表 7-5　绘制线性渐变的方法

方　法	功　能
addColorStop	允许指定两个参数：颜色和偏移量。颜色参数是指开发人员希望在偏移位置描边或填充时所使用的颜色。偏移量是一个 0.0~1.0 之间的数值，代表沿着渐变线渐变的距离有多远
createLinearGradient(x0,y0,x1,y1)	沿着直线从(x0,y0)至(x1,y1)绘制渐变

【例 7.5】绘制线性渐变。

```
<!DOCTYPE html>
<html>
<head>
<title>线性渐变</title>
</head>
<body>

<h1>绘制线性渐变</h1>
<canvas id="canvas" width="400" height="300"
  style="border:1px solid red"/>

<script type="text/javascript">
var c = document.getElementById("canvas");
var cxt = c.getContext("2d");
var gradient = cxt.createLinearGradient(0,0,0,canvas.height);
gradient.addColorStop(0,'#fff');
gradient.addColorStop(1,'#000');
cxt.fillStyle = gradient;
cxt.fillRect(0,0,400,400);
</script>
</body>
</html>
```

上面的代码使用 2D 环境对象产生了一个线性渐变对象，渐变的起始点是(0,0)，渐变的结束点是(0,canvas.height)，然后使用 addColorStop 函数设置渐变颜色，最后将渐变填充到上下文环境的样式中。

在 IE 11.0 中浏览，效果如图 7-5 所示，可以看到，在网页中创建了一个垂直方向上的渐变，从上到下颜色逐渐变深。

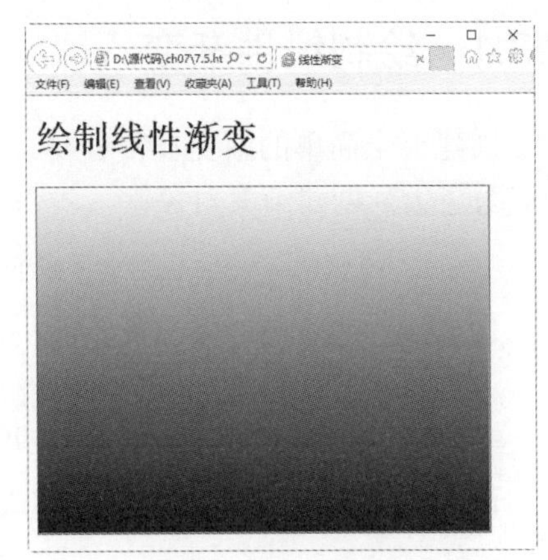

图 7-5　线性渐变

7.3.2　绘制径向渐变

径向渐变又称放射性渐变，是指颜色会介于

两个指定圆之间的锥形区域平滑变化。径向渐变与线性渐变使用的颜色终止点是一样的。如果要实现径向渐变，需要使用 createRadialGradient 方法。

createRadialGradient(x0,y0,r0,x1,y1,r1)方法表示沿着两个圆之间的锥面绘制渐变。其中前 3 个参数代表开始的圆，圆心为(x0,y0)，半径为 r0。后 3 个参数代表结束的圆，圆心为(x1,y1)，半径为 r1。

【例 7.6】绘制径向渐变。

```
<!DOCTYPE html>
<html>
<head>
<title>径向渐变</title>
</head>
<body>
<h1>绘制径向渐变</h1>
<canvas id="canvas" width="400" height="300" style="border:1px solid red"/>
<script type="text/javascript">
var c = document.getElementById("canvas");
var cxt = c.getContext("2d");
var gradient = cxt.createRadialGradient(
  canvas.width/2,canvas.height/2,0,canvas.width/2,canvas.height/2,150);
gradient.addColorStop(0,'#fff');
gradient.addColorStop(1,'#000');
cxt.fillStyle = gradient;
cxt.fillRect(0,0,400,400);
</script>
</body>
</html>
```

在上面的代码中，首先创建渐变对象 gradient，此处使用 createRadialGradient 方法创建了一个径向渐变，然后使用 addColorStop 添加颜色，最后将渐变填充到上下文环境中。

在 IE 11.0 中浏览，效果如图 7-6 所示，可以看到，在网页中，从圆的中心亮点开始，向外逐步发散，形成了一个径向渐变。

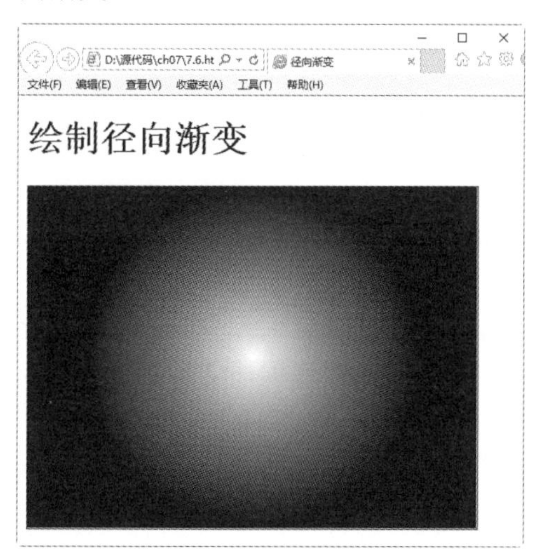

图 7-6　径向渐变

7.4 绘制变形图形

画布 canvas 不但可以使用 moveTo 这样的方法来移动画笔，来绘制图形和线条，还可以使用变换来调整画笔下的画布，变换的方法包括：平移、缩放、旋转等。

7.4.1 绘制平移效果的图形

如果要对图形实现平移，需要使用 translate(x,y)方法，该方法表示在平面上平移，即原来原点为参考，然后以偏移后的位置作为坐标原点。也就是说，原来在(100,100)，然后translate(1,1)，新的坐标原点在(101,101)而不是(1,1)。

【例 7.7】绘制坐标变换。

```
<!DOCTYPE html>
<html>
<head>
<title>绘制坐标变换</title>
<script>
function draw(id)
{
    var canvas = document.getElementById(id);
    if(canvas==null)
        return false;
    var context = canvas.getContext('2d');
    context.fillStyle = "#eeeeff";
    context.fillRect(0,0,400,300);
    context.translate(200,50);
    context.fillStyle = 'rgba(255,0,0,0.25)';
    for(var i=0; i<50; i++){
        context.translate(25,25);
        context.fillRect(0,0,100,50);
    }
}
</script>
</head>
<body onload="draw('canvas');">
<h1>变换原点坐标</h1>
<canvas id="canvas" width="400" height="300" />
</body>
</html>
```

在 draw 函数中，使用 fillRect 方法绘制了一个矩形，然后使用 translate 方法平移到一个新位置，并从新位置开始，使用 for 循环，连续移动多次坐标原点，即多次绘制矩形。

在 IE 11.0 中浏览，效果如图 7-7 所示，可以看到，网页中从坐标位置(200,50)开始绘制矩形，并每次以指定的平移距离绘制矩形。

7.4.2 绘制缩放效果的图形

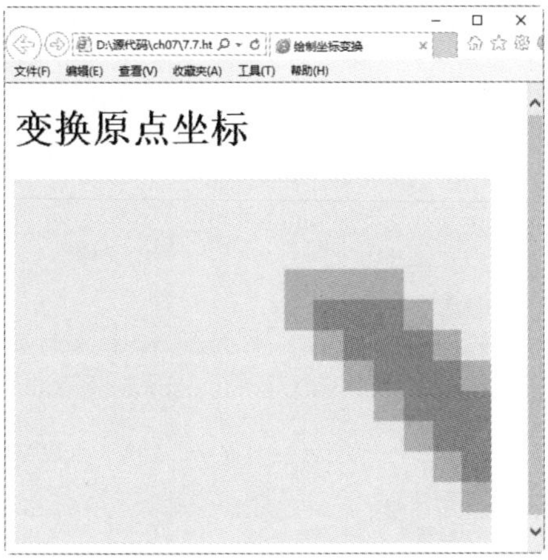

对变形图形来说，其中最常用的方式就是对图形进行缩放，即以原来的图形为参考，放大或者缩小图形，从而增加效果。

如果要实现图形缩放，需要使用 scale(x,y)函数，该函数带有两个参数，分别代表在 x、y 两个方向上的值。每个参数在 canvas 显示图像的时候，向其传递在本方向轴上图像要放大(或者缩小)的量。如果 x 值为 2，就代表所绘制的图像中全部元素都会变成两倍宽。如果 y 值为 0.5，绘制出来的图像全部元素都会变成先前的一半高。

变换原点坐标

图 7-7 变换原点坐标

【例 7.8】绘制图形缩放。

```
<!DOCTYPE html>
<html>
<head>
<title>绘制图形缩放</title>
<script>
function draw(id)
{
    var canvas = document.getElementById(id);
    if(canvas==null)
        return false;
    var context = canvas.getContext('2d');
    context.fillStyle = "#eeeeff";
    context.fillRect(0,0,400,300);
    context.translate(200,50);
    context.fillStyle = 'rgba(255,0,0,0.25)';
    for(var i=0; i<50; i++){
        context.scale(3,0.5);
        context.fillRect(0,0,100,50);
    }
}
</script>
</head>
<body onload="draw('canvas');">
<h1>图形缩放</h1>
<canvas id="canvas" width="400" height="300" />
</body>
</html>
```

在上面的代码中，缩放操作是放在 for 循环中完成的，在此循环中，以原来图形为参考物，使其在 x 轴方向上增加为 3 倍宽，y 轴方向上变为原来的一半。

在 IE 11.0 中浏览，效果如图 7-8 所示，可以看到，在一个指定方向上绘制了多个矩形。

图 7-8　图形缩放

7.4.3　绘制旋转效果的图形

变换操作并不限于平移和缩放，还可以使用函数 context.rotate(angle)来旋转图像，甚至可以直接修改底层变换矩阵以完成一些高级操作，如剪裁图像的绘制路径。

例如，context.rotate(1.57)表示旋转角度参数以弧度为单位。rotate()方法默认地从左上端的(0,0)开始旋转，通过指定一个角度，改变了画布坐标和 Web 浏览器中的<canvas>元素的像素之间的映射，使得任意后续绘图在画布中都显示为旋转的。

【例 7.9】绘制旋转图形。

```
<!DOCTYPE html>
<html>
<head>
<title>绘制旋转图像</title>
<script>
function draw(id)
{
   var canvas = document.getElementById(id);
   if(canvas==null)
      return false;
   var context = canvas.getContext('2d');
   context.fillStyle = "#eeeeff";
   context.fillRect(0,0,400,300);
   context.translate(200,50);
   context.fillStyle = 'rgba(255,0,0,0.25)';
   for(var i=0; i<50; i++){
      context.rotate(Math.PI/10);
      context.fillRect(0,0,100,50);
   }
}
</script>
</head>
<body onload="draw('canvas');">
<h1>旋转图形</h1>
```

```
<canvas id="canvas" width="400" height="300" />
</body>
</html>
```

上面的代码中，使用 rotate 方法，在 for 循环中对多个图形进行了旋转，其旋转角度相同。在 IE 11.0 中浏览，效果如图 7-9 所示，在显示页面上，多个矩形以中心弧度为原点进行了旋转。

注意 这个操作并没有旋转<canvas>元素本身。而且，旋转的角度是用弧度指定的。

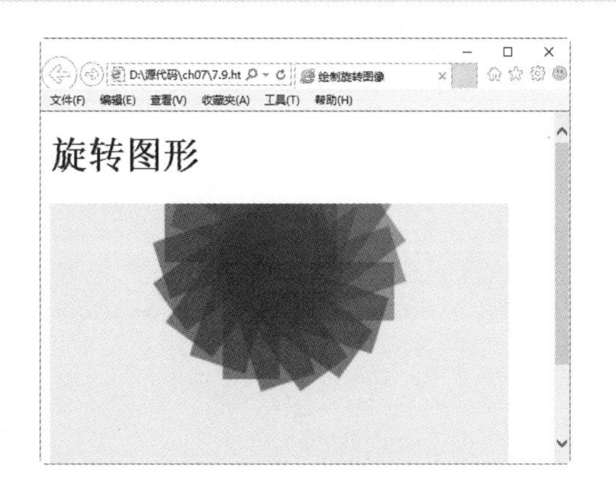

图 7-9 旋转图形

7.4.4 绘制组合图形

在前面介绍的知识中，可以将一个图形画在另一个之上。在大多数情况下，这样是不够的。例如，这样会受制于图形的绘制顺序。不过，我们可以利用 globalCompositeOperation 属性来改变这些做法，不仅可以在已有图形后面再画新图形，还可以用来遮盖、清除(比 clearRect 方法强劲得多)某些区域。

其语法格式如下：

```
globalCompositeOperation = type
```

这表示设置不同形状的组合类型，其中 type 表示方的图形是已经存在的 canvas 内容，圆的图形是新的形状，其默认值为 source-over，表示在 canvas 内容上面画新的形状。

type 具有 12 个属性值，具体说明如表 7-6 所示。

表 7-6 type 的属性值

属 性 值	说 明
source-over(default)	这是默认设置，新图形会覆盖在原有内容之上
destination-over	会在原有内容之下绘制新图形
source-in	新图形会仅仅出现在与原有内容重叠的部分，其他区域都变成透明的
destination-in	原有内容中与新图形重叠的部分会被保留，其他区域都变成透明的
source-out	结果是只有新图形中与原有内容不重叠的部分会被绘制出来
destination-out	原有内容中与新图形不重叠的部分会被保留
source-atop	新图形中与原有内容重叠的部分会被绘制，并覆盖于原有内容之上
destination-atop	原有内容中与新内容重叠的部分会被保留，并会在原有内容之下绘制新图形
lighter	两图形中重叠的部分做加色处理
darker	两图形中重叠的部分做减色处理
xor	重叠的部分会变成透明
copy	只有新图形会被保留，其他都被清除掉

【例 7.10】绘制图形组合效果。

```
<!DOCTYPE html>
<html>
<head>
<title>绘制图形组合</title>
<script>
function draw(id)
{
    var canvas = document.getElementById(id);
    if(canvas==null)
        return false;
    var context = canvas.getContext('2d');
    var oprtns = new Array(
        "source-atop",
        "source-in",
        "source-out",
        "source-over",
        "destination-atop",
        "destination-in",
        "destination-out",
        "destination-over",
        "lighter",
        "copy",
        "xor"
    );
    var i = 10;
    context.fillStyle = "blue";
    context.fillRect(10,10,60,60);
    context.globalCompositeOperation = oprtns[i];
    context.beginPath();
    context.fillStyle = "red";
    context.arc(60,60,30,0,Math.PI*2,false);
    context.fill();
}
</script>
</head>
<body onload="draw('canvas');">
<h1>图形组合</h1>
<canvas id="canvas" width="400" height="300" />
</body>
</html>
```

在上面的代码中，首先创建了一个 oprtns 数组，用于存储 type 的 12 个值，然后绘制了一个矩形，并使用 content 上下文对象设置了图形的组合方式，即采用新图形显示，最后使用 arc 绘制了一个圆。

在 IE 11.0 中浏览，效果如图 7-10 所示，在显示页面上绘制了一个矩形和圆，但矩形和圆接触的地方以空白显示。

图 7-10　图形组合

7.4.5 绘制带阴影的图形

在画布 canvas 上绘制带有阴影效果的图形非常简单，只需要设置几个属性即可。这些属性分别为 shadowOffsetX、shadowOffsetY、shadowBlur 和 shadowColor。

属性 shadowColor 表示阴影的颜色，其值与 CSS 颜色值一致。shadowBlur 表示设置阴影模糊程度，此值越大，阴影越模糊。shadowOffsetX 和 shadowOffsetY 属性表示阴影的 x 和 y 偏移量，单位是像素。

【例 7.11】绘制带阴影的图形。

```
<!DOCTYPE html>
<html>
<head>
<title>绘制阴影效果图形</title>
</head>
<body>
<canvas id="my canvas" width="200" height="200"
  style="border:1px solid #ff0000">
</canvas>
<script type="text/javascript">
var elem = document.getElementById("my canvas");
if (elem && elem.getContext)  {
    var context = elem.getContext("2d");
    //shadowOffsetX 和 shadowOffsetY：阴影的 x 和 y 偏移量，单位是像素
    context.shadowOffsetX = 15;
    context.shadowOffsetY = 15;
    //shadowBlur：设置阴影模糊程度。此值越大，阴影越模糊
    //其效果与 Photoshop 的高斯模糊滤镜相同
    context.shadowBlur = 10;
    //shadowColor：阴影颜色。其值与 CSS 颜色值一致
    //context.shadowColor = 'rgba(255, 0, 0, 0.5)';  或下面的十六进制表示法
    context.shadowColor = '#f00';
    context.fillStyle = '#00f';
    context.fillRect(20, 20, 150, 100);
}
</script>
</body>
</html>
```

在 IE 11.0 中浏览，效果如图 7-11 所示，在显示页面上显示了一个蓝色矩形，其阴影为红色矩形。

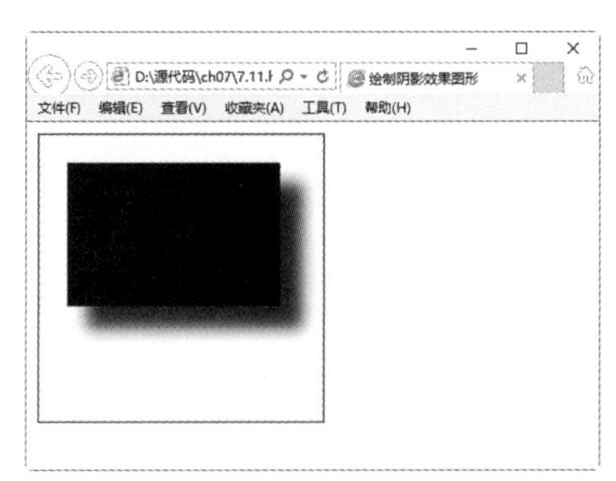

图 7-11 带有阴影的图形

7.5 使用图像

画布 canvas 有一项功能就是可以引入图像，可以用于图片合成或者制作背景等。而目前仅可以在图像中加入文字。只要是 Geck 支持的图像(如 PNG、GIF、JPEG 等)都可以引入 canvas 中，而且其他的 canvas 元素也可以作为图像的来源。

7.5.1 绘制图像

要在画布 canvas 上绘制图像，需要先有一张图片。这张图片可以是已经存在的<img>元素，或者通过 JS 创建。

无论采用哪种方式，都需要在绘制 canvas 之前完全加载这张图片。浏览器通常会在页面脚本执行的同时异步加载图片。如果试图在图片未完全加载之前就将其呈现到 canvas 上，那么 canvas 将不会显示任何图片。

捕获和绘制图像完全是通过 drawImage 方法完成的，它可以接受不同的 HTML 参数，具体含义如表 7-7 所示。

表 7-7 绘制图像的方法

方 法	说 明
drawIamge(image,dx,dy)	接受一张图片，并将其画到 canvas 中。给出的坐标(dx,dy)代表图片的左上角。例如，坐标(0,0)将把图片画到 canvas 的左上角
drawIamge(image,dx,dy,dw,dh)	接受一张图片，将其缩放为宽度 dw 和高度 dh，然后把它画到 canvas 上的(dx,dy)位置
drawIamge(image,sx,sy,sw,sh,dx,dy,dw,dh)	接受一张图片，通过参数(sx,sy,sw,sh)指定图片裁剪的范围，缩放到(dw,dh)的大小，最后把它画到 canvas 上的(dx,dy)位置

【例 7.12】绘制图像。

```
<!DOCTYPE html>
<html>
<head>
<title>绘制图像</title>
</head>
<body>
<canvas id="canvas" width="300" height="200" style="border:1px solid blue">
   Your browser does not support the canvas element.
</canvas>
<script type="text/javascript">
window.onload=function(){
   var ctx = document.getElementById("canvas").getContext("2d");
   var img = new Image();
   img.src = "01.jpg";
```

```
    img.onload=function(){
        ctx.drawImage(img,0,0);
    }
}
</script>
</body>
</html>
```

在上面的代码中，使用窗口的 onload 加载事件，即在页面被加载时执行函数。在函数中，创建上下文对象 ctx，并创建 Image 对象 img；然后使用 img 对象的 src 属性设置图片来源，最后使用 drawImage 画出当前的图像。

在 IE 11.0 中浏览，效果如图 7-12 所示，页面上绘制了一个图像，并且在画布中显示。

图 7-12 绘制图像

7.5.2 平铺图像

使用画布 canvas 绘制图像有很多种用处，其中一个用处就是将绘制的图像作为背景图片使用。在做背景图片时，如果显示图片的区域大小不能直接设定，通常将图片以平铺的方式显示。

HTML 5 Canvas API 支持图片平铺，此时需要调用 createPattern 函数，即调用 createPattern 函数来替代先前的 drawImage 函数。函数 createPattern 的语法格式如下：

```
createPattern(image,type)
```

其中 image 表示要绘制的图像，type 表示平铺的类型，其具体含义如表 7-8 所示。

表 7-8 type 表示平铺的类型

参数值	说明
no-repeat	不平铺
repeat-x	横方向平铺
repeat-y	纵方向平铺
repeat	全方向平铺

【例 7.13】平铺图像。

```
<!DOCTYPE html>
<html>
<head>
<title>绘制图像平铺</title>
</head>
<body onload="draw('canvas');">
<h1>图形平铺</h1>
<canvas id="canvas" width="800" height="600"></canvas>
<script>
function draw(id){
```

```
    var canvas = document.getElementById(id);
    if(canvas==null){
       return false;
    }
    var context = canvas.getContext('2d');
    context.fillStyle = "#eeeeff";
    context.fillRect(0,0,800,600);
    image = new Image();
    image.src = "02.jpg";
    image.onload = function(){
       var ptrn = context.createPattern(image,'repeat');
       context.fillStyle = ptrn;
       context.fillRect(0,0,800,600);
    }
}
</script>
</body>
</html>
```

在上面的代码中，用 fillRect 创建了一个宽度为 800、高度为 600、左上角坐标位置为(0,0)的矩形，然后创建了一个 Image 对象，src 表示链接一个图像源，然后使用 createPattern 绘制一个图像，其方式是完全平铺，并将这个图像作为一个模式填充到矩形中。最后绘制这个矩形，此矩形的大小完全覆盖原来的图形。

在 IE 11.0 中浏览，效果如图 7-13 所示，在显示页面上绘制了一个图像，其图像以平铺的方式充满整个矩形。

图 7-13　图像平铺

7.5.3　裁剪图像

要完成对图像的裁剪，需要用到 clip 方法。clip 方法表示给 canvas 设置一个剪辑区域，在调用 clip 方法之后，所有代码只对这个设定的剪辑区域有效，不会影响其他地方，这个方法在要进行局部更新时很有用。在默认情况下，剪辑区域是一个左上角在(0,0)，宽和高分别等于 canvas 元素的宽和高的矩形。

【例 7.14】绘制图像裁剪。

```
<!DOCTYPE html>
<html>
<head>
<title>绘制图像裁剪</title>
<script type="text/javascript" src="script.js"></script>
</head>
<body onload="draw('canvas');">
<h1>图像裁剪实例</h1>
<canvas id="canvas" width="400" height="300"></canvas>
<script>
function draw(id){
    var canvas = document.getElementById(id);
    if(canvas==null){
        return false;
    }
    var context = canvas.getContext('2d');
    var gr = context.createLinearGradient(0,400,300,0);
    gr.addColorStop(0,'rgb(255,255,0)');
    gr.addColorStop(1,'rgb(0,255,255)');
    context.fillStyle = gr;
    context.fillRect(0,0,400,300);
    image = new Image();
    image.onload=function(){
        drawImg(context,image);
    };
    image.src = "02.jpg";
}
function drawImg(context,image){
    create8StarClip(context);
    context.drawImage(image,-50,-150,300,300);
}
function create8StarClip(context){
    var n = 0;
    var dx = 100;
    var dy = 0;
    var s = 150;
    context.beginPath();
    context.translate(100,150);
    var x = Math.sin(0);
    var y = Math.cos(0);
    var dig = Math.PI/5*4;
    for(var i=0; i<8; i++){
        var x = Math.sin(i*dig);
        var y = Math.cos(i*dig);
        context.lineTo(dx+x*s,dy+y*s);
    }
    context.clip();
}
</script>
</body>
</html>
```

在上面的代码中，创建了 3 个 JavaScript 函数，其中 create8StarClip 函数完成了多边的图形创建，以此图形作为裁剪的依据。drawImg 函数表示绘制一个图形，其图形带有裁剪区域。draw 函数完成对画布对象的获取，并定义一个线性渐变，然后创建了一个 Image 对象。

在 IE 11.0 中浏览，效果如图 7-14 所示，在显示页面上绘制了一个多边形，图像作为多边形的背景显示，从而实现了对图像的裁剪。

图 7-14　图像裁剪

7.5.4　图像的像素化处理

在画布中，可以使用 ImageData 对象来保存图像的像素值，它有 width、height 和 data 这 3 个属性，其中 data 属性就是一个连续数组，图像的所有像素值其实是保存在 data 里面的。

data 属性保存像素值的方法如下：

```
imageData.data[index*4+0]
imageData.data[index*4+1]
imageData.data[index*4+2]
imageData.data[index*4+3]
```

上面取出了 data 数组中连续相邻的 4 个值，这 4 个值分别代表了图像中第 index+1 个像素的红色、绿色、蓝色和透明度值的大小。需要注意的是，index 从 0 开始，图像中总共有 width*height 个像素，数组中总共保存了 width*height*4 个数值。

画布对象有 3 个方法，用来创建、读取和设置 ImageData 对象，如表 7-9 所示。

表 7-9　创建画布对象的方法

方　法	说　明
createImageData(width, height)	在内存中创建一个指定大小的 ImageData 对象(即像素数组)，对象中的像素点都是黑色透明的，即 rgba(0,0,0,0)
getImageData(x, y, width, height)	返回一个 ImageData 对象，这个 ImageData 对象中包含了指定区域的像素数组
putImageData(data, x, y)	将 ImageData 对象绘制到屏幕的指定区域上

【例 7.15】图像像素处理。

```
<!DOCTYPE html>
<html>
<head>
<title>图像像素处理</title>
<script type="text/javascript" src="script.js"></script>
</head>
```

```
<body onload="draw('canvas');">
<h1>像素处理示例</h1>
<canvas id="canvas" width="400" height="300"></canvas>
<script>
function draw(id){
    var canvas = document.getElementById(id);
    if(canvas==null){
        return false;
    }
    var context = canvas.getContext('2d');
    image = new Image();
    image.src = "01.jpg";
    image.onload=function(){
        context.drawImage(image,0,0);
        var imagedata = context.getImageData(0,0,image.width,image.height);
        for(var i=0,n=imagedata.data.length; i<n; i+=4){
            imagedata.data[i+0] = 255-imagedata.data[i+0];
            imagedata.data[i+1] = 255-imagedata.data[i+2];
            imagedata.data[i+2] = 255-imagedata.data[i+1];
        }
        context.putImageData(imagedata,0,0);
    };
}
</script>
</body>
</html>
```

在上面的代码中，使用 getImageData 方法获取一个 ImageData 对象，并包含相关的像素数组。在 for 循环中，对像素值重新赋值，最后使用 putImageData 将处理过的图像在画布上绘制出来。

在 IE 11.0 中浏览，效果如图 7-15 所示，在页面上显示了一张图像，其图像明显经过像素处理，显示得没有原来清晰。

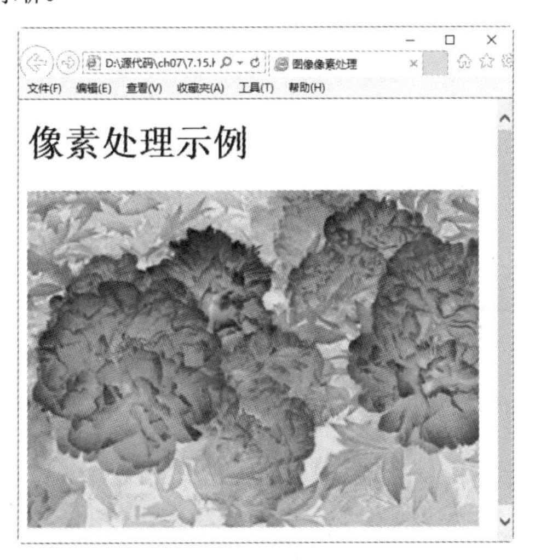

图 7-15　像素处理

7.6 绘制文字

在画布中绘制字符串(文字)的方式，与操作其他路径对象的方式相同，可以描绘文本轮廓和填充文本内部，同时，所有能够应用于其他图形的变换和样式都能用于文本。

文本绘制功能由 3 个函数组成，如表 7-10 所示。

表 7-10　绘制文本的方法

方　法	说　明
fillText(text,x,y,maxwidth)	绘制带 fillStyle 填充的文字，拥有文本参数以及用于指定文本位置的坐标的参数。maxwidth 是可选参数，用于限制字体大小，它会将文本字体强制收缩到指定尺寸
strokeText(text,x,y,maxwidth)	绘制只有 strokeStyle 边框的文字，其参数含义与上一个方法相同
measureText	该函数会返回一个度量对象，它包含了在当前 context 环境下指定文本的实际显示宽度

为了保证文本在各浏览器下都能正常显示，在绘制上下文里有以下字体属性。

(1) font：可以是 CSS 字体规则中的任何值。包括字体样式、字体变种、字体大小与粗细、行高和字体名称。

(2) textAlign：控制文本的对齐方式。它类似于(但不完全等同于)CSS 中的 text-align。可能的取值为 start、end、left、right 和 center。

(3) textBaseline：控制文本相对于起点的位置。可以取值为 top、hanging、middle、alphabetic、ideographic 和 bottom。对于简单的英文字母，可以放心地使用 top、middle 或 bottom 作为文本基线。

【例 7.16】绘制文字。

```
<!DOCTYPE html>
<html>
<head>
<title>Canvas</title>
</head>
<body>
<canvas id="my_canvas" width="200" height="200"
  style="border:1px solid #ff0000">
</canvas>
<script type="text/javascript">
var elem = document.getElementById("my_canvas");
if (elem && elem.getContext) {
    var context = elem.getContext("2d");
    context.fillStyle = '#00f';
    //font: 文字字体，同 CSSfont-family 属性
    context.font = 'italic  30px 微软雅黑';     //斜体 30 像素 微软雅黑字体
    //textAlign: 文字水平对齐方式
    //可取属性值: start, end, left,right, center。默认值:start
    context.textAlign = 'left';
```

```
    //文字竖直对齐方式
    //可取属性值：top, hanging, middle,alphabetic,ideographic, bottom。
    //默认值：alphabetic
    context.textBaseline = 'top';
    //要输出的文字内容，文字位置坐标，第4个参数为可选选项——最大宽度
    //如果需要的话，浏览器会缩减文字，以让它适应指定宽度
    context.fillText('生日快乐!', 0, 0,50);       //有填充
    context.font = 'bold 30px sans-serif';
    context.strokeText('生日快乐!', 0, 50,100);  //只有文字边框
}
</script>
</body>
</html>
```

在 IE 11.0 中浏览，效果如图 7-16 所示，在页面上显示了一个画布边框，画布中显示了两个不同的字符串，第一个字符串以斜体显示，其颜色为蓝色。第二个字符串字体颜色为灰色，加粗显示。

图 7-16 绘制文字

7.7 图形的保存与恢复

在画布对象绘制图形或图像时，可以将这些图形或者图形的状态进行改变，即永久保存图形或图像。

7.7.1 保存与恢复状态

在画布对象中，由两个方法管理绘制状态的当前栈，save 方法把当前状态压入栈中，而 restore 方法从栈顶弹出状态。绘制状态不会覆盖对画布所做的每件事情。其中 save 方法用来保存 canvas 的状态。save 之后，可以调用 canvas 的平移、缩放、旋转、错切、裁剪等操作。restore 方法用来恢复 canvas 先前保存的状态，防止 save 后对 canvas 执行的操作对后续的绘制有影响。save 和 restore 要配对使用(restore 可以比 save 少，但不能多)，如果 restore 调用次数比 save 多，会引发 Error。

【例 7.17】保存与恢复图形的状态。

```
<!DOCTYPE html>
<html>
<head><title>保存与恢复</title></head>
<body>
<canvas id="myCanvas" width="500" height="400"
  style="border:1px solid blue">
    Your browser does not support the canvas element.
</canvas>
<script type="text/javascript">
var c = document.getElementById("myCanvas");
var ctx = c.getContext("2d");
ctx.fillStyle = "rgb(0,0,255)";
ctx.save();
ctx.fillRect(50,50,100,100);
ctx.fillStyle = "rgb(255,0,0)";
ctx.save();
ctx.fillRect(200,50,100,100);
ctx.restore();
ctx.fillRect(350,50,100,100);
ctx.restore();
ctx.fillRect(50, 200, 100, 100);
</script>
</body>
</html>
```

在上面的代码中，绘制了 4 个矩形，在第 1 个矩形绘制之前，定义当前矩形的显示颜色，并将此样式加入到栈中，然后创建了一个矩形。在第 2 个矩形绘制之前，重新定义了矩形显示颜色，并使用 save 将此样式压入到栈中，然后创建了一个矩形。在第 3 个矩形绘制之前，使用 restore 恢复当前显示颜色，即调用栈中的最上层颜色，绘制矩形。在第 4 个矩形绘制之前，继续使用 restore 方法，调用最后一个栈中的元素来定义矩形颜色。

在 IE 11.0 中浏览，效果如图 7-17 所示，在显示页面上绘制了 4 个矩形，第 1 个和第 4 个矩形显示为蓝色，第 2 个和第 3 个矩形显示为红色。

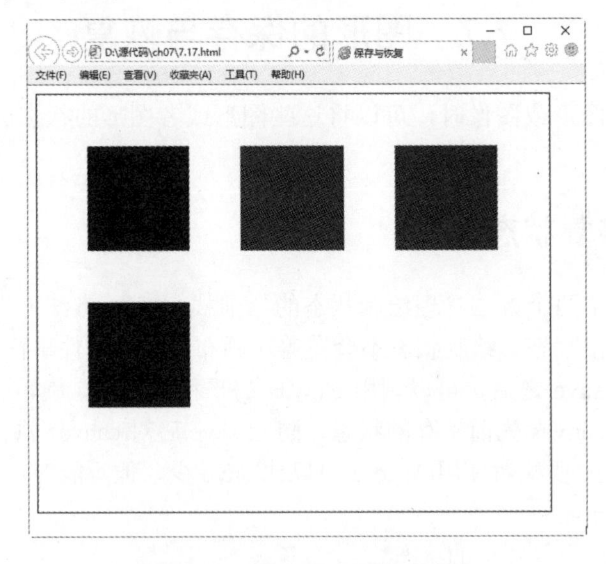

图 7-17　保存与恢复图形的状态

7.7.2 保存图形

当绘制出漂亮的图形时，有时需要保存这些劳动成果。这时可以将当前的画布元素(而不是 2D 环境)的当前状态导出到数据 URL。导出很简单，可以利用 toDataURL 方法来完成，它可以调用不同的图片格式。目前 Firefox 和 Opera 浏览器只支持 PNG 格式，Safari 支持 GIF、PNG 和 JPG 格式。大多数浏览器支持读取 base64 编码内容，例如一幅图像。URL 的格式如下：

```
data:image/png;base64,iVBORw0KGgoAAAANSUhEUgAAAfQAAAH0CAYAAADL1t
```

它以一个 data 开始，然后是 mine 类型，之后是编码和 base64，最后是原始数据。这些原始数据就是画布元素所要导出的内容，并且浏览器能够将数据编码为真正的资源。

【例 7.18】保存图形。

```
<!DOCTYPE html>
<html>
<body>
<canvas id="myCanvas" width="500" height="500"
  style="border:1px solid blue">
    Your browser does not support the canvas element.
</canvas>
<script type="text/javascript">
var c = document.getElementById("myCanvas");
var cxt = c.getContext("2d");
cxt.fillStyle = 'rgb(0,0,255)';
cxt.fillRect(0,0,cxt.canvas.width,cxt.canvas.height);
cxt.fillStyle = "rgb(0,255,0)";
cxt.fillRect(10,20,50,50);
window.location = cxt.canvas.toDataURL('image/png');
</script>
</body>
</html>
```

在上面的代码中，使用 canvas.toDataURL 语句将当前绘制图像保存到 URL 数据中。在 Firefox 中浏览，效果如图 7-18 所示。在浏览器的地址栏中显示的是 URL 数据。

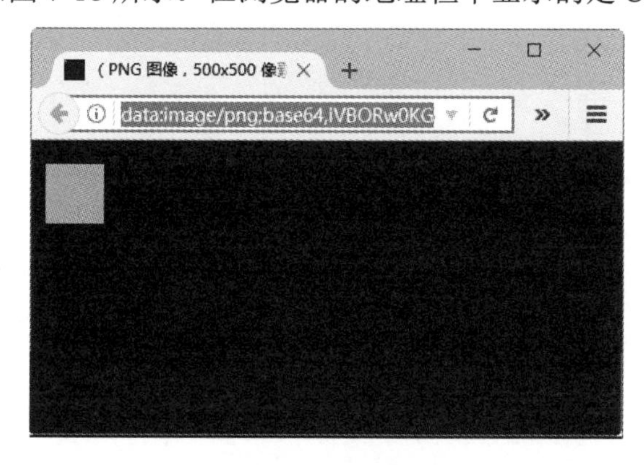

图 7-18　保存图形

7.8　综合案例——绘制火柴棒人物

漫画中最常见的一种图形，就是火柴棒人，通过简单的几个笔画，就可以绘制一个传神的动漫人物。使用 canvas 和 JavaScript 同样可以绘制一个火柴棒人物。具体操作步骤如下。

step 01 分析需求。

一个火柴棒人，由两大部分组成，一个是脸部，一个是身躯。脸部是一个圆形，其中包括眼睛和嘴；身躯是几条直线组成，包括手和腿等。实际上此案例就是绘制圆形、弧度和直线的组合。示例完成后，效果如图 7-19 所示。

step 02 实现 HTML 页面，定义画布 canvas：

```
<!DOCTYPE html>
<html>
<title>绘制火柴棒人</title>
<body>
<canvas id="myCanvas" width="500" height="300"
  style="border:1px solid blue">
    Your browser does not support the canvas element.
</canvas>
</body>
</html>
```

在 IE 11.0 中浏览，效果如图 7-20 所示，页面显示了一个画布边框。

图 7-19　火柴棒人

图 7-20　定义画布边框

step 03 实现头部轮廓绘制：

```
<script type="text/javascript">
var c = document.getElementById("myCanvas");
var cxt = c.getContext("2d");
cxt.beginPath();
cxt.arc(100,50,30,0,Math.PI*2,true);
cxt.fill();
</script>
```

这会产生一个实心的、填充的头部，即圆形。在 arc 函数中，x 和 y 的坐标为(100,50)，半径为30像素，另外2个参数为弧度的开始和结束，第6个参数表示绘制弧形的方向，即顺时针和逆时针方向。

在IE 11.0中浏览，效果如图7-21所示，页面显示了实心圆，其颜色为黑色。

step 04 用JS绘制笑脸：

```
cxt.beginPath();
cxt.strokeStyle = '#c00';
cxt.lineWidth = 3;
cxt.arc(100,50,20,0,Math.PI,false);
cxt.stroke();
```

此处使用beginPath方法，表示重新绘制，并设定线条宽度，然后绘制了一个弧形，这个弧形是从嘴部开始的弧形。

在IE 11.0中浏览，效果如图7-22所示，页面上显示了一个漂亮的半圆式的笑脸。

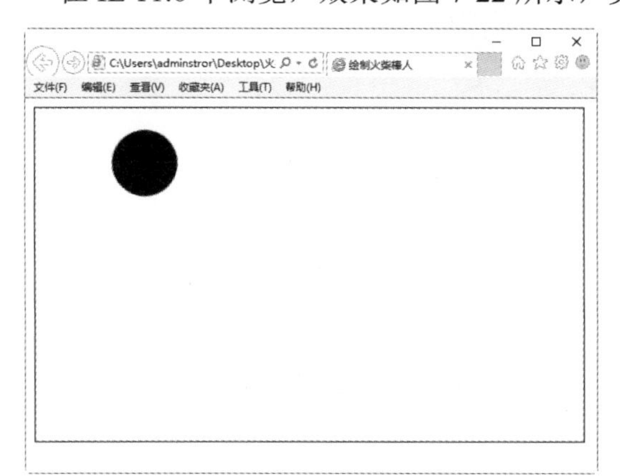

图7-21　绘制头部轮廓

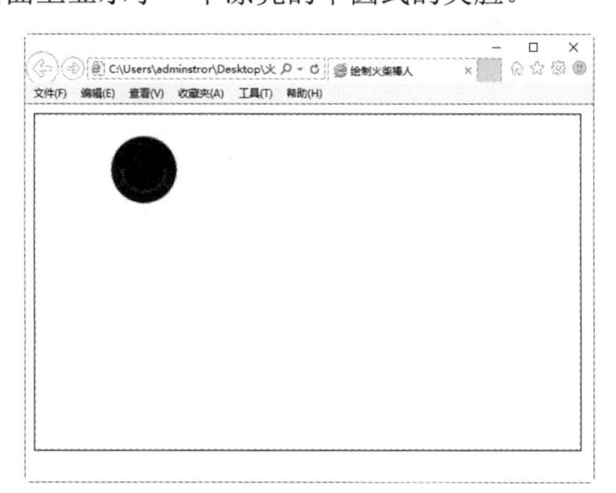

图7-22　绘制笑脸

step 05 绘制眼睛：

```
cxt.beginPath();
cxt.fillStyle = "#c00";
cxt.arc(90,45,3,0,Math.PI*2,true);
cxt.fill();
cxt.moveTo(113,45);
cxt.arc(110,45,3,0,Math.PI*2,true);
cxt.fill();
cxt.stroke();
```

首先填充弧线，创建了一个实体样式的眼睛，arc绘制左眼，然后使用moveTo绘制右眼。在IE 11.0中浏览，效果如图7-23所示，页面显示了一双眼睛。

step 06 绘制身躯：

```
cxt.moveTo(100,80);
cxt.lineTo(100,150);
cxt.moveTo(100,100),
cxt.lineTo(60,120);
cxt.moveTo(100,100);
cxt.lineTo(140,120);
cxt.moveTo(100,150);
```

```
cxt.lineTo(80,190);
cxt.moveTo(100,150);
cxt.lineTo(140,190);
cxt.stroke();
```

上面的代码以 moveTo 作为开始坐标，以 lineTo 为终点，绘制不同的直线，这些直线的坐标位置需要在不同地方汇集，两只手在坐标位置(100,100)处交叉，两只脚在坐标位置(100,150)处交叉。

在 IE 11.0 中浏览，效果如图 7-24 所示，页面显示了一个火柴棒人，与上一个图形相比，多了一个身躯。

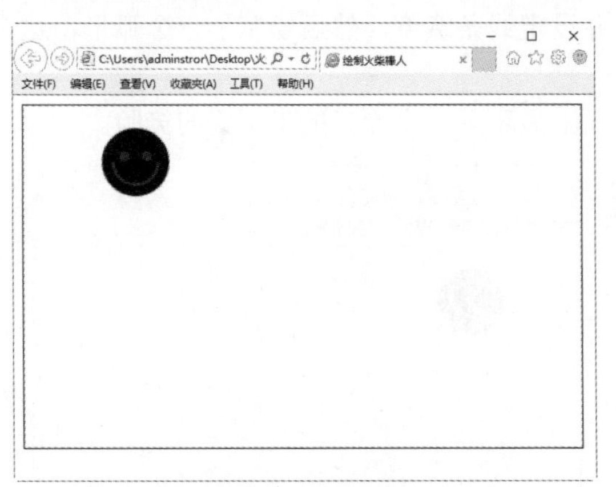

图 7-23　绘制眼睛

图 7-24　绘制身躯

7.9　跟我学上机——绘制商标

绘制商标是 canvas 画布的用途之一，可以绘制 adidas 和 nike 商标。nike 的图标比 adidas 的复杂得多，adidas 都是直线组成，而 nike 的多了曲线。实现本例的具体操作步骤如下。

step 01 分析需求。

要绘制两条曲线，需要找到曲线的参考点(参考点决定了曲线的曲率)，这需要慢慢地移动，然后再看效果，反反复复。quadraticCurveTo(30,79,99,78)函数有两组坐标，第一组坐标为控制点，决定曲线的曲率，第二组坐标为终点。

step 02 构建 HTML，实现 canvas 画布：

```
<!DOCTYPE html>
<html>
<head>
<title>绘制商标</title>
</head>
<body>
<canvas id="adidas" width="375px" height="132px"
  style="border:1px solid #000;">
</canvas>
</body>
</html>
```

在 IE 11.0 中浏览，效果如图 7-25 所示，只显示了一个画布边框，其内容还没有绘制。

step 03 用 JS 实现基本图形：

```
<script>
function drawAdidas(){
    //取得 canvas 元素及其绘图上下文
    var canvas = document.getElementById('adidas');
    var context = canvas.getContext('2d');
    //保存当前的绘图状态
    context.save();
    //开始绘制打钩的轮廓
    context.beginPath();
    context.moveTo(53,0);
    //绘制上半部分曲线，第一组坐标为控制点，决定曲线的曲率，第二组坐标为终点
    context.quadraticCurveTo(30,79,99,78);
    context.lineTo(371,2);
    context.lineTo(74,134);
    context.quadraticCurveTo(-55,124,53,0);
    //用红色填充
    context.fillStyle = "#da251c";
    context.fill();
    //用 3 像素深红线条描边
    context.lineWidth = 3;
    //连接处平滑
    context.lineJoin = 'round';
    context.strokeStyle = "#d40000";
    context.stroke();
    //恢复原有的绘图状态
    context.restore();
}
window.addEventListener("load",drawAdidas,true);
</script>
```

在 IE 11.0 中浏览，效果如图 7-26 所示，显示了一个商标图案，颜色为红色。

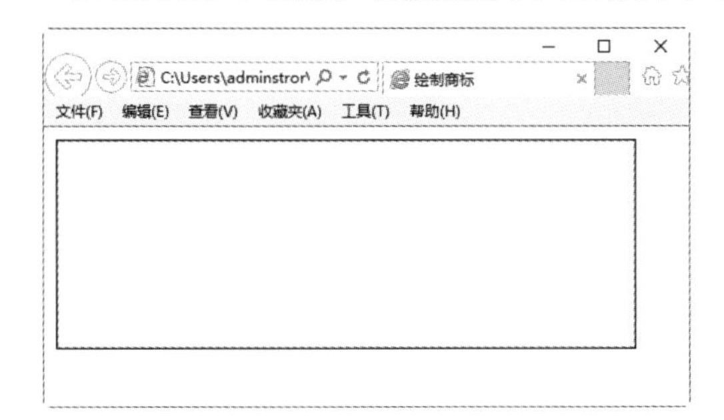

图 7-25　定义画布边框

图 7-26　绘制商标

7.10 疑难解惑

疑问 1：canvas 的宽度和高度是否可以在 CSS 属性中定义呢？

添加 canvas 标签的时候，会在 canvas 的属性里填写要初始化的 canvas 的高度和宽度：

```
<canvas width="500" height="400">Not Supported!</canvas>
```

如果把高度和宽度写在了 CSS 里面，结果会发现，在绘图的时候坐标获取出现差异，canvas.width 和 canvas.height 分别是 300 和 150，与预期的不一样。这是因为 canvas 要求这两个属性必须随 canvas 标记一起出现。

疑问 2：画布中 Stroke 和 Fill 二者的区别是什么？

HTML 5 中，将图形分为两大类：第一类称作 Stroke，就是轮廓、勾勒或者线条，总之，图形是由线条组成的；第二类称作 Fill，就是填充区域。上下文对象中有两个绘制矩形的方法，可以让我们很好地理解这两大类图形的区别：一个是 strokeRect，还有一个是 fillRect。

第 8 章 HTML 5 中的音频和视频

目前，在网页上没有关于音频和视频的标准，多数音频和视频都是通过插件来播放的。为此，HTML 5 新增了音频和视频的标签。本章讲述音频和视频的基本概念、常用属性及浏览器对其的支持情况。

8.1 audio 标签概述

目前，大多数音频是通过插件来播放音频文件的。例如，常见的播放插件为 Flash，这就是为什么用户在用浏览器播放音乐时，常常需要安装 Flash 插件的原因。但是，并不是所有的浏览器都拥有同样的插件。为此，与 HTML 4 相比，HTML 5 新增了 audio 标签，规定了一种包含音频的标准方法。

8.1.1 audio 标签概述

audio 标签主要是定义播放声音文件或者音频流的标准。它支持 3 种音频格式，分别为 Ogg、MP3 和 WAV。

如果需要在 HTML 5 网页中播放音频，输入的基本格式如下：

```
<audio src="song.mp3" controls="controls"></audio>
```

其中，src 属性规定要播放的音频的地址，controls 属性是供添加播放、暂停和音量控件的属性。

另外，在<audio>和</audio>之间插入的内容是供不支持 audio 元素的浏览器显示的。

【例 8.1】使用 audio 标签。

```
<!DOCTYPE html>
<html>
<head>
<title>audio</title>
<head>
<body>
<audio src="song.mp3" controls="controls">
    您的浏览器不支持 audio 标签!
</audio>
</body>
</html>
```

如果用户的浏览器是 IE 11.0 以前的版本，浏览效果如图 8-1 所示，可见 IE 11.0 以前的浏览器版本不支持 audio 标签。

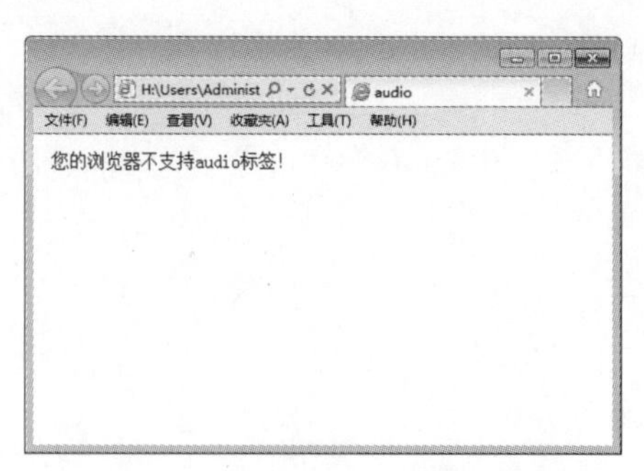

图 8-1 不支持 audio 标签的效果

在 IE 11.0 中浏览，效果如图 8-2 所示，可以看到加载的音频控制条并听到声音，此时用户还可以控制音量的大小。

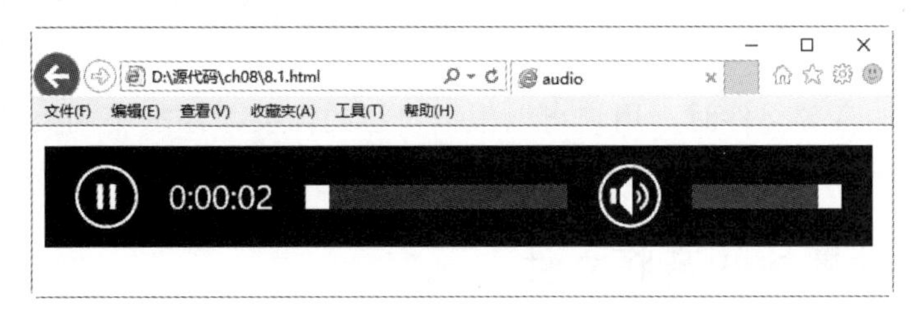

图 8-2 支持 audio 标签的效果

8.1.2 audio 标签的属性

audio 标签的常见属性及其含义如表 8-1 所示。

表 8-1 audio 标签的常见属性

属 性	值	描 述
autoplay	autoplay(自动播放)	如果出现该属性，则音频在就绪后马上播放
controls	controls(控制)	如果出现该属性，则向用户显示控件，比如播放按钮
loop	loop(循环)	如果出现该属性，则每当音频结束时重新开始播放
preload	preload(加载)	如果出现该属性，则音频在页面加载时进行加载，并预备播放。如果使用 autoplay，则忽略该属性
src	url(地址)	要播放的音频的 URL 地址

另外，audio 标签可以通过 source 属性添加多个音频文件，具体格式如下：

```
<audio controls="controls">
   <source src="123.ogg" type="audio/ogg">
   <source src="123.mp3" type="audio/mpeg">
</audio>
```

8.1.3 浏览器对 audio 标签的支持情况

目前，不同的浏览器对 audio 标签的支持也不同。表 8-2 中列出了应用最为广泛的浏览器对 audio 标签的支持情况。

表 8-2 浏览器对 audio 标签的支持情况

浏览器 音频格式	Firefox 3.5 及更高版本	IE 11.0 及更高版本	Opera 10.5 及更高版本	Chrome 3.0 及更高版本	Safari 3.0 及更高版本
Ogg Vorbis	支持		支持	支持	
MP3		支持		支持	支持
WAV	支持		支持		支持

8.2　在网页中添加音频文件

当在网页中添加音频文件时，用户可以根据自己的需要，添加不同类型的音频文件，如添加自动播放的音频文件、添加带有控件的音频文件、添加循环播放的音频文件等。

8.2.1　添加自动播放的音频文件

autoplay 属性规定一旦音频就绪，马上就开始播放。如果设置了该属性，音频将自动播放。下面就是在网页中添加自动播放的音频文件的相关代码。

【例 8.2】添加自动播放的音频文件。

```
<!DOCTYPE HTML>
<html>
<body>
<audio controls="controls" autoplay="autoplay">
   <source src="song.mp3">
</audio>
</body>
</html>
```

在 IE 11.0 浏览，效果如图 8-3 所示，可以看到，网页中加载了音频播放控制条，并开始自动播放加载的音频文件。

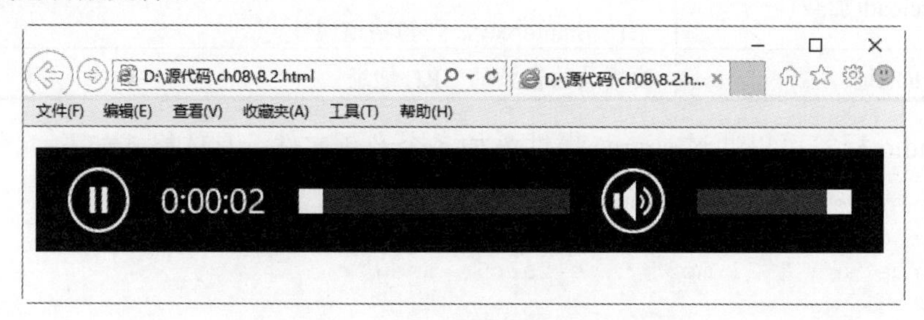

图 8-3　添加自动播放的音频文件

8.2.2　添加带有控件的音频文件

controls 属性规定浏览器应该为音频提供播放控件。如果设置了该属性，则规定不存在作者设置的脚本控件。其中浏览器控件应该包括播放、暂停、定位、音量、全屏切换等。

【例 8.3】添加带有控件的音频文件。

```
<!DOCTYPE HTML>
<html>
<body>
<audio controls="controls">
   <source src="song.mp3">
</audio>
</body>
</html>
```

在 IE 11.0 中浏览，效果如图 8-4 所示，可以看到网页中加载了音频播放控制条，这里只有单击其中的“播放”按钮，才可以播放加载的音频文件。

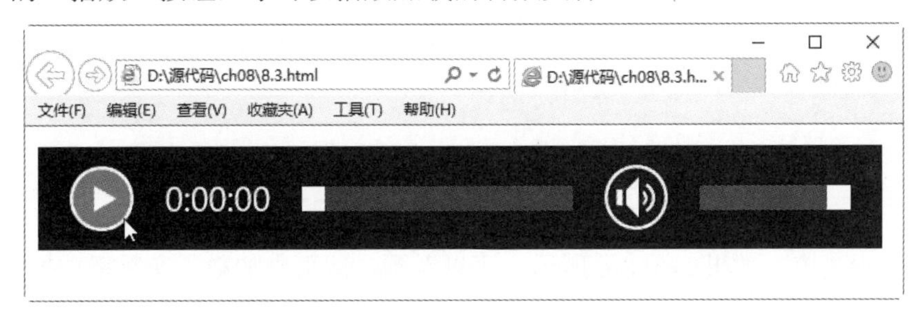

图 8-4　添加带有控件的音频文件

8.2.3　添加循环播放的音频文件

loop 属性规定当音频结束后将重新开始播放。如果设置该属性，则音频将循环播放。

【例 8.4】添加循环播放的音频文件。

```
<!DOCTYPE HTML>
<html>
<body>
<audio controls="controls" loop="loop">
   <source src="song.mp3">
</audio>
</body>
</html>
```

在 IE 11.0 中浏览，效果如图 8-5 所示，可以看到，网页中加载了音频播放控制条，单击播放按钮，开始播放加载的音频文件，播放完毕后，音频文件将重新开始播放。

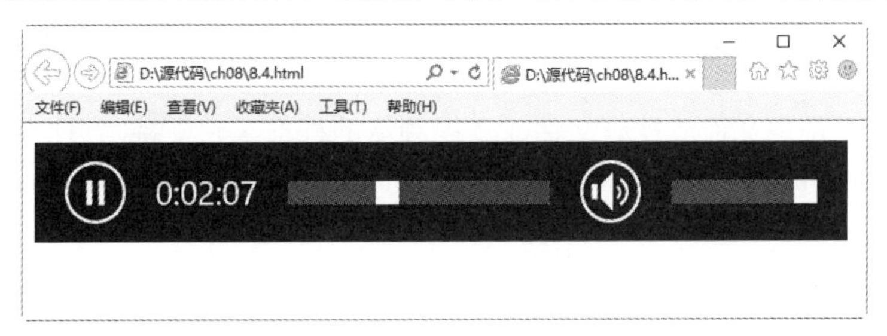

图 8-5　添加循环播放的音频文件

8.2.4　添加预播放的音频文件

preload 属性规定是否在页面加载后载入音频。如果设置了 autoplay 属性，则忽略该属性。preload 属性的值可能有 3 种，分别如下。

(1) auto：当页面加载后载入整个音频。

(2) meta：当页面加载后只载入元数据。

(3) none：当页面加载后不载入音频。

【例 8.5】添加预播放的音频文件。

```
<!DOCTYPE HTML>
<html>
<body>
<audio controls="controls" preload="auto">
   <source src="song.mp3">
</audio>
</body>
</html>
```

在 IE 11.0 中浏览，效果如图 8-6 所示，可以看到，网页中加载了音频播放控制条。

图 8-6　添加预播放的音频文件

8.3　video 标签概述

与音频文件播放方式一样，大多数视频文件在网页上也是通过插件来播放的。例如，常见的播放插件为 Flash。由于不是所有的浏览器都拥有同样的插件，所以就需要一种统一的包含视频的标准方法。为此，与 HTML 4 相比，HTML 5 新增了 video 标签。

8.3.1　video 标签概述

video 标签主要是定义播放视频文件或者视频流的标准。它支持 3 种视频格式，分别为 Ogg、WebM 和 MPEG 4。

如果需要在 HTML 5 网页中播放视频，输入的基本格式如下：

```
<video src="123.mp4" controls="controls">...</video>
```

其中，在<video>与</video>之间插入的内容是供不支持 video 元素的浏览器显示的。

【例 8.6】使用 video 标签。

```
<!DOCTYPE html>
<html>
<head>
<title>video</title>
<head>
<body>
<video src="movie.mp4" controls="controls">
   您的浏览器不支持 video 标签!
</video>
```

```
</body>
</html>
```

如果用户的浏览器是 IE 11.0 以前的版本，浏览效果如图 8-7 所示，可见 IE 11.0 以前版本的浏览器不支持 video 标签。

在 Firefox 8.0 中浏览，效果如图 8-8 所示，可以看到加载的视频控制条界面。单击播放按钮，即可查看视频的内容，同时用户还可以调整音量的大小。

图 8-7　不支持 video 标签的效果

图 8-8　支持 video 标签的效果

8.3.2　video 标签的属性

video 标签的常见属性及其含义如表 8-3 所示。

表 8-3　video 标签的常见属性及其含义

属　性	值	描　述
autoplay	autoplay	视频就绪后马上播放
controls	controls	向用户显示控件，比如播放按钮
loop	loop	每当视频结束时重新开始播放
preload	preload	视频在页面加载时进行加载，并预备播放。如果使用 autoplay，则忽略该属性
src	url	要播放的视频的 URL
width	宽度值	设置视频播放器的宽度
height	高度值	设置视频播放器的高度
poster	url	当视频未响应或缓冲不足时，该属性值链接到一个图像。该图像将以一定比例被显示出来

由表 8-3 可知，用户可以自定义视频文件显示的大小。例如，如果想让视频以 320 像素×240 像素大小显示，可以加入 width 和 height 属性。具体语法格式如下：

```
<video width="320" height="240" controls src="movie.mp4"></video>
```

另外，video 标签可以通过 source 属性添加多个视频文件，具体语法格式如下：

```
<video controls="controls">
    <source src="123.ogg" type="video/ogg">
    <source src="123.mp4" type="video/mp4">
</video>
```

8.3.3 浏览器对 video 标签的支持情况

目前，不同的浏览器对 video 标签的支持情况也不同。表 8-4 中列出了应用最为广泛的浏览器对 video 标签的支持情况。

表 8-4 浏览器对 video 标签的支持情况

视频格式 \ 浏览器	Firefox 4.0 及更高版本	IE 11.0 及更高版本	Opera 10.6 及更高版本	Chrome 6.0 及更高版本	Safari 3.0 及更高版本
Ogg	支持		支持	支持	
MPEG 4		支持		支持	支持
WebM	支持		支持	支持	

8.4 在网页中添加视频文件

当在网页中添加视频文件时，用户可以根据自己的需要添加不同类型的视频文件，如添加自动播放的视频文件、添加带有控件的视频文件、添加循环播放的视频文件等，另外，还可以设置视频文件的高度和宽度。

8.4.1 添加自动播放的视频文件

autoplay 属性规定一旦视频就绪马上开始播放。如果设置了该属性，视频将自动播放。

【例 8.7】添加自动播放的视频文件。

```
<!DOCTYPE HTML>
<html>
<body>
<video controls="controls" autoplay="autoplay">
    <source src="movie.mp4">
</video>
</body>
</html>
```

在 IE 11.0 中浏览，效果如图 8-9 所示，可以看到，网页中加载了视频播放控件，并开始自动播放加载的视频文件。

图 8-9　添加自动播放的视频文件

8.4.2　添加带有控件的视频文件

controls 属性规定浏览器应该为视频提供播放控件。如果设置了该属性，则规定不存在设置的脚本控件。其中浏览器控件应该包括播放、暂停、定位、音量、全屏切换等。

【例 8.8】添加带有控件的视频文件(示例 ch08\8.8.html)。

```
<!DOCTYPE HTML>
<html>
<body>
<video controls="controls" controls="controls">
   <source src="movie.mp4">
</video>
</body>
</html>
```

在 IE 11.0 中浏览，效果如图 8-10 所示，可以看到，网页中加载了视频播放控件，这里只有单击其中的播放按钮，才可以播放加载的视频文件。

图 8-10　添加带有控件的视频文件

8.4.3 添加循环播放的视频文件

loop 属性规定当视频结束后将重新开始播放。如果设置该属性，则视频将循环播放。

【例 8.9】添加循环播放的视频文件。

```
<!DOCTYPE HTML>
<html>
<body>
<video controls="controls" loop="loop">
   <source src="movie.mp4">
</video>
</body>
</html>
```

在 IE 11.0 中浏览，效果如图 8-11 所示，可以看到，网页中加载了视频播放控件，单击其中的播放按钮，开始播放加载的视频文件，播放完毕后，视频文件将重新开始播放。

图 8-11　添加循环播放的视频文件

8.5 综合案例——设置视频文件的高度与宽度

使用 width 和 height 属性可以设置视频文件的显示宽度与高度，单位是像素。

规定视频的高度和宽度是一个好习惯。如果设置这些属性，在页面加载时会为视频预留出空间。如果没有设置这些属性，那么浏览器就无法预先确定视频的尺寸，这样就无法为视频保留合适的空间。结果是，在页面加载的过程中，其布局也会产生变化。

【例 8.10】设置视频文件的高度与宽度。

```
<!DOCTYPE HTML>
<html>
<body>
<video width="200" height="160" controls="controls">
   <source src="movie.mp4">
</video>
```

```
</body>
</html>
```

在 IE 11.0 中浏览，效果如图 8-12 所示，可以看到，网页中加载了视频播放控件，视频的显示大小为 200 像素×160 像素。

图 8-12 设置视频文件的高度与宽度

切勿通过 height 和 width 属性来缩放视频。通过 height 和 width 属性来缩小视频，用户仍会下载原始的视频(即使在页面上它看起来较小)。正确的方法是在网页上使用该视频前用软件对视频进行压缩。

8.6 跟我学上机——添加预播放的视频文件

preload 属性规定是否在页面加载后载入视频。如果设置了 autoplay 属性，则忽略该属性。preload 属性的值可能有 3 种，分别说明如下。

(1) auto：当页面加载后载入整个视频。

(2) meta：当页面加载后只载入元数据。

(3) none：当页面加载后不载入视频。

【**例 8.11**】添加预播放的视频文件。

```
<!DOCTYPE HTML>
<html>
<body>
<video controls="controls" preload="auto">
   <source src="movie.mp4">
</video>
</body>
</html>
```

在 IE 11.0 中浏览，效果如图 8-13 所示，可以看到，网页中加载了视频播放控件。

图 8-13　添加预播放的视频文件

8.5　疑难解惑

疑问 1：在 HTML 5 网页中添加所支持格式的视频，不能在 Firefox 8.0 浏览器中正常播放，为什么？

目前，HTML 5 的 video 标签对视频的支持，不仅有视频格式的限制，还有对解码器的限制。具体规定如下：

(1) Ogg 格式的文件需要 Thedora 视频编码和 Vorbis 音频编码。

(2) MPEG 4 格式的文件需要 H.264 视频编码和 AAC 音频编码。

(3) WebM 格式的文件需要 VP8 视频编码和 Vorbis 音频编码。

疑问 2：在 HTML 5 网页中添加 MP4 格式的视频文件，为什么在不同的浏览器中视频控件显示的外观不同？

在 HTML 5 中规定用 controls 属性来控制视频文件的播放、暂停、停止和调节音量的操作。controls 是一个布尔属性，一旦添加了此属性，等于告诉浏览器需要显示播放控件并允许用户进行操作。

因为每一个浏览器负责解释内置视频控件的外观，所以在不同的浏览器中，将会显示不同的视频控件外观。

第 II 篇

CSS 3 美化网页

第 9 章 CSS 3 概述与基本语法

一个美观大方、简约的页面以及高访问量的网站，是网页设计者的追求。然而，仅通过 HTML 5 来实现，是非常困难的，因为 HTML 语言仅仅定义了网页的结构，对于文本样式没有过多涉及。这就需要一种技术，对页面布局、字体、颜色、背景和其他图文效果的实现提供更加精确的控制，这种技术就是 CSS 3。

9.1 CSS 3 概 述

使用 CSS 3 最大的优势，是在后期维护中，如果一些外观样式需要修改，只需要修改相应的代码即可。

9.1.1 CSS 3 的功能

随着 Internet 的不断发展，对页面效果的诉求越来越强烈，只依赖 HTML 这种结构化标记来实现样式，已经不能满足网页设计者的需要。其表现有如下几个方面。

(1) 维护困难。为了修改某个特殊标记格式，需要花费很多时间，尤其对整个网站而言，后期修改和维护成本较高。

(2) 标记不足。HTML 本身的标记十分少，很多标记都是为网页内容服务的，而关于内容样式的标记，如文字间距、段落缩进，很难在 HTML 中找到。

(3) 网页过于臃肿。由于没有统一对各种风格样式进行控制，HTML 页面往往体积过大，占用掉很多宝贵的宽度。

(4) 定位困难。在整体布局页面时，HTML 对于各个模块的位置调整显得捉襟见肘，过多的 table 标记将会导致页面的复杂和后期维护的困难。

在这种情况下，就需要寻找一种可以将结构化标记与丰富的页面表现相结合的技术。CSS 样式技术就产生了。

CSS(Cascading Style Sheet)称为层叠样式表，也可以称为 CSS 样式表(或样式表)，其文件扩展名为.css。CSS 是用于增强或控制网页样式并允许将样式信息与网页内容分离的一种标记性语言。

引用样式表的目的，是将“网页结构代码”和“网页样式风格代码”分离开，从而使网页设计者可以对网页布局进行更多的控制。利用样式表，可以将整个站点上的所有网页都指向某个 CSS 文件，然后设计者只需要修改 CSS 文件中的某一行，整个网站上对应的样式都会随之发生改变。

9.1.2 浏览器与 CSS 3

CSS 3 制定完成之后，具有了很多新的功能，即新样式。但这些新样式在浏览器中不能获得完全支持。主要在于各个浏览器对 CSS 3 的很多细节处理上存在差异，例如，一种标记的某个属性一种浏览器支持，而另外一种浏览器不支持，或者两种浏览器都支持，但其显示效果却不一样。

各主流浏览器为了自己产品的利益和推广，定义了很多私有属性，以便加强页面显示样式和效果，导致现在每个浏览器都存在大量的私有属性。虽然使用私有属性可以快速构建效果，但是对网页设计者来说是一个很大的麻烦，设计一个页面时，就需要考虑在不同浏览器上显示的效果，一个不注意，就会导致同一个页面在不同浏览器上的显示效果不一致。甚至有的浏览器不同版本之间也具有不同的属性。

如果所有浏览器都支持 CSS 3 样式，那么网页设计者只需要使用一种统一标记，就会在不同浏览器上显示统一的样式效果。

当 CSS 3 被所有浏览器接受和支持的时候，整个网页设计将会变得非常容易，其布局更加合理，样式更加美观，到那个时候，整个 Web 页面显示会焕然一新。虽然现在 CSS 3 还没有完全普及，各个浏览器对 CSS 3 的支持还处于发展阶段，但 CSS 3 是一个新的、发展潜力很高的技术，在样式修饰方面，是其他技术无可替代的。此时学习 CSS 3 技术，就能够保证技术不落伍。

9.1.3 CSS 3 的基础语法

CSS 3 样式表是由若干条样式规则组成的，这些规则可以应用到不同的元素或文档，来定义它们显示的外观。

每一条样式规则由 3 个部分构成：选择符(selector)、属性(properties)和属性值(value)，基本格式如下：

```
selector{property: value}
```

(1) selector：选择符可以采用多种形式，可以为文档中的 HTML 标记，如<body>、<table>、<p>等，但是也可以是 XML 文档中的标记。

(2) property：属性则是选择符指定的标记所包含的属性。

(3) value：指定了属性的值。如果定义选择符的多个属性，则属性和属性值为一组，组与组之间用分号(;)隔开。基本格式如下：

```
selector{property1: value1; property2: value2; ...}
```

例如，下面就给出一条样式规则：

```
p{color: red}
```

该样式规则的选择符是 p，即为段落标记<p>提供样式，color 为指定文字颜色属性，red 为属性值。此样式表示标记<p>指定的段落文字为红色。

如果要为段落设置多种样式，可以使用如下语句：

```
p{font-family:"隶书"; color:red; font-size:40px; font-weight:bold}
```

9.1.4 CSS 3 的常用单位

CSS 3 中常用的单位包括颜色单位和长度单位两种，利用这些单位，可以完成网页元素的搭配与网页布局的设定，如网页图片颜色的搭配、网页表格长度的设定等。

1. 颜色单位

通常，颜色用于设定字体以及背景的颜色显示。在 CSS 3 中，颜色设置的方法很多，有命名颜色、RGB 颜色、十六进制颜色、网络安全色。与以前的版本相比，CSS 3 新增了 HSL 色彩模式、HSLA 色彩模式、RGBA 色彩模式。

1) 命名颜色

CSS 3 中可以直接用英文单词命名与之相应的颜色，这种方法优点是简单、直接、容易掌握。此处预设了 16 种颜色以及这 16 种颜色的衍生色，这 16 种颜色是 CSS 3 规范推荐的，而且一些主流的浏览器都能够识别它们，如表 9-1 所示。

表 9-1 CSS 推荐的颜色

颜 色	名 称	颜 色	名 称
aqua	水绿	black	黑
blue	蓝	fuchsia	紫红
gray	灰	green	绿
lime	浅绿	maroon	褐
navy	深蓝	olive	橄榄
purple	紫	red	红
silver	银	teal	深青
white	白	yellow	黄

这些颜色最初来源于基本的 Windows VGA 颜色，而且浏览器还可以识别这些颜色。

例如，在 CSS 定义字体颜色时，便可以直接使用这些颜色的名称：

```
p{color: red}
```

使用颜色的名称，具有简单、直接而且不容易忘记的特点。但是，除了这 16 种颜色外，还可以使用其他 CSS 预定义颜色。多数浏览器能够识别 140 多种颜色名(其中包括这 16 种颜色)，例如 orange、PaleGreen 等。

在不同的浏览器中，命名颜色种类也是不同的，即使使用了相同的颜色名，它们的颜色也有可能存在差异。因此，虽然每一种浏览器都命名了大量的颜色，但是这些颜色大多数在其他浏览器上却是不能识别的，而真正通用的标准颜色只有 16 种。

2) RGB 颜色

如果要使用十进制表示颜色，则需要使用 RGB 颜色。十进制表示颜色，最大值为 255，最小值为 0。要使用 RGB 颜色，必须使用 rgb(R,G,B)，其中 R、G、B 分别表示红、绿、蓝的十进制值，通过这 3 个值的变化结合，便可以形成不同的颜色。例如，rgb(255,0,0)表示红色，rgb(0,255,0)表示绿色，rgb(0,0,255)则表示蓝色。黑色表示为 rbg(0,0,0)，而白色可以表示为 rgb(255,255,255)。

RGB 设置方法一般分为两种：用百分比设置和直接用数值设置，例如，为 p 标记设置颜色有两种方法：

```
p{color: rgb(123,0,25)}
p{color: rgb(45%,0%,25%)}
```

这两种方法中，都是用 3 个值来表示“红”“绿”“蓝”3 种颜色。这 3 种基本色的取值范围都是 0~255。通过定义这 3 种基本颜色的分量，就可以定义出各种各样的颜色。

3) 十六进制颜色

当然，除了 CSS 预定义的颜色外，设计者为了使页面色彩更加丰富，还可以使用十六进制颜色和 RGB 颜色。十六进制颜色的基本格式为#RRGGBB，其中 R 表示红色，G 表示绿色，B 表示蓝色。而 RR、GG、BB 的最大值为 FF，表示十进制中的 255，最小值为 00，表示十进制中的 0。例如，#FF0000 表示红色，#00FF00 表示绿色，#0000FF 表示蓝色。#000000 表示黑色，那么白色的表示就是#FFFFFF，而其他颜色分别是通过这 3 种基本色的结合而形成的。例如，#FFFF00 表示黄色，#FF00FF 表示紫红色。

对于浏览器不能识别的颜色名称，就可以使用所需颜色的十六进制值或 RGB 值。

表 9-2 列出了十几种常见的预定义颜色值的十六进制值和 RGB 值。

表 9-2 颜色对照表

颜 色 名	十六进制值	RGB 值
红色	#FF0000	rgb(255,0,0)
橙色	#FF6600	rgb(255,102,0)
黄色	#FFFF00	rgb(255,255,0)
绿色	#00FF00	rgb(0,255,0)
蓝色	#0000FF	rgb(0,0,255)
紫色	#800080	rgb(128,0,128)
紫红色	#FF00FF	rgb(255,0,255)
水绿色	#00FFFF	rgb(0,255,255)
灰色	#808080	rgb(128,128,128)
褐色	#800000	rgb(128,0,0)
橄榄色	#808000	rgb(128,128,0)
深蓝色	#000080	rgb(0,0,128)
银色	#C0C0C0	rgb(192,192,192)
深青色	#008080	rgb(0,128,128)
白色	#FFFFFF	rgb(255,255,255)
黑色	#000000	rgb(0,0,0)

4) HSL 色彩模式

CSS 3 新增加了 HSL 颜色表现方式。HSL 色彩模式是业界的一种颜色标准，它通过对色调(H)、饱和度(S)、亮度(L)3 个颜色通道的改变，以及它们相互之间的叠加，来获得各种颜色。这个标准几乎包括了人类视力可以感知的所有颜色，在屏幕上可以重现 16777216 种颜色，是目前运用最广的颜色系统之一。

在 CSS 3 中，HSL 色彩模式的表示语法如下：

```
hsl(<length>, <percentage1>, <percentage2>)
```

hsl()函数的 3 个参数如表 9-3 所示。

表 9-3 HSL 函数参数的说明

参数名称	说 明
length	表示色调(Hue)。Hue 衍生于色盘，取值可以为任意数值，其中 0(360 或-360)表示红色，60 表示黄色，120 表示绿色，180 表示青色，240 表示蓝色，300 表示洋红，当然可以设置其他数值，来确定不同的颜色
percentage1	表示饱和度(Saturation)，表示该色彩被使用了多少，即颜色的深浅程度和鲜艳程度。取值为 0 到 100%之间的值，其中 0 表示灰度，即没有使用该颜色；100%的饱和度最高，即颜色最鲜艳
percentage2	表示亮度(Lightness)。取值为 0 到 100%之间的值，其中 0%最暗，显示为黑色，50%表示均值，100%最亮，显示为白色

其使用示例如下：

```
p{color:hsl(0,80%,80%);}
p{color:hsl(80,80%,80%);}
```

5) HSLA 色彩模式

HSLA 也是 CSS 3 新增颜色模式，HSLA 色彩模式是 HSL 色彩模式的扩展，在色相、饱和度、亮度三要素的基础上增加了不透明度参数。使用 HSLA 色彩模式，设计师能够更灵活地设计不同的透明效果。其语法格式如下：

```
hsla(<length>, <percentage1>, <percentage2>, <opacity>)
```

其中前 3 个参数与 hsl()函数的参数的意义和用法相同，第 4 个参数<opacity>表示不透明度，取值在 0 到 1 之间。

使用示例如下：

```
p{color:hsla(0,80%,80%,0.9);}
```

6) RGBA 色彩模式

RGBA 也是 CSS 3 新增的颜色模式，RGBA 色彩模式是 RGB 色彩模式的扩展，在红、绿、蓝三原色的基础上增加了不透明度参数。其语法格式如下：

```
rgba(r, g, b, <opacity>)
```

其中 r、g、b 分别表示红色、绿色和蓝色三种原色所占的比重。r、g、b 的值可以是正整数或者百分数，正整数的取值范围为 0~255，百分数的取值范围为 0.0%~100.0%，超出范围的数值将被截至其最接近的取值极限。注意，并非所有浏览器都支持使用百分数值。第 4 个参数<opacity>表示不透明度，取值在 0 到 1 之间。

使用示例如下：

```
p{color:rgba(0,23,123,0.9);}
```

7) 网络安全色

网络安全色由 216 种颜色组成，被认为在任何操作系统和浏览器中都是相对稳定的，也就是说，显示的颜色是相同的。因此，这 216 种颜色被称为“网络安全色”。这 216 种颜色都是由红、绿、蓝 3 种基本色从 0、51、102、153、204、255 这 6 个数值中取值，组成的 6×6×6 种颜色。

2. 长度单位

为保证页面元素能够在浏览器中完全显示，又要布局合理，就需要设定元素间的间距，及元素本身的边界等，这都离不开长度单位的使用。在 CSS 3 中，长度单位可以被分为两类：绝对单位和相对单位。

1) 绝对单位

绝对单位用于设定绝对位置。主要有下列 5 种绝对单位。

(1) 英寸(in)。

英寸对中国设计者而言，使用得比较少，它主要是国外常用的量度单位。1 英寸等于 2.54 厘米，而 1 厘米等于 0.394 英寸。

(2) 厘米(cm)。

厘米是常用的长度单位。它可以用来设定距离比较大的页面元素框。

(3) 毫米(mm)。

毫米可以用来比较精确地设定页面元素距离或大小。10 毫米等于 1 厘米。

(4) 磅(pt)。

磅一般用来设定文字的大小。它是标准的印刷量度，广泛应用于打印机、文字程序等。72 磅等于 1 英寸，即 2.54 厘米。

另外，英寸、厘米和毫米也可以用来设定文字的大小。

(5) pica(pc)。

pica 是另一种印刷量度。1pica 等于 12 磅，该单位也不经常使用。

2) 相对单位

相对单位是指在量度时需要参照其他页面元素的单位值。使用相对单位所量度的实际距离可能会随着这些单位值的改变而改变。CSS 3 提供了 3 种相对单位：em、ex 和 px。

(1) em。

在 CSS 3 中，em 用于给定字体的 font-size 值。例如，一个元素字体大小为 12pt，那么 1em 就是 12pt，如果该元素字体大小改为 15pt，则 1em 就是 15pt。简单地说，无论字体大小是多少，1em 总是字体的大小值。em 的值总是随着字体大小的变化而变化的。

例如，分别设定页面元素 h1、h2 和 p 的字体大小为 20pt、15pt 和 10pt，各元素的左边距为 1em，样式规则如下：

```
h1{font-size:20pt}
h2{font-size:15pt}
p{font-size:10pt}
h1,h2,p{margin-left:1em}
```

对于 h1，1em 等于 20pt；对于 h2，1em 等于 15pt；对于 p，1em 等于 10pt，所以 em 的值会随着相应元素字体大小的变化而变化。

另外，em 值有时还相对于其上级元素的字体大小。例如，上级元素字体大小为 20pt，设定其子元素字体大小为 0.5em，则子元素显示出的字体大小为 10pt。

(2) ex。

ex 是以给定字体的小写字母“x”高度作为基准，对于不同的字体来说，小写字母“x”高度是不同的，所有 ex 单位的基准也不同。

(3) px。

px 也叫像素，这是目前来说使用最为广泛的一种单位，1 像素也就屏幕上的一个小方格，这通常是看不出来的。由于显示器有多种不同的大小，它的每个小方格大小是有差异的，所以像素单位的标准也不都是一样的。在 CSS 3 的规范中，是假设 90px=1 英寸，但是在通常的情况下，浏览器都会使用显示器的像素值来做标准。

9.2 编辑和浏览 CSS 3

CSS 3 文件是纯文本格式的文件，所以在编辑 CSS 3 时，就有了多种选择，可以使用一些简单的纯文本编辑工具，例如记事本等。当然也可以选择专业的 CSS 3 编辑工具，例如 Dreamweaver 等。

记事本编辑工具适合于初学者，不适合大项目编辑。但专业工具软件通常占用空间较大，打开不太方便。

9.2.1 手工编写 CSS 3

使用记事本编写 CSS 3，与使用记事本编写 HTML 文档基本一样。首先需要打开一个记事本，然后在里面输入相应的 CSS 3 代码即可。

【例 9.1】手工编写 CSS 3 的具体操作步骤如下。

step 01 打开记事本，输入 HTML 代码，如图 9-1 所示。

step 02 添加 CSS 代码，修饰 HTML 元素。在 head 标记中间，添加 CSS 样式代码，如图 9-2 所示。从窗口中可以看出，在 head 标记中间，添加了一个 style 标记，即 CSS 样式标记。在 style 标记中间，对 p 样式进行了设定，设置段落居中显示并且颜色为红色。

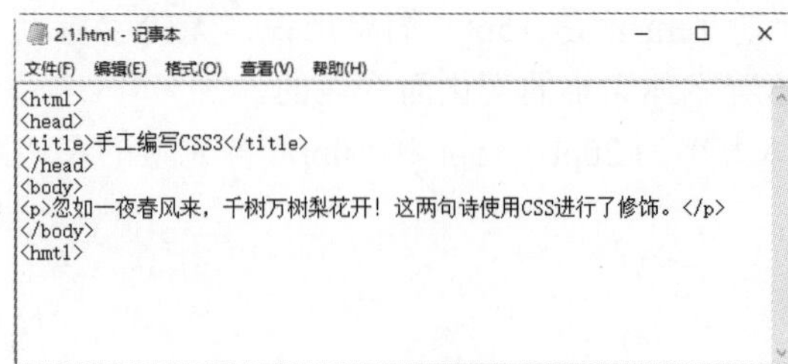

```
2.1.html - 记事本
文件(F) 编辑(E) 格式(O) 查看(V) 帮助(H)
<html>
<head>
<title>手工编写CSS3</title>
</head>
<body>
<p>忽如一夜春风来，千树万树梨花开！这两句诗使用CSS进行了修饰。</p>
</body>
<hmtl>
```

图 9-1　用记事本开发 HTML

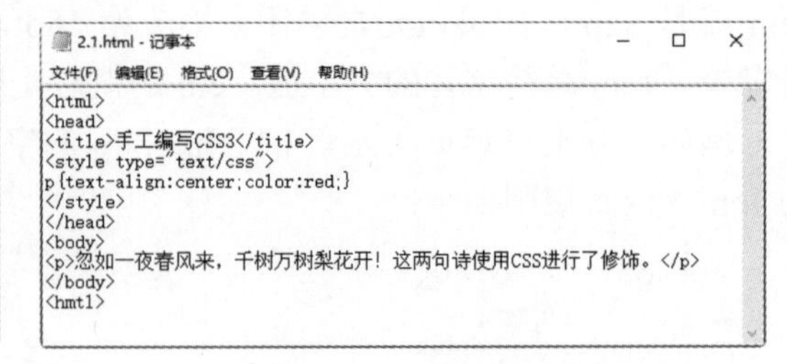

```
2.1.html - 记事本
文件(F) 编辑(E) 格式(O) 查看(V) 帮助(H)
<html>
<head>
<title>手工编写CSS3</title>
<style type="text/css">
p{text-align:center;color:red;}
</style>
</head>
<body>
<p>忽如一夜春风来，千树万树梨花开！这两句诗使用CSS进行了修饰。</p>
</body>
<hmtl>
```

图 9-2　添加样式

step 03 运行网页文件。网页编辑完成后，使用 IE 11.0 浏览器打开，如图 9-3 所示，可以看到段落在页面中间以红色字体显示。

9.2.2 用 Dreamweaver 编写 CSS

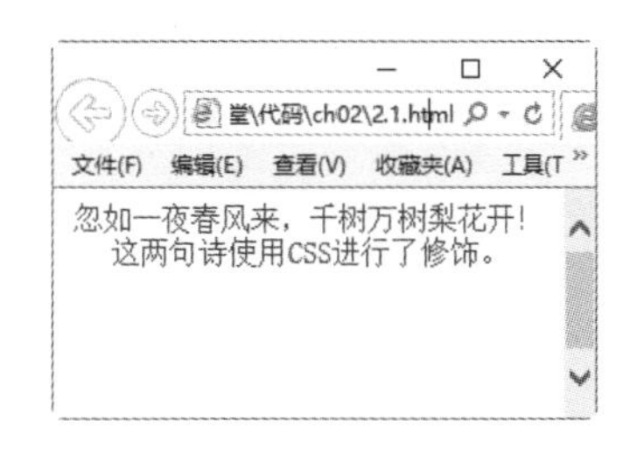

图 9-3 页面显示了 CSS 样式的效果

除了用记事本手工编写 CSS 代码外，还可以用专用的 CSS 编辑器，如 Dreamweaver 的 CSS 编辑器和 Visual Studio 的 CSS 编辑器。这些编辑器有语法着色，带输入提示，甚至有自动创建 CSS 的功能，因此深受开发人员喜爱。

【例 9.2】使用 Dreamweaver 创建 CSS 的具体操作步骤如下。

step 01 创建 HTML 文档。使用 Dreamweaver 创建 HTML 文档，此处创建了一个名称为 9.2.html 的文档，如图 9-4 所示。

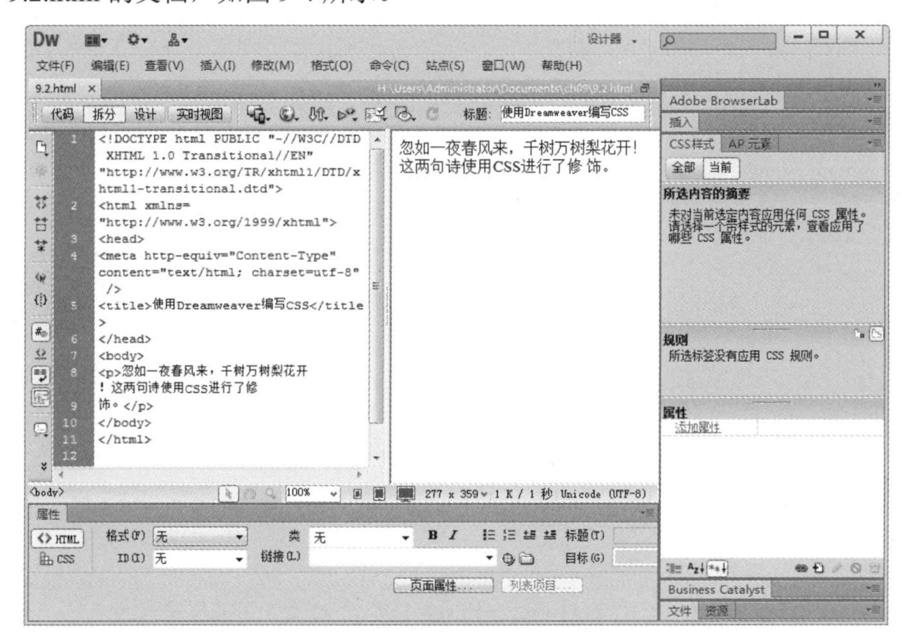

图 9-4 网页显示窗口

step 02 添加 CSS 样式。在设计模式中，选中“忽如一夜春风来……”段落后，右击，在弹出的快捷菜单中选择“CSS 样式”→“新建”命令，弹出“新建 CSS 规则”对话框，在“为 CSS 规则选择上下文选择器类型”下拉列表框中，选择“标签(重新定义 HTML 元素)”选项，如图 9-5 所示。

step 03 选择完成后，单击“确定”按钮，打开“p 的 CSS 规则定义”对话框，在其中设置相关的类型，如图 9-6 所示。

step 04 单击“确定”按钮，即可完成 p 样式的设置。设置完成后，HTML 文档内容发生变化，如图 9-7 所示。从代码模式窗口中，可以看到在 head 标记中，增加了一个 style 标记，用来放置 CSS 样式。其样式用来修饰段落 p。

step 05 运行 HTML 文档。在 IE 11.0 浏览器中预览该网页，其显示结果如图 9-8 所示，可以看到字体颜色设置为浅红色，大小为 12px，字体较粗。

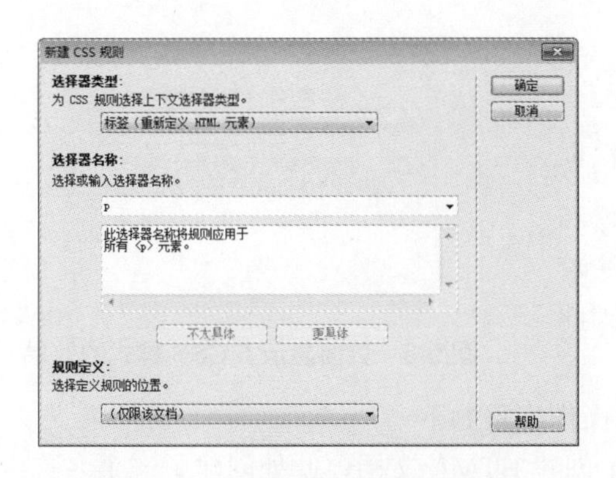

图 9-5 “新建 CSS 规则”对话框

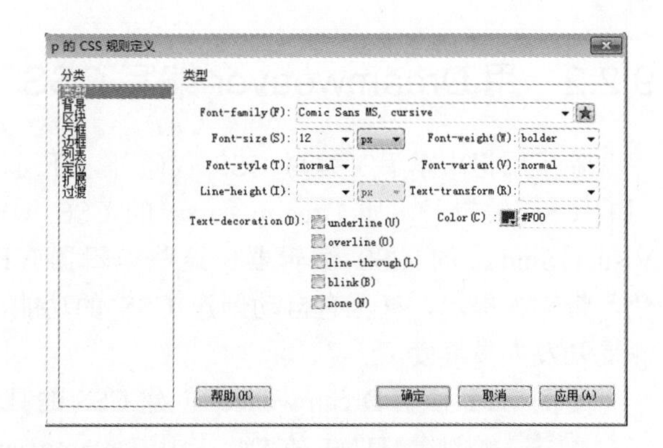

图 9-6 “p 的 CSS 规则定义”对话框

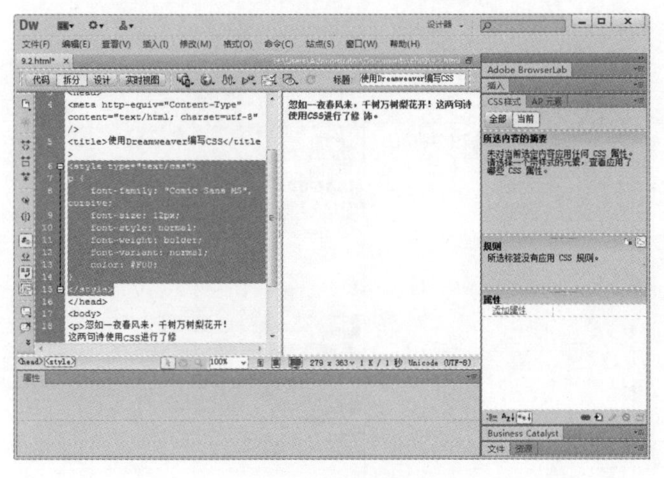

图 9-7 设置完成

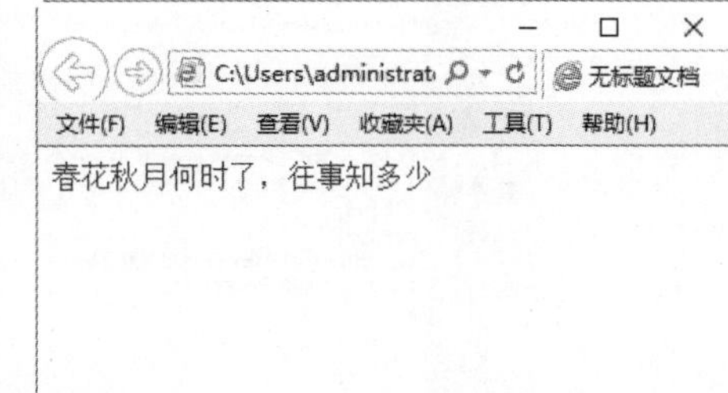

图 9-8 CSS 样式显示

9.3 在 HTML 5 中使用 CSS 3 的方法

CSS 3 样式表能很好地控制页面显示，以达到分离网页内容和样式代码的目的。CSS 3 样式表控制 HTML 5 页面可以达到良好的样式效果，其方式通常包括行内样式、内嵌样式、链接样式和导入样式。

9.3.1 行内样式

行内样式是所有样式中比较简单、直观的方法，就是直接把 CSS 代码添加到 HTML 5 的标记中，即作为 HTML 5 标记的属性标记存在。通过这种方法，可以很简单地对某个元素单独定义样式。

使用行内样式的具体方法是直接在 HTML 5 标记中使用 style 属性，该属性的内容就是 CSS 3 的属性和值，例如：

```
<p style="color:red">段落样式</p>
```

【例 9.3】使用行内样式。

```
<!DOCTYPE html>
<html>
<head>
<title>行内样式</title>
</head>
<body>
<p style="color:red;font-size:20px;text-decoration:underline;
  text-align:center">群山万壑赴荆门，生长明妃尚有村。一去紫台连朔漠，独留青冢向黄昏。
画图省识春风面，环佩空归夜月魂。千载琵琶作胡语，分明怨恨曲中论。</p>
<p style="color:blue;font-style:italic">正文内容</p>
</body>
</html>
```

在 IE 11.0 中浏览，效果如图 9-9 所示，可以看到两个 p 标记中都使用了 style 属性，并且设置了 CSS 样式，各个样式之间互不影响，分别显示自己的样式效果。第 1 个段落设置红色字体，居中显示，带有下划线。第二个段落蓝色字体，以斜体显示。

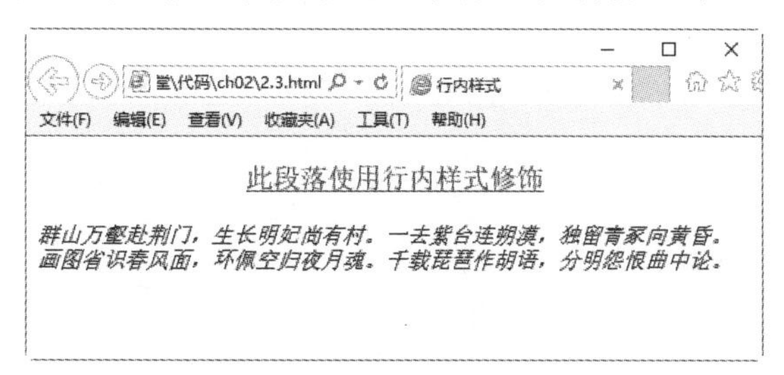

图 9-9 行内样式的显示

尽管行内样式简单，但这种方法不常使用，因为这样添加无法完全发挥样式表“内容结构与样式控制代码”分离的优势。而且这种方式也不利于样式的重用，如果需要为每一个标记都设置 style 属性，后期维护成本高，网页容易过胖，故不推荐使用。

9.3.2 内嵌样式

内嵌样式就是将 CSS 样式代码添加到<head>与</head>之间，并且用<style>和</style>标记进行声明。这种写法虽然没有完全实现页面内容和样式控制代码完全分离，但可以设置一些比较简单的样式，并统一页面样式。其语法格式如下：

```
<head>
<style type="text/css">
p{
   color:red;
   font-size:12px;
}
</style>
</head>
```

有些较低版本的浏览器不能识别<style>标记，因而不能正确地将样式应用到页面显示上，而是直接将标记中的内容以文本的形式显示。为了解决此类问题，可以使用 HMTL 注释

将标记中的内容隐藏。如果浏览器能够识别<style>标记，则标记内被注释的 CSS 样式定义代码依旧能够发挥作用。

例如：

```
<head>
<style type="text/css" >
<!--
p{
   color:red;
   font-size:12px;
}
-->
</style>
</head>
```

【例 9.4】使用内嵌样式。

```
<!DOCTYPE html>
<html>
<head>
<title>内嵌样式</title>
<style type="text/css">
p{
   color:orange;
   text-align:center;
   font-weight:bolder;
   font-size:25px;
}
</style>
</head><body>
<p>故人具鸡黍，邀我至田家。绿树村边合，青山郭外斜。开轩面场圃，把酒话桑麻。待到重阳日，还来就菊花。</p>
<p>正文内容</p>
</body>
</html>
```

在 IE 11.0 中浏览，效果如图 9-10 所示，可以看到，两个 p 标记中都被 CSS 样式修饰了，其样式保持一致，段落居中、加粗并以橙色字体显示。

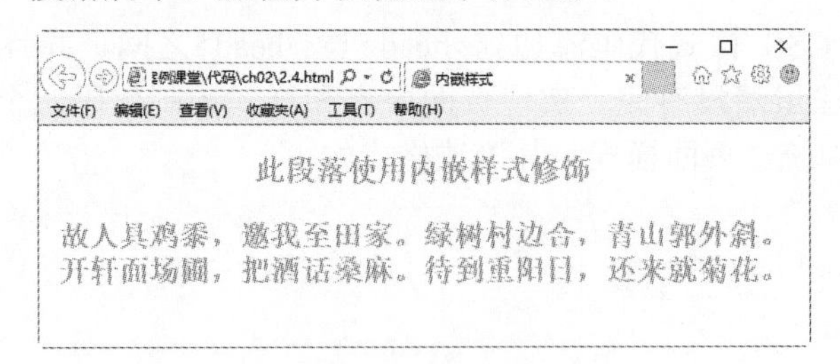

图 9-10　内嵌样式的显示

上面例子所有 CSS 编码都在 style 标记中，方便了后期维护，页面与行内样式相比大大瘦身了。但如果一个网站拥有很多页面，对于不同页面 p 标记都希望采用同样风格时，内嵌方式就显得有点麻烦。这种方法只适用于特殊页面设置单独的样式风格。

9.3.3　链接样式

链接样式是 CSS 中使用频率最高也是最实用的方法。它很好地将“页面内容”和“样式风格代码”分离成两个文件或多个文件，实现了页面框架 HTML 5 代码和 CSS 3 代码的完全分离，使前期制作和后期维护都十分方便。

链接样式是指在外部定义 CSS 样式表并形成以.css 为扩展名的文件，然后在页面中通过<link>链接标记链接到页面中，而且该链接语句必须放在页面的<head>标记区。其语句格式如下：

```
<link rel="stylesheet" type="text/css" href="1.css" />
```

(1)　rel：指定链接到样式表，其值为 stylesheet。

(2)　type：表示样式表类型为 CSS 样式表。

(3)　href：指定了 CSS 样式表所在的位置，此处表示当前路径下名称为 1.css 的文件。

这里使用的是相对路径。如果 HTML 文档与 CSS 样式表没有在同一路径下，则需要指定样式表的绝对路径或引用位置。

【例 9.5】使用链接样式。

```
<!DOCTYPE html>
<html>
<head>
<title>链接样式</title>
<link rel="stylesheet" type="text/css" href="9.5.css" />
</head>
<body>
<h1>CSS 3 的学习</h1>
<p>荆溪白石出，天寒红叶稀。山路元无雨，空翠湿人衣。</p>
</body>
</html>
```

所要链接到的 CSS 样式表。

```
h1{text-align:center;}
p{font-weight:29px;text-align:center;font-style:italic;}
```

在 IE 11.0 中浏览，效果如图 9-11 所示，可见，标题和段落以不同的样式显示，标题居中显示，段落以斜体居中显示。

图 9-11　链接样式的显示

链接样式最大的优势就是将 CSS 3 代码和 HTML 5 代码完全分离，并且同一个 CSS 文件能被不同的 HTML 所链接使用。

在设计整个网站时，可以将所有页面链接到同一个 CSS 文件，使用相同的样式风格。这样，如果整个网站需要修改样式，只修改 CSS 文件即可。

9.3.4 导入样式

导入样式与链接样式基本相同，都是创建一个单独的 CSS 文件，然后再引入到 HTML 5 文件中，只不过语法和运作方式有差别。采用导入样式的样式表，在 HTML 5 文件初始化时，会被导入到 HTML 5 文件内，作为文件的一部分，类似于内嵌效果。而链接样式是在 HTML 标记需要样式风格时才以链接方式引入的。

导入外部样式表是指在内部样式表的<style>标记中，使用@import 导入一个外部样式表，例如：

```
<head>
  <style type="text/css" >
  <!--
  @import "1.css"
  -->
  </style>
</head>
```

导入外部样式表，相当于将样式表导入到内部样式表中，其方式更有优势。导入外部样式表必须在样式表的开始部分，其他内部样式表的上面。

【例 9.6】使用导入样式。

```
<!DOCTYPE html>
<html>
<head>
<title>导入样式</title>
<style>
@import "9.6.css"
</style>
</head>
<body>
<h1>江雪</h1>
<p>千山鸟飞绝，万径人踪灭。孤舟蓑笠翁，独钓寒江雪。</p>
</body>
</html>
```

所以导入的 CSS 样式表：

```
h1{text-align:center;color:#0000ff}
p{font-weight:bolder;text-decoration:underline;font-size:20px;}
```

在 IE 11.0 中浏览，效果如图 9-12 所示，可见，标题和段落以不同的样式显示，标题居中显示，颜色为蓝色，段落以大小 20px 并加粗显示。

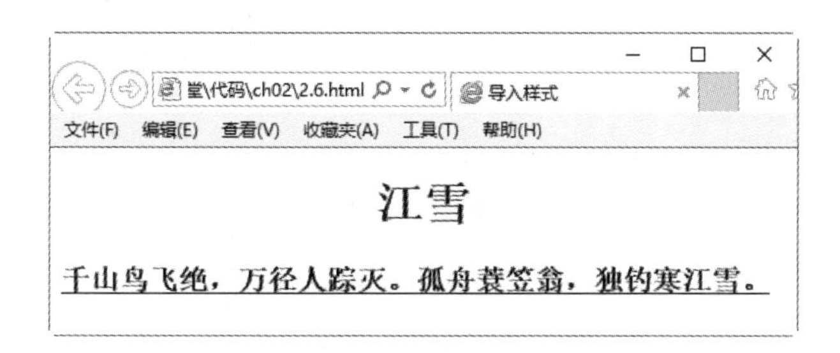

图 9-12　导入样式的显示

导入样式与链接样式相比，最大的优点就是可以一次导入多个 CSS 文件，例如：

```
<style>
@import "9.6.css"
@import "test.css"
</style>
```

9.3.5　优先级问题

如果同一个页面采用了多种 CSS 使用方式，如使用行内样式、链接样式和内嵌样式。当这几种样式共同作用于同一个标记时，就会出现优先级问题，即究竟哪种样式设置会有效果。例如，内嵌设置字体为宋体，链接样式设置为红色，那么二者会同时生效；假如都设置字体颜色，情况就会变得复杂。

1. 行内样式和内嵌样式的比较

例如，有这样一种情况：

```
<style>
.p{color:red}
</style>
<p style="color:blue">段落应用样式</p>
```

在样式定义中，段落标记<p>匹配了两种样式规则，一种使用内部样式定义颜色为红色，一种使用 p 行内样式定义颜色为蓝色。但是，标记内容最终会以哪一种样式显示呢？

【例 9.7】行内样式和内嵌样式的比较。

```
<!DOCTYPE html>
<html>
<head>
<title>优先级比较</title>
<style>
p{color:red}
</style>
</head>
<body>
<p style="color:blue">解落三秋叶，能开二月花。过江千尺浪，入竹万竿斜。</p>
</body>
</html>
```

在 IE 11.0 中浏览，效果如图 9-13 所示，段落以蓝色字体显示，可以知道，行内优先级大于内嵌优先级。

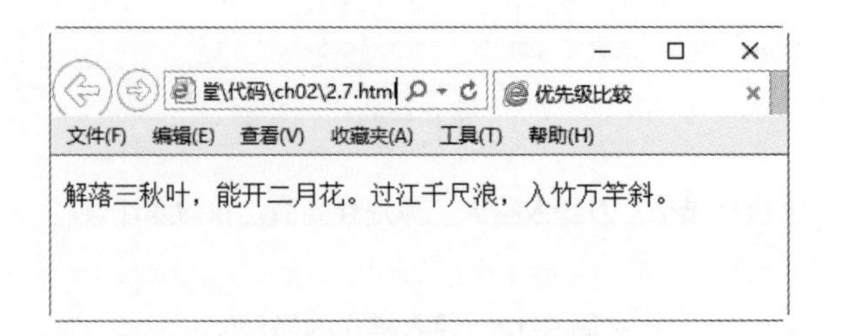

图 9-13　行内样式和内嵌样式的比较

2. 内嵌样式和链接样式的比较

以相同例子测试内嵌样式和链接样式的优先级，将设置颜色样式的代码单独放在一个CSS 文件中，使用链接样式引入。

【例 9.8】内嵌样式和链接样式的比较。

```
<!DOCTYPE html>
<html>
<head>
<title>优先级比较</title>
<link href="9.8.css" type="text/css" rel="stylesheet">
<style>
p{color:red}
</style>
</head>
<body>
<p>远上寒山石径斜，白云深处有人家。停车坐爱枫林晚，霜叶红于二月花。</p>
</body>
</html>
```

所要链接的 CSS 样式表：

```
p{color:yellow}
```

在 IE 11.0 中浏览，效果如图 9-14 所示，段落以红色字体显示。

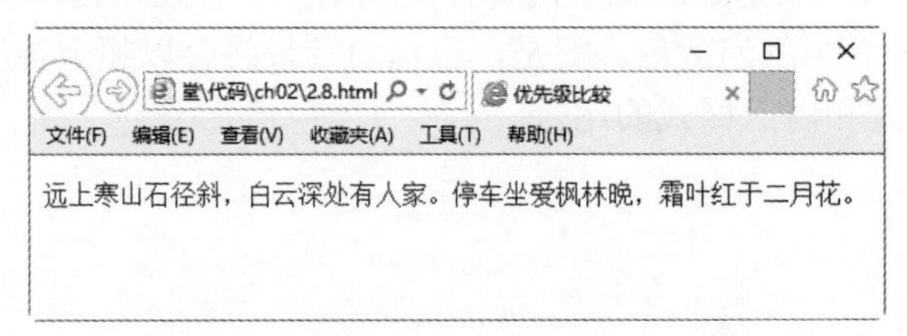

图 9-14　内嵌样式和链接样式的比较

从上面的代码中可以看出，内嵌样式和链接样式同时对段落 p 修饰时，段落显示红色字体。可以知道，内嵌样式优先级大于链接样式。

3. 链接样式和导入样式

现在进行链接样式和导入样式测试，将分别创建两个 CSS 文件，一个作为链接，一个作为导入。

【**例 9.9**】链接样式和导入样式的比较。

```
<!DOCTYPE html>
<html>
<head>
<title>优先级比较</title>
<style>
@import "9.9_2.css"
</style>
<link href="9.9_1.css" type="text/css" rel="stylesheet">
</head>
<body>
<p>尚有绨袍赠，应怜范叔寒。不知天下士，犹作布衣看。</p>
</body>
</html>
```

要链接的样式：

```
p{color:green}
```

要导入的样式：

```
p{color:purple}
```

在 IE 11.0 中浏览，效果如图 9-15 所示，段落以绿色显示。由此可以看出，此时链接样式的优先级大于导入样式的优先级。

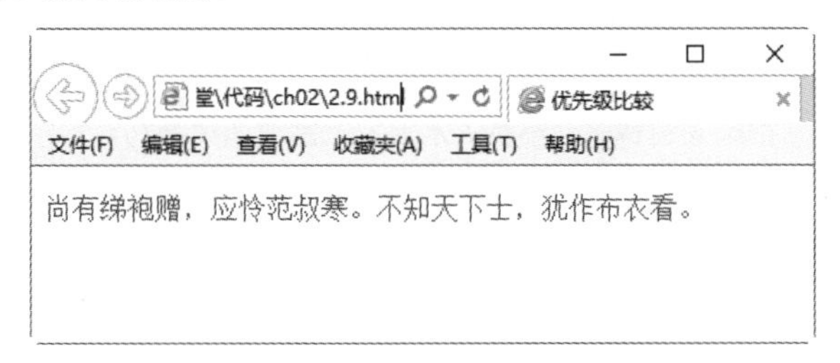

图 9-15 链接样式和导入样式的比较

9.4 CSS 3 的常用选择器

选择器(Selector)也被称为选择符，所有 HTML 5 语言中的标记都是通过不同的 CSS 3 选择器进行控制的。选择器不只是 HTML 5 文档中的元素标记，它还可以是类、ID 或是元素的某种状态。根据 CSS 选择符的用途，可以把选择器分为标签选择器、类选择器、全局选择器、ID 选择器、伪类选择器等。

9.4.1 标签选择器

HTML 5 文档是由多个不同标记组成的，而 CSS 3 选择器就是声明哪些标记采用样式。例如 p 选择器，就是用于声明页面中所有<p>标记的样式风格。同样，也可以通过 h1 选择器来声明页面中所有<h1>标记的 CSS 风格。

标签选择器最基本的形式如下：

```
tagName{property: value}
```

其中 tagName 表示标记名称，如 p、h1 等 HTML 标记；property 表示 CSS 3 的属性；value 表示 CSS 3 的属性值。

【例 9.10】使用标签选择器。

```
<!DOCTYPE html>
<html>
<head>
<title>标签选择器</title>
<style>
p{color:blue;font-size:20px;}
</style>
</head>
<body>
<p>枯藤老树昏鸦，小桥流水人家，古道西风瘦马。夕阳西下，断肠人在天涯。</p>
</body>
</html>
```

在 IE 11.0 中浏览，效果如图 9-16 所示，可以看到段落以蓝色字体显示，大小为 20px。

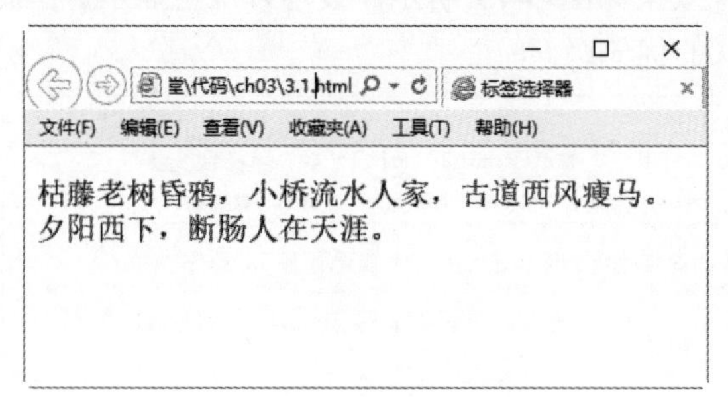

图 9-16　标签选择器的显示

如果在后期维护中，需要调整段落颜色，只需要修改 color 属性值即可。

CSS 3 语言对于所有属性和值都有相对严格的要求，如果声明的属性在 CSS 3 规范中没有，或者某个属性值不符合属性要求，都不能使 CSS 语句生效。

9.4.2　类选择器

在一个页面中，使用标签选择器，会控制该页面中所有此标记的显示样式。如果需要为此类标记中的一个标记重新设定，此时，仅使用标签选择器是不能达到效果的，还需要使用类(Class)选择器。

类选择器用来为一系列标记定义相同的呈现方式，常用的语法格式如下：

```
.classValue{property: value}
```

classValue 是类选择器的名称，具体名称由 CSS 编写者自己命名。

【例 9.11】使用类选择器。

```
<!DOCTYPE html>
<html>
<head>
<title>类选择器</title>
<style>
.aa{
   color:blue;
   font-size:20px;
}
.bb{
    color:red;
    font-size:22px;
}
</style>
</head>
<body>
<h3 class="bb">学习类选择器</h3>
<p class="aa">此处使用类选择器 aa 控制段落样式</p>
<p class="bb">此处使用类选择器 bb 控制段落样式</p>
</body>
</html>
```

在 IE 11.0 中浏览，效果如图 9-17 所示，可以看到第一个段落以蓝色字体显示，大小为 20px；第二段落以红色字体显示，大小为 22px；标题同样以红色字体显示，大小为 22px。

图 9-17 类选择器的显示

9.4.3 ID 选择器

ID 选择器与类选择器类似，都是针对特定属性的属性值进行匹配的。ID 选择器定义的是某一个特定的 HTML 元素，一个网页文件中只能有一个元素使用某一 ID 的属性值。

定义 ID 选择器的基本语法格式如下：

```
#idValue{property: value}
```

在上述语法格式中，idValue 是 ID 选择器的名称，可以由 CSS 编写者自己命名。

【例 9.12】使用 ID 选择器。

```
<!DOCTYPE html>
<html>
<head>
<title>ID 选择器</title>
<style>
#fontstyle{
    color:blue;
    font-weight:bold;
}
```

```
#textstyle{
    color:red;
    font-size:22px;
}
</style>
</head>
<body>
<h3 id=textstyle>学习 ID 选择器</h3>
<p id=textstyle>此处使用 ID 选择器 aa 控制段落样式</p>
<p id=fontstyle>此处使用 ID 选择器 bb 控制段落样式</p>
</body>
</html>
```

在 IE 11.0 中浏览，效果如图 9-18 所示，可以看到，第一个段落以红色字体显示，大小为 22px；第二个段落以蓝色字体显示，大小为 16px；标题同样以红色字体显示，大小为 22px。

图 9-18 ID 选择器的显示

9.4.4 全局选择器

如果想要一个页面中所有的 HTML 标记使用同一种样式，可以使用全局选择器。全局选择器，顾名思义，就是对所有 HTML 元素起作用。其语法格式为：

```
*{property: value}
```

其中“*”表示对所有元素起作用，property 表示 CSS 3 属性名称，value 表示属性值。使用示例如下：

```
*{margin:0; padding:0;}
```

【例 9.13】使用全局选择器。

```
<!DOCTYPE html>
<html>
<head>
<title>全局选择器</title>
<style>
*{
    color:red;
    font-size:30px
}
</style>
</head>
<body>
<p>使用全局选择器修饰</p>
<p>第一段</p>
<h1>第一段标题</h1>
</body>
</html>
```

在 IE 11.0 中浏览，效果如图 9-19 所示，可以看到，两个段落和标题都是以红色字体显示，大小为 30px。

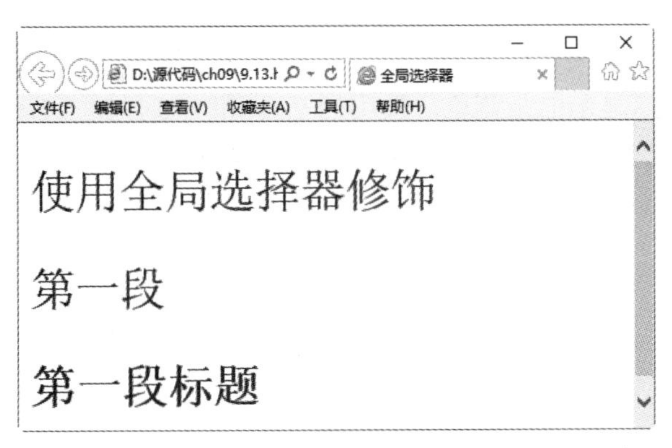

图 9-19　使用全局选择器

9.4.5　组合选择器

将多种选择器进行搭配，可以构成一种复合选择器，也称为组合选择器。组合选择器只是一种组合形式，并不算是一种真正的选择器，但在实际中经常使用。使用示例如下：

```
.orderlist li {xxxx}
.tableset td {}
```

在使用的时候，一般用在重复出现并且样式相同的一些标签里，如 li 列表、td 单元格、dd 自定义列表等。例如：

```
h1.red {color: red}
<h1 class="red">something</h1>
```

【例 9.14】使用组合选择器。

```
<!DOCTYPE html>
<html>
<head>
<title>组合选择器</title>
<style>
p{
   color:red
}
p .firstPar{
   color:blue
}
.firstPar{
   color:green
}
</style>
</head>
<body>
<p>这是普通段落</p>
<p class="firstPar">此处使用组合选择器</p>
```

```
<h1 class="firstPar">我是一个标题</h1>
</body>
</html>
```

在 IE 11.0 中浏览，效果如图 9-20 所示，可以看到第一个段落颜色为红色，采用的是 p 标签选择器；第二个段落显示的是蓝色，采用的是 p 和类选择器二者组合的选择器；标题 h1 以绿色字体显示，采用的是类选择器。

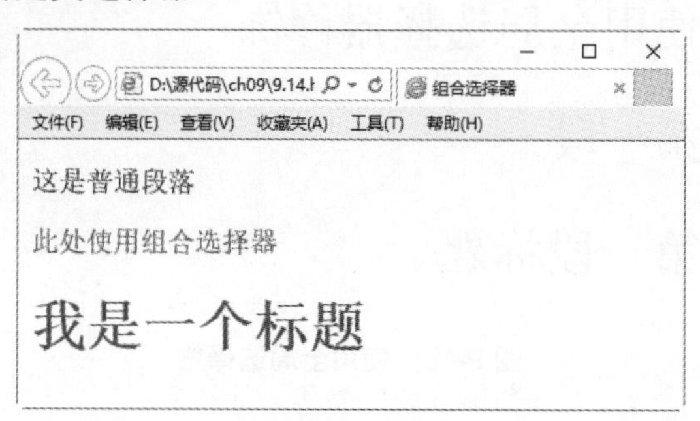

图 9-20 组合选择器的显示

9.4.6 继承选择器

选择器继承规则是，子标记在没有定义的情况下所有的样式是继承父标记的，当子标记重复定义了父标记已经定义过的声明时，子标记就执行后面的声明；与父标记不冲突的地方仍然沿用父标记的声明。CSS 的继承是指子孙元素继承祖先元素的某些属性。

使用示例如下：

```
<div class="test">
    <span><img src="xxx" alt="示例图片"/></span>
</div>
```

对上面的层而言，如果其修饰样式为如下代码：

```
.test span img {border:1px blue solid;}
```

则表示该选择器先找到 class 为 test 的标记，再从它的子标记里查找 span 标记，再从 span 的子标记中找到 img 标记。也可以采用下面的形式：

```
div span img {border:1px blue solid;}
```

可以看出，其规律是从左往右，依次细化，最后锁定要控制的标记。

【例 9.15】使用继承选择器。

```
<!DOCTYPE html>
<html>
<head>
<title>继承选择器</title>
<style type="text/css">
h1{color:red; text-decoration:underline;}
h1 strong{color:#004400; font-size:40px;}
</style>
</head>
```

```
<body>
<h1>测试 CSS 的<strong>继承</strong>效果</h1>
<h1>此处使用继承<font>选择器</font>了吗？</h1>
</body>
</html>
```

在 IE 11.0 中浏览，效果如图 9-21 所示，可以看到，第一个段落颜色为红色，但是“继承”两个字使用绿色显示，并且大小为 40px，除了这两个设置外，其他的 CSS 样式都是继承父标记<h1>的样式，例如下划线设置。第二个标题中，虽然使用了 font 标记修饰选择器，但其样式都是继承于父类标记 h1。

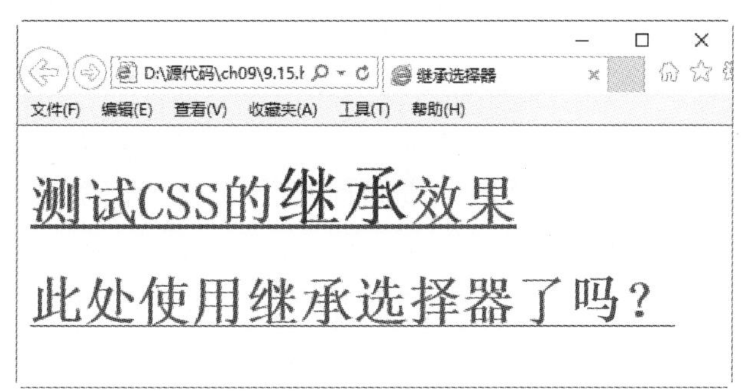

图 9-21　选择器继承

9.4.7　伪类选择器

伪类选择器也是选择器的一种。伪类选择符定义的样式最常应用在标记<a>上，它表示链接 4 种不同的状态：未访问链接(link)、已访问链接(visited)、激活链接(active)和鼠标停留在链接上(hover)。

标记<a>可以只具有一种状态(:link)，或同时具有 2 种或者 3 种状态。例如，任何一个有 href 属性的 a 标签，在未有任何操作时，都已经具备了:link 的条件，也就是满足了有链接属性这个条件；如果是访问过的 a 标记，同时会具备:link、:visited 两种状态。把鼠标移到访问过的 a 标记上的时候，a 标记就同时具备了:link、:visited、:hover 3 种状态。

使用示例如下：

```
a:link{color:#FF0000; text-decoration:none}
a:visited{color:#00FF00; text-decoration:none}
a:hover{color:#0000FF; text-decoration:underline}
a:active{color:#FF00FF; text-decoration:underline}
```

上面的样式表示该链接未访问时颜色为红色且无下划线，访问后是绿色且无下划线，激活链接时为蓝色且有下划线，鼠标放在链接上时为紫色且有下划线。

【例 9.16】使用伪类选择器。

```
<!DOCTYPE html>
<html>
```

```
<head>
<title>伪类</title>
<style>
a:link {color:red}      /* 未访问的链接 */
a:visited {color:green} /* 已访问的链接 */
a:hover {color:blue}    /* 鼠标移动到链接上 */
a:active {color:orange} /* 选定的链接 */
</style>
</head>
<body>
<a href="">链接到本页</a>
<a href="http://www.sohu.com">搜狐</a>
</body>
</html>
```

在 IE 11.0 中浏览，效果如图 9-22 所示，可以看到两个超级链接，第一个超级链接是鼠标停留在上方时，显示颜色为蓝色，另一个是访问过后，显示颜色为绿色。

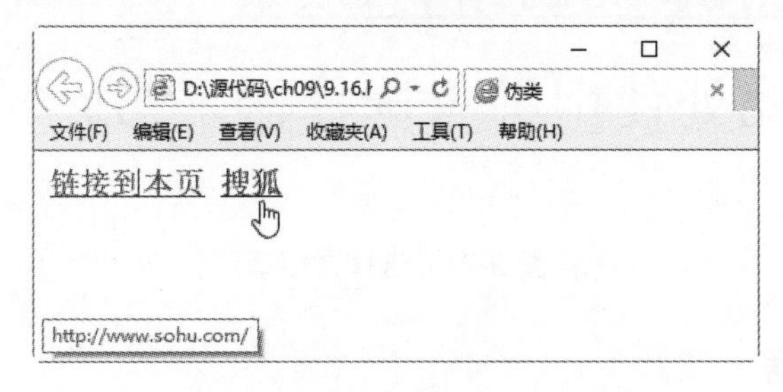

图 9-22 伪类显示

9.5 选择器声明

使用 CSS 3 选择器可以控制 HTML 5 标记的样式，其中每个选择器属性可以一次声明多个，即创建多个 CSS 属性来修饰 HTML 标记。实际上，也可以将选择器声明多个，并且任何形式的选择器(如标记选择器、class 类选择器、ID 选择器等)都是合法的。

9.5.1 集体声明

在一个页面中，有时需要不同种类标记样式保持一致，例如需要 p 标记和 h1 字体保持一致，此时可以将 p 标记和 h1 标记共同使用类选择器，除了这个方法之外，还可以使用集体声明方法。集体声明就是在声明各种 CSS 选择器时，如果某些选择器的风格是完全相同的，或者部分相同，可以将风格相同的 CSS 选择器同时声明。

【例 9.17】使用集体声明。

```
<!DOCTYPE html>
<html>
<head>
<title>集体声明</title>
<style type="text/css">
h1,h2,p{
```

```
    color:red;
    font-size:20px;
    font-weight:bolder;
}
</style>
</head>
<body>
<h1>此处使用集体声明</h1>
<h2>此处使用集体声明</h2>
<p>此处使用集体声明</p>
</body>
</html>
```

在 IE 11.0 中浏览，效果如图 9-23 所示，可以看到，网页上标题 1、标题 2 和段落都以红色字体加粗显示，并且大小为 20px。

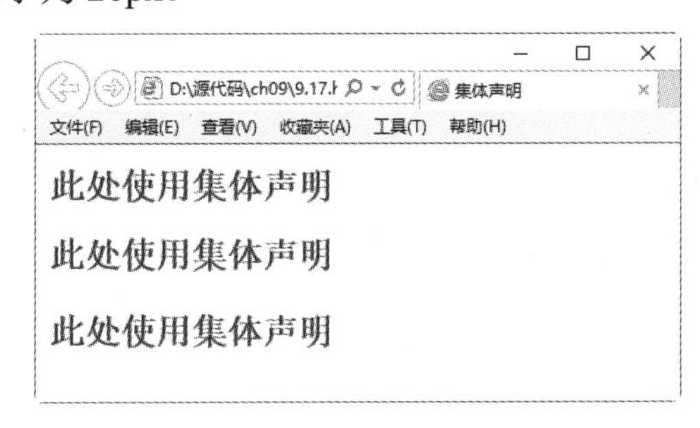

图 9-23　集体声明的显示

9.5.2　多重嵌套声明

在 CSS 3 控制 HTML 5 标记样式时，还可以使用层层递进的方式，即嵌套方式(或称组合方式)，对指定位置的 HTML 标记进行修饰。例如，当<p>与</p>之间包含<a></a>标记时，就可以使用这种方式对 HTML 标记进行修饰。

【例 9.18】使用多重嵌套声明。

```
<!DOCTYPE html>
<html>
<head>
<title>多重嵌套声明</title>
<style>
p{font-size:20px;}
p a{color:red;font-size:30px;font-weight:bolder;}
</style>
</head>
<body>
<p>头上红冠不用裁，满身雪白走将来。平生不敢轻言语，一叫千门万户开。<a href="">画鸡
</a></p>
</body>
</html>
```

在 IE 11.0 中浏览，效果如图 9-24 所示，可以看到，在段落中，超链接显示为红色字体，大小为 30px，其原因是使用了嵌套声明。

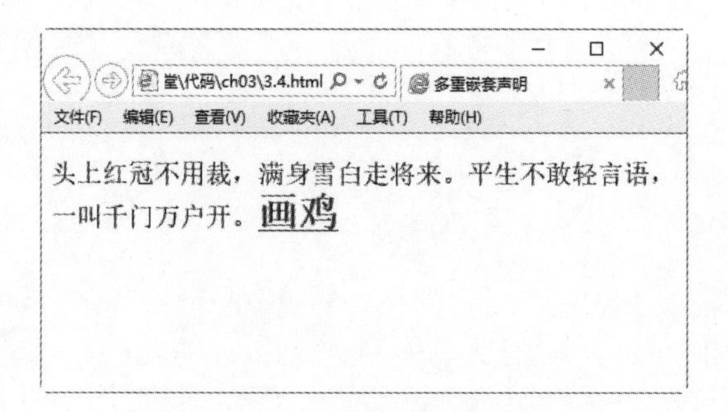

图 9-24　多重嵌套声明

9.6　综合案例——制作炫彩网站 Logo

使用 CSS，可以给网页中的文字设置不同的字体样式。下面就来制作一个网站的文字 Logo。具体操作步骤如下。

step 01 分析需求。

本例要求简单，使用标记 h1 创建一个标题文字，然后使用 CSS 样式对标题文字进行修饰，可以从颜色、尺寸、字体、背景、边框等方面入手。完成后，其效果如图 9-25 所示。

step 02 构建 HTML 页面。

创建 HTML 页面，完成基本框架并创建标题。其代码如下：

```
<html>
<head>
   <title>炫彩 Logo</title>
</head>
<body>
<h1>
   <span class=c1>缤</span>
   <span class=c2>纷</span>
   <span class=c3>夏</span>
   <span class=c4>衣</span>
</h1>
</body>
</html>
```

在 IE 11.0 中浏览，效果如图 9-26 所示，可以看到，标题 h1 在网页中显示，但没有任何修饰。

图 9-25　五彩标题显示

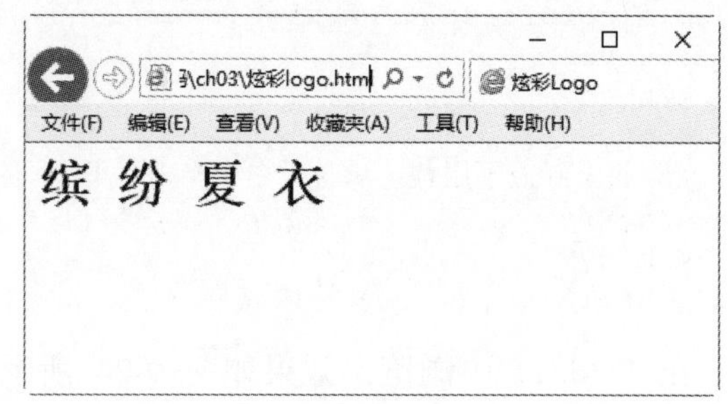

图 9-26　标题显示

step 03 使用内嵌样式。

如果要对 h1 标题做修饰，需要添加 CSS，此处使用内嵌样式，在<head>标记中添加 CSS，其代码如下：

```
<style>
h1 {}
</style>
```

在 IE 11.0 中浏览，效果如图 9-27 所示，可以看到，此时没有任何变化，只是在代码中引入了<style>标记。

step 04 改变颜色、字体和尺寸。

添加 CSS 代码，改变标题样式，其样式在颜色、字体和尺寸上设置。其代码如下：

```
h1 {
    font-family: Arial, sans-serif;
    font-size: 50px;
    color: #369;
}
```

在 IE 11.0 中浏览，效果如图 9-28 所示，可以看到，字体大小为 50 像素，颜色为浅蓝色，字形为 Arial。

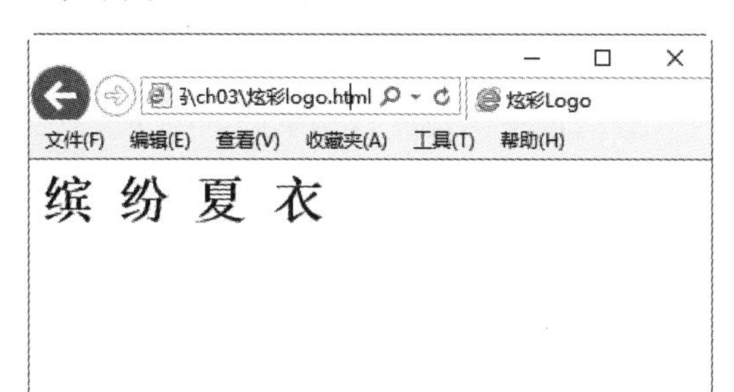

图 9-27　引入了 style 标记

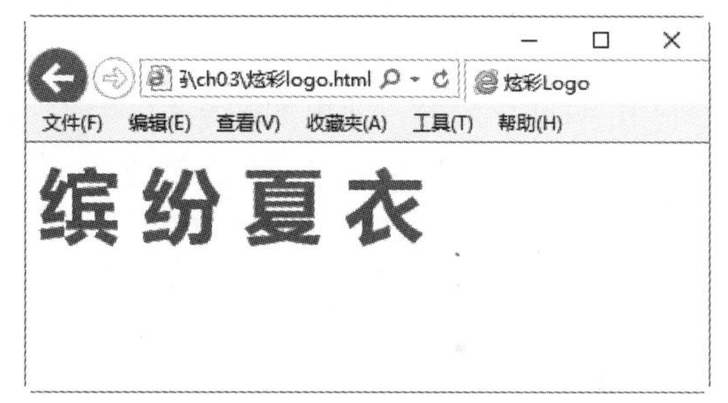

图 9-28　添加文本修饰标记

step 05 加入灰色底线。

为 h1 标题加入底线，其代码如下：

```
padding-bottom: 4px;
border-bottom: 2px solid #ccc;
```

在 IE 11.0 中浏览，效果如图 9-29 所示，可以看到，“缤纷夏衣”文字下面添加了一个边框，边框与文字的距离是 4 像素。

step 06 增加背景图片。

使用 CSS 样式为标记<h1>添加背景图片，其代码如下：

```
background: url(01.jpg) repeat-x bottom;
```

在 IE 11.0 中浏览，效果如图 9-30 所示，可以看到，“缤纷夏衣”文字下面添加了一个背景图片，图片在水平(X)轴方向进行了平铺。

step 07 定义标题宽度。

使用 CSS 属性，将标题变小，使其正好符合 4 个字符的宽度。其代码如下：

```
width:250px;
```

图 9-29 添加边框样式

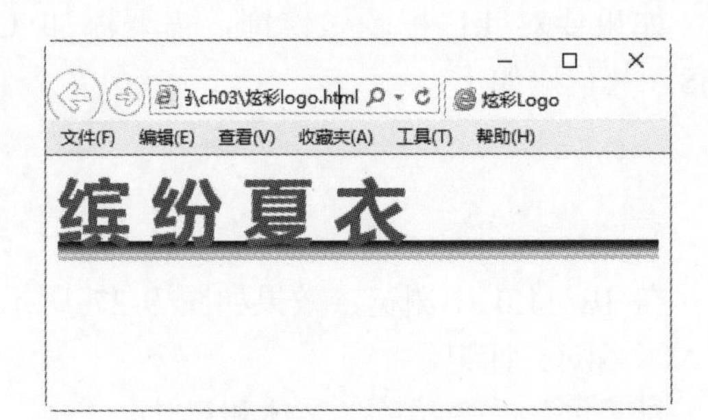

图 9-30 添加背景图片

在 IE 11.0 中浏览，效果如图 9-31 所示，可以看到，“缤纷夏衣”文字下面背景图缩短，正好与字体宽度相同。

step 08 定义字体颜色。

在 CSS 样式中，为每个字定义颜色，其代码如下：

```
.c1{color:#B3EE3A;}
.c2{color:#71C671;}
.c3{color:#00F5FF;}
.c4{color:#00EE00;}
```

在 IE 11.0 中浏览，效果如图 9-32 所示，可以看到，每个字都显示为不同的颜色。

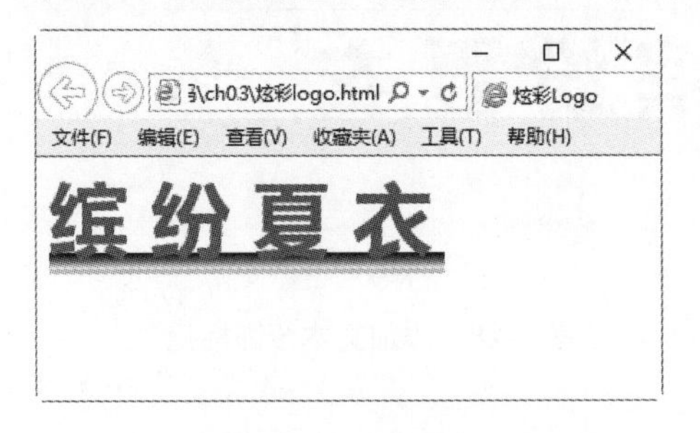

图 9-31 定义标题宽度

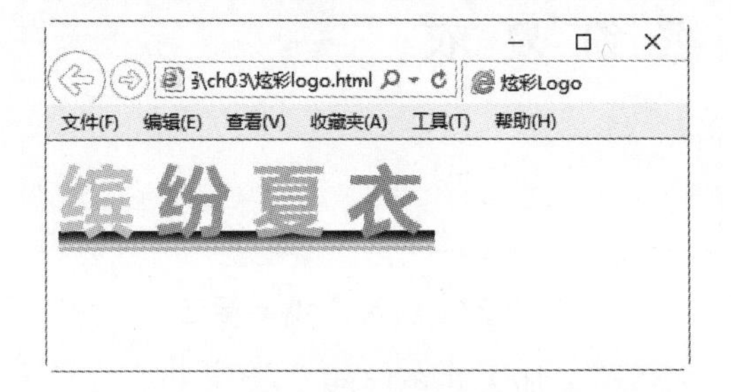

图 9-32 定义字体颜色

9.7 跟我学上机——制作学生信息统计表

本例练习前面介绍的在 HTML 5 中使用 CSS 3 的方法中的优先级问题，来制作一个学生统计表。具体操作步骤如下。

step 01 打开记事本，在其中输入如下代码：

```
<!DOCTYPE HTML>
<html>
<head>
<title>学生信息统计表</title>
<style type="text/css">
<!--
#dataTb{
```

```
    font-family:宋体, sans-serif;
    font-size:20px;
    background-color:#66CCCC;
    border-top:1px solid #000000;
    border-left:1px solid #FF00BB;
    border-bottom:1px solid #FF0000;
    border-right:1px solid #FF0000;
}
table{
    font-family:楷体 GB2312, sans-serif;
    font-size:20px;
    background-color:#EEEEEF;
    border-top:1px solid #FFFF00;
    border-left:1px solid #FFFF00;
    border-bottom:1px solid #FFFF00;
    border-right:1px solid #FFFF00;
}
.tbStyle{
    font-family:隶书, sans-serif;
    font-size:16px;
    background-color:#EEEEEF;
    border-top:1px solid #000FFF;
    border-left:1px solid #FF0000;
    border-bottom:1px solid #0000FF;
    border-right:1px solid #000000;
}
//-->
</style>
</head>
<body>
<form name="frmCSS" method="post" action="#">
    <table width="400" align="center" border="1" cellspacing="0"
      id="dataTb" class= "tbStyle">
        <tr>
            <th>学号</th>
            <th>姓名</th>
            <th>班级</th>
        </tr>
        <tr>
            <td>001</td>
            <td>张三</td>
            <td>信科 0401</td>
        </tr>
        <tr>
            <td>002</td>
            <td>李四</td>
            <td>电科 0402</td>
        </tr>
        <tr>
            <td>003</td>
            <td>王五</td>
            <td>计科 0405</td>
        </tr>
    </table>
</form>
</body>
</html>
```

step 02 保存网页，在 IE 11.0 中预览，效果如图 9-33 所示。

学号	姓名	班级
001	张三	信科0401
002	李四	电科0402
003	王五	计科0405

图 9-33　最终效果

9.8　疑难解惑

疑问 1：CSS 定义的字体在不同浏览器中大小为何不一样？

例如，使用 font-size:14px;定义的宋体文字，在 IE 下实际高是 16px，下空白是 3px，而在 Firefox 浏览器下实际高是 17px、上空 1px、下空 3px。其解决办法是在文字定义时设定 line-height，并确保所有文字都有默认的 line-height 值。

疑问 2：CSS 在网页制作中一般有 4 种方式的用法，那么在具体使用时，该采用哪种用法呢？

当有多个网页要用到的 CSS 时，采用外连 CSS 文件的方式，这样网页的代码大大减少，修改起来非常方便；只对单个网页中使用的 CSS 采用文档头部方式；只对一个网页中一两个地方用到的 CSS 采用行内插入方式。

疑问 3：CSS 的行内样式、内嵌样式和链接样式可以在一个网页中混用吗？

3 种用法可以混用，且不会造成混乱。这就是被称为“层叠样式表”的原因，浏览器在显示网页时是这样处理的：先检查有没有行内插入式 CSS，有就执行了，针对本句的其他 CSS 就不去管了；其次检查内嵌方式的 CSS，有就执行了；在前两者都没有的情况下，再检查外连文件方式的 CSS。因此可看出，3 种 CSS 的执行优先级是：行内样式>内嵌样式>链接样式。

疑问 4：如何下载网页中的 CSS 文件？

选择网页上面的“查看”→“源文件”菜单命令，如果有 CSS，可以直接复制下来，如果没有，可以找找有没有类似于下面这种链接代码：

```
<link href="/index.css" rel="stylesheet" type="text/css">
```

例如，对于这里的 CSS 文件，就可以通过在打开的网址后面直接加“/index.css”，然后按 Enter 键就行了。

第 10 章 用 CSS 3 美化网页字体与段落

常见的网站、博客是使用文字或图片来展示内容的，其中文字是传递信息的主要手段。而美观大方的网站或者博客，需要使用 CSS 样式来进行修饰。

设置文本样式是 CSS 技术的基本功能，通过 CSS 文本标记语言，可以设置文本的样式和粗细等。

10.1　美化网页文字

在 HTML 中，CSS 字体属性用于定义文字的字体、大小、粗细的表现等。常见的字体属性包括字体、字号、字体风格、字体颜色等。

10.1.1　设置文字的字体

font-family 属性用于指定文字的字体类型，如宋体、黑体、隶书、Times New Roman 等，即在网页中展示字体不同的形状。具体的语法如下：

```
{font-family: name}
{font-family: cursive | fantasy | monospace | serif | sans-serif}
```

从语法格式上可以看出，font-family 有两种声明方式。第一种方式使用 name 字体名称，按优先顺序排列，以逗号隔开，如果字体名称包含空格，则应使用引号括起，在 CSS 3 中，比较常用的是第一种声明方式。第二种声明方式使用所列出的字体序列名称。如果使用 fantasy 序列，将提供默认字体序列。

【例 10.1】设置字体。

```
<!DOCTYPE html>
<html>
<head>
<style type=text/css>
p{font-family:黑体}
</style>
</head>
<body>
<p align=center>天行健，君子以自强不息。</p>
</body>
</html>
```

在 IE 11.0 中浏览，效果如图 10-1 所示，可以看到，文字居中，并以黑体显示。

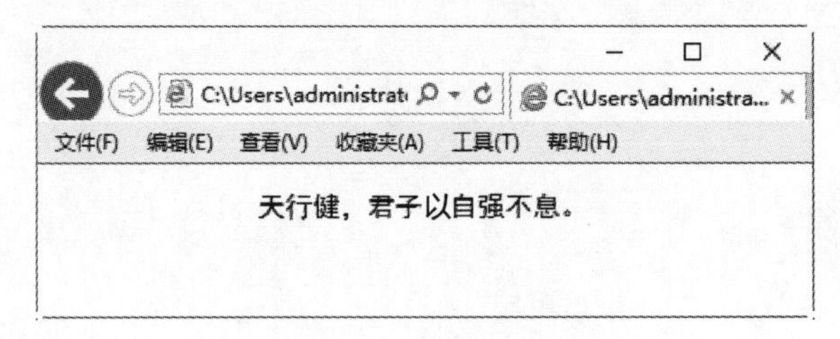

图 10-1　字形显示

在设计页面时，一定要考虑字体的显示问题，为了保证页面达到预计的效果，最好提供多种字体类型，而且最好以最基本的字体类型作为最后一个。

其样式设置如下：

```
p{font-family:华文彩云,黑体,宋体}
```

当 font-family 属性值中的字体类型由多个字符串和空格组成时，例如 Times New Roman，那么，该值就需要使用双引号引起来：

```
p{font-family: "Times New Roman"}
```

10.1.2 设置文字的字号

在 CSS 3 新规定中，通常使用 font-size 来设置文字大小。其语法格式如下：

```
{font-size: 数值 | inherit | xx-small | x-small | small | medium | large
  | x-large | xx-large | larger | smaller | length}
```

其中，通过数值来定义字体大小，例如用 font-size:12px 的方式定义字体大小为 12 个像素。为此，还可以通过 medium 之类的参数定义字体的大小，其参数含义如表 10-1 所示。

表 10-1 font-size 的参数

参　数	说　明
xx-small	绝对字体尺寸。根据对象字体进行调整。最小
x-small	绝对字体尺寸。根据对象字体进行调整。较小
small	绝对字体尺寸。根据对象字体进行调整。小
medium	默认值。绝对字体尺寸。根据对象字体进行调整。正常
large	绝对字体尺寸。根据对象字体进行调整。大
x-large	绝对字体尺寸。根据对象字体进行调整。较大
xx-large	绝对字体尺寸。根据对象字体进行调整。最大
larger	相对字体尺寸。相对于父对象中字体尺寸进行相对增大。使用成比例的 em 单位计算
smaller	相对字体尺寸。相对于父对象中字体尺寸进行相对减小。使用成比例的 em 单位计算
length	百分数或由浮点数和单位标识符组成的长度值，不可为负值。其百分比取值是基于父对象中字体的尺寸

【例 10.2】设置字号。

```
<!DOCTYPE html>
<html>
<body>
<div style="font-size:10pt">停车坐爱枫林晚，霜叶红于二月花。
    <p style="font-size:small">停车坐爱枫林晚，霜叶红于二月花。</p>
    <p style="font-size:larger">停车坐爱枫林晚，霜叶红于二月花。</p>
    <p style="font-size:x-small">停车坐爱枫林晚，霜叶红于二月花。</p>
    <p style="font-size:x-larger">停车坐爱枫林晚，霜叶红于二月花。</p>
    <p style="font-size:50%">停车坐爱枫林晚，霜叶红于二月花。</p>
    <p style="font-size:25pt">停车坐爱枫林晚，霜叶红于二月花。</p>
</div>
</body>
</html>
</html>
```

在 IE 11.0 中浏览，效果如图 10-2 所示，可以看到网页中文字被设置成不同的大小，其设置方式采用了绝对数值、关键字、百分比等形式。

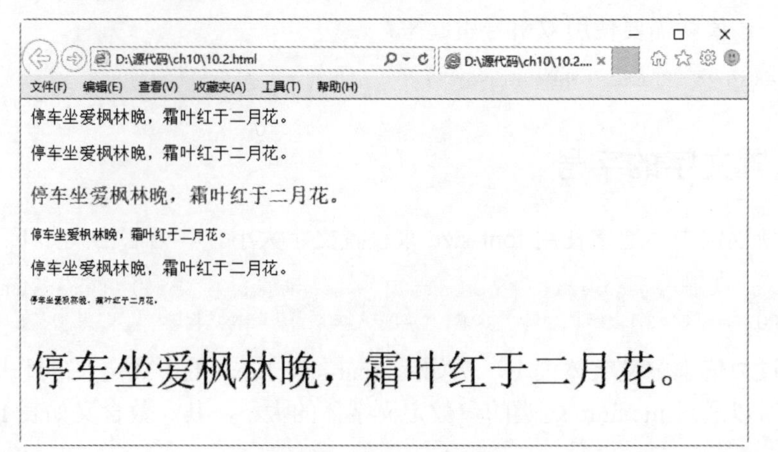

图 10-2　字体大小显示

在上面的例子中，font-size 字体大小为 50%时，其比较对象是上一级标签中的 10pt。同样，我们还可以使用 inherit 值，直接继承上级标记的字体大小。例如：

```
<div style="font-size:50pt">上级标记
    <p style="font-size: inherit">继承</p>
</div>
```

10.1.3　设置字体风格

font-style 通常用来定义字体风格，即字体的显示样式，在 CSS 3 新规定中，其语法格式如下：

```
font-style: normal | italic | oblique | inherit
```

其属性值有 4 个，具体含义如表 10-2 所示。

表 10-2　font-style 属性

属 性 值	含　义
normal	默认值。浏览器显示一个标准的字体样式
italic	浏览器会显示一个斜体的字体样式
oblique	浏览器会显示一个倾斜的字体样式
inherit	规定应该从父元素继承字体样式

【例 10.3】设置字体风格。

```
<!DOCTYPE html>
<html>
<body>
    <p style="font-style:italic">梅花香自苦寒来</p>
    <p style="font-style:normal">梅花香自苦寒来</p>
    <p style="font-style:oblique">梅花香自苦寒来</p>
```

```
</body>
</html>
```

在 IE 11.0 中浏览，效果如图 10-3 所示，可以看到，文字分别显示为不同的样式。

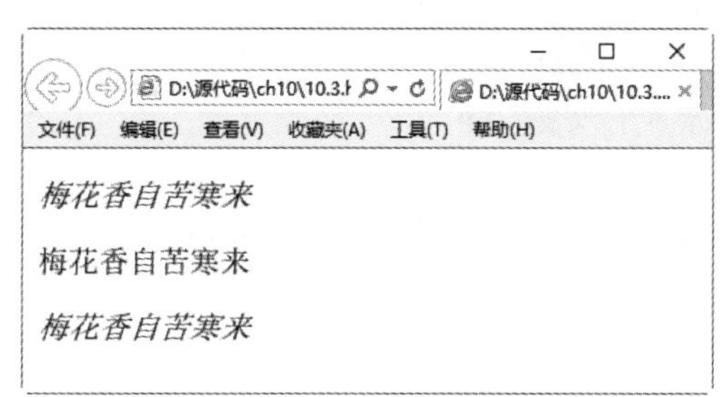

图 10-3　字体风格的显示

10.1.4　设置加粗字体

通过 CSS 3 中的 font-weight 属性，可以定义字体的粗细程度，其语法格式如下：

```
font-weight: 100-900 | bold | bolder | lighter | normal;
```

font-weight 属性有 13 个有效值，分别是 bold、bolder、lighter、normal、100~900。如果没有设置该属性，则使用其默认值 normal。属性值设置为 100~900，值越大，加粗的程度就越高。其具体含义如表 10-3 所示。

表 10-3　font-weight 属性

属 性 值	描　述
bold	定义粗体字体
bolder	定义更粗的字体，相对值
lighter	定义更细的字体，相对值
normal	默认，标准字体

浏览器默认的字体粗细是 400，另外也可以通过参数 lighter 和 bolder 使得字体在原有基础上显得更细或更粗。

【例 10.4】设置加粗字体。

```
<!DOCTYPE html>
<html>
<body>
    <p style="font-weight:bold">梅花香自苦寒来(bold)</p>
    <p style="font-weight:bolder">梅花香自苦寒来(bolder)</p>
    <p style="font-weight:lighter">梅花香自苦寒来(lighter)</p>
    <p style="font-weight:normal">梅花香自苦寒来(normal)</p>
    <p style="font-weight:100">梅花香自苦寒来(100)</p>
    <p style="font-weight:400">梅花香自苦寒来(400)</p>
    <p style="font-weight:900">梅花香自苦寒来(900)</p>
</body>
</html>
```

在 IE 11.0 中浏览，效果如图 10-4 所示，可以看到，文字居中并以不同方式加粗，其中使用了关键字加粗和数值加粗。

图 10-4　字体粗细的显示

10.1.5　将小写字母转为大写字母

font-variant 属性用来设置大写字母的字体显示文本，这意味着所有的小写字母均会被转换为大写，但是所有使用大写字体的字母与其他文本相比，其字体尺寸更小。在 CSS 3 中，其语法格式如下：

```
font-variant: normal | small-caps | inherit
```

font-variant 有 3 个属性值，即 normal、small-caps 和 inherit。具体含义如表 10-4 所示。

表 10-4　font-variant 属性

属 性 值	说　明
normal	默认值。浏览器会显示一个标准的字体
small-caps	浏览器会显示小型大写字母的字体
inherit	规定应该从父元素继承 font-variant 属性的值

【例 10.5】将小写字母转为大写字母。

```
<!DOCTYPE html>
<html>
<body>
<p style="font-variant:normal">Happy BirthDay to You</p>
<p style="font-variant:small-caps">Happy BirthDay to You</p>
</body>
</html>
```

在 IE 11.0 中浏览，效果如图 10-5 所示，可以看到，底行的字母都以大写形式显示。

在图 10-5 中，通过对两个属性值产生的效果进行比较，可以看到，设置为 normal 属性值的文本以正常文本显示，而设置为 small-caps 属性值的文本中有稍大的大写字母，也有小的大写字母。也就是说，使用了 small-caps 属性值的段落文本全部变成了大写，只是大写字母的尺寸不同而已。

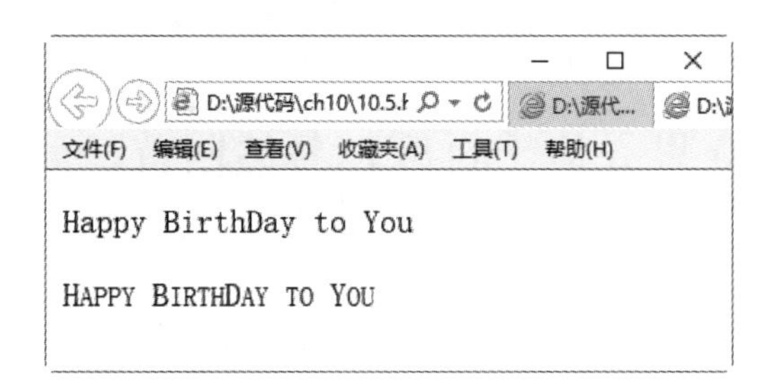

图 10-5　字母大小写转换

10.1.6　设置字体的复合属性

在设计网页时，为了使网页布局合理且文本规范，对字体设计需要使用多种属性，例如定义字体粗细，并定义字体的大小。但是，多个属性分别书写相对比较麻烦，在 CSS 3 样式表中提供的 font 属性就解决了这一问题。

font 属性可以一次性地使用多个属性的属性值来定义文本字体。其语法格式如下：

```
{font: font-style font-variant font-weight font-size font-family}
```

font 属性中的属性排列顺序是 font-style、font-variant、font-weight、font-size 和 font-family，各属性的属性值之间使用空格隔开。但是，如果 font-family 属性要定义多个属性值，则需要使用逗号(,)隔开。

注意　属性排列中，font-style、font-variant 和 font-weight 这 3 个属性值是可以自由调换的。而 font-size 和 font-family 则必须按照固定的顺序出现，而且还必须都出现在 font 属性中。如果这两者的顺序不对，或缺少一个，那么，整条样式规则就会被忽略。

【例 10.6】设置字体的复合属性。

```
<!DOCTYPE html>
<html>
<style type=text/css>
p{
   font: normal small-caps bolder 20pt "Cambria","Times New Roman",宋体
}
</style>
<body>
<p>
读书和学习是在别人思想和知识的帮助下，建立起自己的思想和知识。
</p>
</body>
</html>
```

在 IE 11.0 中浏览，效果如图 10-6 所示，可以看到，文字被设置成宋体并加粗。

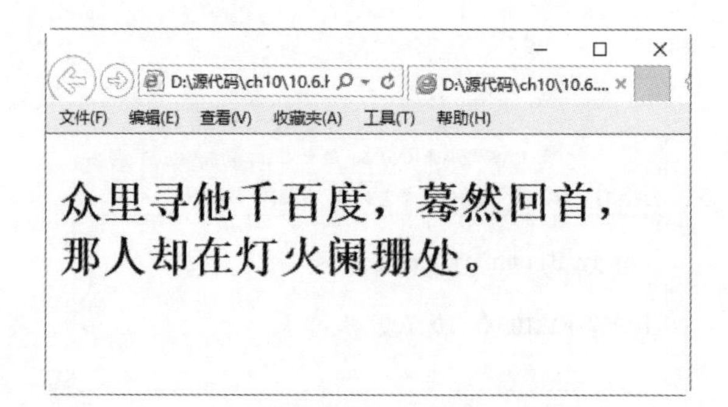

图 10-6 复合属性 font 的显示

10.1.7 设置字体颜色

在 CSS 3 样式中，通常使用 color 属性来设置颜色。其属性值通常使用下面的方式设定，如表 10-5 所示。

表 10-5 color 属性

属 性 值	说 明
color_name	规定颜色值为颜色名称的颜色(例如 red)
hex_number	规定颜色值为十六进制值的颜色(例如#ff0000)
rgb_number	规定颜色值为 RGB 代码的颜色(例如 rgb(255,0,0))
inherit	规定应该从父元素继承颜色
hsl_number	规定颜色值为 HSL 代码的颜色(例如 hsl(0,75%,50%))，此为 CSS 3 新增加的颜色表现方式
hsla_number	规定颜色只为 HSLA 代码的颜色(例如 hsla(120,50%,50%,1))，此为 CSS 3 新增加的颜色表现方式
rgba_number	规定颜色值为 RGBA 代码的颜色(例如 rgba(125,10,45,0.5))，此为 CSS 3 新增加的颜色表现方式

【例 10.7】设置字体颜色。

```
<!DOCTYPE html>
<html>
<head>
<style type="text/css">
body {color:red}
h1 {color:#00ff00}
p.ex {color:rgb(0,0,255)}
p.hs{color:hsl(0,75%,50%)}
p.ha{color:hsla(120,50%,50%,1)}
p.ra{color:rgba(125,10,45,0.5)}
</style>
</head>
<body>
<h1>《青玉案 元夕》</h1>
```

```
<p>众里寻他千百度，蓦然回首，那人却在灯火阑珊处。</p>
<p class="ex">众里寻他千百度，蓦然回首，那人却在灯火阑珊处。(该段落定义了 class="ex"。该段落中的文本是蓝色的。)</p>
<p class="hs">众里寻他千百度，蓦然回首，那人却在灯火阑珊处。(此处使用了 CSS 3 中的新增加的 HSL 函数，构建颜色。)</p>
<p class="ha">众里寻他千百度，蓦然回首，那人却在灯火阑珊处。(此处使用了 CSS 3 中的新增加的 HSLA 函数，构建颜色。)</p>
<p class="ra">众里寻他千百度，蓦然回首，那人却在灯火阑珊处。(此处使用了 CSS 3 中的新增加的 RGBA 函数，构建颜色。)</p>
</body>
</html>
```

在 IE 11.0 中浏览，效果如图 10-7 所示，可以看到文字以不同颜色显示，并采用了不同的颜色取值方式。

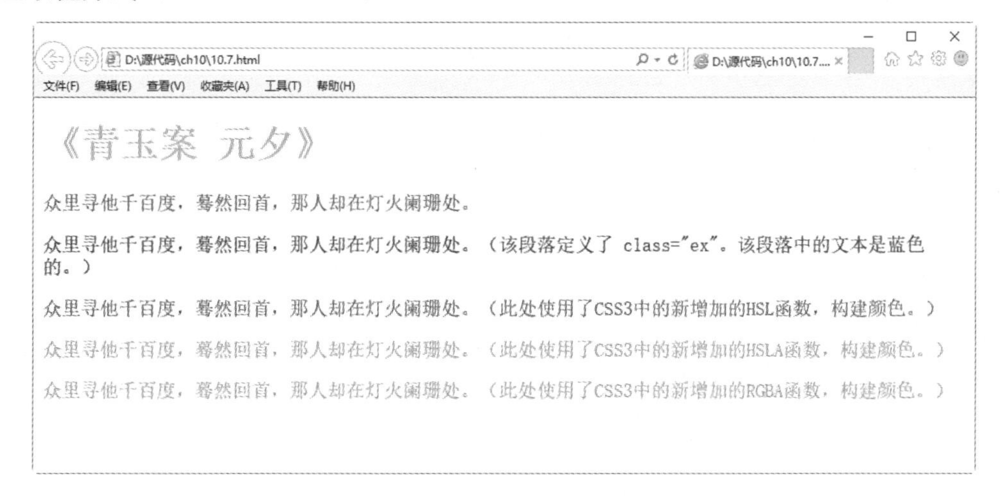

图 10-7　color 属性的显示

10.2　设置文本的高级样式

对于一些特殊要求的文本，如文字存在阴影、字体种类发生变化，如果再使用上面所介绍的 CSS 样式进行定义，其结果就不会得到正确显示，这时就需要一些特定的 CSS 标记来完成这些要求。

10.2.1　设置文本阴影效果

在显示字体时，有时根据需求，需要给出文字的阴影效果，以增强网页的整体吸引力，并且为文字阴影添加颜色，这时就需要用到 CSS 3 样式中的 text-shadow 属性。实际上，在 CSS 2.1 中，W3C 就已经定义了 text-shadow 属性，但在 CSS 3 中又重新定义了它，并增加了不透明度效果。其语法格式如下：

```
{text-shadow: none | <length> none | [<shadow>, ] * <opacity>
 或 none | <color> [, <color> ]* }
```

其属性值如表 10-6 所示。

表 10-6 text-shadow 属性

属 性 值	说 明
<color>	指定颜色
<length>	由浮点数字和单位标识符组成的长度值。可为负值。指定阴影的水平延伸距离
<opacity>	由浮点数和单位标识符组成的长度值。不可为负值。指定模糊效果的作用距离。如果仅仅需要模糊效果，将前两个 length 全部设定为 0

text-shadow 属性有 4 个属性值，最后两个是可选的，第 1 个属性值表示阴影的水平位移，可取正负值；第 2 个值表示阴影垂直位移，可取正负值；第 3 个值表示阴影的模糊半径，该值可选；第 4 个值表示阴影的颜色值，该值可选。

如下所示：

```
text-shadow:阴影水平偏移值(可取正负值);阴影垂直偏移值(可取正负值);阴影模糊值;阴影颜色
```

【例 10.8】设置文本阴影效果。

```
<!DOCTYPE html>
<html>
<head></head>
<body>
<p align=center style="text-shadow:0.1em 2px 6px blue;font-size:80px;">
  这是 TextShadow 的阴影效果</p>
</body>
</html>
```

在 IE 11.0 中浏览，效果如图 10-8 所示，可以看到，文字居中并带有阴影显示。

图 10-8 阴影显示的结果

通过上面的实例，可以看出，阴影偏移由两个 length 值指定到文本的距离。第一个长度值指定到文本右边的水平距离，负值会把阴影放置在文本左边。第二个长度值指定到文本下边的垂直距离，负值会把阴影放置在文本上方。在阴影偏移之后，可以指定一个模糊半径。

10.2.2 设置文本的溢出效果

text-overflow 属性用来定义当文本溢出时是否显示省略标记，即定义省略文本的方式。并不具备其他的样式属性定义。要实现溢出时产生省略号的效果，还必须定义：强制文本在一行内显示(white-space:nowrap)及溢出内容为隐藏(overflow:hidden)，只有这样，才能实现溢出文本显示省略号的效果。

text-overflow 的语法格式如下：

```
text-overflow: clip | ellipsis
```

其属性值的含义如表 10-7 所示。

表 10-7 text-overflow 属性

属 性 值	说 明
clip	不显示省略标记(...)，而是简单的裁切
ellipsis	当对象内文本溢出时显示省略标记(...)

【例 10.9】设置文本的溢出效果。

```
<!DOCTYPE html>
<html>
<head>
</head>
<body>
<style type="text/css">
.test_demo_clip{text-overflow:clip; overflow:hidden; white-space:nowrap;
  width:200px; background:#ccc;}
.test_demo_ellipsis{text-overflow:ellipsis; overflow:hidden;
  white-space:nowrap; width:200px; background:#ccc;}
</style>
<h2>text-overflow : clip </h2>
<div class="test_demo_clip">
    不显示省略标记，而是简单的裁切条
</div>
<h2>text-overflow : ellipsis </h2>
<div class="test_demo_ellipsis">
    显示省略标记，不是简单的裁切条
</div>
</body>
</html>
```

在 IE 11.0 中浏览，效果如图 10-9 所示，可以看到文字在指定位置被裁切，但 ellipsis 属性被执行，以省略号形式出现。

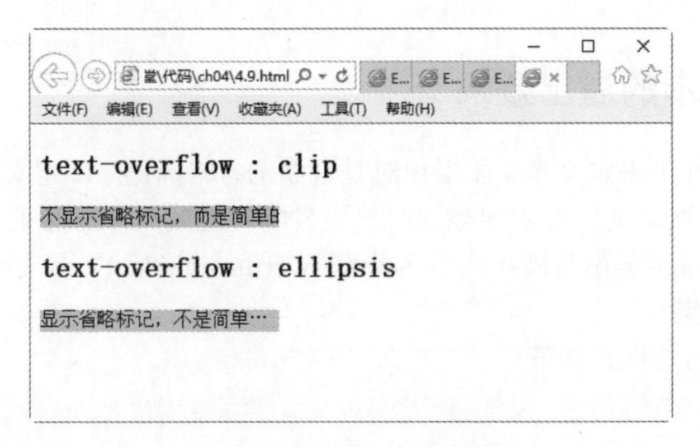

图 10-9　文本省略处理

10.2.3　设置文本的控制换行

当在一个指定区域显示一整行文字时，如果文字在一行显示不完，就需要进行换行。如果不进行换行，则会超出指定区域范围，此时可以采用 CSS 3 中新增加的 word-wrap 文本样式，来控制文本换行。

word-wrap 语法的格式如下：

```
word-wrap: normal | break-word
```

其属性值的含义比较简单，如表 10-8 所示。

表 10-8　word-wrap 属性

属 性 值	说　明
normal	控制连续文本换行
break-word	内容将在边界内换行。如果需要，词内换行(word-break)也会发生

【例 10.10】设置文本的控制换行。

```
<!DOCTYPE html>
<html>
<head></head>
<body>
<style type="text/css">
   div{ width:300px;word-wrap:break-word;border:1px solid #999999;}
</style>
<div>
   wordwrapbreakwordwordwrapbreakwordwordwrapbreakwordwordwrapbreakword
</div><br>
<div>全中文的情况，全中文的情况，全中文的情况全中文的情况全中文的情况</div><br>
<div>This is all English,This is all English,This is all English,This is
  all English,</div>
</body>
</html>
```

在 IE 11.0 中浏览，效果如图 10-10 所示，可以看到，文字在指定位置被控制换行。

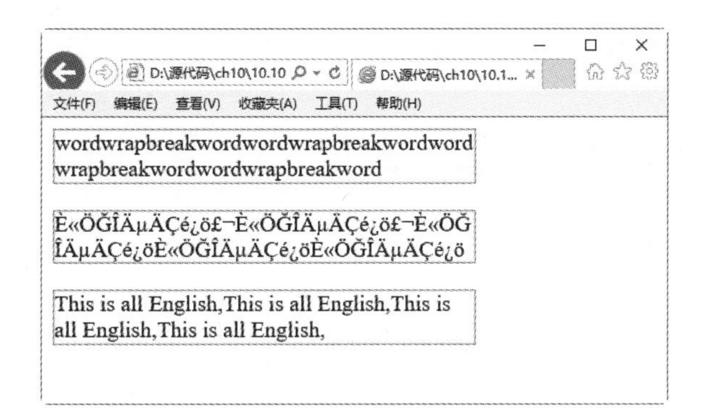

图 10-10　文本强制换行

可以看出，word-wrap 属性可以控制换行，当属性取值 break-word 时，将强制换行，中文文本没有任何问题，英文语句也没有任何问题。但是对于长串的英文就不起作用，也就是说，break-word 属性是控制是否断词的，而不是断字符。

10.2.4　保持字体尺寸不变

有时候，在同一行的文字，由于所采用的字体种类不一样或者修饰样式不一样，而导致其字体尺寸，即显示大小不一样，整行文字看起来就显得杂乱。此时需要使用 CSS 3 的属性标签 font-size-adjust 处理。font-size-adjust 用来定义整个字体序列中所有字体的大小是否保持同一个尺寸。其语法格式如下：

```
font-size-adjust: none | number
```

其属性值的含义如表 10-9 所示。

表 10-9　font-size-adjust 属性

属 性 值	说　明
none	默认值。允许字体序列中每一字体遵守它自己的尺寸
number	为字体序列中的所有字体强迫指定同一尺寸

【例 10.11】保持字体尺寸不变。

```
<!DOCTYPE html>
<html>
<head></head>
<style>
.big { font-family: sans-serif; font-size: 40pt; }
.a { font-family: sans-serif; font-size: 15pt; font-size-adjust: 1; }
.b { font-family: sans-serif; font-size: 30pt; font-size-adjust: 0.5; }
</style>
<body>
  <p class="big"><span class="b">厚德载物</span></p>
  <p class="big"><span class="a">厚德载物</span></p>
</body>
</html>
```

在 IE 11.0 中浏览，效果如图 10-11 所示。

图 10-11 尺寸一致显示

10.3 美化网页中的段落

网页由文字组成，而用来表达同一个意思的多个文字组合，可以称为段落。段落是文章的基本单位，同样也是网页的基本单位。段落的放置与效果的显示会直接影响到页面的布局及风格。CSS 样式表提供了文本属性，来实现对页面中段落文本的控制。

10.3.1 设置单词之间的间隔

单词之间的间隔如果设置合理，一是会给整个网页布局节省空间；二是可以给人赏心悦目的感觉，帮助提高阅读效果。在 CSS 中，可以使用 word-spacing 属性直接定义指定区域或者段落中字符之间的间隔。

word-spacing 属性用于设定词与词之间的间距，即增加或者减少词与词之间的间隔。其语法格式如下：

```
word-spacing: normal | length
```

其中，属性值 normal 和 length 的含义如表 10-10 所示。

表 10-10 word-spacing 属性

属 性 值	说 明
normal	默认，定义单词之间的标准间隔
length	定义单词之间的固定宽度，可以接受正值或负值

【例 10.12】设置单词之间的间隔。

```
<!DOCTYPE html>
<html>
<head></head>
```

```
<body>
<p style="word-spacing:normal">Welcome to my home</p>
<p style="word-spacing:15px">Welcome to my home</p>
<p style="word-spacing:15px">欢迎来到我家</p>
</body>
</html>
```

在 IE 11.0 中浏览，效果如图 10-12 所示，可以看到段落中单词以不同间隔显示。

图 10-12 设定词的间隔

从上面的显示结果可以看出，word-spacing 属性不能用于设定字符之间的间隔。

10.3.2 设置字符之间的间隔

在一个网页中，词与词之间可以通过 word-spacing 进行设置，那么字符之间使用什么设置呢？在 CSS 3 中，可以通过 letter-spacing 来设置字符文本之间的距离，即在文本字符之间插入多少空间。这里允许使用负值，这会让字母之间更加紧凑。

语法格式如下：

```
letter-spacing: normal | length
```

属性值的含义如表 10-11 所示。

表 10-11 letter-spacing 属性

属 性 值	说 明
normal	默认间隔，即以字符之间的标准间隔显示
length	由浮点数和单位标识符组成的长度值，允许为负值

【例 10.13】设置字符之间的间隔。

```
<!DOCTYPE html>
<html>
<head></head>
<body>
<p style="letter-spacing:normal">Welcome to my home</p>
<p style="letter-spacing:5px">Welcome to my home</p>
<p style="letter-spacing:1ex">这里的字间距是 1ex</p>
<p style="letter-spacing:-1ex">这里的字间距是-1ex</p>
<p style="letter-spacing:1em">这里的字间距是 1em</p>
</body>
</html>
```

在 IE 11.0 中浏览，效果如图 10-13 所示，可以看到，文字以不同的间距大小显示。

注意 从上述代码中可以看出，通过letter-spacing定义了多个字间距的效果。应特别注意，当设置的字间距是-1ex时，文字就会重叠到一块。

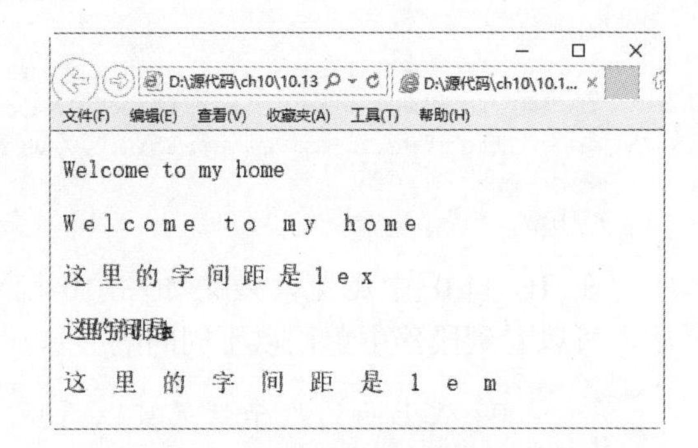

图 10-13　字间距效果

10.3.3　设置文字的修饰效果

在CSS 3中，text-decoration属性是文本修饰属性，该属性可以为页面提供文本的多种修饰效果，如下划线、删除线、闪烁等。

text-decoration属性的语法格式如下：

```
text-decoration: none | underline | blink | overline | line-through
```

其属性值的含义如表10-12所示。

表 10-12　text-decoration 属性

属 性 值	描 述
none	默认值，对文本不进行任何修饰
underline	下划线
overline	上划线
line-through	删除线
blink	闪烁

【例 10.14】设置文字的修饰效果。

```
<!DOCTYPE html>
<html>
<head></head>
<body>
  <p style="text-decoration:none">明明知道相思苦，偏偏对你牵肠挂肚！</p>
  <p style="text-decoration:underline">明明知道相思苦，偏偏对你牵肠挂肚！</p>
  <p style="text-decoration:overline">明明知道相思苦，偏偏对你牵肠挂肚！</p>
  <p style="text-decoration:line-through">明明知道相思苦，偏偏对你牵肠挂肚！</p>
  <p style="text-decoration:blink">明明知道相思苦，偏偏对你牵肠挂肚！</p>
</body>
</html>
```

在IE 11.0中浏览，其显示效果如图10-14所示。可以看到，段落中出现了下划线、上划线、删除线等。

注意 blink闪烁效果只有Mozilla和Netscape浏览器支持，而IE和其他浏览器(如Opera)都不支持该效果。

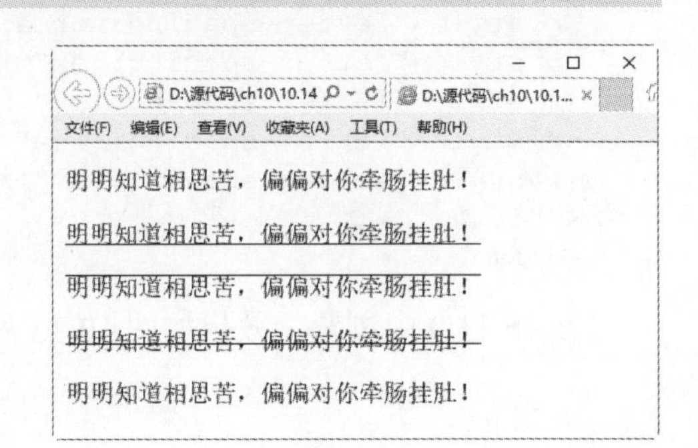

图 10-14　文本修饰

10.3.4 设置垂直对齐方式

在 CSS 中，可以直接使用 vertical-align 属性设定垂直对齐方式。该属性定义行内元素的基线相对于该元素所在行的基线的垂直对齐，允许指定负长度值和百分比值，这会使元素降低而不是升高。在表单元格中，这个属性会设置单元格框中的单元格内容的对齐方式。

vertical-align 属性的语法格式如下：

```
{vertical-align: 属性值}
```

vertical-align 属性有 8 个预设值可以使用，也可以使用百分比，如表 10-13 所示。

表 10-13 vertical-align 属性

属 性 值	说 明
baseline	默认。元素放置在父元素的基线上
sub	垂直对齐文本的下标
super	垂直对齐文本的上标
top	把元素的顶端与行中最高元素的顶端对齐
text-top	把元素的顶端与父元素字体的顶端对齐
middle	把此元素放置在父元素的中部
bottom	把元素的顶端与行中最低的元素的顶端对齐
text-bottom	把元素的底端与父元素字体的底端对齐
length	设置元素的堆叠顺序
%	使用 line-height 属性的百分比值来排列此元素。允许使用负值

【例 10.15】设置垂直对齐方式。

```
<!DOCTYPE html>
<html>
<head></head>
<body>
<p>
   世界杯<b style=" font-size:8pt;vertical-align:super">2018</b>!
   中国队<b style="font-size: 8pt;vertical-align: sub">[注]</b>!
   加油！<img src="1.gif" style="vertical-align: baseline">
</p>
<p><img src="2.gif" style="vertical-align:middle"/>
   世界杯！中国队！加油！<img src="1.gif" style="vertical-align:top">
</p>
<hr/>
<p><img src="2.gif" style="vertical-align:middle"/>
   世界杯！中国队！加油！<img src="1.gif" style="vertical-align:text-top">
</p>
<p><img src="2.gif" style="vertical-align:middle"/>
   世界杯！中国队！加油！<img src="1.gif" style="vertical-align:bottom">
</p>
<hr/>
<p><img src="2.gif" style="vertical-align:middle"/>
   世界杯！中国队！加油！<img src="1.gif" style="vertical-align:text-bottom">
</p>
```

```
<p>
    世界杯<b style=" font-size:8pt;vertical-align:100%">2008</b>!
    中国队<b style="font-size: 8pt;vertical-align: -100%">[注]</b>!
    加油! <img src="1.gif" style="vertical-align: baseline">
</p>
</body>
</html>
```

在 IE 11.0 中浏览，效果如图 10-15 所示，即文字在垂直方向以不同的对齐方式显示。

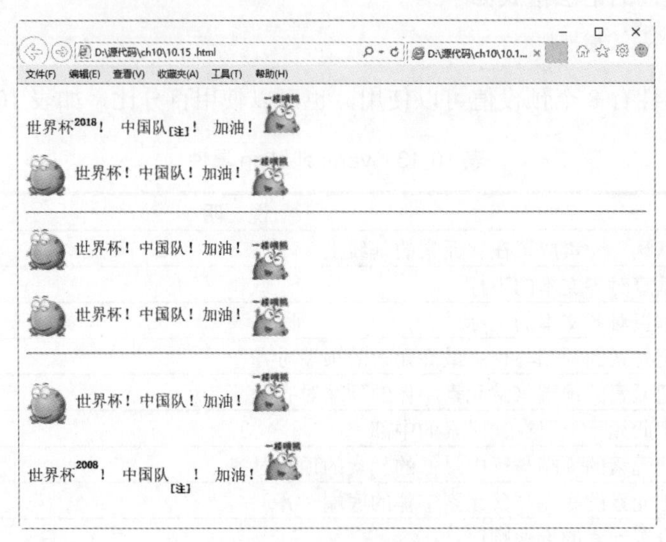

图 10-15　垂直对齐显示

上下标在页面中有数学运算或注释标号时使用得比较多。顶端对齐有两种参照方式，一是参照整个文本块；二是参照文本。底部对齐与顶端对齐方式相同，分别参照文本块和文本块中包含的文本。

vertical-align 属性值还能使用百分比来设定垂直高度，该高度具有相对性，它是基于行高的值来计算的。而且百分比还能使用正负号，正百分比使文本上升，负百分比使文本下降。

10.3.5　转换文本的大小写

根据需要，将小写字母转换为大写字母，或者将大写字母转换小写，在文本编辑中都是很常见的。在 CSS 样式中，text-transform 属性可用于设定文本字体的大小写转换。

text-transform 属性的语法格式如下：

```
text-transform: none | capitalize | uppercase | lowercase
```

其属性值的含义如表 10-14 所示。

因为文本转换属性仅作用于字母型文本，相对来说比较简单。

表 10-14　text-transform 属性

属 性 值	说 明
none	无转换发生
capitalize	将每个单词的第一个字母转换成大写，其余无转换发生
uppercase	转换成大写
lowercase	转换成小写

【例 10.16】转换文本的大小写。

```
<!DOCTYPE html>
<html>
<head></head>
<body style="font-size:15pt; font-weight:bold">
  <p style="text-transform:none">welcome to home</p>
  <p style="text-transform:capitalize">welcome to home</p>
  <p style="text-transform:lowercase">WELCOME TO HOME</p>
  <p style="text-transform:uppercase">welcome to home</p>
</body>
</html>
```

在 IE 11.0 中浏览，效果如图 10-16 所示。

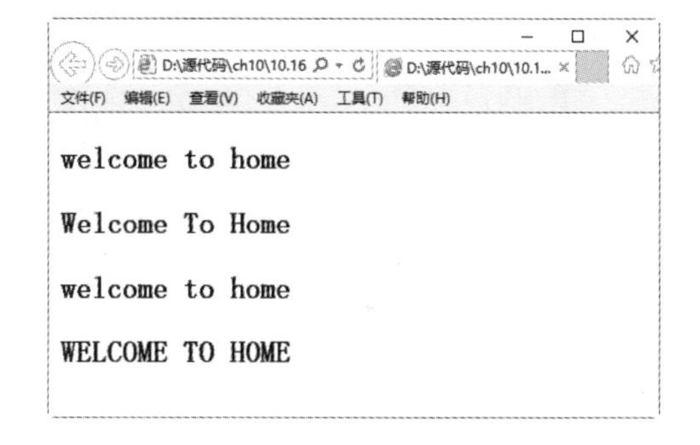

图 10-16　大小写字母转换

10.3.6　设置文本的水平对齐方式

一般情况下，居中对齐适用于标题类文本，其他对齐方式可以根据页面布局来选择使用。根据需要，可以设置多种对齐，例如水平方向上的居中、左对齐、右对齐或者两端对齐等。在 CSS 中，可以通过 text-align 属性进行设置。

text-align 属性用于定义对象文本的对齐方式，与 CSS 2.1 相比，CSS 3 增加了 start、end 和 string 属性值。text-align 的语法格式如下：

```
{text-align: sTextAlign}
```

其属性值的含义如表 10-15 所示。

表 10-15　text-align 属性

属 性 值	说 明
start	文本向行的开始边缘对齐
end	文本向行的结束边缘对齐
left	文本向行的左边缘对齐。垂直方向的文本中，文本在 left-to-right 模式下向开始边缘对齐
right	文本向行的右边缘对齐。垂直方向的文本中，文本在 left-to-right 模式下向结束边缘对齐
center	文本在行内居中对齐

续表

属性值	说　明
justify	文本根据 text-justify 的属性设置方法分散对齐。即两端对齐，均匀分布
match-parent	继承父元素的对齐方式，但有个例外：继承的 start 或者 end 值是根据父元素的 direction 值进行计算的，因此计算的结果可能是 left 或者 right
string	string 是一个单个的字符，否则，就忽略此设置。按指定的字符进行对齐。此属性可以跟其他关键字同时使用，如果没有设置字符，则默认值是 end 方式
inherit	继承父元素的对齐方式

在新增加的属性值中，start 和 end 属性值主要是针对行内元素的，即在包含元素的头部或尾部显示；而 string 属性值主要用于表格单元格中，将根据某个指定的字符对齐。

【例 10.17】设置文本的水平对齐方式。

```
<!DOCTYPE html>
<html>
<head></head>
<body>
<h1 style="text-align:center">登幽州台歌</h1>
<h3 style="text-align:left">选自：</h3>
<h3 style="text-align:right">
  <img src="1.gif" />
  唐诗三百首</h3>
<p style="text-align:justify">
  前不见古人
  后不见来者
  (这是一个测试，这是一个测试，这是一个测试，)
</p>
<p style="text-align:start">念天地之悠悠</p>
<p style="text-align:end">独怆然而涕下</p>
</body>
</html>
```

在 IE 11.0 中浏览，效果如图 10-17 所示，即文字在水平方向上以不同的对齐方式显示。

注意　text-align 属性只能用于文本块，而不能直接应用到图像标记<img>。如果要使图像与文本一样应用对齐方式，那么就必须将图像包含在文本块中。如上例，由于向右对齐方式作用于<h3>标记定义的文本块，图像包含在文本块中，所以图像能够同文本一样向右对齐。

提示　CSS 只能定义两端对齐方式，并按要求显示，但对于具体的两端对齐文本如何分配字体空间以实现文本左右两边均对齐，CSS 并不规定。这就需要设计者自行定义了。

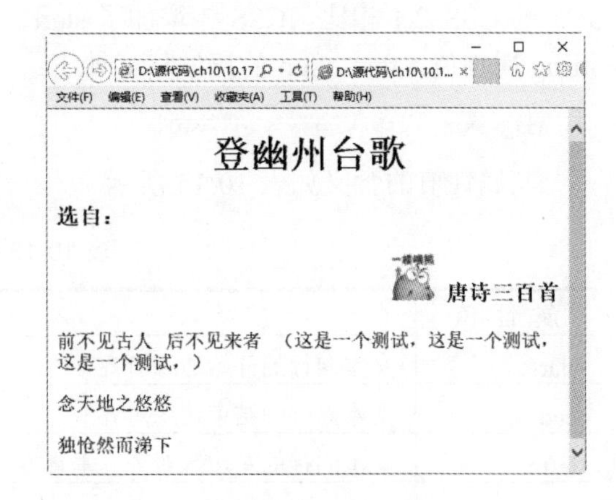

图 10-17　对齐效果

10.3.7 设置文本的缩进效果

在普通段落中，通常首行缩进两个字符，用来表示这是一个段落的开始。同样在网页的文本编辑中可以通过指定属性，来控制文本缩进。CSS 的 text-indent 属性就是用来设定文本块中首行的缩进。text-indent 属性的语法格式如下：

```
text-indent: length
```

其中，length 属性值表示由百分比数值或由浮点数和单位标识符组成的长度值，允许为负值。可以这样认为，text-indent 属性可以定义两种缩进方式，一种是直接定义缩进的长度；另一种是定义缩进百分比。使用该属性，HTML 的任何标记都可以让首行以给定的长度或百分比缩进。

【例 10.18】设置文本的缩进效果。

```
<!DOCTYPE html>
<html>
<head></head>
<body>
<p style="text-indent:10mm">此处直接定义长度，直接缩进。</p>
<p style="text-indent:10%">此处使用百分比，进行缩进。</p>
</body>
</html>
```

在 IE 11.0 中浏览，效果如图 10-18 所示，可以看到文字以首行缩进方式显示。

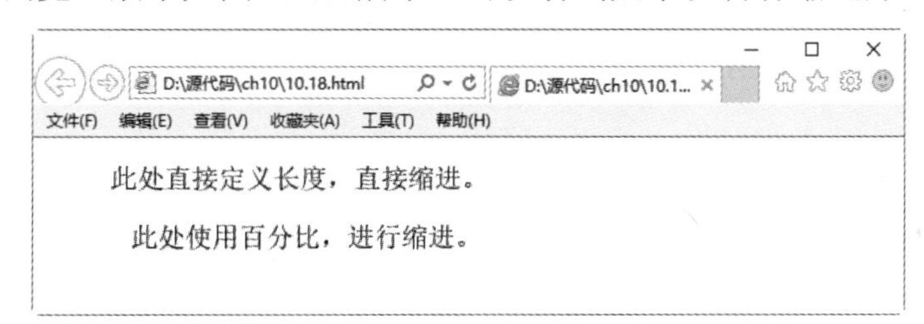

图 10-18 缩进显示窗口

如果上级标记定义了 text-indent 属性，那么子标记可以继承其上级标记的缩进长度。

10.3.8 设置文本的行高

在 CSS 中，line-height 属性用来设置行间距，即行高。其语法格式如下：

```
line-height: normal | length
```

其属性值的具体含义如表 10-16 所示。

表 10-16 line-height 属性

属 性 值	说 明
normal	默认行高，即网页文本的标准行高
length	百分比数值或由浮点数和单位标识符组成的长度值，允许为负值。其百分比取值是基于字体的高度尺寸

【例 10.19】设置文本的行高。

```
<!DOCTYPE html>
<html>
<head></head>
<body>
<div style="text-indent:10mm;">
   <p style="line-height:50px">
       世界杯(World Cup,FIFA World Cup)，国际足联世界杯，世界足球锦标赛是世界上最高水平的足球比赛，与奥运会、F1 并称为全球三大顶级赛事。
   </p>
   <p style="line-height:50%">
      世界杯(World Cup,FIFA World Cup)，国际足联世界杯，世界足球锦标赛是世界上最高水平的足球比赛，与奥运会、F1 并称为全球三大顶级赛事。
   </p>
</div>
</body>
</html>
```

在 IE 11.0 中浏览，效果如图 10-19 所示，其中，有段文字重叠在一起，即行高设置较小。

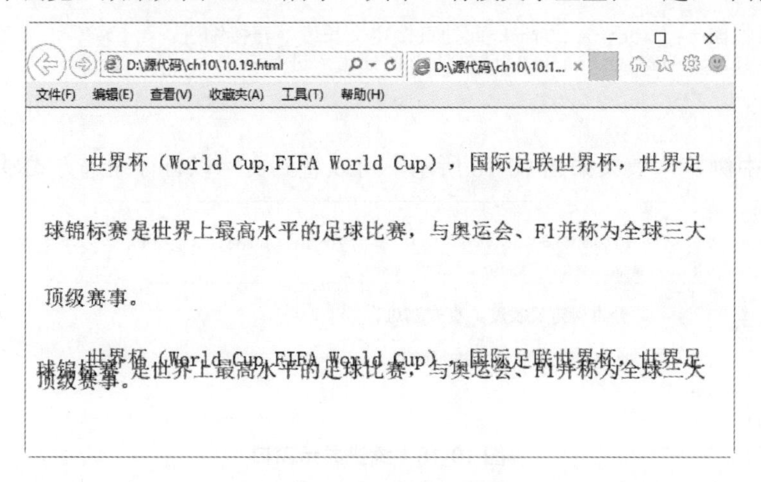

图 10-19 设定文本的行高

10.3.9 文本的空白处理

在 CSS 中，white-space 属性用于设置对象内空格字符的处理方式。与 CSS 2.1 相比，CSS 3 新增了两个属性值。white-space 属性对文本的显示有着重要的影响。在标记上应用 white-space 属性，可以影响浏览器对字符串或文本间空白的处理方式。

white-space 属性的语法格式如下：

```
white-space: normal | pre | nowrap | pre-wrap | pre-line
```

其属性值的含义如表 10-17 所示。

表 10-17　white-space 属性

属 性 值	说　明
normal	默认。空白会被浏览器忽略
pre	空白会被浏览器保留。其行为方式类似于 HTML 中的<pre>标签
nowrap	文本不会换行，文本会在同一行上继续，直到遇到 标签为止
pre-wrap	保留空白符序列，但是正常地进行换行
pre-line	合并空白符序列，但是保留换行符
inherit	规定应该从父元素继承 white-space 属性的值

【例 10.20】文本的空白处理。

```
<!DOCTYPE html>
<html>
<body>
  <h1 style="color:red; text-align:center;white-space:pre">
    蜂 蜜 的 功 效 与 作 用! </h1>
  <div>
    <p style="white-space:nowrap;text-indent:10mm">
        蜂蜜，是昆虫蜜蜂从开花植物的花中采得的花蜜在蜂巢中酿制的蜜。<br>
蜂蜜的成分除了葡萄糖、果糖之外还含有各种维生素、矿物质和氨基酸。1 千克的蜂蜜含有 2940 卡的热量。
蜂蜜是糖的过饱和溶液，低温时会产生结晶，生成结晶的是葡萄糖，不产生结晶的部分主要是果糖。</p>
    <p style="white-space:pre-wrap;text-indent:10mm">
       蜂蜜的成分除了葡萄糖、果糖之外还含有各种维生素、矿物质和氨基酸。
        1 千克的蜂蜜含有 2940 卡的热量。<br/>
        蜂蜜是糖的过饱和溶液，低温时会产生结晶，生成结晶的是葡萄糖，不产生结晶的部分主要是果糖。</p>
    <p style="white-space:pre-line;text-indent:10mm">
        蜂蜜的成分除了葡萄糖、果糖之外还含有各种维生素、矿物质和氨基酸。
        1 千克的蜂蜜含有 2940 卡的热量。<br/>
        蜂蜜是糖的过饱和溶液，低温时会产生结晶，生成结晶的是葡萄糖，不产生结晶的部分主要是果糖。</p>
  </div>
</body>
</html>
```

在 IE 11.0 中浏览，效果如图 10-20 所示，可以看到文字中处理空白的不同方式。

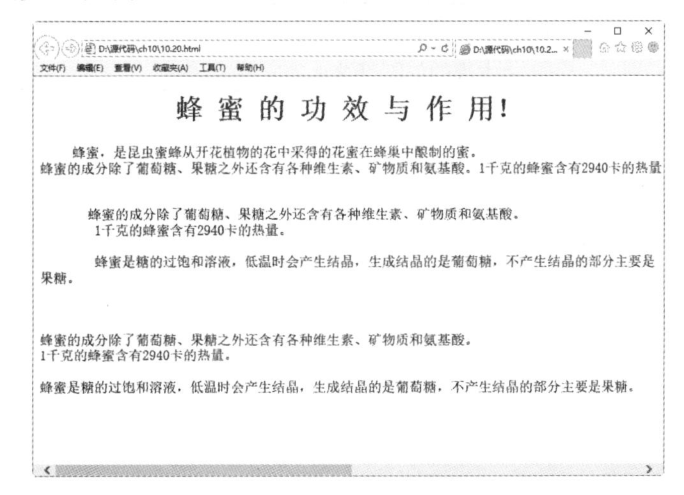

图 10-20　处理空白

10.3.10 文本的反排

在网页文本编辑中，通常英语文档的基本方向是从左至右。如果文档中某一段的多个部分包含从右至左阅读的语言，则该语言的方向将正确地显示为从右至左，此时可以通过 CSS 提供的两个属性 unicode-bidi 和 direction 来解决这个文本反排的问题。

unicode-bidi 属性的语法格式如下：

```
unicode-bidi: normal | bidi-override | embed
```

其属性值的含义如表 10-18 所示。

表 10-18 unicode-bidi 属性

属 性 值	说 明
normal	默认值。元素不会打开一个额外的嵌入级别。对于内联元素，隐式的重新排序将跨元素边界起作用
bidi-override	与 embed 值相同，但除了这一点外：在元素内，重新排序依照 direction 属性严格按顺序进行。此值替代隐式双向算法
embed	元素将打开一个额外的嵌入级别。direction 属性的值指定嵌入级别。重新排序在元素内是隐式进行的

direction 属性用于设定文本流的方向，其语法格式如下：

```
direction: ltr | rtl | inherit
```

属性值的含义如表 10-19 所示。

表 10-19 direction 属性

属 性 值	说 明
ltr	文本流从左到右
rtl	文本流从右到左
inherit	文本流的值不可继承

【例 10.21】文本的反排。

```
<!DOCTYPE html>
<html>
<head>
<style type="text/css">
a {color:#000;}
</style>
</head>
<body>
<h3>文本的反排</h3>
<div style=" direction:rtl; unicode-bidi:bidi-override; text-align:left">
秋风吹不尽，总是玉关情。
</div>
```

```
</body>
</html>
```

在 IE 11.0 中浏览，效果如图 10-21 所示，可以看到文字以反转形式显示。

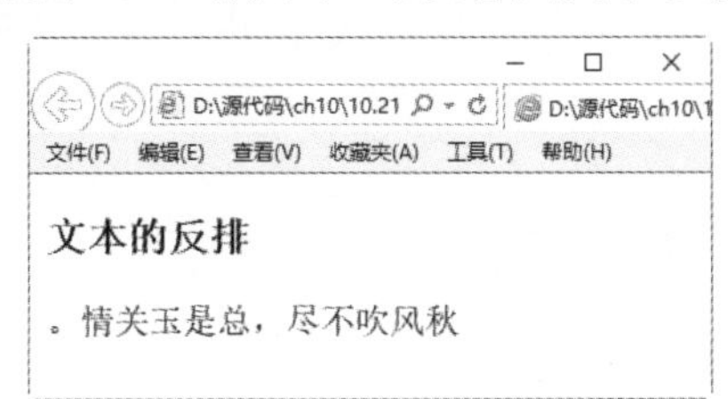

图 10-21　文本反转显示

10.4　综合案例——设置网页标题

下面创建一个网站的网页标题，主要利用文字和段落方面的 CSS 属性。具体操作步骤如下。

step 01 分析需求。

本综合示例的要求如下：在网页的最上方显示出标题，标题下方是正文，其中正文部分是文字段落部分。在设计这个网页标题时，需要将网页标题加粗，并将网页居中显示。用大号字体显示标题，用来与其下面的正文区分。上述要求使用 CSS 样式属性来实现。示例的效果如图 10-22 所示。

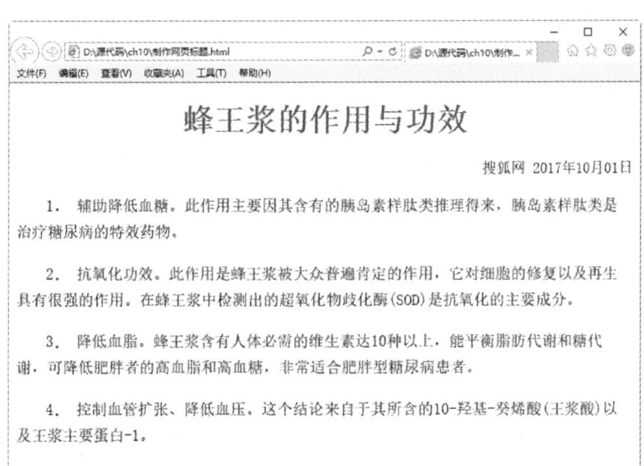

图 10-22　网页标题的显示

step 02 分析布局并构建 HTML。

首先需要创建一个 HTML 页面，并用 DIV 将页面划分两个层：一是网页标题层；二是正文部分。

step 03 导入 CSS 文件。

在 HTML 页面，将 CSS 文件使用 link 方式导入到 HTML 页面中。此 CSS 页面定义了这个页面的所有样式，其导入代码如下：

```
<link href="index.css" rel="stylesheet" type="text/css" />
```

step 04 完成标题样式设置。

首先设置标题的 HTML 代码，此处使用 DIV 构建，其代码如下：

```
<div>
    <h1>蜂王浆的作用与功效</h1>
    <div class="ar">搜狐网   2017 年 10 月 01 日<span></div>
</div>
```

step 05 使用 CSS 代码对其进行修饰，其代码如下：

```
h1{text-align:center;color:red}
.ar{text-align:right;font-size:15px;}
.lr{text-align:left;font-size:15px;color:}
```

step 06 开发正文部分的代码和样式。

首先使用 HTML 代码完成网页正文部分，此处使用 DIV 构建，其代码如下：

```
<div>
<P>
1. 辅助降低血糖。此作用主要因其含有的胰岛素样肽类推理得来，胰岛素样肽类是治疗糖尿病的特效药物。
</P>
<P>
2. 抗氧化功效。此作用是蜂王浆被大众普遍肯定的作用，它对细胞的修复以及再生具有很强的作用。在蜂王浆中检测出的超氧化物歧化酶(SOD)是抗氧化的主要成分。
</P>
<P>
3. 降低血脂。蜂王浆含有人体必需的维生素达 10 种以上，能平衡脂肪代谢和糖代谢，可降低肥胖者的高血脂和高血糖，非常适合肥胖型糖尿病患者。
</P>
<P>
4. 控制血管扩张、降低血压。这个结论来自于其所含的 10-羟基-癸烯酸(王浆酸)以及王浆主要蛋白-1。
</P>
</div>
```

step 07 使用 CSS 代码进行修饰，代码如下：

```
p{text-indent:8mm;line-height:7mm;}
```

10.5 跟我学上机——制作新闻页面

本练习制作一个新闻页面，具体操作步骤如下。

step 01 打开记事本，在其中输入如下代码：

```
<!DOCTYPE html>
<html>
<head>
<title>新闻页面</title>
<style type="text/css">
<!--
h1{
```

```
    font-family:黑体;
    text-decoration:underline overline;
    text-align:center;
}
p{
    font-family: Arial, "Times New Roman";
    font-size:20px;
    margin:5px 0px;
    text-align:justify;
}
#p1{
    font-style:italic;
    text-transform:capitalize;
    word-spacing:15px;
    letter-spacing:-1px;
    text-indent:2em;
}
#p2{
    text-transform:lowercase;
    text-indent:2em;
    line-height:2;
}
#firstLetter{
    font-size:3em;
    float:left;
}
h1{
    background:#678;
    color:white;
}
-->
</style>
</head>
<body>
<h1>英国现两个多世纪来最多雨冬天</h1>
<p id="p1">在 3 月的第一天，阳光“重返”英国大地，也预示着春天的到来。</p>
<p id="p2">英国气象局发言人表示：“今天的阳光很充足，这才像春天的感觉。这是春天的一个非常好的开局。”前几天英国气象局发布的数据显示，刚刚过去的这个冬天是过去近 250 年来最多雨的冬天。</p>
</body>
</html>
```

step 02 保存网页，在 IE 11.0 中预览，效果如图 10-23 所示。

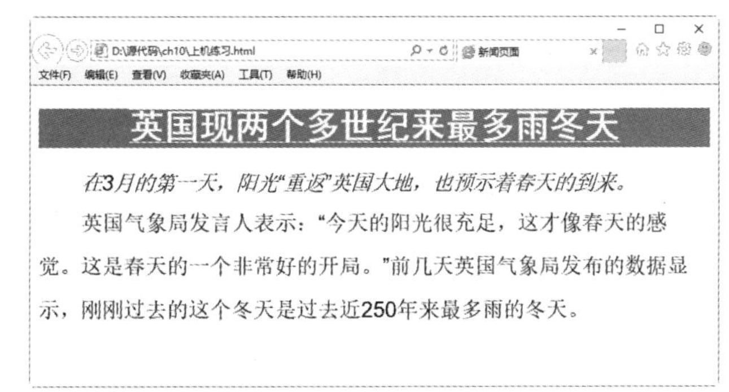

图 10-23　浏览效果

10.6 疑难解惑

疑问 1：字体为什么在别的电脑上不显示呢？

楷体很漂亮，草书也不逊色于宋体。但不是所有人的电脑都安装有这些字体，所以在设计网页时，不要为了追求漂亮美观，而采用一些比较新奇的字体，否则有时往往达不到预期的效果。使用最基本的字体，才是最好的选择。

不要使用难以阅读的花哨字体。当然，某些字体可以让网站精彩纷呈，不过它们容易阅读吗？网页的主要目的是传递信息并让读者阅读，应该让读者阅读过程舒服些。不要用小字体。虽然 Firefox 有放大功能，但如果必须放大才能看清一个网站的话，用户以后估计就再也不会去访问它了。

疑问 2：网页中如何处理空白呢？

注意不留空白。不要用图像、文本和不必要的动画 GIF 来充斥网页，即使有足够的空间，在设计时也应该避免使用。

疑问 3：文字和图片的导航速度哪个更快呢？

应该使用文字做导航栏。文字导航不仅速度快，而且更稳定，因为，有些用户上网时会关闭图片。在处理文本时，不要在普通文本上添加下划线或者颜色。除非特别需要，否则不要为普通文字添加下划线。不应当使浏览者将本不能点击的文字误认为能够点击。

第 11 章 用 CSS 3 美化网页图片

一个网页如果都是文字，时间长了会给浏览者带来枯燥的感觉，而一张恰如其分的图片，会给网页带来许多生趣。图片是直观、形象的，一张好的图片会给网页带来很高的点击率。CSS 3 定义了很多属性，用来美化和设置图片。

11.1 图片缩放

网页上显示一张图片时，在默认情况下都是以图片的原始大小显示。如果要对网页进行排版，通常情况下，还需要对图片进行大小的重新设定。如果对图片设置不恰当，会造成图片的变形和失真，所以一定要保持宽度和高度属性的比例适中。对于图片大小设定，可以采用 3 种方式来完成。

11.1.1 通过描述标记 width 和 height 缩放图片

在 HTML 标记语言中，通过 img 的描述标记 width 和 height 可以设置图片的大小。width 和 height 分别表示图片的宽度和高度，可以是数值或百分比，单位可以是 px。需要注意的是，高度属性 height 和宽度属性 width 的设置方式要求相同。

【例 11.1】通过描述标记 width 和 height 缩放图片。

```
<!DOCTYPE html>
<html>
<head>
<title>缩放图片</title>
</head>
<body>
<img src="01.jpg" width=200 height=120>
</body>
</html>
```

在 IE 11.0 中浏览，效果如图 11-1 所示，可以看到，网页显示了一张图片，其宽度为 200px，高度为 120 像素。

图 11-1 使用标记来缩放图片

11.1.2 用 CSS 3 中的 max-width 和 max-height 缩放图片

max-width 和 max-height 分别用来设置图片宽度最大值和高度最大值。在定义图片大小时，如果图片默认尺寸超过了定义的大小，就以 max-width 所定义的宽度值显示，而图片高度将同比例变化，如果定义的是 max-height，以此类推。但是，如果图片的尺寸小于最大宽度或者高度，那么图片就按原尺寸大小显示。max-width 和 max-height 的值一般是数值类型。

其语法格式举例如下：

```
img{
   max-height:180px;
}
```

【例 11.2】使用 CSS 3 中的 max-width 和 max-height 缩放图片。

```
<!DOCTYPE html>
<html>
<head>
<title>缩放图片</title>
<style>
img{
   max-height:300px;
}
</style>
</head>
<body>
<img src="01.jpg">
</body>
</html>
```

在 IE 11.0 中浏览，效果如图 11-2 所示，可以看到，网页显示了一张图片，其显示高度是 300 像素，宽度将做同比例缩放。

图 11-2　同比例缩放图片

在本例中，也可以只设置 max-width 来定义图片的最大宽度，而让高度自动缩放。

11.1.3　用 CSS 3 中的 width 和 height 缩放图片

在 CSS 3 中，可以使用 width 和 height 属性来设置图片的宽度和高度，从而实现对图片的缩放效果。

【例 11.3】用 CSS 3 中的 width 和 height 缩放图片。

```
<!DOCTYPE html>
<html>
<head>
<title>缩放图片</title>
</head>
<body>
```

```
<img src="01.jpg" >
<img src="01.jpg" style="width:150px;height:100px" >
</body>
</html>
```

在 IE 11.0 中浏览，效果如图 11-3 所示，可以看到，网页中显示了两张图片，第一张图片以原大小显示，第二张图片以指定大小显示。

图 11-3　用 CSS 指定图片的大小

当仅仅设置了图片的 width 属性，而没有设置 height 属性时，图片本身会自动等纵横比例缩放，如果只设定 height 属性，也是一样的道理。只有当同时设定 width 和 height 属性时才会不等比例缩放。

11.2　设置图片的对齐方式

一个凌乱的图文网页是每一个浏览者都不喜欢看到的。而一个图文并茂，排版格式整洁简约的页面，更容易让网页浏览者接受。可见图片的对齐方式是非常重要的。下面介绍如何使用 CSS 3 属性定义图文对齐方式。

11.2.1　设置图片的横向对齐

所谓图片横向对齐，就是在水平方向上进行对齐，其对齐样式和文字对齐比较相似，都是有 3 种对齐方式，分别为“左”“右”和“中”。

要定义图片的对齐方式时，不能在样式表中直接定义图片样式，需要在图片的上一个标记级别(即父标记)定义对齐方式，让图片继承父标记的对齐方式。之所以这样定义，是因为 img(图片)本身没有对齐属性，需要使用 CSS 继承父标记的 text-align 属性来定义对齐方式。

【例 11.4】设置图片的横向对齐。

```
<!DOCTYPE html>
<html>
<head>
<title>图片横向对齐</title>
</head>
<body>
<p style="text-align:left">
  <img src="02.jpg" style="max-width:140px;">
  图片左对齐
  </p>
<p style="text-align:center">
  <img src="02.jpg" style="max-width:140px;">
  图片居中对齐
  </p>
<p style="text-align:right">
  <img src="02.jpg" style="max-width:140px;">
  图片右对齐
  </p>
</body>
</html>
```

在 IE 11.0 中浏览，效果如图 11-4 所示，可以看到，网页上显示了 3 张图片，大小一样，但对齐方式分别是左对齐、居中对齐和右对齐。

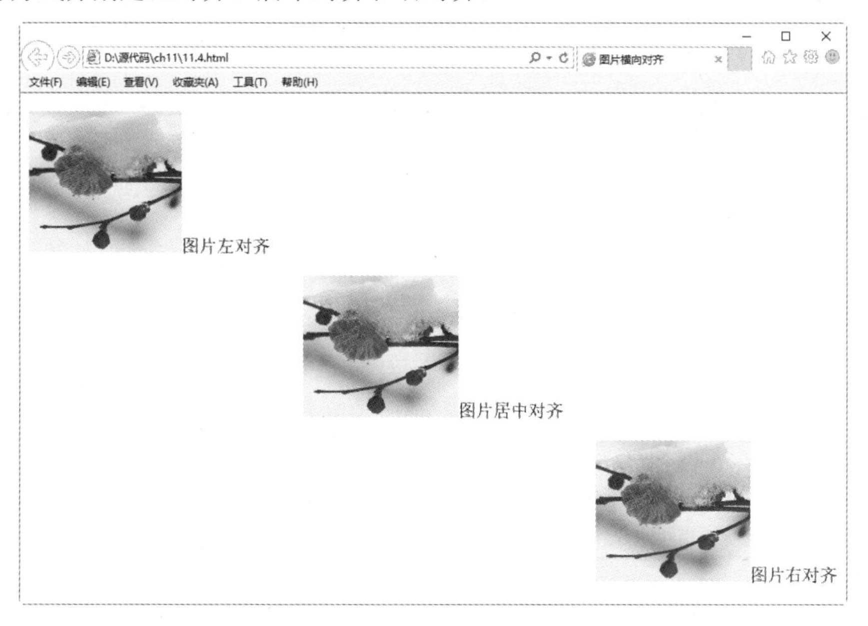

图 11-4　图片的横向对齐

11.2.2　设置图片的纵向对齐

纵向对齐就是垂直对齐，即在垂直方向上与文字进行搭配使用。通过对图片的垂直方向上的设置，可以设定图片和文字的高度一致。在 CSS 3 中，对图片进行纵向设置时，通常使用 vertical-align 属性来定义。

vertical-align 属性设置元素的垂直对齐方式，即定义行内元素的基线相对于该元素所在行的基线的垂直对齐。允许指定负长度值和百分比值，这会使元素降低而不是升高。在表单元格中，这个属性会设置单元格框中的单元格内容的对齐方式。其语法格式为：

```
vertical-align: baseline | sub | super | top | text-top | middle
  | bottom | text-bottom | length
```

上面各参数的含义如表 11-1 所示。

表 11-1　vertical-align 属性

参数名称	说　明
baseline	支持 valign 特性的对象的内容与基线对齐
sub	垂直对齐文本的下标
super	垂直对齐文本的上标
top	将支持 valign 特性的对象的内容与对象顶端对齐
text-top	将支持 valign 特性的对象的文本与对象顶端对齐
middle	将支持 valign 特性的对象的内容与对象中部对齐
bottom	将支持 valign 特性的对象的内容与对象底端对齐
text-bottom	将支持 valign 特性的对象的文本与对象底端对齐
length	由浮点数和单位标识符组成的长度值或者百分数。可为负数。定义由基线算起的偏移量。基线对于数值来说为 0，对于百分数来说就是 0%

【例 11.5】设置图片纵向对齐。

```
<!DOCTYPE html>
<html>
<head>
<title>图片纵向对齐</title>
<style>
img{
   max-width:100px;
}
</style>
</head>
<body>
<p>纵向对齐方式:baseline<img src=02.jpg style="vertical-align:baseline"></p>
<p>纵向对齐方式:bottom<img src=02.jpg style="vertical-align:bottom"></p>
<p>纵向对齐方式:middle<img src=02.jpg style="vertical-align:middle"></p>
<p>纵向对齐方式:sub<img src=02.jpg style="vertical-align:sub"></p>
<p>纵向对齐方式:super<img src=02.jpg style="vertical-align:super"></p>
<p>纵向对齐方式:数值定义<img src=02.jpg style="vertical-align:20px"></p>
</body>
</html>
```

在 IE 11.0 中浏览，效果如图 11-5 所示。可以看到，网页显示 6 张图片，垂直方向上分别是 baseline、bottom、middle、sub、super 和数值对齐。

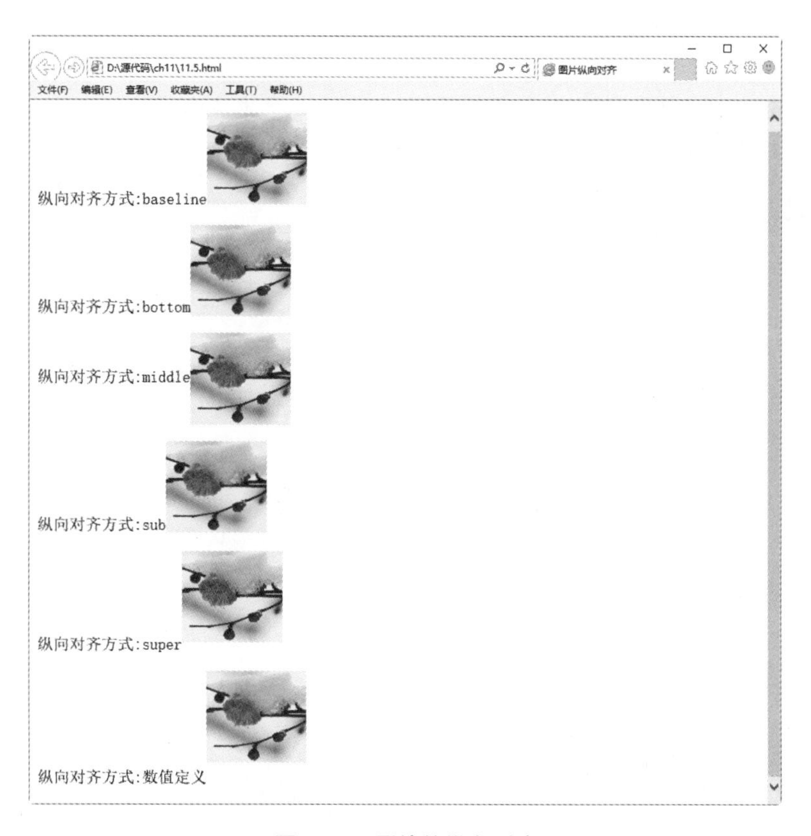

图 11-5 图片的纵向对齐

读者仔细观察图片和文字的不同对齐方式，即可深刻理解各种纵向对齐的不同之处。

11.3 图文混排

一个普通的网页，最常见的方式就是图文混排：文字说明主题，图像显示新闻情境，二者结合起来相得益彰。下面介绍图片和文字的混合排版方式。

11.3.1 设置文字环绕效果

在网页中进行排版时，可以将文字设置成环绕图片的形式，即文字环绕。文字环绕应用非常广泛，如果再配合背景，可以实现绚丽的效果。

在 CSS 3 中，可以使用 float 属性定义该效果。float 属性主要定义元素在哪个方向浮动。一般情况下，这个属性总是应用于图像，使文本围绕在图像周围，有时它也可以定义其他元素浮动。浮动元素会生成一个块级框，而不管它本身是何种元素。如果浮动非图像元素，则要指定一个明确的宽度；否则，它们会尽可能地窄。

float 属性的语法格式如下：

```
float: none | left | right
```

none 表示默认值，即对象不漂浮，left 表示文本流向对象的右边，right 表示文本流向对象的左边。

【例 11.6】设置文字环绕效果。

```
<!DOCTYPE html>
<html>
<head>
<title>文字环绕</title>
<style>
img{
   max-width:120px;
   float:left;
}
</style>
</head>
<body>
<p>
可爱的向日葵。
<img src="03.jpg">
向日葵，别名太阳花，是菊科向日葵属的植物。因花序随太阳转动而得名。一年生植物，高 1~3 米，茎直立，粗壮，圆形多棱角，被白色粗硬毛，性喜温暖，耐旱，能产果实葵花子。原产北美洲，主要分布在我国东北、西北和华北地区，世界各地均有栽培！
向日葵，1 年生草本，高 1.0~3.5 米，对于杂交品种也有半米高的。茎直立，粗壮，圆形多棱角，为白色粗硬毛。叶通常互生，心状卵形或卵圆形，先端锐突或渐尖，有基出 3 脉，边缘具粗锯齿，两面粗糙，被毛，有长柄。头状花序，极大，直径 10~30 厘米，单生于茎顶或枝端，常下倾。总苞片多层，叶质，覆瓦状排列，被长硬毛，夏季开花，花序边缘生黄色的舌状花，不结实。花序中部为两性的管状花，棕色或紫色，结实。瘦果，倒卵形或卵状长圆形，稍扁压，果皮木质化，灰色或黑色，俗称葵花子。性喜温暖，耐旱。
</p>
</body>
</html>
```

在 IE 11.0 中浏览，效果如图 11-6 所示，可以看到，图片被文字所环绕，并在文字的左方显示。如果将 float 属性的值设置为 right，则图片会在文字的右方显示并被文字环绕。

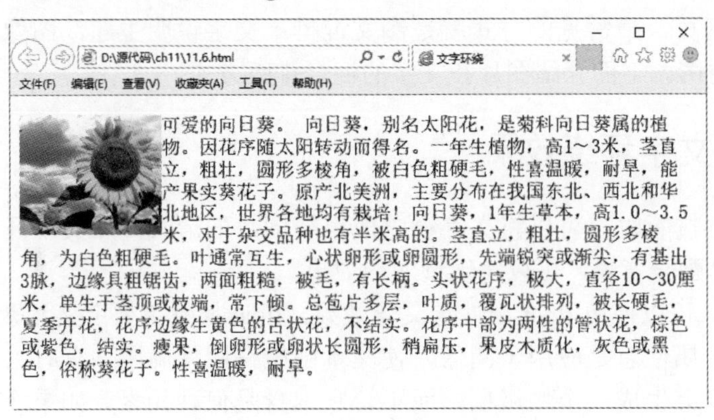

图 11-6　文字环绕的效果

11.3.2 设置图片与文字的间距

如果需要设置图片和文字之间的距离，即文字之间存在一定间距，不是紧紧地环绕，可以使用 CSS 3 中的 padding 属性来设置。

padding 属性主要用来在一个声明中设置所有内边距属性，即可以设置元素所有内边距的宽度，或者设置各边上内边距的宽度。如果一个元素既有内边距又有背景，从视觉上看可能会延伸到其他行，有可能还会与其他内容重叠。元素的背景会延伸穿过内边距。不允许指定负边距值。

padding 属性的语法格式如下：

```
padding: padding-top | padding-right | padding-bottom | padding-left
```

参数值 padding-top 用来设置距离顶部的内边距；padding-right 用来设置距离右部的内边距；padding-bottom 用来设置距离底部的内边距；padding-left 用来设置距离左部的内边距。

【例 11.7】设置图片与文字的间距。

```
<!DOCTYPE html>
<html>
<head>
<title>文字环绕</title>
<style>
img{
   max-width:120px;
   float:left;
   padding-top:10px;
   padding-right:50px;
   padding-bottom:10px;
}
</style>
</head>
<body>
<p>
可爱的向日葵。
<img src="03.jpg">
向日葵，别名太阳花，是菊科向日葵属的植物。因花序随太阳转动而得名。一年生植物，高 1~3 米，茎直立，粗壮，圆形多棱角，被白色粗硬毛，性喜温暖，耐旱，能产果实葵花子。原产北美洲，主要分布在我国东北、西北和华北地区，世界各地均有栽培！
向日葵，1 年生草本，高 1.0~3.5 米，对于杂交品种也有半米高的。茎直立，粗壮，圆形多棱角，为白色粗硬毛。叶通常互生，心状卵形或卵圆形，先端锐突或渐尖，有基出 3 脉，边缘具粗锯齿，两面粗糙，被毛，有长柄。头状花序，极大，直径 10~30 厘米，单生于茎顶或枝端，常下倾。总苞片多层，叶质，覆瓦状排列，被长硬毛，夏季开花，花序边缘生黄色的舌状花，不结实。花序中部为两性的管状花，棕色或紫色，结实。瘦果，倒卵形或卵状长圆形，稍扁压，果皮木质化，灰色或黑色，俗称葵花子。性喜温暖，耐旱。
</p>
</body>
</html>
```

在 IE 11.0 中浏览，效果如图 11-7 所示，可以看到，图片被文字所环绕，并且文字和图片右边的间距为 50 像素，上下各为 10 像素。

图 11-7　设置图片与文字的间距

11.4　综合案例——制作学校宣传单

每年暑假，高校招收学生的宣传页到处都是，下面就来制作一个学校宣传页，从而巩固图文混排的相关 CSS 知识。具体操作步骤如下。

step 01 分析需求。

本例包含两个部分，一是图片信息，介绍学校场景；二是段落信息，介绍学校的历史和理念。这两部分都放在一个 div 中。完成后，效果如图 11-8 所示。

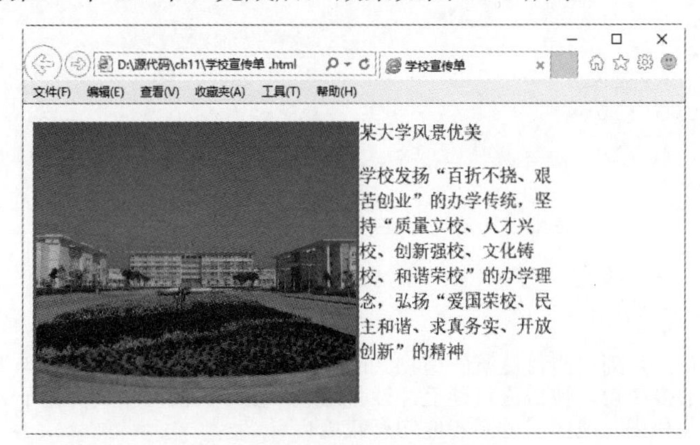

图 11-8　宣传页面的效果

step 02 构建 HTML 网页。

创建 HTML 页面，页面中包含一个 div，div 中包含图片和两个段落信息。代码如下：

```
<html>
<head>
<title>学校宣传单</title>
</head>
<body>
<div>
    <img src="04.jpg" /><p>某大学风景优美</p><p> 学校发扬“百折不挠、艰苦创业”的办学传统，坚持“质量立校、人才兴校、创新强校、文化铸校、和谐荣校”的办学理念，弘扬“爱国荣
```

```
校、民主和谐、求真务实、开放创新”的精神</p>
</div>
</body>
</html>
```

在 IE 11.0 中浏览，效果如图 11-9 所示，可以看到，网页标题和内容被一个虚线隔开。

图 11-9　HTML 页面显示

step 03 添加 CSS 代码，修饰 div：

```
<style>
big{width:430px;}
</style>
```

在 HTML 代码中，将 big 引用到 div 中，代码如下：

```
<div class="big">
    <img src="xuexiao.jpg" />
    <p>某大学风景优美</p>
    <p> 学校发扬“百折不挠、艰苦创业”的办学传统，坚持“质量立校、人才兴校、创新强校、文
化铸校、和谐荣校”的办学理念，弘扬“爱国荣校、民主和谐、求真务实、开放创新”的精神</p>
</div>
```

在 IE 11.0 中浏览，效果如图 11-10 所示，可以看到，在网页中，段落以块的形式显示。

step 04 添加 CSS 代码，修饰图片：

```
img{
    width:260px;
    height:220px;
    border:#009900 2px solid;
    float:left;
    padding-right:0.5px;
}
```

图 11-10　修饰 div 层

在 IE 11.0 中浏览，效果如图 11-11 所示，可以看到，在网页中，图片以指定大小显示，并且带有边框，并向左面进行浮动。

step 05 添加 CSS 代码，修饰段落：

```
p{
    font-family:"宋体";
    font-size:14px;
    line-height:20px;
}
```

在 IE 11.0 中浏览，效果如图 11-12 所示，可以看到，在网页中，段落以宋体显示，大小为 14 像素，行高为 20 像素。

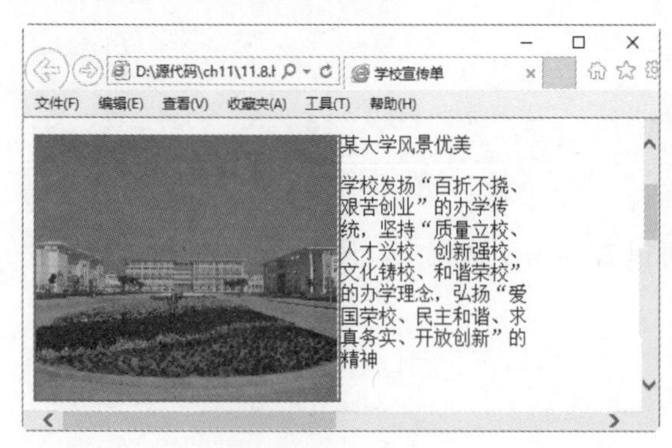

图 11-11　修饰图片

图 11-12　修饰段落

11.5 跟我学上机——制作简单的图文混排网页

在一个网页中，出现得最多的就是文字和图片，二者放在一起，图文并茂，能够生动地表达新闻主题。本例创建一个图片与文字的简单混排效果。具体操作步骤如下。

step 01 分析需求。

本综合示例的要求如下：在网页的最上方显示出标题，标题下方是正文，在正文部分显示图片。在设计这个网页标题时，其方法与前面的例子相同。上述要求使用 CSS 样式属性实现。效果如图 11-13 所示。

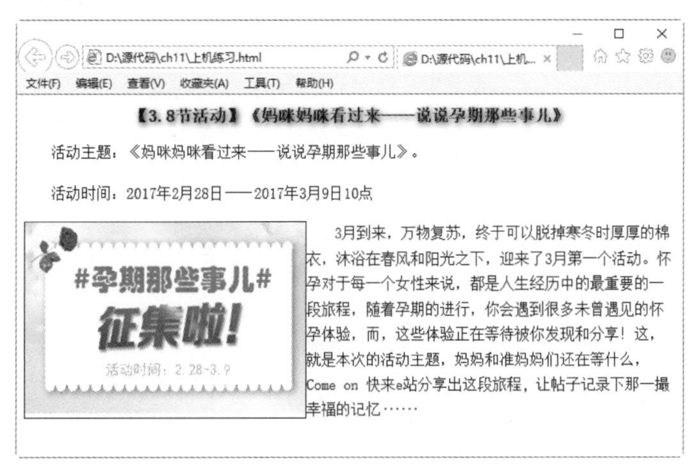

图 11-13 图文混排显示

step 02 分析布局并构建 HTML。

首先需要创建一个 HTML 页面，并用 DIV 将页面划分为两个层，一个是网页标题层，一个是正文部分。

step 03 导入 CSS 文件。

在 HTML 页面，将 CSS 文件使用 link 方式导入到 HTML 页面中。此 CSS 定义了这个页面的所有样式，导入代码如下：

```
<link href="CSS.css" rel="stylesheet" type="text/css" />
```

step 04 完成标题部分。

首先设置网页的标题部分，创建一个 div，用来放置标题。其 HTML 代码如下：

```
<div>
<h1>【3.8 节活动】《妈咪妈咪看过来——说说孕期那些事儿》</h1>
</div>
```

在 CSS 样式文件中，修饰 HTML 元素，其 CSS 代码如下：

```
h1{text-align:center;text-shadow:0.1em 2px 6px blue;font-size:18px;}
```

step 05 完成正文和图片部分。

下面设置网页正文部分，正文中包含了一张图片。其 HTML 代码如下：

```
<div>
<p>活动主题：《妈咪妈咪看过来——说说孕期那些事儿》。</p>
<p>活动时间：2017 年 2 月 28 日——2017 年 3 月 9 日 10 点</p>
<DIV class="im">
<img src="8.jpg" width="300" height="200"/>
</DIV>
<p>3 月到来，万物复苏，终于可以脱掉寒冬时厚厚的棉衣，沐浴在春风和阳光之下，迎来了 3 月第一个活动。怀孕对于每一个女性来说，都是人生经历中的最重要的一段旅程，随着孕期的进行，你会遇到很多未曾遇见的怀孕体验，而，这些体验正在等待被你发现和分享！这，就是本次的活动主题，妈妈和准妈妈们还在等什么，Come on 快来 e 站分享出这段旅程，让帖子记录下那一撮幸福的记忆……
</p>
</div>
```

CSS 样式代码如下：

```
p{text-indent:8mm;line-height:7mm;}
.im{width:300px; float:left; border:#000000 solid 1px;}
```

11.6 疑难解惑

疑问 1：网页进行图文排版时，哪些是必须做的？

在进行图文排版时，通常有如下 5 个方面需要网页设计者考虑。

(1) 首行缩进。段落的开头应该空两格，HTML 中，空格键起不了作用。当然，可以用 来代替一个空格，但这不是理想的方式。可以用 CSS 3 中的首行缩进，大小为 2em。

(2) 图文混排。在 CSS 3 中，可以用 float 让文字在没有清理浮动的时候，显示在图片以外的空白处。

(3) 设置背景色。设置网页背景，增加效果。此内容会在后面介绍。

(4) 文字居中。可以通过 CSS 的 text-align 属性设置文字居中。

(5) 显示边框。通过 border 为图片添加一个边框。

疑问 2：设置文字环绕时，float 元素为什么会失去作用？

很多浏览器在显示未指定 width 的 float 元素时会有错误。所以不管 float 元素的内容如何，一定要为其指定 width 属性。

第 12 章

用 CSS 3 美化网页背景与边框

任何一个页面，首先映入眼帘的就是网页的背景色和基调，不同类型的网站有不同的背景和基调。因此，页面中的背景通常是网站设计时一个重要的步骤。对于单个 HTML 元素，可以通过 CSS 3 属性设置元素边框的样式，包括宽度、显示风格、颜色等。本章重点介绍网页背景设置和 HTML 元素边框样式。

12.1 用 CSS 3 美化背景

背景是网页设计时的重要因素之一，一个背景优美的网页，总能吸引不少访问者。

例如，喜庆类网站都是火红背景为主题。CSS 的强大表现功能在背景设置方面同样发挥得淋漓尽致。

12.1.1 设置背景颜色

background-color 属性用于设定网页的背景色，与设置前景色的 color 属性一样，background-color 属性接受任何有效的颜色值，而对于没有设定背景色的标记，默认背景色为透明(transparent)。

background-color 属性的语法格式如下：

```
{background-color: transparent | color}
```

关键字 transparent 是个默认值，表示透明。背景颜色 color 设定方法可以采用英文单词、十六进制、RGB、HSL、HSLA 和 RGBA。

【例 12.1】设置背景色。

```
<!DOCTYPE html>
<html>
<head>
<title>背景色设置</title>
</head>
<body style="background-color:PaleGreen; color:Blue">
  <p>
    background-color 属性设置背景色，color 属性设置字体颜色。
  </p>
</body>
</html>
```

在 IE 11.0 中浏览，效果如图 12-1 所示，可以看到，网页的背景色显示为浅绿色，而字体颜色为蓝色。

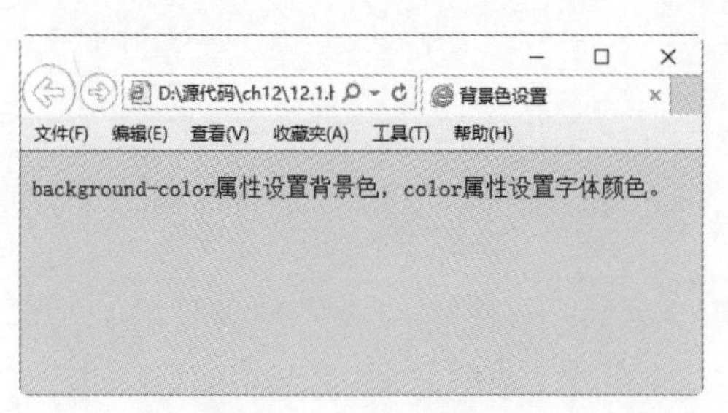

图 12-1 设置背景色

注意，在进行网页设计时，其背景色不要使用太艳的颜色，否则会给人喧宾夺主的感觉。

background-color 属性不仅可以设置整个网页的背景颜色，同样还可以设置指定 HTML 元素的背景色，例如设置 h1 标题的背景色，设置段落 p 的背景色。可以想象，在一个网页中，可以根据需要，设置不同 HTML 元素的背景色。

【例 12.2】设置 HTML 元素的背景色。

```
<!DOCTYPE html>
<html>
<head>
<title>背景色设置</title>
<style>
h1 {
   background-color:red;
   color:black;
   text-align:center;
}
p{
   background-color:gray;
   color:blue;
   text-indent:2em;
}
</style>
</head>
<body>
   <h1>颜色设置</h1>
   <p>
   background-color 属性设置背景色，color 属性设置字体颜色。
   </p>
</body>
</html>
```

在 IE 11.0 中浏览，效果如图 12-2 所示，可以看到，网页中，标题区域背景色为红色，段落区域背景色为灰色，并且分别为字体设置了不同的前景色。

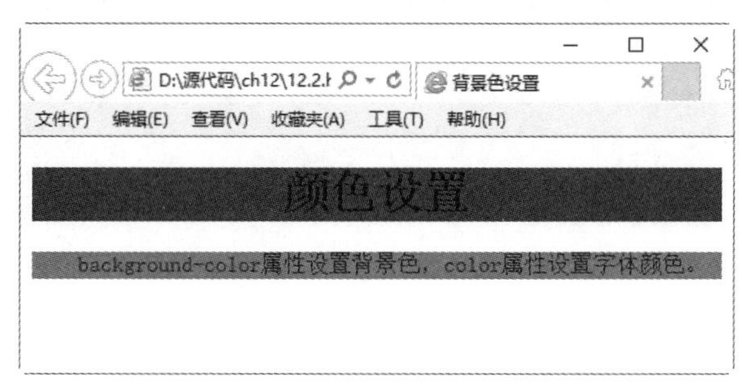

图 12-2　设置 HTML 元素的背景色

12.1.2　设置背景图片

网页中不但可以使用背景色来填充网页背景，而且还可以使用背景图片来填充网页。通过 CSS 3 属性，可以对背景图片进行精确定位。background-image 属性用于设定标记的背景图片，通常情况下，在标记<body>中应用，将图片用于整个主体中。

background-image 属性的语法格式如下：

```
background-image: none | url(url)
```

其默认属性是无背景图，当需要使用背景图时，可以用 url 进行导入，url 可以使用绝对路径，也可以使用相对路径。

【例 12.3】设置背景图片。

```
<!DOCTYPE html>
<html>
<head>
<title>背景图片设置</title>
<style>
body{
   background-image:url(01.jpg)
}
</style>
</head>
<body>
<p>夕阳无限好，只是近黄昏！</p>
</body>
</html>
```

在 IE 11.0 中浏览，效果如图 12-3 所示，可以看到，网页中显示了背景图片，但如果图片大小小于整个网页的大小，此时图片为了填充网页背景色，会重复出现，并铺满整个网页。

图 12-3　设置了背景图片

在设定背景图片时，最好同时也设定背景色，这样，当背景图片因某种原因无法正常显示时，可以使用背景色来代替。当然，如果正常显示，背景图片会覆盖背景色的。

12.1.3　背景图片重复

在进行网页设计时，通常都是一个网页使用一张背景图片，如果图片的大小小于背景，会直接重复铺满整个网页，但这种方式不适用于大多数页面。

在 CSS 中，可以通过 background-repeat 属性来设置图片的重复方式，包括水平重复、垂直重复、不重复等。

background-repeat 属性用于设定背景图片是否重复平铺。各属性值如表 12-1 所示。

表 12-1 background-repeat 属性

属 性 值	描 述
repeat	背景图片水平和垂直方向都重复平铺
repeat-x	背景图片水平方向重复平铺
repeat-y	背景图片垂直方向重复平铺
no-repeat	背景图片不重复平铺

background-repeat 属性重复背景图片是从元素的左上角开始平铺，直到水平、垂直或全部页面都被背景图片覆盖。

【**例 12.4**】设置背景图片重复。

```
<!DOCTYPE html>
<html>
<head>
<title>背景图片重复</title>
<style>
body{
    background-image:url(01.jpg);
    background-repeat:no-repeat;
}
</style>
</head>
<body>
<p>夕阳无限好，只是近黄昏！</p>
</body>
</html>
```

在 IE 11.0 中浏览，效果如图 12-4 所示，可以看到，网页中显示了背景图，但图片以默认大小显示，而且没有对整个网页背景进行填充。

这是因为代码中设置了背景图不重复平铺。

同样可以在上面的代码中，设置 background-repeat 的属性值为其他值，例如可以设置值为 repeat-x，表示图片在水平方向平铺。此时，在 IE 11.0 中浏览，效果如图 12-5 所示。

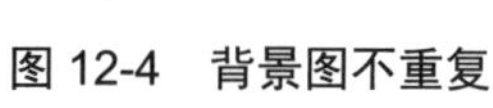
图 12-4 背景图不重复

图 12-5 水平方向平铺

12.1.4 背景图片显示

对于一个文本较多、一屏显示不了的页面来说，如果使用的背景图片不足够覆盖整个页面，而且只将背景图片应用在页面的一个位置上，那么在浏览页面时，肯定会出现看不到背景图片的情况；再者，还可能出现背景图片初始可见，而随着页面的滚动又不可见的情况。也就是说，背景图片不能时刻随着页面的滚动而显示。

要解决上述问题，就要使用 background-attachment 属性，该属性用来设定背景图片是否随文档一起滚动。它包含两个属性值：scroll 和 fixed，并适用于所有元素，如表 12-2 所示。

表 12-2 background-attachment 属性

属 性 值	描 述
scroll	默认值，当页面滚动时，背景图片随页面一起滚动
fixed	背景图片固定在页面的可见区域里

使用 background-attachment 属性，可以使背景图片始终处于视野范围内，以避免出现因页面滚动而消失的情况。

【例 12.5】设置背景图片的显示方式。

```
<!DOCTYPE html>
<html>
<head>
<title>背景显示方式</title>
<style>
body{
   background-image:url(01.jpg);
   background-repeat:no-repeat;
   background-attachment:fixed;
}
p{
   text-indent:2em;
   line-height:30px;
}
h1{
   text-align:center;
}
</style>
</head>
<body>
<h1>兰亭序</h1>
<p>
永和九年，岁在癸(guǐ)丑，暮春之初，会于会稽(kuài jī)山阴之兰亭，修禊(xì)事也。群贤毕至，少长咸集。此地有崇山峻岭，茂林修竹， 又有清流激湍(tuān)，映带左右。引以为流觞(shāng)曲( qū)水，列坐其次，虽无丝竹管弦之盛，一觞一咏，亦足以畅叙幽情。</p>
<p>是日也，天朗气清，惠风和畅。仰观宇宙之大，俯察品类之盛，所以游目骋(chěng)怀，足以极视听之娱，信可乐也。</p>
<p> 夫人之相与，俯仰一世。或取诸怀抱，晤言一室之内；或因寄所托，放浪形骸(hái)之外。虽趣(qǔ)舍万殊，静躁不同，当其欣于所遇，暂得于己，快然自足，不知老之将至。及其所之既倦，情随事迁，感慨系(xì)之矣。向之所欣，俯仰之间，已为陈迹，犹不能不以之兴怀。况修短随化，终期于
```

```
尽。古人云："死生亦大矣。"岂不痛哉！</p>
<p>每览昔人兴感之由，若合一契，未尝不临文嗟(jiē)悼，不能喻之于怀。固知一死生为虚诞，齐彭殇(shāng)为妄作。后之视今，亦犹今之视昔，悲夫！故列叙时人，录其所述。虽世殊事异，所以兴怀，其致一也。后之览者，亦将有感于斯文。</p>
</body>
</html>
```

在 IE 11.0 中浏览，效果如图 12-6 所示，可以看到网页 background-attachment 属性的值为 fixed 时，背景图片的位置固定，并不是相对于页面的，而是相对于页面的可视范围。

图 12-6　网页 background-attachment 属性的值为 fixed 时

12.1.5　背景图片的位置

我们知道，背景图片的位置都是从设置了 background 属性的标记(如 body 标记)的左上角开始出现，但在实际网页设计中，可以根据需要，直接指定背景图片出现的位置。在 CSS 3 中，可以通过 background-position 属性轻松地调整背景图片的位置。

background-position 属性用于指定背景图片在页面中所处的位置。该属性值可以分为 4 类：绝对定义位置(length)、百分比定义位置(percentage)、垂直对齐值和水平对齐值。其中垂直对齐值包括 top、center 和 bottom，水平对齐值包括 left、center 和 right，如表 12-3 所示。

表 12-3　background-position 属性

属 性 值	描　述
length	设置图片与边框在水平与垂直方向的距离长度，后跟长度单位(cm、mm、px 等)
percentage	以页面元素框的宽度或高度的百分比放置图片
top	背景图片顶部居中显示
center	背景图片居中显示
bottom	背景图片底部居中显示
left	背景图片左部居中显示
right	背景图片右部居中显示

垂直对齐值还可以与水平对齐值一起使用，从而决定图片的垂直位置和水平位置。

【例 12.6】 设置背景图片的位置。

```
<!DOCTYPE html>
<html>
<head>
<title>背景位置设定</title>
<style>
body{
   background-image:url(01.jpg);
   background-repeat:no-repeat;
   background-position:top right;
}
</style>
</head>
<body>
</body>
</html>
```

在 IE 11.0 中浏览，效果如图 12-7 所示，可以看到网页中显示了背景，其背景是从顶部和右边开始的。

图 12-7　设置背景的位置

使用垂直对齐值和水平对齐值只能格式化地放置图片，如果在页面中要自由地定义图片的位置，则需要使用确定数值或百分比。

此时在上面的代码中，将：

```
background-position:top right;
```

语句修改为：

```
background-position:20px 30px
```

在 IE 11.0 中浏览，效果如图 12-8 所示，可以看到网页中显示了背景，其背景是从左上角开始的，但并不是从(0,0)坐标位置开始的，而是从(20,30)坐标位置开始的。

图 12-8　指定背景的位置

12.1.6　背景图片的大小

在以前的网页设计中，背景图片的大小是不可以控制的，如果想要图片填充整个背景，需要事先设计一个较大的背景图片，否则只能让背景图片以平铺的方式来填充页面元素。在CSS 3中，新增了一个background-size属性，用来控制背景图片的大小，从而降低网页设计的开发成本。

background-size属性的语法格式如下：

```
background-size: [<length> | <percentage> | auto]{1,2} | cover | contain
```

参数值的含义如表12-4所示。

表 12-4　background-size 属性

参 数 值	说　明
<length>	由浮点数和单位标识符组成的长度值。不可为负值
<percentage>	取值为0%到100%之间的值。不可为负值
cover	保持背景图像本身的宽高比例，将图片缩放到正好完全覆盖所定义的背景区域
contain	保持图像本身的宽高比，将图片缩放到宽度或高度正好适应所定义的背景区域

【例 12.7】设置背景图片的大小。

```
<!DOCTYPE html>
<html>
<head>
<title>背景大小设定</title>
<style>
body{
   background-image:url(01.jpg);
   background-repeat:no-repeat;
   background-size:cover;
}
</style>
```

```
</head>
<body>
</body>
</html>
```

在 IE 11.0 中浏览，效果如图 12-9 所示，可以看到在网页中背景图片填充了整个页面。

图 12-9　设定背景大小

同样，也可以用像素或百分比指定背景的大小。当指定为百分比时，大小会由所在区域的宽度、高度以及 background-origin 的位置决定。使用示例如下：

```
background-size:900 800;
```

此时 background-size 属性可以设置 1 个或 2 个值，1 个为必填，1 个为选填。其中第 1 个值用于指定图片的宽度，第 2 个值用于指定图片的高度，如果只设定一个值，则第 2 个值默认为 auto。

12.1.7　背景的显示区域

在网页设计中，如果能改善背景图片的定位方式，使设计师能够更灵活地决定背景图应该显示的位置，会大大减少设计成本。在 CSS 3 中，新增了一个 background-origin 属性，用来完成背景图片的定位。

在默认情况下，background-position 属性总是以元素左上角原点作为背景图像定位点，而使用 background-origin 属性可以改变这种定位方式：

```
background-origin: border | padding | content
```

其参数含义如表 12-5 所示。

表 12-5　background-origin 属性

参 数 值	说 明
border	从 border 区域开始显示背景
padding	从 padding 区域开始显示背景
content	从 content 区域开始显示背景

【例 12.8】设置背景的显示区域。

```
<!DOCTYPE html>
<html>
<head>
<title>背景显示区域设定</title>
<style>
div{
    text-align:center;
    height:500px;
    width:416px;
    border:solid 1px red;
    padding:32px 2em 0;
    background-image:url(02.jpg);
    background-origin:padding;
}
div h1{
    font-size:18px;
    font-family:"幼圆";
}
div  p{
    text-indent:2em;
    line-height:2em;
    font-family:"楷体";
}
</style>
</head>
<body>
<div>
<h1>神笔马良的故事</h1>
<p>从前，有个孩子名字叫马良。父亲母亲早就死了，靠他自己打柴、割草过日子。他从小喜欢学画，
可是，他连一支笔也没有啊！</p>
<p>一天，他走过一个学馆门口，看见学馆里的教师，拿着一支笔，正在画画。他不自觉地走了进去，
对教师说：“我很想学画，借给我一支笔可以吗？”教师瞪了他一眼，“呸！”一口唾沫啐在他脸上，
骂道：“穷娃子想拿笔，还想学画？做梦啦！”说完，就将他撵出大门来。马良是个有志气的孩子，他
说：“偏不相信，怎么穷孩子连画也不能学了！”</p>
</div>
</body>
</html>
```

在 IE 11.0 中浏览，效果如图 12-10 所示，可以看到在网页中背景图片以指定大小在网页的左侧显示，在背景图片上显示了相应的段落信息。

图 12-10　设置背景的显示区域

12.1.8　背景图像的裁剪区域

在 CSS 3 中，新增了一个 background-clip 属性，用来定义背景图片的裁剪区域。

background-clip 属性与 background-origin 属性有几分相似，通俗地说，background-clip 属性用来判断背景是否包含边框区域，而 background-origin 属性用来决定 background-position 属性定位的参考位置。

background-clip 属性的语法格式如下：

```
background-clip: border-box | padding-box | content-box | no-clip
```

其参数值的含义如表 12-6 所示。

表 12-6　background-clip 属性

参 数 值	说　明
border	从 border 区域开始显示背景
padding	从 padding 区域开始显示背景
content	从 content 区域开始显示背景
no-clip	从边框区域外裁剪背景

【例 12.9】设置背景的裁剪。

```
<!DOCTYPE html>
<html>
<head>
<title>
   背景裁剪
</title>
<style>
div{
   height:150px;
   width:200px;
   border:dotted 50px red;
   padding:50px;
   background-image:url(02.jpg);
   background-repeat:no-repeat;
   background-clip:content;
}
</style>
</head>
<body>
<div>
</div>
</body>
</html>
```

在 IE 11.0 中浏览，效果如图 12-11 所示，可以看到在网页中背景图像仅在内容区域内显示。

图 12-11　以内容边缘裁剪背景

12.1.9　背景复合属性

在 CSS 3 中，background 属性依然保持了以前的用法，即综合了以上所有与背景有关的属性(即以 back-ground-开头的属性)，可以一次性地设定背景样式。其语法格式如下：

```
background:[background-color] [background-image] [background-repeat]
  [background-attachment] [background-position]
  [background-size] [background-clip] [background-origin]
```

其中的属性顺序可以自由调换，并且可以选择设定。对于没有设定的属性，系统会自行为该属性添加默认值。

【例 12.10】设置背景的复合属性。

```
<!DOCTYPE html>
<html>
<head>
<title>背景的复合属性</title>
<style>
body
{
    background-color:Black;
    background-image:url(01.jpg);
    background-position:center;
    background-repeat:repeat-x;
    background-attachment:fixed;
    background-size:900 800;
    background-origin:padding;
    background-clip:content;
}
</style>
</head>
<body>
</body>
</html>
```

在 IE 11.0 中浏览，效果如图 12-12 所示，可以看到在网页中背景以复合方式显示。

图 12-12　设置背景的复合属性

12.2 用 CSS 3 美化边框

边框就是将元素内容及间隙包含在其中的边线，类似于表格的外边线。每一个页面元素的边框可以从 3 个方面来描述：宽度、样式和颜色，这 3 个方面决定了边框所显示出来的外观。CSS 3 中分别使用 border-style、border-width 和 border-color 这 3 个属性来设定边框的 3 个方面。

12.2.1 设置边框的样式

border-style 属性用于设定边框的样式，也就是风格。设定边框格式是边框最重要的部分，它主要用于为页面元素添加边框。

border-style 属性的语法格式如下：

```
border-style: none | hidden | dotted | dashed | solid | double | groove
  | ridge | inset | outset
```

CSS 3 设定了 9 种边框样式，如表 12-7 所示。

表 12-7 border-style 属性

属 性 值	描 述
none	无边框，无论边框宽度设为多大
dotted	点线式边框
dashed	破折线式边框
solid	直线式边框
double	双线式边框
groove	槽线式边框
ridge	脊线式边框
inset	内嵌效果的边框
outset	突起效果的边框

【例 12.11】设置边框的样式。

```
<!DOCTYPE html>

<html>
<head>
<title>边框样式</title>
<style>
h1 {
   border-style:dotted;
   color:black;
   text-align:center;
}
p{
```

```
    border-style:double;
    text-indent:2em;
}
</style>
</head>

<body>
    <h1>带有边框的标题</h1>
    <p>带有边框的段落</p>
</body>

</html>
```

在 IE 11.0 中浏览，效果如图 12-13 所示，可以看到在网页中标题 h1 显示的时候带有边框，其边框样式为点线式边框；同样，段落也带有边框，其边框样式为双线式边框。

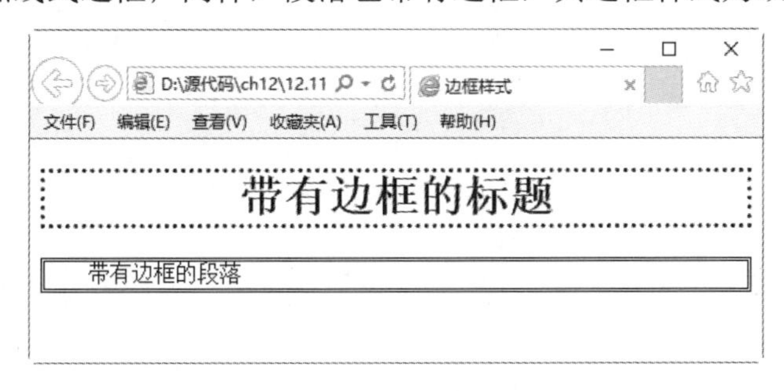

图 12-13　设置边框

在没有设定边框颜色的情况下，groove、ridge、inset 和 outset 边框默认的颜色是灰色。dotted、dashed、solid 和 double 这 4 种边框的颜色基于页面元素的 color 值。

其实，这几种边框样式还可以分别定义在一个边框中，从上边框开始，按照顺时针的方向，分别定义边框的上、右、下、左边框样式，从而形成多样式边框。

例如，有下面一条样式规则：

```
p{border-style:dotted solid dashed groove}
```

另外，如果需要单独地定义边框的一条边的样式，可以使用如表 12-8 所示的属性。

表 12-8　各边样式属性

属　性	描　述
border-top-style	设定上边框的样式
border-right-style	设定右边框的样式
border-bottom-style	设定下边框的样式
border-left-style	设定左边框的样式

12.2.2　设置边框的颜色

border-color 属性用于设定边框的颜色。如果不想与页面元素的颜色相同，则可以使用该属性为边框定义其他颜色。border-color 属性的语法格式如下：

```
border-color: color
```

color 表示指定颜色，其颜色值通过十六进制和 RGB 等方式获取。与边框样式属性一样，border-color 属性可以为边框设定一种颜色，也可以同时设定 4 个边的颜色。

【例 12.12】设置边框颜色。

```
<!DOCTYPE html>
<html>
<head>
<title>设置边框颜色</title>
<style>
p{
   border-style:double;
   border-color:red;
   text-indent:2em;
}
</style>
</head>
<body>
   <p>边框颜色设置</p>
   <p style="border-style:solid; border-color:red blue yellow green">
   分别定义边框颜色</p>
</body>
</html>
```

在 IE 11.0 中浏览，效果如图 12-14 所示，可以看到在网页中第一个段落的边框颜色设置为红色，第二个段落的边框颜色分别设置为红、蓝、黄和绿。

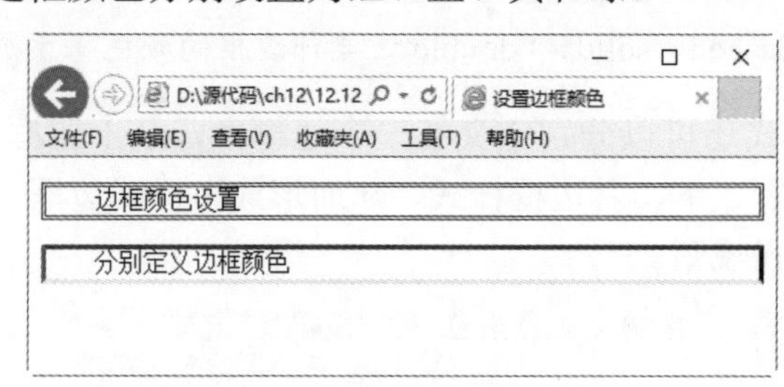

图 12-14　设置边框颜色

除了上面设置 4 个边框颜色的方法外，还可以使用如表 12-9 所列出的属性单独为相应的边框设定颜色。

表 12-9　各边颜色属性

属　性	描　述
border-top-color	设定上边框颜色
border-right-color	设定右边框颜色
border-bottom-color	设定下边框颜色
border-left-color	设定左边框颜色

12.2.3 设置边框的线宽

在 CSS 3 中，可以通过设定边框宽度来增强边框的效果。border-width 属性就是用来设定边框宽度的，其语法格式如下：

```
border-width: medium | thin | thick | length
```

其中预设有 3 种属性值：medium、thin 和 thick，另外，还可以自行设置宽度(width)，如表 12-10 所示。

表 12-10 border-width 属性

属 性 值	描 述
medium	默认值，中等宽度
thin	比 medium 细
thick	比 medium 粗
length	自定义宽度

【例 12.13】设置边框宽度。

```
<!DOCTYPE html>
<html>
<head>
<title>设置边框宽度</title>
</head>
<body>
   <p style="border-style:dotted; border-width:medium;">边框颜色设置</p>
   <p style="border-style:dashed;border-width:thin;">边框颜色设置</p>
   <p style="border-style:solid; border-width:12px;">分别定义边框颜色</p>
</body>
</html>
```

在 IE 11.0 中浏览，效果如图 12-15 所示，可以看到在网页中三个段落边框以不同的粗细显示。border-width 属性其实是 border-top-width、border-right-width、border-bottom-width 和 border-left-width 这 4 个属性的综合属性，分别用于设定上边框、右边框、下边框、左边框的宽度。

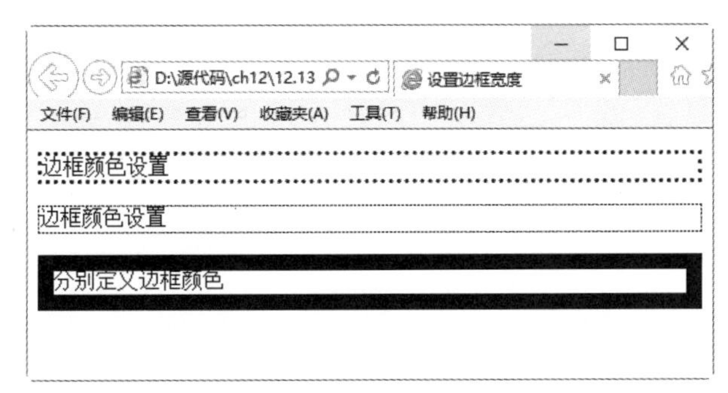

图 12-15 设置边框宽度

【例 12.14】为段落分别设置 4 个边框宽度。

```
<!DOCTYPE html>
<html>
<head>
<title>边框宽度设置</title>
<style>
p{
    border-style:solid;
    border-color:#ff00ee;
    border-top-width:medium;
    border-right-width:thin;
    bottom-width:thick;
    border-left-width:15px;
}
</style>
</head>
<body>
     <p>边框宽度设置</p>
</body>
</html>
```

在 IE 11.0 中浏览，效果如图 12-16 所示，可以看到在网页中段落的 4 个边框以不同的宽度显示。

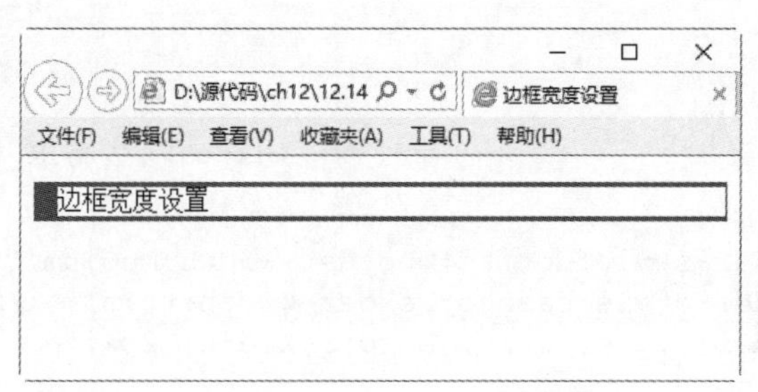

图 12-16　分别设置 4 个边框的宽度

12.2.4　设置边框的复合属性

border 属性集合了上面所介绍的 3 种属性，为页面元素设定边框的宽度、样式和颜色。语法格式如下：

```
border: border-width | border-style | border-color
```

其中，3 个属性的顺序可以自由调换。

【例 12.15】设置边框的复合属性。

```
<!DOCTYPE html>
<html>
<head>
<title>边框复合属性设置</title>
</head>
<body>
   <p style="border:dashed red 12px">边框复合属性设置</p>
```

```
</body>
</html>
```

在 IE 11.0 中浏览，效果如图 12-17 所示，可以看到在网页中段落边框样式以破折线显示，颜色为红色，宽度为 12 像素。

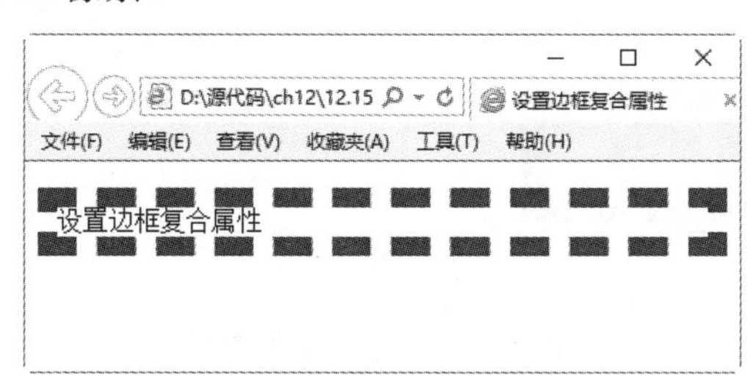

图 12-17 设置边框的复合属性

12.3 设置边框的圆角效果

在 CSS 3 标准没有指定之前，如果想要实现圆角效果，需要花费很大精力。但在 CSS 3 标准推出之后，网页设计者可以使用 border-radius 轻松地实现圆角效果。

12.3.1 设置圆角边框

在 CSS 3 中，可以使用 border-radius 属性定义边框的圆角效果，从而大大降低了圆角开发成本。border-radius 的语法格式如下：

```
border-radius: none | <length>{1,4} [ / <length>{1,4} ]?
```

其中，none 为默认值，表示元素没有圆角。<length>表示由浮点数和单位标识符组成的长度值，不可为负值。

【例 12.16】设置圆角边框。

```
<!DOCTYPE html>
<html>
<head>
<title>圆角边框设置</title>
<style>
p{
    text-align:center;
    border:15px solid red;
    width:100px;
    height:50px;
    border-radius:10px;
}
</style>
</head>
<body>
    <p>这是一个圆角边框</p>
</body>
</html>
```

在 IE 11.0 中浏览，效果如图 12-18 所示，可以看到在网页中段落边框以圆角显示，其半径为 10 像素。

图 12-18　定义圆角边框

12.3.2　指定两个圆角半径

border-radius 属性可以包含两个参数值：第一个参数表示圆角的水平半径；第二个参数表示圆角的垂直半径，两个参数通过斜线(/)隔开。

如果仅含 1 个参数值，则第二个值与第一个值相同，表示的是一个 1/4 的圆。如果参数值中包含 0，则这个值就是矩形，不会显示为圆角。

【例 12.17】设置不同的半径的圆角边框。

```
<!DOCTYPE html>
<html>
<head>
<title>圆角边框设置</title>
<style>
.p1{
   text-align:center;
   border:15px solid red;
   width:100px;
   height:50px;
   border-radius:5px/50px;
}
.p2{
   text-align:center;
   border:15px solid red;
   width:100px;
   height:50px;
   border-radius:50px/5px;
}
</style>
</head>
<body>
   <p class=p1>这是一个圆角边框 A</p>
   <p class=p2>这也是一个圆角边框 B</p>
</body>
</html>
```

在 IE 11.0 中浏览，效果如图 12-19 所示，可以看到在网页中显示了两个圆角边框，第一个段落圆角半径为 5px/50px，第二个段落圆角半径为 50px/5px。

12.3.3 绘制4个不同角的圆角边框

图 12-19 定义不同半径的圆角边框

在 CSS 3 中，要实现 4 个不同角的圆角边框，其方法有两种：一种是使用 border-radius 属性；另一种是使用 border-radius 衍生属性。

1. 使用 border-radius 属性

利用 border-radius 属性可以绘制 4 个不同角的圆角边框，如果直接给 border-radius 属性赋 4 个值，这 4 个值将按照 top-left、top-right、bottom-right、bottom-left 的顺序来设置。如果 bottom-left 值省略，其圆角效果将与 top-right 效果相同；如果 bottom-right 值省略，其圆角效果将与 top-left 效果相同；如果 top-right 的值省略，其圆角效果将与 top-left 效果相同。如果为 border-radius 属性设置 4 个值的集合参数，则每个值表示每个角的圆角半径。

【例 12.18】绘制 4 个不同角的圆角边框。

```
<!DOCTYPE html>
<html>
<head>
<title>设置圆角边框</title>
<style>
.div1{
   border:15px solid blue;
   height:100px;
   border-radius:10px 30px 50px 70px;
}
.div2{
   border:15px solid blue;
   height:100px;
   border-radius:10px 50px 70px;
}
.div3{
   border:15px solid blue;
   height:100px;
   border-radius:10px 50px;
}
</style>
</head>
<body>
<div class=div1></div><br>
<div class=div2></div><br>
<div class=div3></div>
</body>
</html>
```

在 IE 11.0 中浏览，效果如图 12-20 所示。

图 12-20 设置 4 个角的圆角边框

可以看到在网页中第一个 div 层设置了 4 个不同的圆角边框；第二个 div 层设置了 3 个不同的圆角边框；第三个 div 层设置了 2 个不同的圆角边框。

2. 使用 border-radius 衍生属性

除了上面设置圆角边框的方法外，还可以使用如表 12-11 所列出的属性，单独为相应的边框设置圆角。

表 12-11 定义不同角的圆角

属 性	描 述
border-top-right-radius	定义右上角的圆角
border-bottom-right-radius	定义右下角的圆角
border-bottom-left-radius	定义左下角的圆角
border-top-left-radius	定义左上角的圆角

【例 12.19】绘制指定的圆角边框。

```
<!DOCTYPE html>
<html>
<head>
<title>圆角边框设置</title>
<style>
.div{
   border:15px solid blue;
   height:100px;
   border-top-left-radius:70px;
   border-bottom-right-radius:40px;
</style>
</head>
<body>
```

```
<div class=div></div><br>
</body>
</html>
```

在 IE 11.0 中浏览，效果如图 12-21 所示，可以看到网页中设置了 2 个圆角边框，分别使用 border-top-left-radius 和 border-bottom-right-radius 指定。

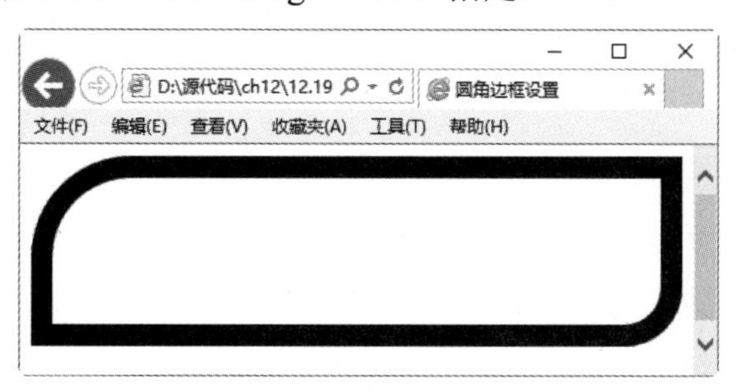

图 12-21 绘制指定的圆角边框

12.3.4 绘制不同种类的边框

border-radius 属性可以根据不同的半径值，来绘制不同的圆角边框。同样也可以利用 border-radius 来定义边框内部的圆角，即内圆角。需要注意的是，外部圆角边框的半径称为外半径，内边半径等于外边半径减去对应边的宽度，即把边框内部的圆的半径称为内半径。

通过外半径和边框宽度的不同设置，可以绘制出不同形状的内边框。例如绘制内直角、小内圆角、大内圆角和圆。

【例 12.20】绘制不同种类的边框。

```
<!DOCTYPE html>
<html>
<head>
<title>圆角边框设置</title>
<style>
.div1{
   border:70px solid blue;
   height:50px;
   border-radius:40px;
}
.div2{
   border:30px solid blue;
   height:50px;
   border-radius:40px;
}
.div3{
   border:10px solid blue;
   height:50px;
   border-radius:60px;
}
.div4{
   border:1px solid blue;
   height:100px;
   width:100px;
```

```
    border-radius:50px;
}
</style>
</head>
<body>
<div class=div1></div><br>
<div class=div2></div><br>
<div class=div3></div><br>
<div class=div4></div><br>
</body>
</html>
```

在 IE 11.0 中浏览，效果如图 12-22 所示，可以看到，第一个边框内角为直角，第二个边框内角为小圆角，第三个边框内角为大圆角，第四个边框为圆。

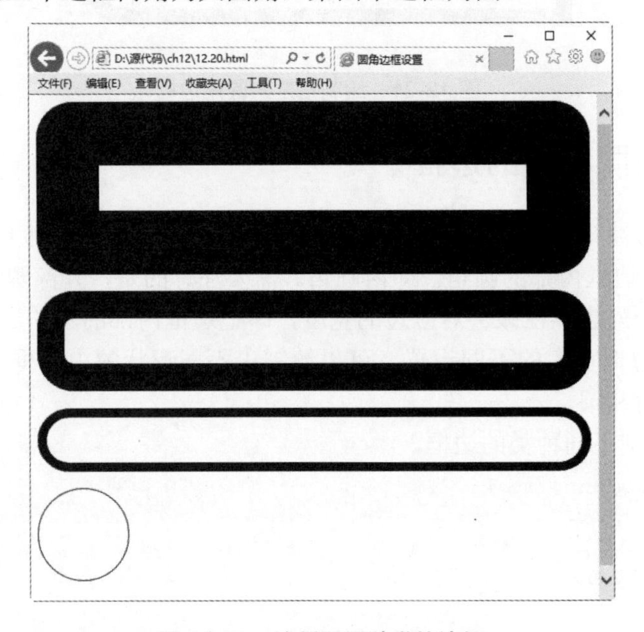

图 12-22　绘制不同种类的边框

当边框宽度设置大于圆角外半径时，即内半径为 0，则会显示内直角，而不是圆直角，所以内外边曲线的圆心必然是一致的，见上例中第一种边框的设置。如果边框宽度小于圆角半径，则内半径小于 0，则会显示小幅圆角效果，见上例中第二个边框设置。如果边框宽度设置远远小于圆角半径，则内半径远远大于 0，会显示大幅圆角效果，见上例中第三个边框设置。如果设置元素相同，同时设置圆角半径为元素大小的一半，则会显示圆，见上例中的第四个边框设置。

12.4　综合案例——制作简单的公司主页

打开各种类型的商业网站，最先映入眼帘的就是首页，也称为主页。作为一个网站的门户，主页一般要求版面整洁、美观大方。结合前面学习的背景和边框知识，我们创建一个简单的商业网站。

具体操作步骤如下。

step 01 分析需求。

在本例中，主页包括 3 个部分：一是网站 Logo；二是导航栏；三是主页的显示内容。网站 Logo 此处使用了一个背景图来代替，导航栏使用表格来实现，内容列表使用无序列表来实现。完成后，效果如图 12-23 所示。

step 02 构建基本 HTML。

为了划分不同的区域，HTML 页面需要包含不同的 div 层，每一层代表一个内容。一个 div 包含背景图；一个 div 包含导航栏；一个 div 包含整体内容，又可以划分两个不同的层。其代码如下：

```
<!DOCTYPE html>
<html>
<head>
<title>公司主页</title>
</head>
<body>
<center>
<div>
    <div class="div1" align=center></div>
    <div class=div2>
        <table width=99%>
            <tr align=center>
                <td>首页</td>
                <td>最新消息</td>
                <td>产品展示</td>
                <td>销售网络</td>
                <td>人才招聘</td>
                <td>客户服务</td>
            </tr>
        </table>
    </div>
    <div class=div3>
        <div class=div4>
            <ul>最新消息
                <li>公司举办 2017 科技辩论大赛</li>
                <li>企业安全知识大比武</li>
                <li>优秀员工评比活动规则</li>
                <li>人才招聘信息</li>
            </ul>
        </div>
        <div class=div5>
            <ul>成功案例
                <li>上海装修建材公司</li>
                <li>美衣服饰有限公司</li>
                <li>天力科技有限公司</li>
                <li>美方豆制品有限公司</li>
            </ul>
        </div>
    </div>
</div>
```

```
</center>
</body>
</html>
```

在 IE 11.0 中浏览，效果如图 12-24 所示，网页中显示了导航栏和两个列表信息。

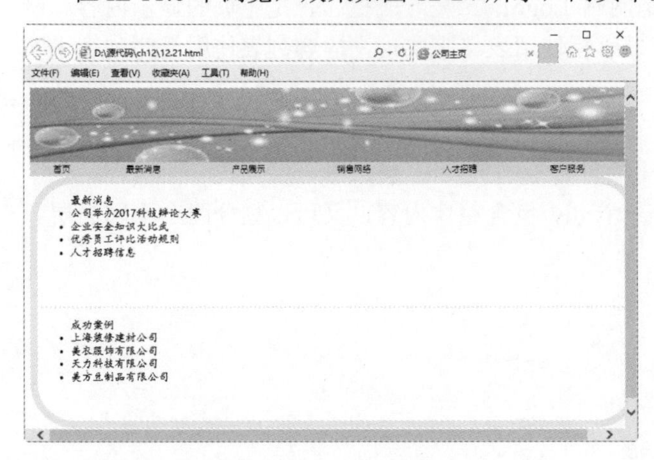

图 12-23　商业网站的主页

图 12-24　基本的 HTML 结构

step 03 添加 CSS 代码，设置背景 Logo：

```
<style>
.div1{
   height:100px;
   width:820px;
   background-image:url(03.jpg);
   background-repeat:no-repeat;
   background-position:center;
   background-size:cover;
}
</style>
```

在 IE 11.0 中浏览，效果如图 12-25 所示，可以看到，在网页顶部显示了一个背景图，此背景覆盖整个 div 层，并不重复。并且背景图片居中显示。

step 04 添加 CSS 代码，设置导航栏：

```
.div2{
   width:820px;
   background-color:#d2e7ff;
}
table{
   font-size:12px;
   font-family:"幼圆";
}
```

在 IE 11.0 中浏览，效果如图 12-26 所示，可以看到，在网页中，导航栏的背景色为浅蓝色，表格中，字体大小为 12 像素，字体类型是幼圆。

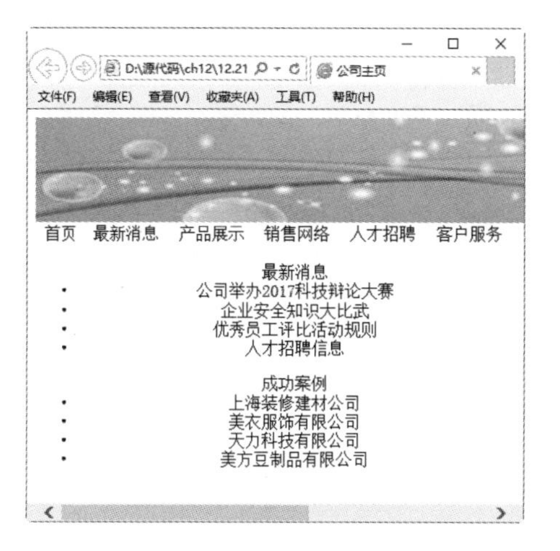

图 12-25 设置背景图

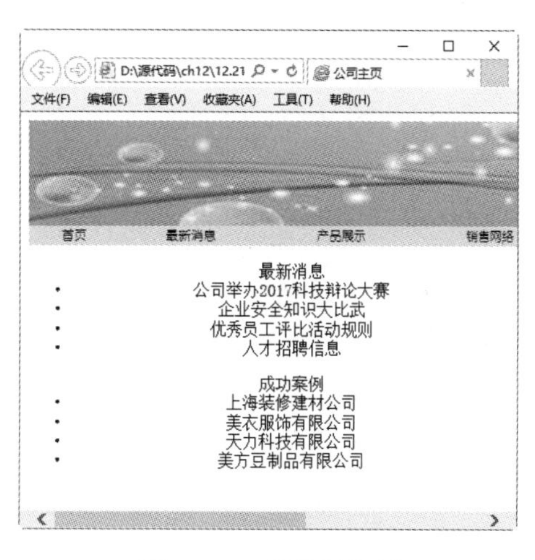

图 12-26 设置导航栏

step 05 添加 CSS 代码，设置内容样式：

```
.div3{
    width:820px;
    height:320px;
    border-style:solid;
    border-color:#ffeedd;
    border-width:10px;
    border-radius:60px;
}
.div4{
    width:810px;
    height:150px;
    text-align:left;
    border-bottom-width: 2px;
    border-bottom-style:dotted;
    border-bottom-color:#ffeedd;
}
.div5{
    width:810px;
    height:150px;
    text-align:left;
}
```

在 IE 11.0 中浏览，效果如图 12-27 所示，可以看到，在网页中内容显示在一个圆角边框中，两个不同的内容块中间使用虚线隔开。

step 06 添加 CSS 代码，设置列表样式：

```
ul{
    font-size:15px;
    font-family:"楷体";
}
```

在 IE 11.0 中浏览，效果如图 12-28 所示，可以看到，在网页中列表字体大小为 15 像素，字体类型为楷体。

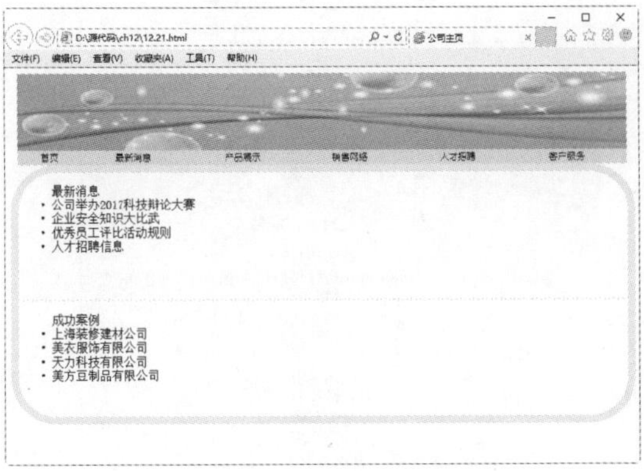

图 12-27　用 CSS 修饰边框

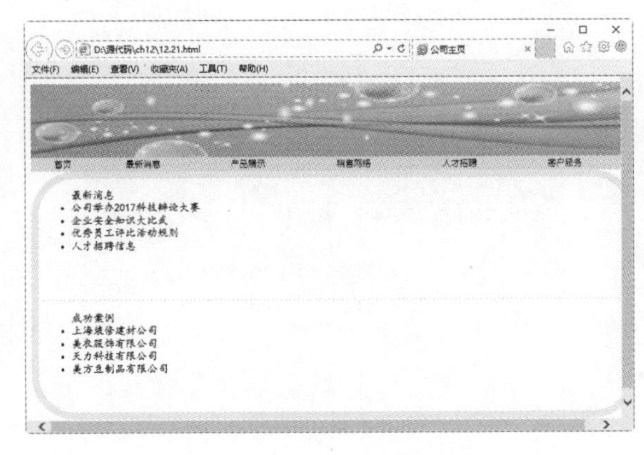

图 12-28　美化列表信息

12.5　跟我学上机——制作简单的生活资讯主页

本练习来制作一个简单的生活资讯主页。具体操作步骤如下。

step 01 打开记事本文件，在其中输入如下代码：

```
<html>
<head>
<title>生活资讯</title>
<style>
.da{border:#0033FF 1px solid;}
.title{color:blue;font-size:25px;text-align:center}
.xtitle{
    text-align:center;
    font-size:13px;
    color:gray;
}
img{
    border-top-style:solid;
    border-right-style:dashed;
    border-bottom-style:solid;
    border-left-style:dashed;
}
.xiao{border-bottom:#CCCCCC 1px dashed;}
</style>
</head>
<body>
<div class=da>
    <div class=xiao>
        <p class=title>做一碗喷香的煲仔饭，锅巴是它的灵魂</p>
        <p  class=xtitle>2017-01-25 09:38 来源：生活网</p>
    </div>
    <div>
<p align=center>
<img src=04.jpg border=1 width="200" height="150"/>
<p>
```

```
<p style="text-indent:10mm;font-size:15px;">
首先，把米泡好，然后在砂锅里抹上一层油，不要抹多，因为之后还要放。香喷喷的土猪油最好，没有的话尽量用味道不大的油比如葵花子油，色拉油什么的，如果用橄榄油花生油之类的话会有一股味道，这个看个人接受能力了。之后就跟知友说的一样，放米放水。水一定不能多放。因为米已经吸饱了水。具体放多少水看个人喜好了，如果不清楚的话就多做几次。总会成功的。</p>
<p>
<p style="text-indent:10mm;font-size:15px;">
然后盖上锅盖，大火，水开了之后换中火。等锅里的水变成类似于稀饭一样黏稠，没剩多少(请尽量少开几次锅盖，这个也需要经验)的时候，放一勺油，这一勺油的用处是让米饭更香更亮更好吃，最重要的一点是这样能！出！锅！巴！</p>
<p>
<p style="text-indent:10mm;font-size:15px;">
最后把配菜啥的放进去(青菜我习惯用水焯一遍就直接放到做好的饭里)，淋上酱汁。然后火稍微调小一点，盖上盖子再焖一会，等菜快熟了的时候关火，不开盖，焖 5 分钟左右，就搞定了。</p>
    </div>
</div>
</body>
</html>
```

step 02 保存网页，在 IE 11.0 中预览，效果如图 12-29 所示。

图 12-29　网页的效果

12.6　疑 难 解 惑

疑问 1：我的背景图片为什么不显示呢？是不是路径有问题呀？

在一般情况下，设置图片路径的代码如下：

```
background-image:url(logo.jpg);
background-image:url(../logo.jpg);
background-image:url(../images/logo.jpg);
```

对于第一种情况“url(logo.jpg)”，要看此图片是不是与CSS文件在同一目录中。

对于第二和第三种情况，是尽量不推荐使用的，因为网页文件可能存在于多级目录中，不同级目录的文件位置注定了相对路径是不一样的。而这样就让问题复杂化了，很可能图片在这个文件中显示正常，换了一级目标，图片就找不到影子了。

有一种方法可以轻松解决这一问题，即建立一个公共文件目录，例如“image”，用来存放一些公用的图片文件，将图片文件也直接存于该目录中，然后在CSS文件中，可以使用下列方式调用：

```
url(images/logo.jpg)
```

疑问2：用小图片进行背景平铺好吗？

不要使用过小的图片做背景平铺。这是因为，宽高1px的图片平铺出一个宽高200px的区域，需要计算200×200=40 000次，很占用CPU资源。

疑问3：边框样式border:0会占用资源吗？

推荐的写法是border:none，虽然border:0只是定义边框宽度为零，但边框样式、颜色还是会被浏览器解析，会占用资源的。

第 13 章 用 CSS 3 美化超级链接和鼠标

超链接是网页的灵魂，各个网页都是通过超链接进行相互访问的，超链接可以实现页面跳转。通过 CSS 3 属性定义，可以设置出美观大方、具有不同外观和样式的超链接，从而增强网页样式特效。

13.1 用 CSS 3 来美化超链接

一般情况下，超级链接是由<a></a>标记组成的，超级链接可以是文字或图片。添加了超级链接的文字具有自己的样式，从而与其他文字有区别，其中默认链接样式为蓝色文字、有下划线。不过，通过 CSS 3 属性，可以修饰超级链接，从而实现美观的效果。

13.1.1 改变超级链接的基本样式

通过 CSS 3 的伪类，可以改变超级链接的基本样式，使用伪类，可以很方便地为超级链接定义在不同状态下的样式效果，伪类是 CSS 本身定义的一种类。

对于超级链接伪类，其详细信息如表 13-1 所示。

表 13-1 超级链接伪类

伪 类	用 途
a:link	定义 a 对象在未被访问前的样式
a:hover	定义 a 对象在鼠标悬停时的样式
a:active	定义 a 对象被用户激活时的样式(在鼠标单击与释放之间发生的事件)
a:visited	定义 a 对象在链接地址已被访问过时的样式

如果要定义未被访问时超级链接的样式，可以通过 a:link 来实现；如果要设置被访问过的超级链接的样式，可以通过定义 a:visited 来实现。其他要定义悬浮和激活时的样式，也能按表 13-1 所示，用 hover 和 active 来实现。

【例 13.1】用伪类修饰超级链接。

```
<!DOCTYPE html>
<html>
<head>
<title>超级链接样式</title>
<style>
a{
    color:#545454;
    text-decoration:none;
}
a:link{
    color:#545454;
    text-decoration:none;
}
a:hover{
    color:#f60;
    text-decoration:underline;
}
a:active{
    color:#FF6633;
    text-decoration:none;
```

```
}
</style>
</head>
<body>
<center>
<a href=#>返回首页</a>|<a href=#>成功案例</a>
<center>
</body>
</html>
```

在 IE 11.0 中浏览，效果如图 13-1 所示，可以看到，对于这两个超级链接，当鼠标停留第一个超级链接上方时，显示颜色为黄色，并带有下划线；另一个超级链接没有被访问时不带有下划线，颜色显示为灰色。

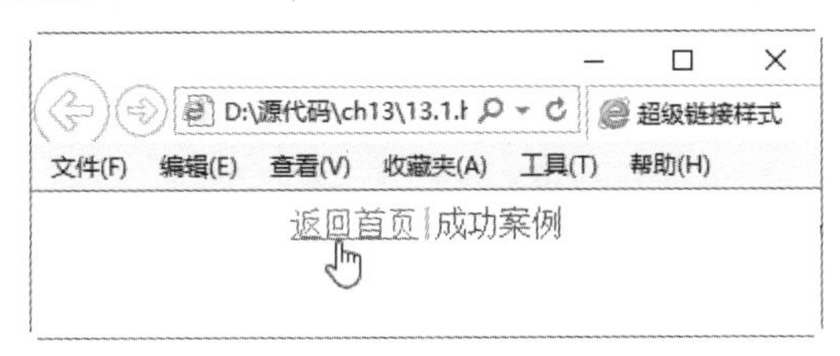

图 13-1　用伪类修饰超级链接

从上面的介绍可以知道，伪类只是提供一种途径，来修饰超级链接，而对超级链接真正起作用的，其实还是文本、背景、边框等属性。

13.1.2　设置带有提示信息的超级链接

在网页显示的时候，有时一个超级链接并不能说明这个链接背后的含义，通常还要为这个链接加上一些介绍性信息，即提示信息。此时可以通过超级链接 a 提供描述标记 title，达到这个效果。title 属性的值即为提示内容，当浏览器的光标停留在超级链接上时，会出现提示内容，并且不会影响页面排版的整洁。

【例 13.2】设置带有提示信息的超级链接。

```
<!DOCTYPE html>
<html>
<head>
<title>超级链接样式</title>
<style>
a{
    color:#005799;
    text-decoration:none;
}
a:link{
    color:#545454;
    text-decoration:none;
}
a:hover{
    color:#f60;
    text-decoration:underline;
```

```
}
a:active{
   color:#FF6633;
   text-decoration:none;
}
</style>
</head>
<body>
<a href="" title="这是一个优秀的团队">了解我们</a>
</body>
</html>
```

在 IE 11.0 中浏览，效果如图 13-2 所示，可以看到，当鼠标停留在超级链接上方时，显示颜色为黄色，带有下划线，并且有一个提示信息“这是一个优秀的团队”。

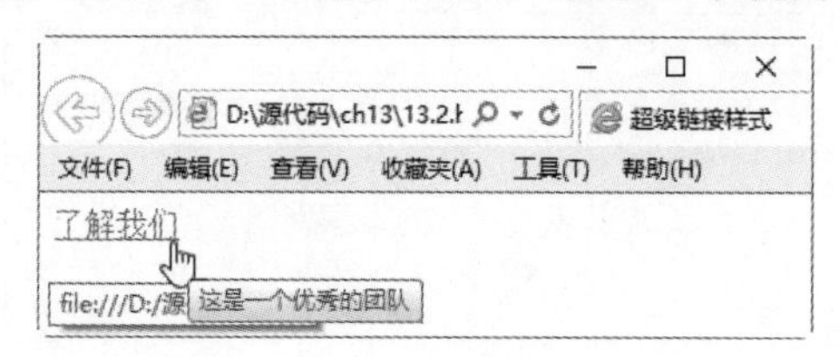

图 13-2　超级链接的提示信息

13.1.3　设置超级链接的背景图

一个普通超级链接，要么是文本显示，要么是图片显示，显示方式很单一。此时可以将图片作为背景图添加到超级链接里，这样超级链接会具有更加精美的效果。超级链接如果要添加背景图片，通常使用 background-image 来完成。

【例 13.3】设置超级链接的背景图。

```
<!DOCTYPE html>
<html>
<head>
<title>设置超级链接的背景图</title>
<style>
a{
   background-image:url(01.jpg);
   width:90px;
   height:30px;
   color:#005799;
   text-decoration:none;
}
a:hover{
   background-image:url(02.jpg);
   color:#006600;
   text-decoration:underline;
}
</style>
</head>
<body>
<a href="#">品牌特卖</a>
<a href="#">服饰精选</a>
```

```
<a href="#">食品保健</a>
</body>
</html>
```

在 IE 11.0 中浏览，效果如图 13-3 所示，可以看到，显示了 3 个超级链接，当鼠标停留在一个超级链接上时，其背景图就会显示蓝色并带有下划线，而当鼠标不在超级链接上时，背景图显示浅蓝色，并且不带有下划线。

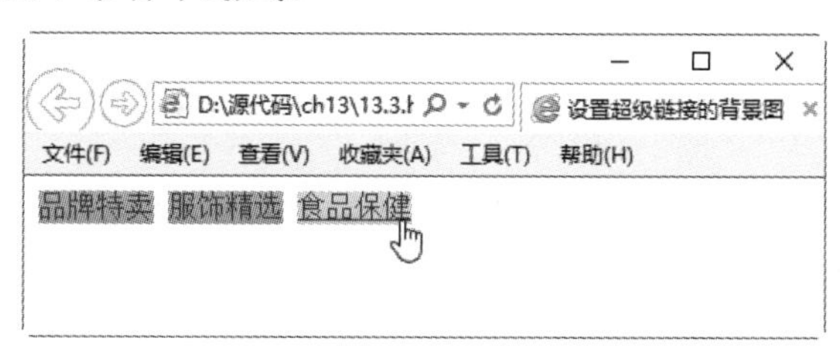

图 13-3 图片超级链接

在上面的代码中，使用 background-image 引入背景图，text-decoration 设置超级链接是否具有下划线。

13.1.4 设置超级链接的按钮效果

有时，为了增强超级链接的效果，会将超级链接模拟成表单按钮，即当鼠标指针移到一个超级链接上的时候，超级链接的文章或图片就会像被按下一样，有一种凹陷的效果。其实现方式通常是利用 CSS 中的 a:hover，当鼠标经过链接时，将链接向下、向右各移一个像素，这时候，显示效果就像按钮被按下了一样。

【例 13.4】设置超级链接的按钮效果。

```
<!DOCTYPE html>
<html>
<head>
<title>设置超级链接的按钮效果</title>
<style>
a{
   font-family:"幼圆";
   font-size:2em;
   text-align:center;
   margin:3px;
}
a:link,a:visited{
   color:#ac2300;
   padding:4px 10px 4px 10px;
   background-color:#ccd8db;
   text-decoration:none;
   border-top:1px solid #EEEEEE;
   border-left:1px solid #EEEEEE;
   border-bottom:1px solid #717171;
   border-right:1px solid #717171;
}
```

```
a:hover{
    color:#821818;
    padding:5px 8px 3px 12px;
    background-color:#e2c4c9;
    border-top:1px solid #717171;
    border-left:1px solid #717171;
    border-bottom:1px solid #EEEEEE;
    border-right:1px solid #EEEEEE;
}
</style>
</head>
<body>
<a href="#">首页</a>
<a href="#">团购</a>
<a href="#">品牌特卖</a>
<a href="#">服饰精选</a>
<a href="#">食品保健</a>
</body>
</html>
```

在 IE 11.0 中浏览，效果如图 13-4 所示，可以看到显示了 5 个超级链接，当鼠标停留在一个超级链接上时，其背景色显示黄色并具有凹陷的感觉，而当鼠标不在超级链接上时，背景图显示为浅灰色。

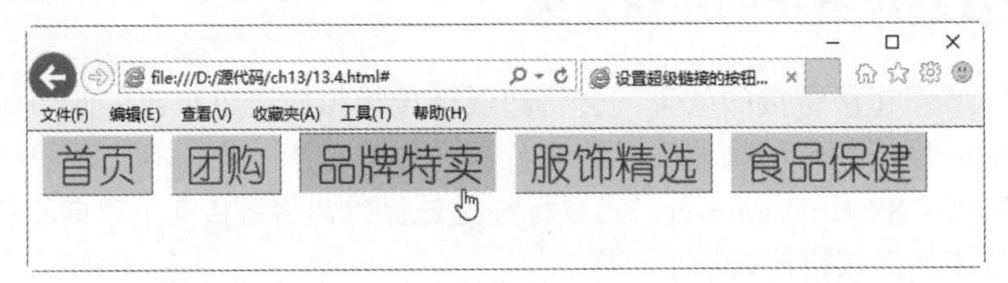

图 13-4　超级链接按钮的效果

上面的 CSS 代码中，需要对 a 标记进行整体控制，同时加入了 CSS 的两个伪类属性。对于普通超链接和单击过的超链接采用同样的样式，并且边框的样式模拟按钮效果。而对于鼠标指针经过时的超级链接，相应地改变文本颜色、背景色、位置和边框，从而模拟出按钮被按下的效果。

13.2　用 CSS 3 美化鼠标特效

对经常操作计算机的人们来说，当鼠标移动到不同地方，或执行不同操作时，鼠标样式是不同的，这些就是鼠标特效。例如，当需要伸缩窗口时，将鼠标放置在窗口边沿处，鼠标会变成双向箭头状；当系统繁忙时，鼠标会变成漏斗状。如果要在网页中实现这种效果，可以通过 CSS 属性定义实现。

13.2.1　用 CSS 3 控制鼠标箭头

CSS 3 中，鼠标的箭头样式可以通过 cursor 属性来实现。cursor 属性包含 17 个属性值，对应鼠标的17个样式，而且还能够通过URL链接地址自定义鼠标指针，如表13-2所示。

表13-2 鼠标样式(cursor属性)

属 性 值	说 明
auto	自动，按照默认状态自行改变
crosshair	精确定位十字
default	默认鼠标指针
hand	手形
move	移动
help	帮助
wait	等待
text	文本
n-resize	箭头朝上双向
s-resize	箭头朝下双向
w-resize	箭头朝左双向
e-resize	箭头朝右双向
ne-resize	箭头右上双向
se-resize	箭头右下双向
nw-resize	箭头左上双向
sw-resize	箭头左下双向
pointer	指示
url (url)	自定义鼠标指针

【例13.5】设置鼠标样式。

```
<!DOCTYPE html>
<html>
<head>
<title>鼠标特效</title>
</head>
<body>
<h2>CSS控制鼠标箭头</h2>
<div style="font-size:10pt;color:DarkBlue">
    <p style="cursor:hand">手形</p>
    <p style="cursor:move">移动</p>
    <p style="cursor:help">帮助</p>
    <p style="cursor:n-resize">箭头朝上双向</p>
    <p style="cursor:ne-resize">箭头右上双向</p>
    <p style="cursor:wait">等待</p>
</div>
</body>
</html>
```

在IE 11.0中浏览，效果如图13-5所示，可以看到多个鼠标样式提示信息，当鼠标放到一个帮助文字上时，鼠标会以问号“?”显示，从而起到提示作用。读者可以将鼠标放在不同的文字上，查看不同的鼠标样式。

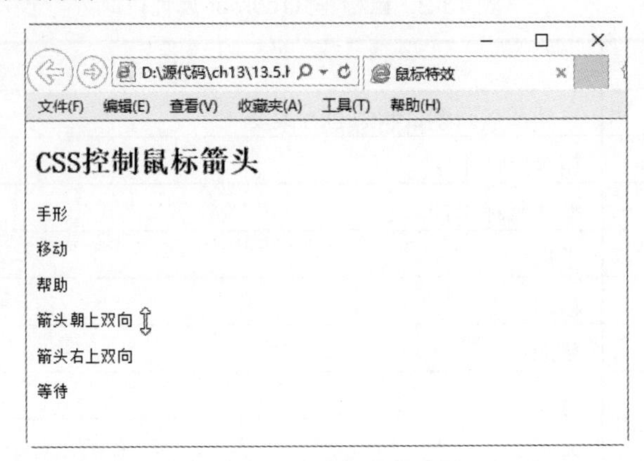

图 13-5 鼠标样式

13.2.2 设置鼠标变幻式超链接

知道了如何控制鼠标样式，就可以轻松地制作出鼠标指针样式变幻的超级链接效果，即鼠标放到超级链接上时，可以看到超级链接的颜色、背景图片发生变化，并且鼠标样式也发生变化。

【例 13.6】设置鼠标变幻式超链接。

```
<!DOCTYPE html>
<html>
<head>
<title>鼠标手势</title>
<style>
a{
   display:block;
   background-image:url(03.jpg);
   background-repeat:no-repeat;
   width:100px;
   height:30px;
   line-height:30px;
   text-align:center;
   color:#FFFFFF;
   text-decoration:none;
}
a:hover{
   background-image:url(02.jpg);
   color:#FF0000;
   text-decoration:none;
}
.help{
   cursor:help;
}
.text{cursor:text;}
</style>
```

```
</head>
<body>
<a href="#" class="help">帮助我们</a>
<a href="#" class="text">招聘信息</a>
</body>
</html>
```

在 IE 11.0 中浏览，效果如图 13-6 所示，可以看到，当鼠标放到一个“帮助我们”工具栏上时，其鼠标样式以问号显示，字体颜色显示为红色，背景色为蓝天白云。当鼠标不放到工具栏上时，背景图片为绿色，字体颜色为白色。

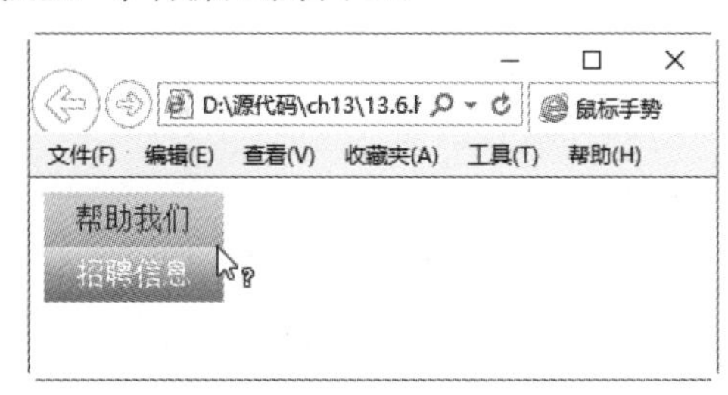

图 13-6　鼠标变幻效果

13.2.3　设置网页页面滚动条

当一个网页内容较多的时候，浏览器窗口不能在一屏内完全显示，就会给浏览者提供滚动条，以方便读者浏览相关内容。对于 IE 浏览器，可以单独设置滚动条样式，从而满足网站整体样式设计。滚动条主要由 3d-light、highlight、face、arrow、shadow 和 dark-shadow 几个部分组成，其具体含义如表 13-3 所示。

表 13-3　滚动条属性的设置

Scrollbar 属性	CSS 版本	兼 容 性	描　述
scrollbar-3d-light-color	IE 专有属性	IE 5.5+	设置或检索滚动条亮边框颜色
scrollbar-highlight-color	IE 专有属性	IE 5.5+	设置或检索滚动条 3D 界面的亮边(ThreedHighlight)颜色
scrollbar-face-color	IE 专有属性	IE 5.5+	设置或检索滚动条 3D 表面(ThreedFace)的颜色
scrollbar-arrow-color	IE 专有属性	IE 5.5+	设置或检索滚动条方向箭头的颜色
scrollbar-shadow-color	IE 专有属性	IE 5.5+	设置或检索滚动条 3D 界面的暗边(ThreedShadow)颜色
scrollbar-dark-shadow-color	IE 专有属性	IE 5.5+	设置或检索滚动条暗边框(ThreedDarkShadow)颜色
scrollbar-base-color	IE 专有属性	IE 5.5+	设置或检索滚动条基准颜色。其他界面颜色将据此自动调整

【例 13.7】设置网页页面滚动条。

```
<!DOCTYPE html>
<html>
<head>
<title>设置滚动条</title>
<style>
body{
    overFlow-x:hidden;
    overFlow-y:scroll;
    scrollBar-face-color:green;
    scrollBar-hightLight-color:red;
    scrollBar-3dLight-color:orange;
    scrollBar-darkshadow-color:blue;
    scrollBar-shadow-color:yellow;
    scrollBar-arrow-color:purple;
    scrollBar-track-color:black;
    scrollBar-base-color:pink;
}
p{
    text-indent:2em;
}
</style>
</head>
<body>
<h1 align=center>岳阳楼记</h1>
<p>
庆历四年春，滕子京谪守巴陵郡。越明年，政通人和，百废具兴。乃重修岳阳楼，增其旧制，刻唐贤今人诗赋于其上。属(zhǔ)予作文以记之。</p>
<p>
予观夫巴陵胜状，在洞庭一湖。衔远山，吞长江，浩浩汤汤(shāngshāng)，横无际涯。朝晖夕阴，气象万千。此则岳阳楼之大观也，前人之述备矣。然则北通巫峡，南极潇湘，迁客骚人，多会于此，览物之情，得无异乎？</p>
<p>
若夫霪雨霏霏，连月不开，阴风怒号，浊浪排空。日星隐曜，山岳潜形。商旅不行，樯倾楫摧。薄暮冥冥，虎啸猿啼。登斯楼也，则有去国怀乡，忧谗畏讥，满目萧然，感极而悲者矣。</p>
<p>
至若春和景明，波澜不惊，上下天光，一碧万顷。沙鸥翔集，锦鳞游泳。岸芷汀(tīng)兰，郁郁青青。而或长烟一空，皓月千里，浮光跃金，静影沉璧，渔歌互答，此乐何极！登斯楼也，则有心旷神怡，宠辱偕忘，把酒临风，其喜洋洋者矣。</p>
<p>
嗟夫！予尝求古仁人之心，或异二者之为。何哉？不以物喜，不以己悲；居庙堂之高，则忧其民，处江湖之远，则忧其君。是进亦忧，退亦忧。然则何时而乐耶？其必曰“先天下之忧而忧，后天下之乐而乐”乎？噫！微斯人，吾谁与归？</p>
<p>时六年九月十五日。</p>
</body>
<html>
```

在 IE 11.0 中浏览，效果如图 13-7 所示，可以看到，页面显示了一个绿色滚动条，滚动条边框显示黄色，箭头显示为紫色。

图 13-7　设置滚动条

overFlow-x:hidden 代码表示隐藏 X 轴方向上的代码，overFlow-y:scroll 表示显示 y 轴方向上的代码。非常遗憾的是，目前这种滚动设计只限于 IE 浏览器，其他浏览器对此并不支持。相信不久的将来，这会纳入 CSS 3 的样式属性中。

13.3　综合案例 1——图片版本的超级链接

在网上购物，已经成为一种时尚，人们足不出户就可以购买到称心如意的东西。在网上查看所购买的东西，通常都是通过图片。购买者首先查看图片上的物品是否满意，如果满意，直接单击图片进入到详细信息介绍页面，这些页面中通常都是以图片作为超级链接的。

本例将结合前面学习的知识，创建一个图片版本的超级链接。具体操作步骤如下。

step 01 分析需求。

单独为一个物品进行介绍，最少要包含两个部分，一个是图片，一个是文字。图片是作为超级链接存在的，可以进入下一个页面；文字主要是介绍物品的。完成后，其实际效果如图 13-8 所示。

图 13-8　图片版本的超级链接

step 02 构建基本的 HTML 页面。

创建一个 HTML 页面，需要创建一个段落 p，来包含图片 img 和介绍信息，代码如下：

```
<!DOCTYPE html>
<html>
<head>
<title>图片版本超级链接</title>
</head>
<body>
<p><a href="#" title="单击图片，会进入更详细页面介绍"><img src=xuelian.jpg></a>
雪莲是一种珍贵的中药,在中国的新疆,西藏,青海,四川,云南等地都有出产.中医将雪莲花全草入药,
主治雪盲,牙痛,阳痿,月经不调等病症.此外,中国民间还有用雪莲花泡酒来治疗风湿性关节炎和妇科病
的方法.不过,由于雪莲花中含有有毒成分秋水仙碱,所以用雪莲花泡的酒切不可多服.</p>
</body>
</html>
```

在 IE 11.0 中浏览，效果如图 13-9 所示，可以看到，页面中显示了一张图片，作为超级链接，下面带有文字介绍。

图 13-9 创建基本链接

step 03 添加 CSS 代码，修饰 img 图片：

```
<style>
img{
   width:120px;
   height:100px;
   border:1px solid #ffdd00;
   float:left;
}
</style>
```

在 IE 11.0 中浏览，效果如图 13-10 所示，可以看到，页面中图片变为小图片，其宽度为

120 像素，高度为 100 像素，带有边框，文字在图片的左部出现。

step 04 添加 CSS 代码，修饰段落样式：

```
p{
    width:200px;
    height:200px;
    font-size:13px;
    font-family:"幼圆";
    text-indent:2em;
}
```

在 IE 11.0 中浏览，效果如图 13-11 所示，可以看到，页面中图片变为小图片，段落文字大小为 13 像素，字体类型为幼圆，段落首行缩进了 2em。

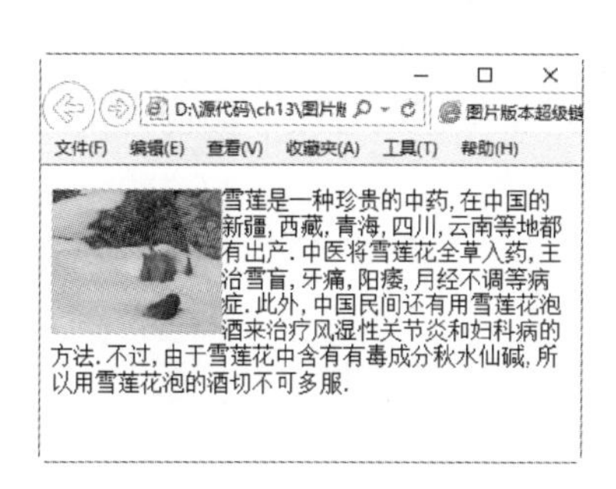

图 13-10 设置图片样式

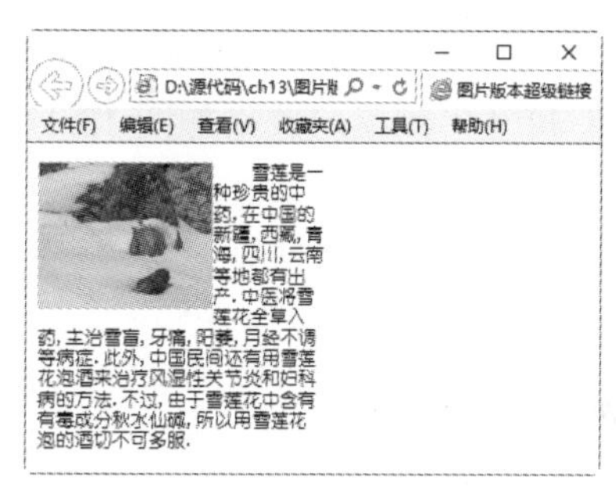

图 13-11 设置段落样式

13.4 综合案例 2——关于鼠标特效

在浏览网页时，看到的鼠标指针的形状有箭头、手形和 I 字形，但在 Windows 环境下可以看到的鼠标指针种类要比这个多得多。CSS 弥补了 HTML 语言在这方面的不足，可以通过 cursor 属性设置各种样式的鼠标，并且可以自定义鼠标。本例将通过样式呈现鼠标特效并自定义一个鼠标。

step 01 分析需求。

所谓鼠标特效，在于背景图片、文字和鼠标指针发生变化，从而吸引人们的注意力。本例将创建 3 个超级链接，并设定它们的样式，即可达到效果。示例完成后，在 IE 11.0 浏览器和 IE 浏览器中的效果如图 13-12 和图 13-13 所示。

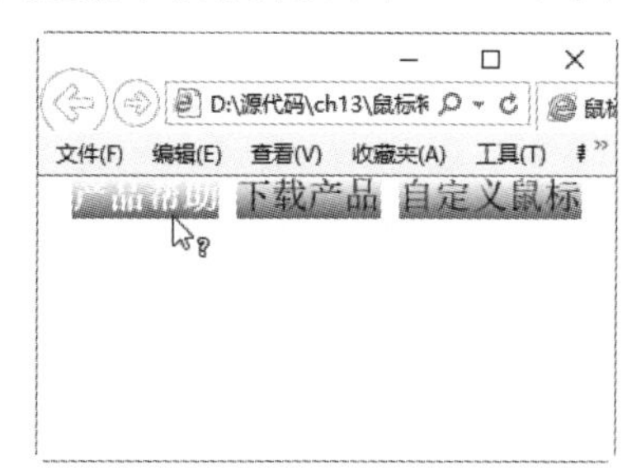

图 13-12 IE 鼠标特效

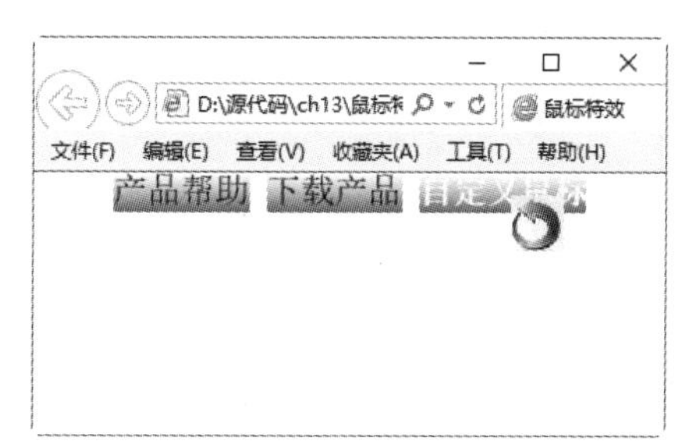

图 13-13 自定义鼠标特效

step 02 创建 HTML，实现基本超级链接：

```
<!DOCTYPE html>
<html>
<head>
<title>鼠标特效</title>
</head>
<body>
<center>
  <a href="#">产品帮助</a>
  <a href="#">下载产品</a>
  <a href="#">自定义鼠标</a>
</center>
</body>
</html>
```

在 IE 11.0 中浏览，效果如图 13-14 所示，可以看到 3 个超级链接，颜色为蓝色，并带有下划线。

step 03 添加 CSS 代码，修饰整体样式：

```
<style type="text/css">
*{
    margin:0px;
    padding:0px;
}
body{
    font-family:"宋体";
    font-size:12px;
}
-->
</style>
```

在 IE 11.0 中浏览，效果如图 13-15 所示，可以看到，超级链接颜色不变，字体大小为 12 像素，字体类型为宋体。

step 04 添加 CSS 代码，修饰链接基本样式：

```
a, a:visited {
    line-height:20px;
    color:#000000;
    background-image:url(nav02.jpg);
    background-repeat:no-repeat;
    text-decoration:none;
}
```

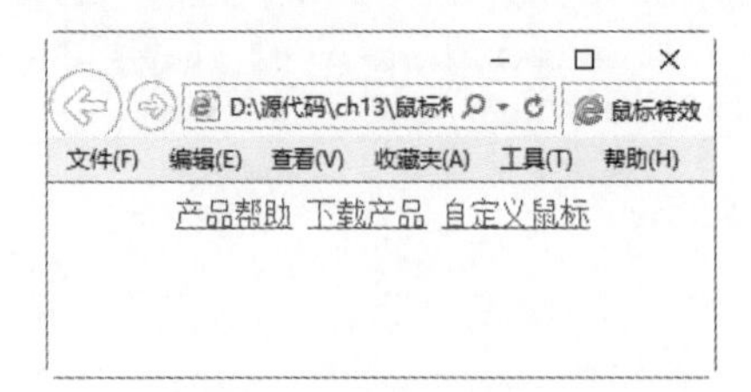

图 13-14　创建超级链接

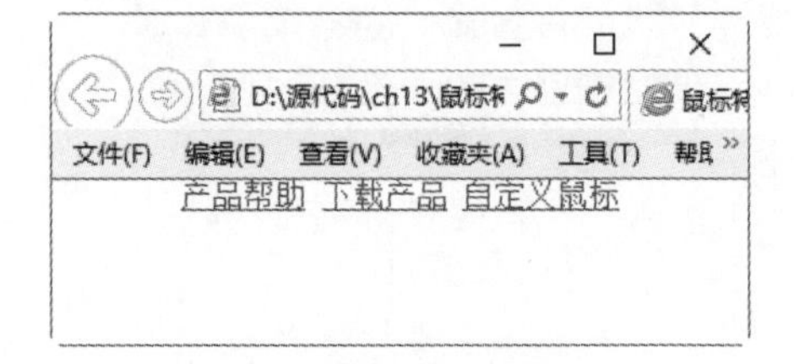

图 13-15　设置全局样式

在 IE 11.0 中浏览，效果如图 13-16 所示，可以看到，超级链接引入了背景图片，不带有下划线，并且颜色为黑色。

step 05 添加 CSS 代码，修饰悬浮样式：

```
a:hover {
    font-weight: bold;
    color: #FFFFFF;
}
```

在 IE 11.0 中浏览，效果如图 13-17 所示，可以看到，当鼠标放到超级链接上时，字体颜色变为白色，字体加粗。

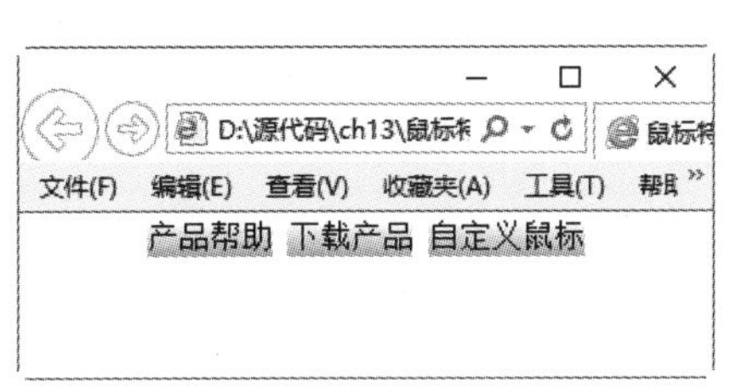

图 13-16　设置链接的基本样式

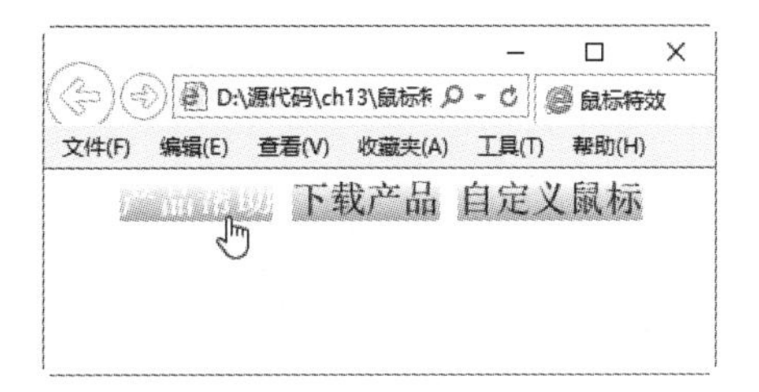

图 13-17　设置悬浮样式

step 06 添加 CSS 代码，设置鼠标指针：

```
<a href="#" style="cursor:help;">产品帮助</a>
<a href="#" style="cursor:wait;">下载产品</a>
<a href="#" style="CURSOR:url('12.ico')">自定义鼠标</a>
```

在 IE 11.0 中浏览，效果如图 13-18 所示，可以看到，当鼠标放到超级链接上时，鼠标指针变为问号，提示帮助。

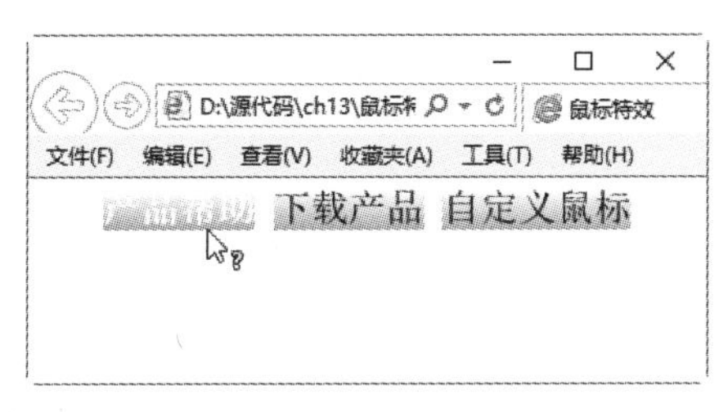

图 13-18　设置鼠标指针

13.5　跟我学上机——制作一个简单的导航栏

网站的每个页面中，基本都存放着一个导航栏，作为浏览者跳转的入口。导航栏一般是由超级链接创建的，对于导航栏的样式，可以采用 CSS 来设置。导航栏样式变化的基础是在文字、背景图片和边框方面的变化。

结合前面学习的知识，创建一个实用导航栏。具体操作步骤如下。

step 01 分析需求。

一个导航栏通常需要创建一些超级链接，然后对这些超级链接进行修饰。这些超级链接可以是横排，也可以是竖排。链接上可以导入背景图片，文字上可以加下划线等。完成后，其效果如图 13-19 所示。

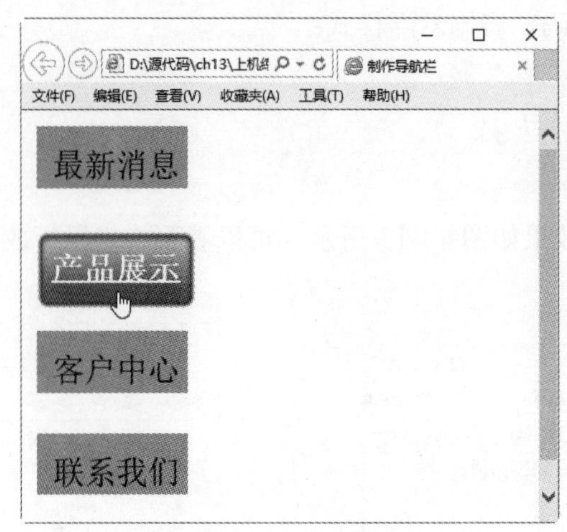

图 13-19 导航栏的效果

step 02 构建 HTML，创建超级链接：

```
<!DOCTYPE html>
<html>
<head>
<title>制作导航栏</title>
</head>
<body>
<a href="#">最新消息</a>
<a href="#">产品展示</a>
<a href="#">客户中心</a>
<a href="#">联系我们</a>
</body>
</html>
```

在 IE 11.0 中浏览，效果如图 13-20 所示，可以看到，页面中创建了 4 个超级链接，其排列方式是横排，颜色为蓝色，带有下划线。

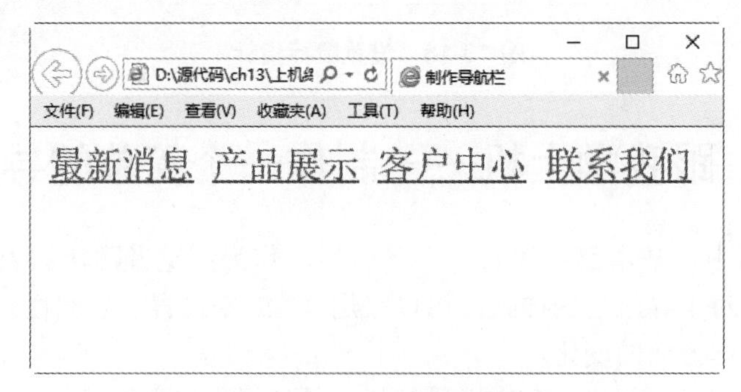

图 13-20 创建超级链接

step 03 添加 CSS 代码，修饰超级链接的基本样式：

```
<style type="text/css">
<!--
a, a:visited {
   display: block;
   font-size: 16px;
   height: 50px;
   width: 80px;
   text-align: center;
   line-height: 40px;
   color: #000000;
   background-image: url(20.jpg);
   background-repeat: no-repeat;
   text-decoration: none;
}
-->
</style>
```

在 IE 11.0 中浏览，效果如图 13-21 所示，可以看到，页面中的 4 个超级链接排列方式变为竖排，并且每个链接都导入了一个背景图片，超级链接高度为 50 像素，宽度为 80 像素，字体颜色为黑色，不带有下划线。

step 04 添加 CSS 代码，修饰链接的鼠标悬浮样式：

```
a:hover {
   font-weight: bolder;
   color: #FFFFFF;
   text-decoration: underline;
   background-image: url(hover.gif);
}
```

在 IE 11.0 中浏览，效果如图 13-22 所示，可以看到，当鼠标放到导航栏上的一个超级链接上时，其背景图片发生了变化，文字带有下划线。

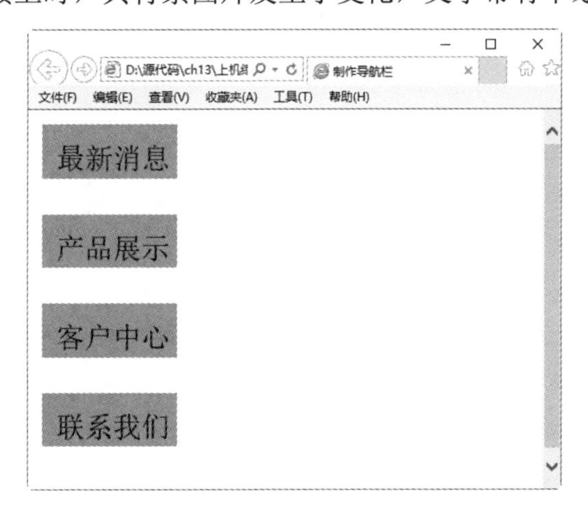

图 13-21　设置链接的基本样式

图 13-22　设置鼠标悬浮样式

13.6 疑难解惑

疑问 1: 丢失标记中的结尾斜线，会造成什么后果呢?

会造成页面排版失效。结尾斜线也是造成页面失效比较常见的原因。我们会很容易地忽略结尾斜线之类的东西，特别是在 image 标签等元素中。在严格的 DOCTYPE 中，这是无效的。要在 img 标签结尾处加上“/”，以解决此问题。

疑问 2: 设置了超级链接的激活状态，怎么看不到结果呢?

当前激活状态“a:active”一般被显示的情况非常少，因此很少使用。因为当用户单击一个超级链接之后，焦点很容易就会从这个链接上转移到其他地方，如新打开的窗口等。此时该超级链接就不再是“当前激活”状态了。

疑问 3: 有的鼠标效果在不同浏览器中怎么不一样呢?

很多时候，浏览器调用的鼠标是操作系统的鼠标效果，因此同一用户浏览器之间的差别很小，但不同操作系统的用户之间还是存在差异的。例如，有些鼠标效果可以在 IE 浏览器中显示，但不可以在 Fire Fox(火狐)浏览器中显示。

第14章 用CSS 3美化表格和表单的样式

表格和表单是网页中常见的元素，表格通常用来显示二维关系数据和排版，从而实现页面整齐和美观的效果。而表单作为客户端与服务器交流的窗口，可以获取客户端信息，并反馈服务器端信息。本章介绍如何使用CSS 3来美化表格和表单。

14.1 美化表格的样式

在传统的网页设计中，表格一直占有比较重要的地位，使用表格排版网页，可以使网页更美观、条理更清晰，更易于维护和更新。

14.1.1 设置表格边框的样式

在显示表格数据时，通常都带有表格边框，用来界定不同单元格的数据。当 table 表格的描述标记 border 值大于 0 时，显示边框，如果 border 的值为 0，则不显示边框。边框显示之后，可以使用 CSS 3 的 border-collapse 属性对边框进行修饰。其语法格式为：

```
border-collapse: separate | collapse
```

其中 separate 是默认值，表示边框会被分开，不会忽略 border-spacing 和 empty-cells 属性。而 collapse 属性表示边框会合并为一个单一的边框，会忽略 border-spacing 和 empty-cells 属性。

【例 14.1】设置表格边框的样式。

```
<!DOCTYPE html>
<html>
<head>
<title>家庭季度支出表</title>
<style>
<!--
.tabelist{
   border:1px solid #429fff;    /* 表格边框 */
   font-family:"楷体";
   border-collapse:collapse;    /* 边框重叠 */
}
.tabelist caption{
   padding-top:3px;
   padding-bottom:2px;
   font-weight:bolder;
   font-size:15px;
   font-family:"幼圆";
   border:2px solid #429fff;    /* 表格标题边框 */
}
.tabelist th{
   font-weight:bold;
   text-align:center;
}
.tabelist td{
   border:1px solid #429fff;    /* 单元格边框 */
   text-align:right;
   padding:4px;
}
-->
</style>
</head>
```

```
<body>
<table class="tabelist">
    <caption class="tabelist">2017 季度 07-09</caption>
    <tr>
        <th>月份</th>
        <th>07 月</th>
        <th >08 月</th>
        <th>09 月</th>
    </tr>
    <tr>
        <td>收入</td>
        <td>8000</td>
        <td>9000</td>
        <td>7500</td>
    </tr>
    <tr>
        <td>吃饭</td>
        <td>600</td>
        <td>570</td>
        <td>650</td>
    </tr>
    <tr>
        <td>购物</td>
        <td>1000</td>
        <td>800</td>
        <td>900</td>
    </tr>
    <tr>
        <td>买衣服</td>
        <td>300</td>
        <td>500</td>
        <td>200</td>
    </tr>
    <tr>
        <td>看电影</td>
        <td>85</td>
        <td>100</td>
        <td>120</td>
    </tr>
    <tr>
        <td>买书</td>
        <td>120</td>
        <td>67</td>
        <td>90</td>
    </tr>
</table>
</body>
</html>
```

在 IE 11.0 中浏览，效果如图 14-1 所示，可以看到表格带有边框显示，其边框宽度为 1 像素，用直线显示，并且边框进行了合并。表格标题“2017 季度 07-09”也带有边框显示，字体大小为 150 个像素，字体类型是幼圆并加粗显示。表格中每个单元格都以 1 像素、直线的方式显示边框，并将显示对象右对齐。

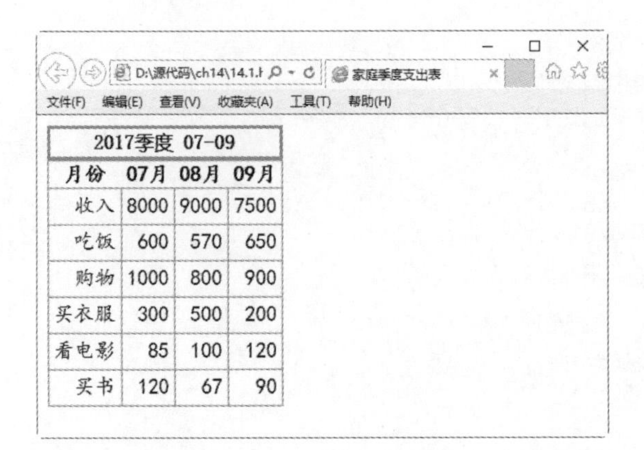

图 14-1 表格边框样式的修饰

14.1.2 设置表格边框的宽度

在 CSS 3 中，用户可以使用 border-width 属性来设置表格边框的宽度，从而来美化边框宽度。如果需要单独设置某一个边框的宽度，可以使用 border-width 的衍生属性进行设置，如 border-top-width 和 border-left-width 等。

【例 14.2】设置表格边框的宽度。

```
<!DOCTYPE html>
<html>
<head>
<title>表格边框宽度</title>
<style>
table{
    text-align:center;
    width:500px;
    border-width:6px;
    border-style:double;
    color:blue;
}
td{
    border-width:3px;
    border-style:dashed;
}
</style>
</head>
<body>
<table border=1 cellspacing="3" cellpadding="0">
  <tr>
    <td>姓名</td>
    <td class=tds>性别</td>
    <td>年龄</td>
  </tr>
  <tr>
    <td>张三</td>
    <td>男</td>
    <td>31</td>
  </tr>
```

```
  <tr>
    <td>李四 </td>
    <td>男</td>
    <td>18</td>
  </tr>
</table>
</body>
</html>
```

在 IE 11.0 中浏览，效果如图 14-2 所示，可以看到，表格带有边框，宽度为 6 像素，双线式，表格中字体颜色为蓝色。单元格边框宽度为 3 像素，显示样式是破折线式。

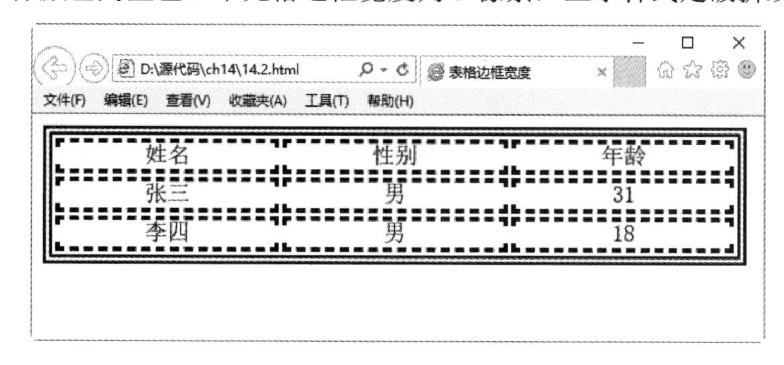

图 14-2　设置表格边框的宽度

14.1.3　设置表格边框的颜色

表格颜色设置非常简单，通常使用 CSS 3 的 color 属性来设置表格中的文本颜色，使用 background-color 属性设置表格的背景色。如果为了突出表格中的某一个单元格，还可以使用 background-color 属性来设置某一个单元格的颜色。

【例 14.3】设置表格边框的颜色。

```
<!DOCTYPE html>
<html>
<head>
<title>设置表格边框颜色</title>
<style>
*{
   padding:0px;
   margin:0px;
}
body{
   font-family:"黑体";
   font-size:20px;
}
table{
   background-color:yellow;
   text-align:center;
   width:500px;
   border:1px solid green;
}
td{
```

```
    border:1px solid green;
    height:30px;
    line-height:30px;
}
.tds{
    background-color:blue;
}
</style>
</head>
<body>
<table cellspacing="3" cellpadding="0">
  <tr>
    <td>姓名</td>
    <td class=tds>性别</td>
    <td>年龄</td>
  </tr>
  <tr>
    <td>张三</td>
    <td>男</td>
    <td>32</td>
  </tr>
  <tr>
    <td>小丽</td>
    <td>女</td>
    <td>28</td>
  </tr>
</table>
</body>
</html>
```

在 IE 11.0 中浏览，效果如图 14-3 所示，可以看到，表格带有边框，边框样式显示为绿色，表格背景色为黄色，其中一个单元格背景色为蓝色。

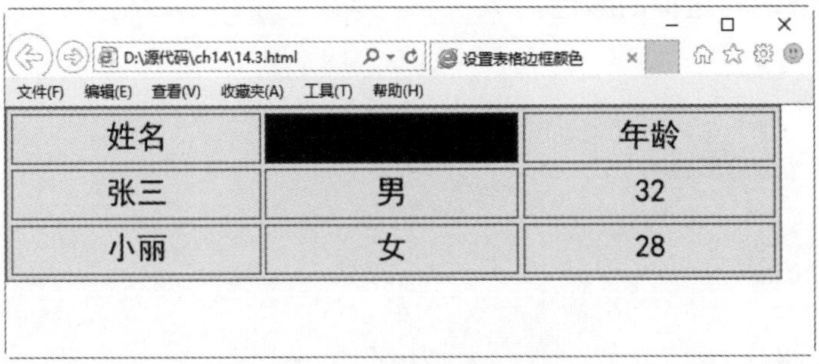

图 14-3　设置边框的背景色

14.2　美化表单样式

表单可以用来向 Web 服务器发送数据，特别是经常被用在主页页面——用户输入信息然后发送到服务器中。实际用在 HTML 中的标记有 form、input、textarea、select 和 option。

14.2.1 美化表单中的元素

在网页中，表单元素的背景色默认都是白色的，这样的背景色不能美化网页，所以可以使用颜色属性来定义表单元素的背景色。表单元素的背景色可以使用 background-color 属性来定义，这样可以使表单元素不那么单调。使用示例如下：

```
input{background-color: #ADD8E6;}
```

上面的代码设置了 input 表单元素的背景色，都是统一的颜色。

【例 14.4】美化表单中的元素。

```
<!DOCTYPE html>
<HTML>
<head>
<style>
<!--
input{                              /* 所有 input 标记 */
   color: #cad9ea;
}
input.txt{                          /* 文本框单独设置 */
   border: 1px inset #cad9ea;
   background-color: #ADD8E6;
}
input.btn{                          /* 按钮单独设置 */
   color: #00008B;
   background-color: #ADD8E6;
   border: 1px outset #cad9ea;
   padding: 1px 2px 1px 2px;
}
select{
   width: 80px;
   color: #00008B;
   background-color: #ADD8E6;
   border: 1px solid #cad9ea;
}
textarea{
   width: 200px;
   height: 40px;
   color: #00008B;
   background-color: #ADD8E6;
   border: 1px inset #cad9ea;
}
-->
</style>
</head>
<BODY>
<h3>注册页面</h3>
<table border="1" width="45%">
<form method="post">
   <tr>
      <td width="30%">昵称:</td>
      <td><input class=txt>1－20 个字符<div id="qq"></div></td>
```

```
    </tr>
    <tr>
        <td>密码:</td>
        <td><input type="password" >长度为 6~16 位</td>
    </tr>
    <tr>
        <td>确认密码:</td>
        <td><input type="password" ></td>
    </tr>
    <tr>
        <td>真实姓名: </td>
        <td><input name="username1"></td>
    </tr>
    <tr>
        <td>性别:</td>
        <td><select><option>男</option><option>女</option></select></td>
    </tr>
    <tr>
        <td>E-mail 地址:</td>
        <td><input value="sohu@sohu.com"></td>
    </tr>
    <tr>
        <td>备注:</td>
        <td><textarea cols=35 rows=10></textarea></td>
    </tr>
    <tr>
        <td><input type="button" value="提交" class=btn /></td>
        <td><input type="reset" value="重填"/></td>
    </tr>
</form>
</table>
</BODY>
</HTML>
```

在 IE 11.0 中浏览，效果如图 14-4 所示，可以看到，表单中“昵称”输入框、“性别”下拉列表框和“备注”文本框中都显示了指定的背景颜色。

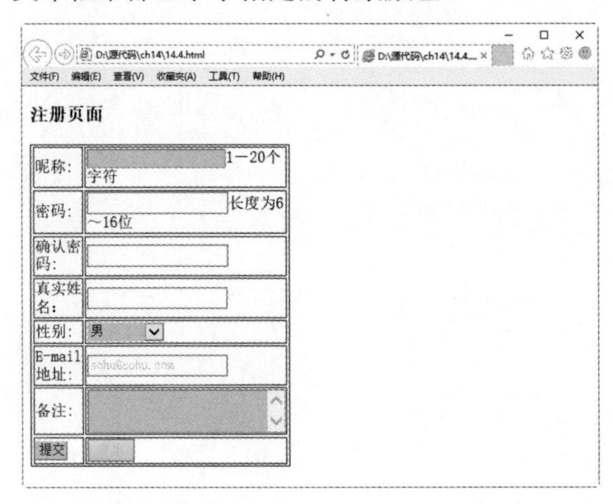

图 14-4　美化表单元素

在上面的代码中，首先使用 input 标记选择符定义了 input 表单元素的字体输入颜色，然后分别定义了两个类：txt 和 btn。txt 用来修饰输入框的样式，btn 用来修饰按钮的样式。最后分别定义了 select 和 textarea 的样式，其样式定义主要涉及边框和背景色。

14.2.2 美化提交按钮

通过对表单元素背景色的设置，可以在一定程度上起到美化提交按钮的效果。例如，可以使用 background-color 属性，将其值设置为 transparent(透明色)，就是最常见的一种美化提交按钮的方式。使用示例如下：

```
background-color:transparent;     /* 背景色透明 */
```

【例 14.5】美化提交按钮。

```
<!DOCTYPE html>
<html>
<head>
<title>美化提交按钮</title>
<style>
<!--
form{
   margin:0px;
   padding:0px;
   font-size:14px;
}
input{font-size:14px; font-family:"幼圆";}
.t{
   border-bottom:1px solid #005aa7;     /* 下划线效果 */
   color:#005aa7;
   border-top:0px; border-left:0px;
   border-right:0px;
   background-color:transparent;        /* 背景色透明 */
}
.n{
   background-color:transparent;        /* 背景色透明 */
   border:0px;                          /* 边框取消 */
}
-->
</style>
</head>
<body>
<center>
   <h1>签名页</h1>
   <form method="post">
      值班主任：<input id="name" class="t">
      <input type="submit" value="提交上一级签名>>" class="n">
   </form>
</center>
</body>
</html>
```

在 IE 11.0 中浏览，效果如图 14-5 所示，可以看到，输入框只剩下一个下边框显示，其他边框被去掉了，提交按钮只剩下显示文字了，而且常见的矩形形式被去掉了。

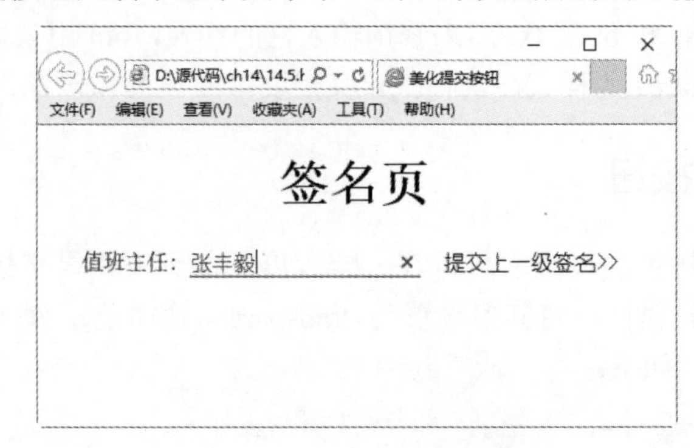

图 14-5　美化提交按钮

14.2.3　美化下拉菜单

在网页设计中，有时为了突出效果，会对文字进行加粗、添加颜色等设定。同样也可以对表单元素中的文字进行这样的修饰。使用 CSS 3 的 font 相关属性，就可以美化下拉菜单文字。例如 font-size、font-weight 等。对于颜色，可以采用 color 和 background-color 属性进行设置。

【例 14.6】美化下拉菜单。

```
<!DOCTYPE html>
<html>
<head>
<title>美化下拉菜单</title>
<style>
<!--
.blue{
   background-color:#7598FB;
   color:#000000;
   font-size:15px;
   font-weight:bolder;
   font-family:"幼圆";
}
.red{
   background-color:#E20A0A;
   color:#ffffff;
   font-size:15px;
   font-weight:bolder;
   font-family:"幼圆";
}
.yellow{
   background-color:#FFFF6F;
   color:#000000;
   font-size:15px;
   font-weight:bolder;
   font-family:"幼圆";
}
.orange{
```

```
    background-color:orange;
    color:#000000;
    font-size:15px;
    font-weight:bolder;
    font-family:"幼圆";
}
-->
</style>
</head>
<body>
<form method="post">
    <p>
    <label for="color">选择暴雪预警信号级别:</label>
    <select name="color" id="color">
        <option value="">请选择</option>
        <option value="blue" class="blue">暴雪蓝色预警信号</option>
        <option value="yellow" class="yellow">暴雪黄色预警信号</option>
        <option value="orange" class="orange">暴雪橙色预警信号</option>
        <option value="red" class="red">暴雪红色预警信号</option>
    </select>
    </p>
    <p><input type="submit" value="提交"></p>
</form>
</body>
</html>
```

在 IE 11.0 中浏览，效果如图 14-6 所示，可以看到下拉菜单显示，其每个菜单项分别显示不同的背景色，用以与其他菜单项区分。

图 14-6　设置下拉菜单的样式

14.3　综合案例——制作用户登录页面

本例将结合前面学习的知识，创建一个简单的登录表单，具体操作步骤如下。

step 01 分析需求。

创建一个登录表单，需要包含 3 种表单元素：1 个名称输入框、1 个密码输入框和 2 个按钮。然后添加一些 CSS 代码，对表单元素进行修饰即可。完成后，效果如图 14-7 所示。

step 02 创建 HTML 网页，实现表单：

```
<!DOCTYPE html>
<html>
<head>
<title>用户登录</title>
</head>
<body>
<div>
<h1>用户登录</h1>
<form action="" method="post">
   姓名：<input type="text" id=name />
   密码：<input type="password" id=password name="ps" />
   <input type=submit value="提交" class=button>
   <input type=reset value="重置" class=button>
</form>
</div>
</body>
</html>
```

在上面的代码中，创建了一个 div 层，用来包含表单及其元素。在 IE 11.0 中浏览，效果如图 14-8 所示，可以看到，显示了一个表单，其中包含 2 个输入框和 2 个按钮，输入框用来获取名称和密码，按钮分别为 1 个提交按钮和 1 个重置按钮。

图 14-7　登录表单

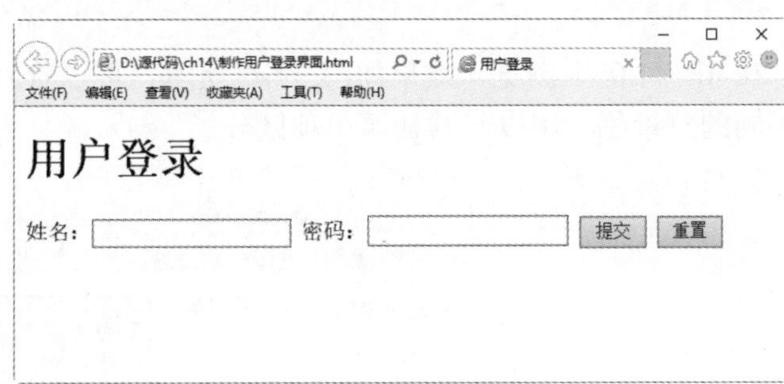

图 14-8　创建登录表单

step 03 添加 CSS 代码，修饰标题和层：

```
<style>
h1{font-size:20px;}
div{width:200px;padding:1em 2em 0 2em;font-size:12px;}
</style>
```

在上面的代码中，设置了标题大小为 20 像素，div 层宽度为 200 像素，层中字体大小为 12 像素。在 IE 11.0 中浏览，效果如图 14-9 所示，可以看到标题变小，并且密码输入框换行显示，布局与原来相比更加美观、合理。

step 04 添加 CSS 代码，修饰输入框和按钮：

```
#name,#password{
   border:1px solid #ccc;
   width:160px;
   height:22px;
```

```
    padding-left:20px;
    margin:6px 0;
    line-height:20px;
}
.button{margin:6px 0;}
```

在 IE 11.0 中浏览，效果如图 14-10 所示，可以看到，输入框长度变短，输入框边框变小，并且表单元素之间距离增大，页面布局更加合理。

图 14-9　设置层的大小

图 14-10　用 CSS 修饰输入框

14.4　跟我学上机——制作用户注册页面

本练习将使用一个表单内的各种元素来开发一个网站的注册页面，并用 CSS 样式来美化这个页面的效果。具体操作步骤如下。

step 01 分析需求。

注册表单非常简单，通常包含 3 个部分，需要在页面上方给出标题，标题下方是正文部分，即表单元素，最下方是表单元素提交按钮。在设计这个页面时，需要把“用户注册”标题设置成 h1 大小，正文使用 p 来限制表单元素。完成后，实际效果如图 14-11 所示。

step 02 构建 HTML 页面，实现基本表单：

```
<!DOCTYPE html>
<html>
<head><title>注册页面</title></head>
<body>
<h1 align=center>用户注册</h1>
<form method="post">
    <p>姓    名:
    <input type="text" class=txt size="12" maxlength="20"
      name="username" />
    </p>
    <p>性    别:
    <input type="radio" value="male" />男
    <input type="radio" value="female" />女
    </p>
    <p>年    龄:
    <input type="text" class=txt name="age" />
    </p>
```

```
    <p>联系电话：
    <input type="text" class=txt name="tel" />
    </p>
    <p>电子邮件：
    <input type="text" class=txt name="email" />
    </p>
    <p>联系地址：
    <input type="text"  class=txt name="address" />
    </p>
    <p>
    <input type="submit" name="submit" value="提交" class=but />
    <input type="reset" name="reset" value="清除" class=but />
    </p>
</form>
</body>
</html>
```

在 IE 11.0 中浏览，效果如图 14-12 所示，可以看到，创建了一个注册表单，包含一个标题“用户注册”，以及“姓名”“性别”“年龄”“联系电话”“电子邮件”“联系地址”等输入项和“提交”按钮等。其显示样式为默认样式。

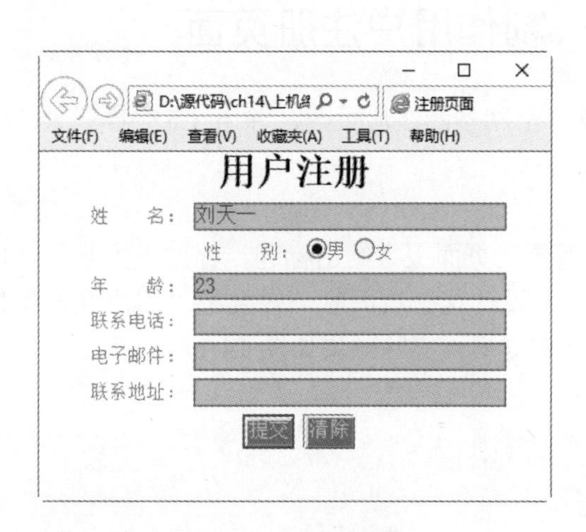

图 14-11　注册页面

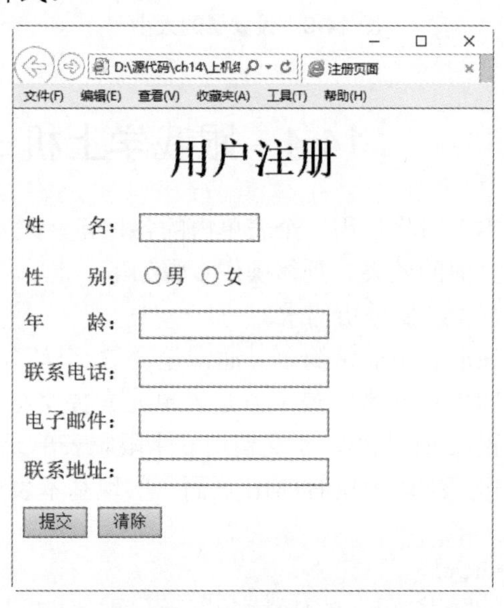

图 14-12　注册表单的显示

step 03 添加 CSS 代码，修饰全局样式和表单样式：

```
<style>
*{
    padding:0px;
    margin:0px;
}
body{
    font-family:"宋体";
    font-size:12px;
}
form{
```

```
    width:300px;
    margin:0 auto 0 auto;
    font-size:12px;
    color:#999;
}
</style>
```

在 IE 14.0 中浏览，效果如图 14-13 所示，可以看到，页面中字体变小，其表单元素之间的距离变小。

step 04 添加 CSS 代码，修饰段落、输入框和按钮：

```
form p {
    margin:5px 0 0 5px;
    text-align:center;
}
.txt{
    width:200px;
    background-color:#CCCCFF;
    border:#6666FF 1px solid;
    color:#0066FF;
}
.but{
    border:0px#93bee2solid;
    border-bottom:#93bee21pxsolid;
    border-left:#93bee21pxsolid;
    border-right:#93bee21pxsolid;
    border-top:#93bee21pxsolid;
    background-color:#3399CC;
    cursor:hand;
    font-style:normal;
    color:#cad9ea;
}
```

在 IE 14.0 中浏览，效果如图 14-14 所示，可以看到，表单元素带有背景色，其输入字体颜色为蓝色，边框颜色为浅蓝色。按钮带有边框，按钮上的文字颜色为浅色。

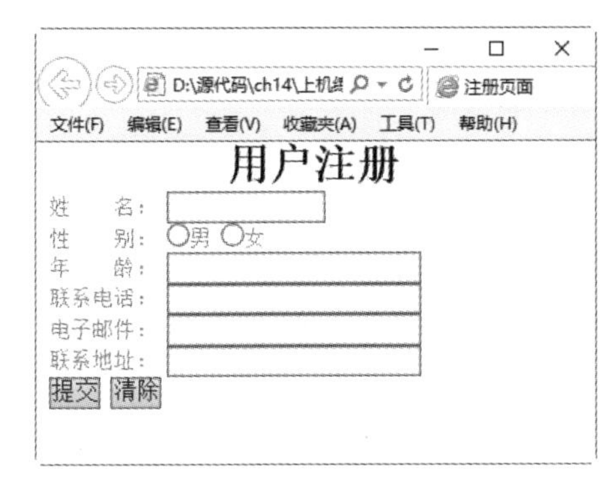

图 14-13 用 CSS 修饰表单样式

图 14-14 设置输入框和按钮样式

14.5 疑难解惑

疑问 1：构建一个表格时需要注意哪些方面？

在 HTML 页面中构建表格框架时，应该尽量遵循表格的标准标记，养成良好的编写习惯，并适当地利用 Tab、空格和空行来提高代码的可读性，从而降低后期维护成本。特别是使用 table 表格来布局一个较大的页面时，需要在关键位置加上注释。

疑问 2：在使用表格时，会发生一些变形，这是什么原因引起的呢？

其中一个原因是表格排列的设置在不同分辨率下所出现的错位。例如，在 800×600 的分辨率下时，一切正常，而到了 1024×800 时，则出现了多个表格或者有的居中，有的却左排列或右排列的情况。

表格有左、中、右 3 种排列方式，如果没特别进行设置，则默认为居左排列。在 800×600 的分辨率下，表格恰好就有编辑区域那么宽，不容易察觉，而到了 1024×800 的时候，就出现了问题。解决办法比较简单，即都设置为居中、居左或居右。

疑问 3：使用 CSS 修饰表单元素时，采用默认值好还是使用 CSS 修饰好呢？

各个浏览器之间显示的差异，其中一个原因就是各个浏览器对部分 CSS 属性的默认值不同导致的，通常的解决办法就是指定该值，而不让浏览器使用默认值。

第 15 章 用 CSS 3 美化网页菜单

网页菜单是网站中必不可少的元素之一，通过网页菜单，可以在页面上自由跳转。网页菜单的风格往往影响网站的整体风格，所以网页设计者会花费大量的时间和精力去制作各式各样的网页菜单以吸引浏览者。利用 CSS 3 属性和项目列表，可以制作出美观大方的网页菜单。

15.1 用 CSS 3 美化项目列表

在 HTML 5 语言中，项目列表用来罗列显示一系列相关的文本信息，包括有序、无序、自定义列表等。当引入 CSS 3 后，就可以使用 CSS 3 来美化项目列表了。

15.1.1 美化无序列表

无序列表<ul>是网页中常见的元素之一，使用<li>标记罗列各个项目，并且每个项目前面都带有特殊符号，如黑色实心圆等。在 CSS 3 中，可以通过 list-style-type 属性来定义无序列表前面的项目符号。

对于无序列表，list-style-type 语法的格式如下：

```
list-style-type: disc | circle | square | none
```

list-style-type 参数值的含义如表 15-1 所示。

表 15-1 list-style-type 属性(无序列表的常用符号)

参　数	说　明
disc	实心圆
circle	空心圆
square	实心方块
none	不使用任何标号

可以通过表里的参数为 list-style-type 设置不同的特殊符号，从而改变无序列表的样式。

【例 15.1】美化无序列表。

```
<!DOCTYPE html>
<html>
<head>
<title>美化无序列表</title>
<style>
* {
    margin:0px;
    padding:0px;
    font-size:12px;
}
p {
    margin:5px 0 0 5px;
    color:#3333FF;
    font-size:14px;
    font-family:"幼圆";
}
div{
    width:300px;
    margin:10px 0 0 10px;
    border:1px #FF0000 dashed;
```

```
}
div ul {
   margin-left:40px;
   list-style-type: disc;
}
div li {
   margin:5px 0 5px 0;
   color:blue;
   text-decoration:underline;
}
</style>
</head>
<body>
<div class="big01">
  <p>娱乐焦点</p>
  <ul>
    <li>换季肌闹“公主病”美肤急救快登场 </li>
    <li>来自 12 星座的你 认准罩门轻松瘦</li>
    <li>男人 30“豆腐渣” 如何延缓肌肤衰老</li>
    <li>打造天生美肌 名媛爱物强 K 性价比! </li>
    <li>夏裙又有新花样 拼接图案最时髦</li>
  </ul>
</div>
</body>
</html>
```

在 IE 11.0 中浏览，效果如图 15-1 所示，可以看到显示了一个导航栏，导航栏中存在着不同的导航信息，每条导航信息前面都是使用实心圆作为每行信息的开始。

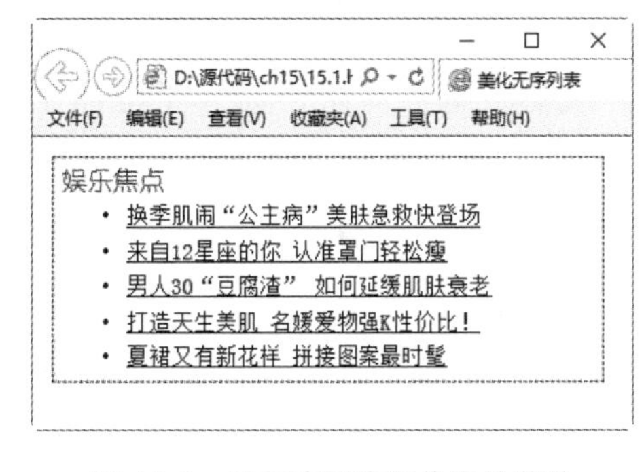

图 15-1 用无序列表制作导航菜单

在上面的代码中，使用 list-style-type 设置了无序列表的特殊符号为实心圆，border 设置层 div 边框为红色、虚线显示，宽度为 1 像素。

15.1.2 美化有序列表

有序列表标记<ol>可以创建具有顺序的列表，如每条信息前面加上 1、2、3、4 等。如果要改变有序列表前面的符号，同样需要利用 list-style-type 属性，只不过属性值不同。

对于有序列表，list-style-type 的语法格式如下：

```
list-style-type: decimal | lower-roman | upper-roman | lower-alpha
  | upper-alpha | none
```

其中 list-style-type 参数值的含义如表 15-2 所示。

表 15-2 list-style-type 属性(有序列表的常用符号)

参 数	说 明
decimal	阿拉伯数字带圆点
lower-roman	小写罗马数字
upper-roman	大写罗马数字
lower-alpha	小写英文字母
upper-alpha	大写英文字母
none	不使用项目符号

注意

除了列表里的这些常用符号，list-style-type 还具有很多不同的参数值。由于不经常使用，这里不再罗列。

【例 15.2】美化有序列表。

```
<!DOCTYPE html>
<html>
<head>
<title>美化有序列表</title>
<style>
* {
   margin:0px;
   padding:0px;
   font-size:12px;
}
p {
   margin:5px 0 0 5px;
   color:#3333FF;
   font-size:14px;
   font-family:"幼圆";
   border-bottom-width:1px;
   border-bottom-style:solid;

}
div{
   width:300px;
   margin:10px 0 0 10px;
   border:1px #F9B1C9 solid;
}
div ol {
   margin-left:40px;
   list-style-type: decimal;
}
div li {
   margin:5px 0 5px 0;
   color:blue;
}
</style>
</head>
<body>
```

```
<div class="big">
  <p>娱乐焦点</p>
  <ol>
    <li>换季肌闹“公主病”美肤急救快登场 </li>
    <li>来自 12 星座的你 认准罩门轻松瘦</li>
    <li>男人 30“豆腐渣” 如何延缓肌肤衰老</li>
    <li>打造天生美肌 名媛爱物强 K 性价比! </li>
    <li>夏裙又有新花样 拼接图案最时髦</li>
  </ol>
</div>
</body>
</html>
```

在 IE 11.0 中浏览，效果如图 15-2 所示，可以看到，显示了一个导航栏，导航信息前面都带有相应的数字，表示其顺序。导航栏具有红色边框，并用一条蓝线将题目和内容分开。

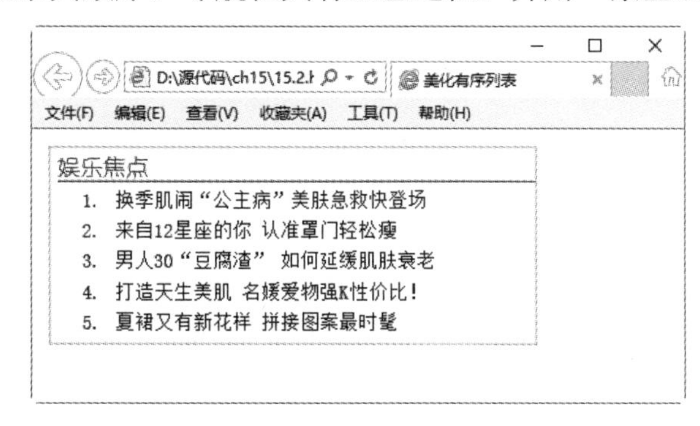

图 15-2　用有序列表制作菜单

在上面的代码中，使用 list-style-type: decimal 语句定义了有序列表前面的符号。严格来说，无论<ul>标记还是<ol>标记，都可以使用相同的属性值，而且效果完全相同，即二者通过 list-style-type 可以通用。

15.1.3　美化自定义列表

自定义列表是列表项目中比较特殊的一种列表，相对于无序和有序列表，使用次数很少。引入 CSS 3 的一些相关属性，可以改变自定义列表的显示样式。

【例 15.3】美化自定义列表。

```
<!DOCTYPE html>
<html>
<head>
<style>
*{margin:0; padding:0;}
body{font-size:12px; line-height:1.8; padding:10px;}
dl{clear:both; margin-bottom:5px;float:left;}
dt,dd{padding:2px 5px;float:left; border:1px solid #3366FF;width:120px;}
dd{position:absolute; right:5px;}
h1{clear:both;font-size:14px;}
</style>
```

```
</head>
<body>
<h1>日志列表</h1>
<div>
  <dl> <dt><a href="#">我多久没有笑了</a></dt> <dd>(0/11)</dd> </dl>
  <dl> <dt><a href="#">12 道营养健康菜谱</a></dt> <dd>(0/8)</dd> </dl>
  <dl> <dt><a href="#">太有才了</a></dt> <dd>(0/6)</dd> </dl>
  <dl> <dt><a href="#">怀念童年</a></dt> <dd>(2/11)</dd> </dl>
  <dl> <dt><a href="#">三字经</a></dt> <dd>(0/9)</dd> </dl>
  <dl> <dt><a href="#">我的小小心愿</a></dt> <dd>(0/2)</dd> </dl>
  <dl> <dt><a href="#">想念你，你可知道</a></dt> <dd>(0/1)</dd>
</dl>
</div>
</body>
</html>
```

在 IE 11.0 中浏览，效果如图 15-3 所示，可以看到一个日志导航菜单，每个选项都有蓝色边框，并且后面带有浏览次数等。

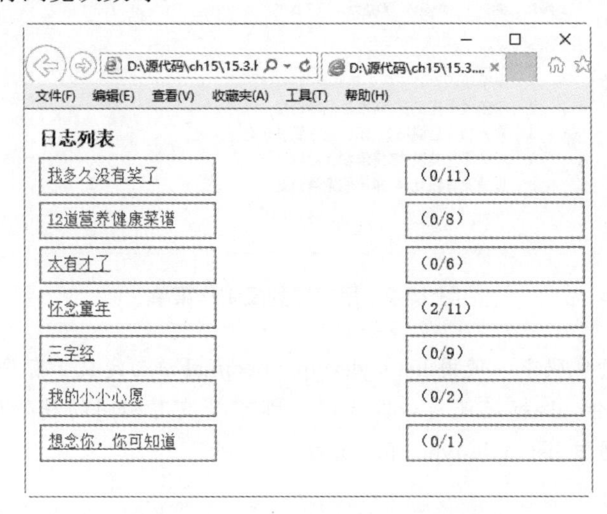

图 15-3 用自定义列表制作导航菜单

在上面的代码中，通过使用 border 属性设置边框的相关属性，用 font 相关属性设置文本大小、颜色等。

15.1.4 制作图片列表

使用 list-style-image 属性，可以将每项前面的项目符号替换为任意的图片。list-style-image 属性用来定义作为一个有序或无序列表项标志的图像。图像相对于列表项内容的放置位置通常使用 list-style-position 属性控制。其语法格式如下：

```
list-style-image: none | url(url)
```

其中，none 表示不指定图像，url 表示使用绝对路径和相对路径指定背景图像。

【例 15.4】制作图片列表。

```
<!DOCTYPE html>
<html>
<head>
<title>图片符号</title>
<style>
<!--
ul{
   font-family:Arial;
   font-size:20px;
   color:#00458c;
   list-style-type:none;                          /* 不显示项目符号 */
}
li{
   list-style-image:url(01.jpg);
   padding-left:25px;                             /* 设置图标与文字的间隔 */
   width:350px;
}
-->
</style>
</head>
<body>
<p>娱乐焦点</p>
<ul>
   <li>换季肌闹“公主病”美肤急救快登场 </li>
   <li>来自 12 星座的你 认准罩门轻松瘦</li>
   <li>男人 30“豆腐渣” 如何延缓肌肤衰老</li>
   <li>打造天生美肌 名媛爱物强 K 性价比！</li>
   <li>夏裙又有新花样 拼接图案最时髦</li>
</ul>
</body>
</html>
```

在 IE 11.0 中浏览，效果如图 15-4 所示，可以看到一个导航栏，每个导航菜单前面都具有一个小图标。

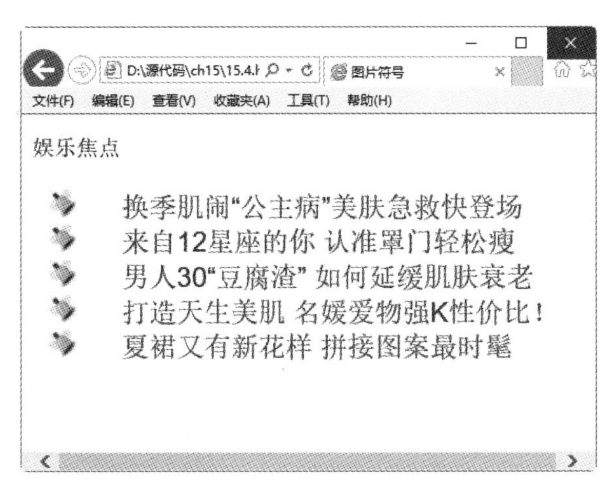

图 15-4　制作图片导航栏

在上面的代码中，用 list-style-image:url(6.jpg)语句定义列表前显示的图片，实际上，还可以用 background:url(01.jpg) no-repeat 语句完成这个效果，只不过 background 对图片大小要求比较苛刻。

15.1.5 缩进图片列表

使用图片作为列表符号显示时，图片通常显示在列表的外部，实际上，还可以将图片列表中的文本信息对齐，从而显示另外一种效果。在 CSS 3 中，可以通过 list-style-position 来设置图片的显示位置。list-style-position 属性的语法格式如下：

```
list-style-position: outside | inside
```

其属性值含义如表 15-3 所示。

表 15-3 list-style-position 属性(列表缩进属性)

属 性	说 明
outside	列表项目标记放置在文本以外，且环绕文本不根据标记对齐
inside	列表项目标记放置在文本以内，且环绕文本根据标记对齐

【例 15.5】缩进图片列表。

```
<!DOCTYPE html>
<html>
<head>
<title>图片位置</title>
<style>
.list1{list-style-position:inside;}
.list2{list-style-position:outside;}
.content{
   list-style-image:url(01.jpg);
   list-style-type:none;
   font-size:20px;
}
</style>
</head>
<body>
<ul class=content>
<li class=list1>换季肌闹“公主病”美肤急救快登场。</li>
<li class=list2>换季肌闹“公主病”美肤急救快登场。</li>
</ul>
</body>
</html>
```

在 IE 11.0 中浏览，效果如图 15-5 所示，可以看到一个图片列表，第一个图片列表选项中图片与文字对齐，即放在文本信息以内，第二个图片列表选项没有与文字对齐，而是放在文本信息以外。

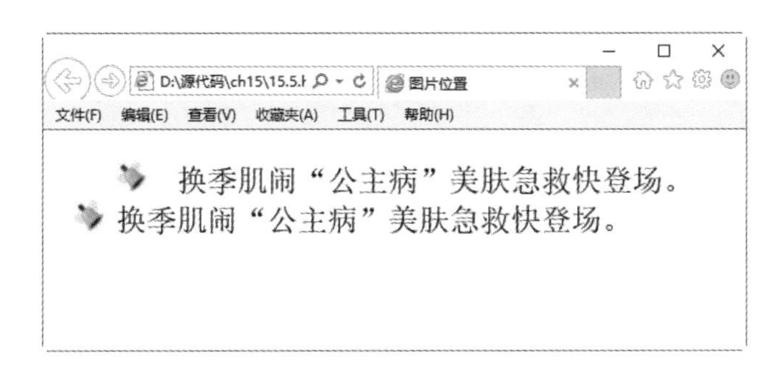

图 15-5　图片缩进

15.1.6　列表的复合属性

在前面的小节中，分别使用 list-style-type 定义了列表的项目符号，使用 list-style-image 定义了列表的图片符号选项，使用 list-style-position 定义了图片的显示位置。实际上，在对项目列表操作时，可以直接使用一个复合属性 list-style，将前面的 3 个属性放在一起设置。

list-style 属性的语法格式如下：

```
{list-style: style}
```

其中，style 指定或接收以下值(任意次序，最多 3 个)的字符串，如表 15-4 所示。

表 15-4　list-style 属性

属 性 值	说　明
图像	可供 list-style-image 属性使用的图像值的任意范围
位置	可供 list-style-position 属性使用的位置值的任意范围
类型	可供 list-style-type 属性使用的类型值的任意范围

【例 15.6】设置列表的复合属性。

```
<!DOCTYPE html>
<html>
<head>
<title>复合属性</title>
<style>
#test1{list-style:square inside url("01.jpg");}
#test2{list-style:none;}
</style>
</head>
<body>
<ul>
<li id=test1>换季肌闹“公主病”美肤急救快登场。</li>
<li id=test2>换季肌闹“公主病”美肤急救快登场。</li>
</ul>
</body>
</html>
```

在 IE 11.0 中浏览，效果如图 15-6 所示，可以看到两个列表选项，一个列表选项中带有图片，一个列表中没有符号和图片显示。

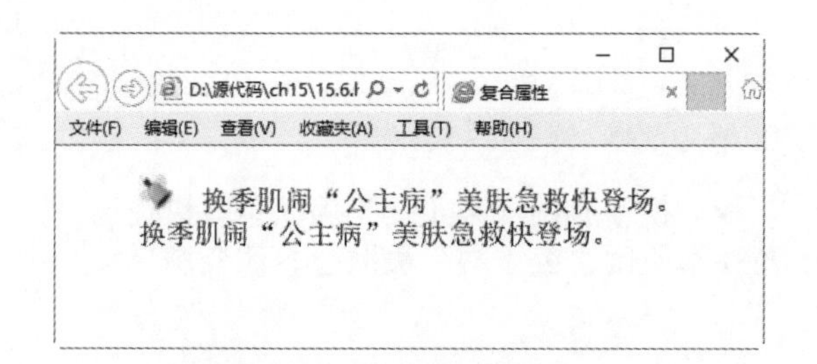

图 15-6 用复合属性指定列表

list-style 属性是复合属性。在指定类型和图像值时，除非将图像值设置为 none 或无法显示 URL 所指向的图像，否则图像值的优先级较高。例如在例 15.6 中，类 test1 同时设置了符号为方块符号和图片，但只显示了图片。

list-style 属性也适用于其 display 属性被设置为 list-item 的所有元素。要显示圆点符号，必须显式设置这些元素的 margin 属性。

15.2 用 CSS 3 制作网页菜单

用 CSS 3 除了可以美化项目列表外，还可以制作网页中的菜单，并设置不同显示效果的菜单。

15.2.1 制作无须表格的菜单

在使用 CSS 3 制作导航条和菜单之前，需要将 list-style-type 的属性值设置为 none，即去掉列表前的项目符号。下面通过一个示例介绍如何完成一个菜单导航条。具体操作步骤如下。

step 01 首先创建 HTML 文档，并实现一个无序列表，列表中的选项表示各个菜单。具体代码如下：

```
<!DOCTYPE html>
<html>
<head>
<title>无须表格菜单</title>
</head>
<body>
<div>
   <ul>
       <li><a href="#">网站首页</a></li>
       <li><a href="#">产品大全</a></li>
       <li><a href="#">下载专区</a></li>
       <li><a href="#">购买服务</a></li>
       <li><a href="#">服务类型</a></li>
   </ul>
</div>
</body>
</html>
```

在上面的代码中，创建了一个 div 层，在层中放置了一个 ul 无序列表，列表中的各个选项就是将来所使用的菜单。在 IE 11.0 中浏览，效果如图 15-7 所示，可以看到，显示了一个无序列表，每个选项都带有一个实心圆。

step 02 利用 CSS 相关属性，对 HTML 中元素进行修饰，例如 div 层、ul 列表和 body 页面。代码如下：

```
<style>
<!--
body{
    background-color:#84BAE8;
}
div{
    width:200px;
    font-family:"黑体";
}
div ul{
    list-style-type:none;
    margin:0px;
    padding:0px;
}
-->
</style>
```

上面的代码设置网页背景色、层大小和文字字形，最重要的就是设置列表<ul>的属性，将项目符号设置为不显示。

在 IE 11.0 中浏览，效果如图 15-8 所示，可以看到，项目列表变成一个普通的超级链接列表，无项目符号，并带有下划线。

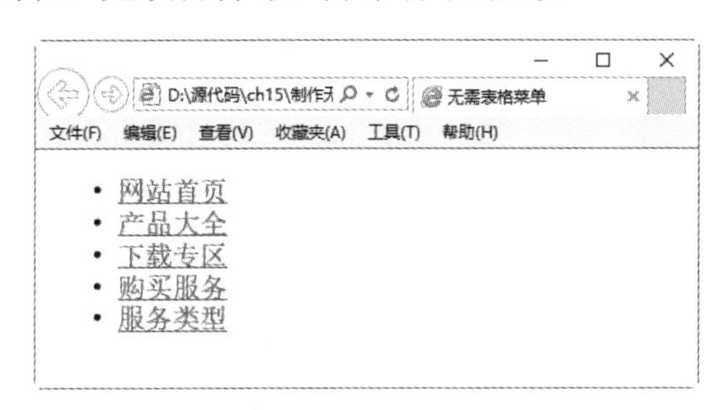

图 15-7　显示项目列表

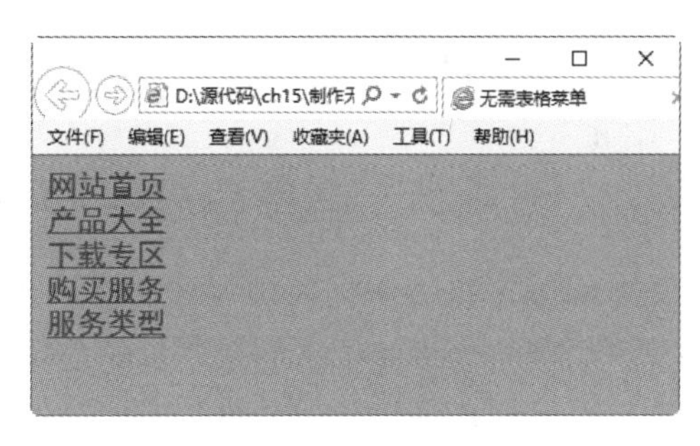

图 15-8　链接列表

step 03 使用 CSS 3 对列表中的各个选项进行修饰，例如去掉超级链接下的下划线，并增加 li 标记下的边框线，从而增强菜单的实际效果。代码如下：

```
div li{
    border-bottom:1px solid #ED9F9F;
}
div li a{
    display:block;
    padding:5px 5px 5px 0.5em;
    text-decoration:none;
    border-left:12px solid #6EC61C;
```

```
    border-right:1px solid #6EC61C;
}
```

在 IE 11.0 中浏览，效果如图 15-9 所示，可以看到，每个选项中，超级链接的左方显示了蓝色条，右方显示了蓝色线。每个链接下方显示了一个黄色边框。

step 04 使用 CSS 3 设置动态菜单效果，即当鼠标悬浮在导航菜单上时，显示另外一种样式，具体的代码如下：

```
div li a:link, div li a:visited{
    background-color:#F0F0F0;
    color:#461737;
}
div li a:hover{
    background-color:#7C7C7C;
    color:#ffff00;
}
```

上面的代码设置了链接样式、访问后的链接样式和鼠标悬浮时的链接样式。在 IE 11.0 中浏览，效果如图 15-10 所示，可以看到，鼠标悬浮在菜单上时，会显示灰色。

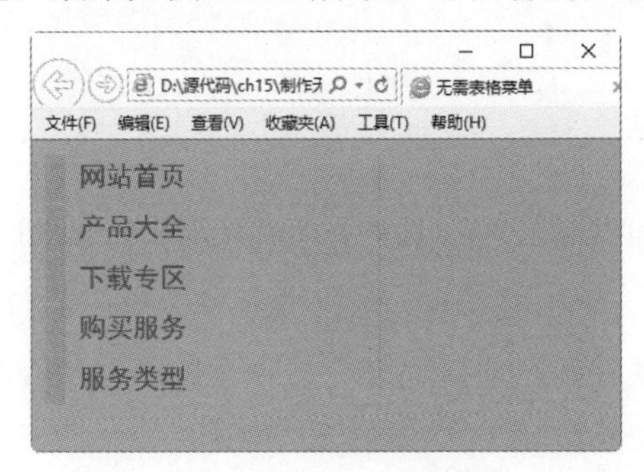

图 15-9 导航菜单

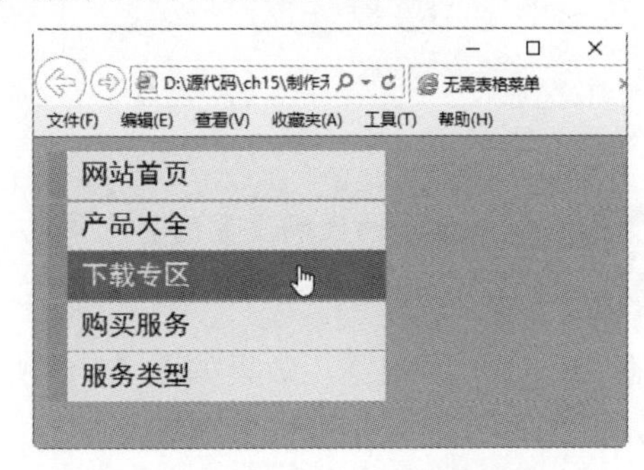

图 15-10 动态导航菜单

15.2.2 制作水平和垂直菜单

在实际网页设计中，根据题材或业务需求不同，垂直导航菜单有时不能满足要求，这时就需要导航菜单水平显示。例如常见的百度首页，其导航菜单就是水平显示的。通过 CSS 属性，不但可以创建垂直导航菜单，还可以创建水平导航菜单。

具体操作步骤如下。

step 01 建立 HTML 项目列表结构，将要创建的菜单项都以列表选项显示出来。具体的代码如下：

```
<!DOCTYPE html>
<html>
<head>
<title>制作水平和垂直菜单</title>
<style>
<!--
body{
    background-color:#84BAE8;
```

```
}
div {
    font-family:"幼圆";
}
div ul {
    list-style-type:none;
    margin:0px;
    padding:0px;
}
</style>
</head>
<body>
<div id="navigation">
<ul>
    <li><a href="#">网站首页</a></li>
    <li><a href="#">产品大全</a></li>
    <li><a href="#">下载专区</a></li>
    <li><a href="#">购买服务</a></li>
    <li><a href="#">服务类型</a></li>
</ul>
</div>
</body>
</html>
```

在 IE 11.0 中浏览，效果如图 15-11 所示，可以看到，显示的是一个普通的超级链接列表，与上一个例子中显示的基本一样。

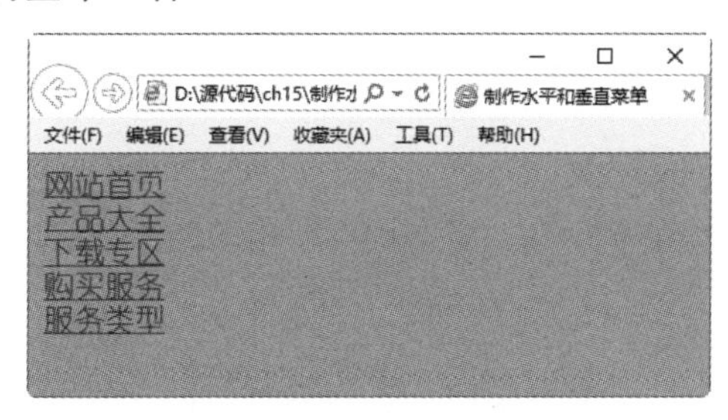

图 15-11 链接列表

step 02 目前是垂直显示导航菜单，需要利用 CSS 的 float 属性将其设置为水平显示，并设置选项 li 和超级链接的基本样式，代码如下：

```
div li {
    border-bottom:1px solid #ED9F9F;
    float:left;
    width:150px;
}
div li a{
    display:block;
    padding:5px 5px 5px 0.5em;
    text-decoration:none;
    border-left:12px solid #EBEBEB;
    border-right:1px solid #EBEBEB;
}
```

当 float 属性值为 left 时，导航栏为水平显示。其他设置基本与上个例子相同。在 IE 11.0 中浏览，效果如图 15-12 所示。

可以看到，各个链接选项水平地排列在当前页面上。

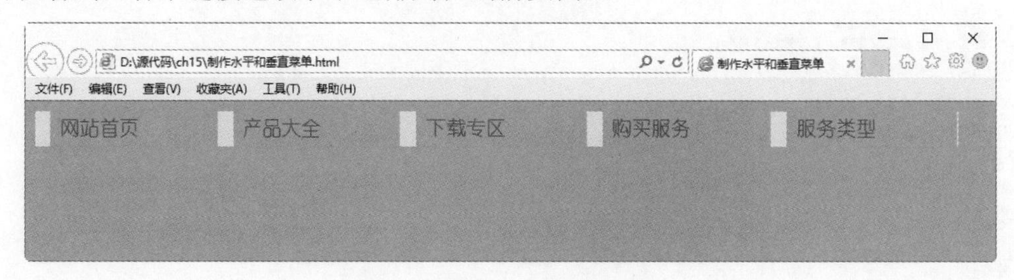

图 15-12　列表水平显示

step 03 设置超级链接<a>的样式，与前面一样，也是设置鼠标动态效果。代码如下：

```
div li a:link, div li a:visited{
    background-color:#F0F0F0;
    color:#461737;
}
div li a:hover{
    background-color:#7C7C7C;
    color:#ffff00;
}
```

在 IE 11.0 中浏览，效果如图 15-13 所示，可以看到，当鼠标放到菜单上时，会变换为另一种样式。

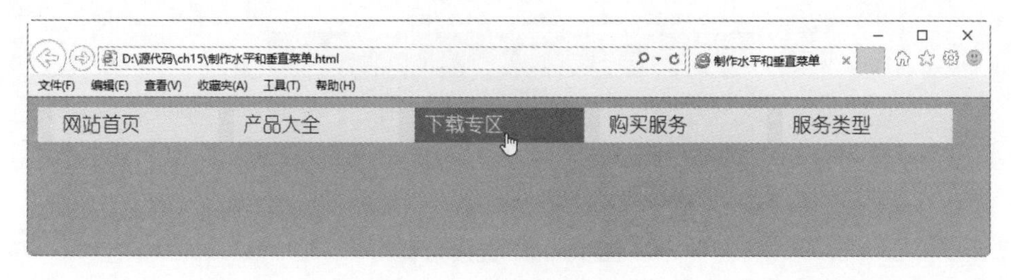

图 15-13　水平菜单显示

15.3　综合案例——模拟 soso 导航栏

本例将结合本章学习的制作菜单知识，轻松实现搜搜导航栏。具体操作步骤如下。

step 01 分析需求。

实现该例，需要包含 3 个部分，第一个部分是 soso 图标，第二个部分是水平菜单导航栏，也是本例的重点，第三个部分是表单部分，包含一个输入框和按钮。该例实现后，实际效果如图 15-14 所示。

step 02 创建 HTML 网页，实现基本的 HTML 元素。

对于本例，需要利用 HTML 标记实现搜搜图标，导航的项目列表、下方的搜索输入框和按钮等。代码如下：

```
<!DOCTYPE html>
<html>
<head>
<title>搜搜</title>
</head>
<body>
<div style="text-align:center" margin:0 auto; >
   <img src="logo.png" >
</div>
<div>
<ul>
   <li id=h></li>
   <li><a href="#">网页</a></li>
   <li><a href="#">图片</a></li>
   <li><a href="#">视频</a></li>
   <li><a href="#">音乐</a></li>
   <li><a href="#">搜吧</a></li>
   <li><a href="#">问问</a></li>
   <li><a href="#">团购</a></li>
   <li><a href="#">新闻</a></li>
   <li><a href="#">地图</a></li>
   <li id="more"><a href="#">更 多 &gt;&gt;</a></li>
</ul>
</div>
<p style="height:44px;"> </p>
<div style="text-align:center id=s>
<form action="/q?" id="flpage" name="flpage">
   <input type="text" value="" size=50px;/>
   <input type="submit" value="搜搜">
</form>
</div>
</center>
</body>
</html>
```

在 IE 11.0 中浏览，效果如图 15-15 所示，可以看到，显示了一个图片，即搜搜图标，中间显示了一列项目列表，每个选项都是超级链接。然后是一个表单，包含输入框和按钮。

图 15-14　模拟搜搜导航栏

图 15-15　页面框架

step 03 添加CSS代码，修饰项目列表。

框架出来后，就可以修改项目列表的相关样式了，即列表水平显示，同时定义整个 div 层属性，如设置背景色、宽度、底部边框、字体大小等。代码如下：

```
<style>
<!--
p{margin:0px; padding:0px;}
#div{
    margin:0px auto;
    font-size:12px;
    padding:0px;
    border-bottom:1px solid #00c;
    background:#eee;
    width:800px;height:18px;
}
div li{
    float:left;
    list-style-type:none;
    margin:0px;padding:0px;
    width:40px;
}
</style>
```

在上面的代码中，float 设置菜单栏水平显示，list-style-type 设置了列表不显示项目符号。

在 IE 11.0 中浏览，效果如图 15-16 所示，可以看到，页面整体效果和搜搜首页比较相似。下面就可以在细节上进一步修改了。

step 04 添加CSS代码，修饰超级链接：

```
div li a{
    display:block;
    text-decoration:underline;
    padding:4px 0px 0px 0px;
    margin:0px;
    font-size:13px;
}
div li a:link, div li a:visited{
    color:#004276;

}
```

上面的代码设置了超级链接，即导航栏中菜单选项中的相关属性，例如超级链接以块显示、文本带有下划线，字体大小为 13 像素，并设定了鼠标访问超级链接后的颜色。在 IE 11.0 中浏览，效果如图 15-17 所示，可以看到字体颜色发生了改变，字体变小了。

step 05 添加CSS代码，定义对齐方式和表单样式：

```
div li#h{width:180px;height:18px;}
div li#more{width:85px;height:18px;}
#s{
    text-align:center;
    margin:0 auto;
    background-color:#006EB8;
```

```
    width:430px;
}
```

在上述代码中，h 定义了水平菜单最前方空间的大小，more 定义了更多的长度和宽度，s 定义了表单背景色和宽度。在 IE 11.0 中浏览，效果如图 15-18 所示，可以看到，水平导航栏与表单对齐，表单背景色为蓝色。

图 15-16　水平菜单栏

图 15-17　设置菜单样式

step 06 添加 CSS 代码，修饰访问默认项：

```
<a href="#" style="text-decoration:none;color:#020202;font-size:14px;">网页
</a>
```

此代码段设置了被访问时的默认样式。在 IE 11.0 中浏览，效果如图 15-19 所示，可以看到，“网页”菜单选项的颜色为黑色，不带有下划线。

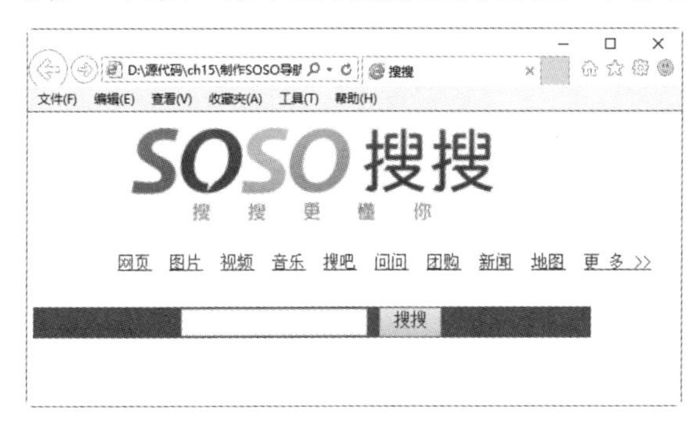

图 15-18　定义对齐方式

图 15-19　搜搜页面的最终效果

15.4　跟我学上机——将段落转变成列表

CSS 的功能非常强大，可以变换不同的样式。可以让列表代替 table 制作出表格，同样也可以让一个段落 p 模拟项目列表。

下面利用前面介绍的 CSS 知识，将段落变换为一个列表。具体操作步骤如下。

step 01 创建 HTML，实现基本段落。

从上面分析可以看出，HTML 中需要包含一个 div 层，几个段落。代码如下：

```
<!DOCTYPE html>
<html>
<head>
<title>模拟列表</title>
</head>
<body>
<div class="big">
  <p class="one">·换季肌闹“公主病”美肤急救快登场。</p>
  <p> ·来自12星座的你 认准罩门轻松瘦。</p>
  <p class="one"> ·男人30需谨慎 如何延缓肌肤衰老。</p>
  <p> ·打造天生美肌 名媛爱物强K性价比！</p>
  <p class="one"> ·夏裙又有新花样 拼接图案最时髦</p>
</div>
</body>
</html>
```

在IE 11.0中浏览，效果如图15-20所示，可以看到，显示了5个段落，每个段落前面都使用特殊符号“·”引领每一行。

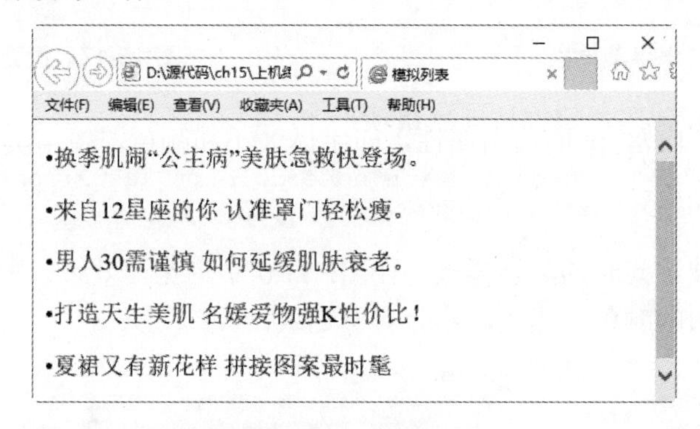

图15-20 段落显示

step 02 添加CSS代码，修饰整体div层：

```
<style>
.big {
   width:450px;
   border:#990000 1px solid;
}
</style>
```

此处创建了一个类选择器，其属性定义了层的宽度，层带有边框，以直线形式显示。在IE 11.0中浏览，效果如图15-21所示，可以看到，段落周围显示了一个矩形区域，其边框显示为红色。

step 03 添加CSS代码，修饰段落属性：

```
p {
   margin:10px 0 5px 0;
   font-size:14px;
   color:#025BD1;
}
.one {
   text-decoration:underline;
```

```
    font-weight:800;
    color:#009900;
}
```

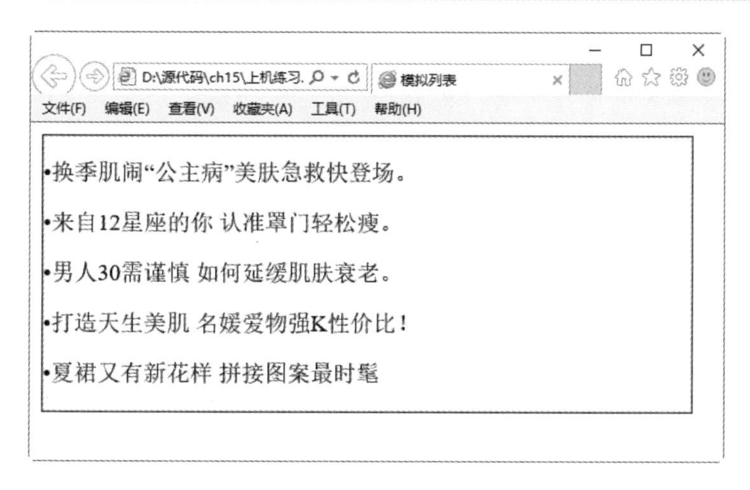

图 15-21　设置 div 层

上面的代码定义了段落 p 的通用属性，即字体大小和颜色。使用类选择器定义了特殊属性，带有下划线，具有不同的颜色。在 IE 11.0 中的浏览效果如图 15-22 所示，可以看到，其字体颜色发生了变化，并带有下划线。

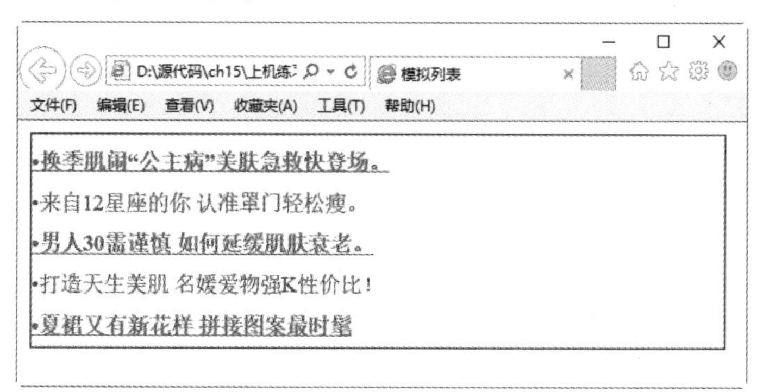

图 15-22　修饰段落属性

15.5 疑难解惑

疑问 1：使用项目列表和 table 表格制作表单，项目列表有哪些优势呢？

采用项目列表制作水平菜单时，如果没有设置<ul>标记的宽度 width 属性，那么当浏览器的宽度缩小时，菜单会自动换行。这是采用<table>标记制作的菜单所无法实现的。所以项目列表被经常加以使用，实现各种变换效果。

疑问 2：使用 IE 浏览器打开一个项目列表，设定的项目符号为何没有出现？

IE 浏览器对项目列表的符号支持不是太好，只支持一部分项目符号，这时可以采用

Firefox 浏览器。

Firefox 浏览器对项目列表符号的支持力度比较大。

疑问 3：使用 url 引入图像时，加引号好，还是不加引号好？

不加引号好。需要将带有引号的修改为不带引号的。例如：

```
background:url("xxx.gif") 改为 background:url(xxx.gif)
```

因为对部分浏览器来说，加引号反而会引起错误。

第 16 章

用滤镜美化网页元素

随着网页设计技术发展，人们已经不满足于单调地展示页面布局并显示文本，而是希望在页面中能够加入一些多媒体特效而使页面丰富起来。使用滤镜能够实现这些需求，它能够产生各种各样的图片特效，从而大大地提高了页面的吸引力。

16.1 滤镜概述

CSS 3 Filter(滤镜)属性具有添加模糊和改变元素颜色的功能。特别是对于图像，能产生很多绚丽的效果。CSS 3 的 Filter 常用于调整图像的渲染、背景或边框显示效果。例如灰度、模糊、饱和、老照片等。如图 16-1 所示，为通过 CSS 3 滤镜产生的各种绚丽的效果。

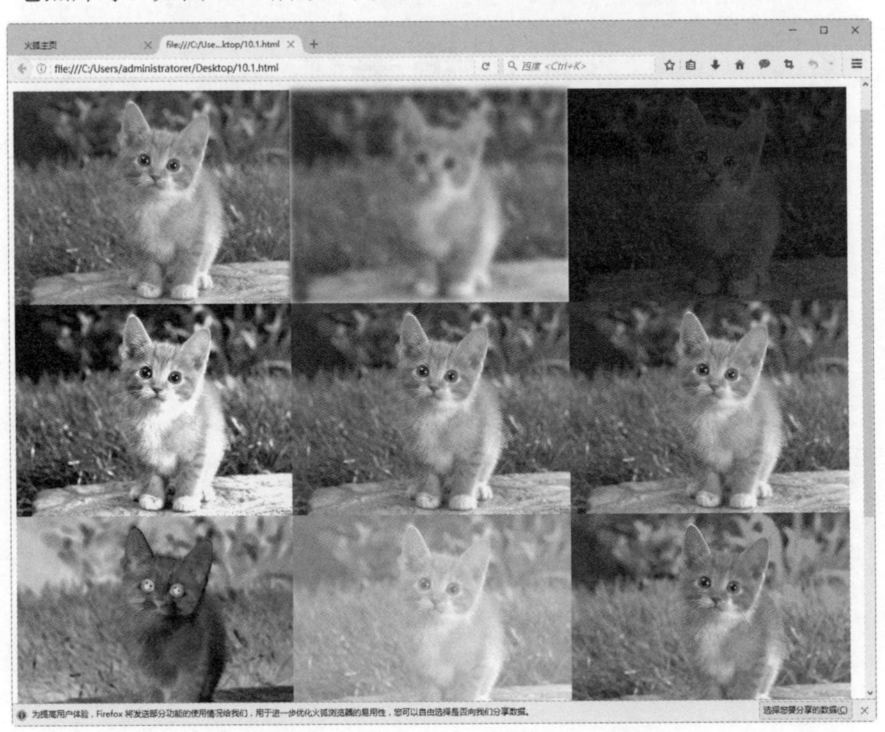

图 16-1　使用 CSS 3 产生的各种滤镜效果

目前，并不是所有的浏览器都支持 CSS 3 的滤镜，具体支持情况如表 16-1 所示。

表 16-1　常见浏览器对 CSS 3 滤镜的支持情况

名　称	图　标	支持滤镜的情况
Chrome 浏览器		18.0 及以上版本支持 CSS 3 滤镜
IE 浏览器		不支持 CSS 3 滤镜
Mozilla Firefox 浏览器		35.0 及以上版本支持 CSS 3 滤镜
Opera 浏览器		15.0 及以上版本支持 CSS 3 滤镜
Safari 浏览器		6.0 及以上版本支持 CSS 3 滤镜

使用 CSS 3 滤镜的语法如下：

```
filter: none | blur() | brightness() | contrast() | drop-shadow() |
grayscale() | hue-rotate() | invert() | opacity() | saturate() | sepia() | url();
```

如果想一次添加多个滤镜效果，可以使用空格分隔多个滤镜。上述各个滤镜参数的含义如表 16-2 所示。

表 16-2　CSS 滤镜参数的含义

参数名称	效　果
blur()	设置图像的高斯模糊效果
brightness()	设置图形的明暗度效果
contrast()	设置图像的对比度
drop-shadow()	设置图像的一个阴影效果
grayscale()	将图像转换为灰度图像
hue-rotate()	给图像应用色相旋转
invert()	反转输入图像
opacity()	转化图像的透明程度
saturate()	转换图像饱和度
sepia()	将图像转换为深褐色

16.2　设置基本滤镜效果

下面学习常用滤镜的设置方法和技巧。读者需要特别注意不同的滤镜，其参数含义的区别。

16.2.1　高斯模糊(blur)滤镜

blur 滤镜用于设置图像的高斯模糊效果。blur 滤镜的语法格式如下：

```
filter : blur (px)
```

其中 px 的值越大，图像越模糊。

【例 16.1】设置高斯模糊效果。

```
<!DOCTYPE html>
<html>
<head>
<style>
img {
   width: 40%;
   height: auto;
}
.blur {
-webkit-filter: blur(4px);filter: blur(4px);
}
</style>
</head>
<body>
```

```
原始图:
<img src="1.jpg" alt="原始图" width="300" height="300">
高斯模糊效果:
<img class="blur" src="1.jpg" alt="高斯模糊图" width="300" height="300">
</body>
</html>
```

在 Mozilla Firefox 52.0 中浏览效果如图 16-2 所示，可以看到右侧的图片是模糊图片。

图 16-2　高斯模糊效果

16.2.2　明暗度(brightness)滤镜

brightness 滤镜用于设置图像的明暗度效果。brightness 滤镜的语法格式如下：

```
filter : brightness(%)
```

如果参数值是 0%，图像会全黑；参数值是 100%，则图像无变化；参数值超过 100%，图像会比原来更亮。

【例 16.2】 设置图像不同的明暗度。

```
<!DOCTYPE html>
<html>
<head>
<style>
img {
   width: 40%;
   height: auto;
}

.aa{
-webkit-filter: brightness(200%);filter: brightness(200%);
}
.bb{
-webkit-filter: brightness(30%);filter: brightness(30%);
}
</style>
</head>
<body>
```

```
图像变亮效果：
<img class="aa" src="2.jpg" alt="变亮图" width="300" height="300">
图像变暗效果：
<img class="bb" src="2.jpg" alt="变暗图" width="300" height="300">
</body>
</html>
```

在 Mozilla Firefox 52.0 中浏览，效果如图 16-3 所示，可以看到左侧图像变亮，右侧图像变暗。

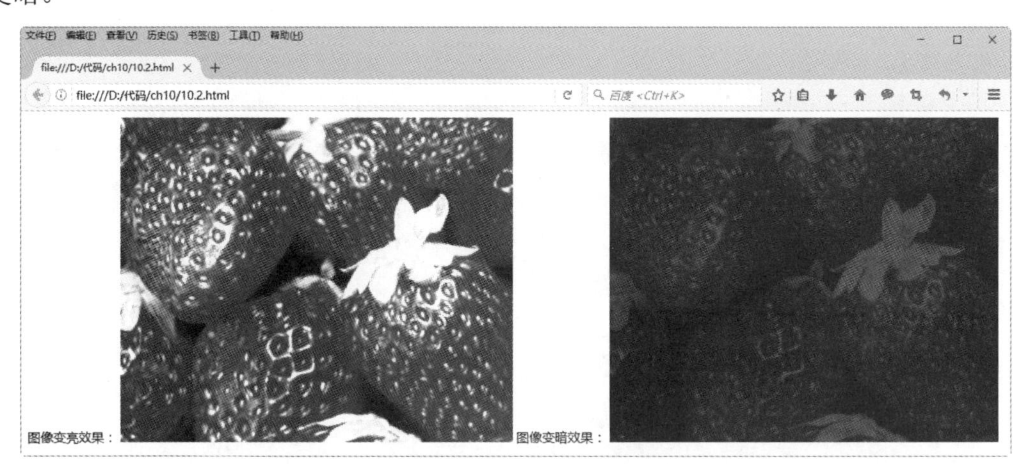

图 16-3 调整图像明暗度效果

16.2.3 对比度(contrast)滤镜

contrast 滤镜用于设置图像的对比度效果。contrast 滤镜的语法格式如下：

```
filter :contrast (%)
```

如果参数值是 0%，图像会全黑。如果值是 100%，图像不变。

【例 16.3】 设置图像不同的对比度。

```
<!DOCTYPE html>
<html>
<head>
<style>
img {
   width: 40%;
   height: auto;
}

.aa{
-webkit-filter: contrast(200%);filter: contrast(200%);
}
.bb{
-webkit-filter: contrast(30%);filter: contrast(30%);
}
</style>
</head>
```

```
<body>
增加对比度效果:
<img class="aa" src="3.jpg" alt="变亮图" width="300" height="300">
减少对比度效果:
<img class="bb" src="3.jpg" alt="变暗图" width="300" height="300">
</body>
</html>
```

在 Mozilla Firefox 52.0 中浏览效果如图 16-4 所示，可以看到左侧图像对比度增加，右侧图像对比度减少。

图 16-4　调整图像的对比度效果

16.2.4　阴影(drop-shadow)滤镜

drop-shadow 滤镜用于设置图像的阴影效果。使元素内容在页面上产生投影，从而实现立体的效果。drop-shadow 滤镜的语法格式如下：

```
filter : drop-shadow(h-shadow v-shadow blur spread color)
```

其中参数 h-shadow 和 v-shadow 用于设置水平和垂直方向的偏移量；blur 用于设置阴影的模糊度；spread 用于设置阴影的大小，正值会使阴影变大，负值会是阴影缩小；color 用于设置阴影的颜色。

【例 16.4】 为图像添加不同的阴影效果。

```
<!DOCTYPE html>
<html>
<head>
<style>
img {
   width: 40%;
   height: auto;
}
.aa{
-webkit-filter:drop-shadow(15px 15px 20px red);filter:drop-shadow(15px 15px
20px red);
}
```

```
.bb{
-webkit-filter:drop-shadow(30px 30px 10px blue);filter:drop-shadow(30px
30px 10px blue);
}
</style>
</head>
<body>
添加阴影效果:
<img class="aa" src="4.jpg" alt="红色阴影图" width="300" height="300">
<img class="bb" src="4.jpg" alt="蓝色阴影图" width="300" height="300">
</body>
</html>
```

在 Mozilla Firefox 52.0 中浏览效果如图 16-5 所示，可以看到左侧图像添加红色阴影效果，右侧图像添加蓝色阴影效果。

图 16-5　为图像添加阴影效果

16.2.5　灰度(grayscale)滤镜

grayscale 滤镜能够轻松地将彩色图片变为黑白图片。grayscale 滤镜的语法格式如下：

```
filter :grayscale(%)
```

参数值定义转换的比例。如果参数值为 0，则图形无变化；如果参数值为 100%，则完全转为灰度图像。

【例 16.5】 为图像添加不同的灰度效果。

```
<!DOCTYPE html>
<html>
<head>
<style>
img {
   width: 40%;
   height: auto;
}

.aa{
```

```
-webkit-filter:grayscale(100%);filter:grayscale(100%);
}
.bb{
-webkit-filter:grayscale(30%);filter:grayscale(30%);
}
</style>
</head>
<body>
不同的灰度效果：
<img class="aa" src="5.jpg" width="300" height="300">
<img class="bb" src="5.jpg" width="300" height="300">
</body>
</html>
```

在 Mozilla Firefox 52.0 中浏览效果如图 16-6 所示，可以看到左侧图像完全转化为灰度图，右侧图像 30%抓换为灰度。

图 16-6　为图像添加灰度效果

16.2.6　反相(invert)滤镜

invert 滤镜可以把对象的可视化属性全部反转，包括色彩、饱和度和亮度值，使图片产生一种“底片”或负片的效果。其语法格式如下：

```
filter:invert(%)
```

参数值定义反相的比例。如果参数值为 100%，则图片完全反相；如果参数值为 0%，则图像无变化。

【例 16.6】 为图像添加不同的反相效果。

```
<!DOCTYPE html>
<html>
<head>
<style>
img {
   width: 40%;
   height: auto;
}
.aa{
```

```
-webkit-filter:invert(100%);filter: invert(100%);
}
.bb{
-webkit-filter:grayscale(50%);filter:grayscale(50%);
}
</style>
</head>
<body>
不同的反相效果：
<img class="aa" src="2.jpg" width="300" height="300">
<img class="bb" src="2.jpg" width="300" height="300">
</body>
</html>
```

在 Mozilla Firefox 52.0 中浏览，效果如图 16-7 所示，可以看到左侧图像是完全反相效果，右侧图像是 50%反相效果。

图 16-7 为图像添加反相效果

16.2.7 透明度(opacity)滤镜

opacity 滤镜用于设置图像的透明度效果。其语法格式如下：

```
filter:opacity (%)
```

参数值定义透明度的比例。如果参数值为 100%，则图片无变化；如果参数值为 0%，则图像完全透明。

【例 16.7】 为图像设置不同的透明度。

```
<!DOCTYPE html>
<html>
<head>
<style>
img {
   width: 40%;
   height: auto;
}
```

```
.aa{
-webkit-filter:opacity(30%);filter:opacity(30%);
}
.bb{
-webkit-filter:opacity(80%);filter:opacity(80%);
}
</style>
</head>
<body>
不同的透明度效果：
<img class="aa" src="1.jpg" width="300" height="300">
<img class="bb" src="1.jpg" width="300" height="300">
</body>
</html>
```

在 Mozilla Firefox 52.0 中浏览，效果如图 16-8 所示，可以看到左侧图像的透明度为 30%，右侧图像的透明度为 80%。

图 16-8 设置图像的不同透明度效果

16.2.8 饱和度(saturate)滤镜

saturate 滤镜用于设置图像的饱和度效果。其语法格式如下：

```
filter:saturate(%)
```

参数值定义饱和度的比例。如果参数值为 100%，则图片无变化；如果参数值为 0%，则图像完全不饱和。

【例 16.8】 为图像设置不同的饱和度。

```
<!DOCTYPE html>
<html>
<head>
<style>
img {
   width: 40%;
   height: auto;
}
```

```
.aa{
-webkit-filter:saturate(30%);filter:saturate (30%);
}
.bb{
-webkit-filter:saturate (80%);filter:saturate(80%);
}
</style>
</head>
<body>
不同的饱和度效果：
<img class="aa" src="2.jpg" width="300" height="300">
<img class="bb" src="2.jpg" width="300" height="300">
</body>
</html>
```

在 Mozilla Firefox 52.0 中浏览，效果如图 16-9 所示，可以看到左侧图像的饱和度为30%，右侧图像的饱和度为 80%。

图 16-9 设置图像的不同饱和度效果

16.2.9 深褐色(sepia)滤镜

sepia 滤镜用于将图像转换为深褐色。其语法格式如下：

```
filter: sepia(%)
```

参数值定义转换的比例。参数值为 100%则完全是深褐色的，参数值为 0%则图像无变化。

【例 16.9】 添加深褐色滤镜效果。

```
<!DOCTYPE html>
<html>
<head>
<style>
img {
   width: 40%;
   height: auto;
}

.aa{
```

```
-webkit-filter:sepia (50%);filter:sepia (50%);
}
.bb{
-webkit-filter:sepia (100%);filter:sepia (100%);
}
</style>
</head>
<body>
不同比例的深褐色效果:
<img class="aa" src="3.jpg" width="300" height="300">
<img class="bb" src="3.jpg" width="300" height="300">
</body>
</html>
```

在 Mozilla Firefox 52.0 中浏览，效果如图 16-10 所示，可以看到左侧的图像转换了 50%深褐色，右侧的图像转换了 100%深褐色。

图 16-10 转换图像为深褐色的效果

16.3 综合案例 1——使用复合滤镜效果

在上一节中，仅仅对图像添加了单个滤镜效果。如果想添加多个滤镜效果，可以将各个滤镜参数用空格分隔开。其中需要注意的是：滤镜参数的顺序非常重要，不同的顺序将产生不同的最终效果。

【例 16.10】 添加复合滤镜效果。

```
<!DOCTYPE html>
<html>
<head>
<style>
img {
   width: 40%;
   height: auto;
}

.aa{
```

```
-webkit-filter:contrast(200%) saturate(50%);filter:contrast(200%)
saturate(50%);
}
.bb{
-webkit-filter:saturate(50%) contrast(200%);filter:saturate(50%)
contrast(200%);
}
</style>
</head>
<body>
不同顺序的复合滤镜效果:
<img class="aa" src="2.jpg" width="300" height="300">
<img class="bb" src="2.jpg" width="300" height="300">
</body>
</html>
```

在 Mozilla Firefox 52.0 中浏览，效果如图 16-11 所示，可以看到不同的添加顺序，结果并不一样。

图 16-11　不同顺序的复合滤镜效果

16.4　综合案例 2——使用滤镜制作动画效果

通过综合使用滤镜，可以产生一些奇特的动画效果。下面制作一个电闪雷鸣的动画效果。此案例中使用了明暗度滤镜、对比度滤镜和深褐色滤镜。

【例 16.11】 使用滤镜制作动画效果。

```
<!DOCTYPE html>
<html>
<head>
<style>
body {
  text-align: center;
}

img {
```

```
  max-width: 100%;
  width: 610px;
}

img {
  -webkit-animation: haunted 4s infinite;
  animation: haunted 4s infinite;
}

@keyframes haunted {
  0% {
    -webkit-filter: brightness(20%);
    filter: brightness(20%);
  }
  48% {
    -webkit-filter: brightness(20%);
    filter: brightness(20%);
  }
  50% {
    -webkit-filter: sepia(1) contrast(2) brightness(200%);
    filter: sepia(1) contrast(2) brightness(200%);
  }
  60% {
    -webkit-filter: sepia(1) contrast(2) brightness(200%);
    filter: sepia(1) contrast(2) brightness(200%);
  }
  62% {
    -webkit-filter: brightness(20%);
    filter: brightness(20%);
  }
  96% {
    -webkit-filter: brightness(20%);
    filter: brightness(20%);
  }
  96% {
    -webkit-filter: brightness(400%);
    filter: brightness(400%);
  }
}
</style>
</head>
<body>
使用滤镜产生动画效果:
<img src="6.jpg">
</body>
</html>
```

在上述代码中，@keyframes 主要用于规定动画的规则。在 Mozilla Firefox 52.0 中浏览，效果如图 16-12 所示，可以看到电闪雷鸣的动画效果。

图 16-12　动画效果

16.5　跟我学上机——制作色相旋转(hue-rotate)滤镜

hue-rotate 滤镜可以控制显示颜色变化，给图像应用色相旋转的效果。其语法格式如下：

```
filter: hue-rotate(angle)
```

参数 angle 值设定图像会被调 izvestia 整的色环角度值。值为 0deg，则图像无变化。若值未设置，默认值是 0deg。该值虽然没有最大值，超过 360deg 的值相当于又绕一圈。

【例 16.12】 为图像添加色相旋转效果。

```
<!DOCTYPE html>
<html>
<head>
<style>
img {
    width: 40%;
    height: auto;
}

.aa{
-webkit-filter: hue-rotate(120deg);filter: hue-rotate(120deg);
}
.bb{
-webkit-filter: hue-rotate(260deg);filter: hue-rotate(260deg);
}
</style>
</head>
<body>
不同的色相旋转效果:
<img class="aa" src="3.jpg" width="300" height="300">
```

```
<img class="bb" src="3.jpg" width="300" height="300">
</body>
</html>
```

在 Mozilla Firefox 52.0 中浏览，效果如图 16-13 所示，可以看到不同的色相旋转效果。

图 16-13 不同的色相旋转效果

16.6 疑难解惑

疑问 1：如何对一个 html 对象添加多个滤镜效果呢？

在使用滤镜时，若使用多个滤镜，则每个滤镜之间用空格分隔开；一个滤镜中的若干个参数用逗号分隔；filter 属性和其他样式属性并用时以分号分隔。

疑问 2：如何实现图像的光照效果？

Light 滤镜是一个高级滤镜，需要结合 JavaScript 使用。该滤镜用来产生类似于光照灯效果，并调节亮度以及颜色。其语法格式如下：

```
{filter:Light(enabled=bEnabled)}
```

但是这种滤镜效果只能在 IE 9.0 或者更早期的版本中实现。IE 10.0 或者后期的版本将不再支持这种效果。

第 17 章 CSS 3 中的动画效果

在 CSS 3 版本之前，用户如果想在网页中实现图像过渡和动画效果，只有使用 Flash 或者 JavaScript 脚本。在 CSS 3 中，用户可以轻松地通过新增的属性实现图像的过渡和动画效果。同时，还可以通过改变网页元素的形状、大小、位置等，从而产生 2D 或 3D 的效果。在 CSS 3 转换效果中，用户可以移动、反转、旋转和拉伸网页元素，从而产生各种各样绚丽的效果，丰富网页的特效。

17.1 了解过渡效果

在 CSS 3 中，过渡效果主要是指网页元素从一种样式逐渐改变为另一种样式的效果。能实现过渡效果的属性如下。

(1) transition：过渡属性的简写版，用于在一个属性中设置下面 4 个过渡属性。

(2) transition-delay：用于规定过渡的 CSS 属性的名称。

(3) transition-duration：用于定义过渡效果花费的时间。

(4) transition-property：用于规定过渡效果的时间曲线。

(5) transition-timing-function：规定过渡效果何时开始。

CSS 3 中过渡效果的属性在浏览器中的支持情况如表 17-1 所示。

表 17-1　常见浏览器对过渡属性的支持情况

名　称	图　标	支持情况
Chrome 浏览器		26.0 及以上版本支持
IE 浏览器		IE 10.0 及以上版本支持
Mozilla Firefox 浏览器		16.0 及以上版本支持
Opera 浏览器		15.0 及以上版本支持
Safari 浏览器		6.1 及以上版本支持

17.2 添加过渡效果

用户要实现过渡效果，不仅要添加效果的 CSS 属性，还需要指定过渡效果的持续时间。下面通过一个案例来学习如何添加过渡效果。

【例 17.1】 添加过渡效果。

```
<!DOCTYPE html>
<html>
<head>
<title>过渡效果</title>
<style>
div
{
    width:100px;
    height:100px;
    background:blue;
    transition:width,height 3s;
    -webkit-transition:width,height 3s; /* Safari */
}
div:hover
{
    width:300px;
```

```
    height:200px;
}
</style>
</head>
<body>
<p><b>鼠标移动到 div 元素上，查看过渡效果。</b></p>
<div></div>
</body>
</html>
```

在 IE 11.0 中浏览，效果如图 17-1 所示。将鼠标放置在 div 块上，div 块的高度和宽度都发生了变化，过渡后的效果如图 17-2 所示。

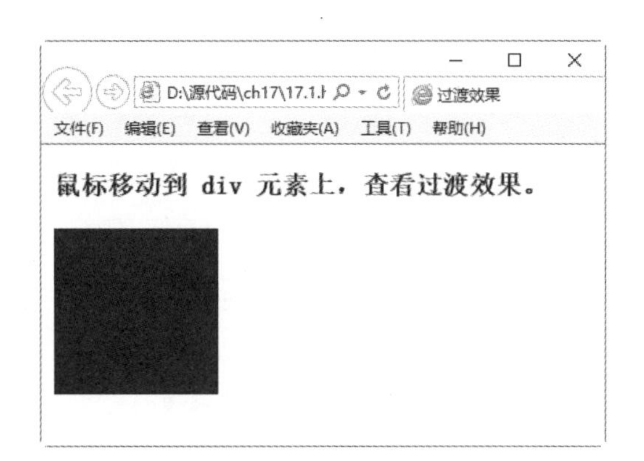

图 17-1　过渡前的效果

图 17-2　过渡后的效果

上面的案例使用了简写的 transition 属性，用户也可以使用全部的属性。上面的代码修改如下即可：

```
<!DOCTYPE html>
<html>
<head>
<title>过渡效果</title>
<style>
div
{
    width:100px;
    height:100px;
    background:blue;
    transition-property:width,height;
    transition-duration:3s;
    transition-timing-function:linear;
    transition-delay:0s;
    /* Safari */
    -webkit-transition-property:width,height;
    -webkit-transition-duration:3s;
    -webkit-transition-timing-function:linear;
```

```
    -webkit-transition-delay:0s;
}
div:hover
{
    width:300px;
    height:200px;
}
</style>
</head>
<body>
<p><b>鼠标移动到 div 元素上，查看过渡效果。</b></p>
<div></div>
</body>
</html>
```

修改后的运行结果和上面的例子结果一样，只是它们的写法不同而已。

17.3 了解动画效果

通过 CSS 3 提供的动画功能，用户可以制作很多具有动感效果的网页，从而取代网页动画图像。

在添加动画效果之前，用户需要了解有关动画的属性。

(1) @keyframes：规定动画的规则。包括一个 CSS 样式和动画将逐步从目前的样式更改为新的样式。

(2) animation：除了 animation-play-state 属性以外，其他所有动画属性的简写。

(3) animation-name：定义@keyframes 动画的名称。

(4) animation-duration：规定动画完成一个周期所花费的秒或毫秒。默认是 0。

(5) animation-timing-function：规定动画的速度曲线。默认是"ease"。

(6) animation-delay：规定动画何时开始。默认是 0。

(7) animation-iteration-count：规定动画被播放的次数。默认是 1。

(8) animation-direction：规定动画是否在下一周期逆向地播放。默认是 "normal"。

(9) animation-play-state：规定动画是否正在运行或暂停。默认是 "running"。

在 CSS 3 中，动画效果其实就是使元素从一种样式逐渐变化为另一种样式的效果。在创建动画时，首先需要创建动画规则@keyframes，然后将@keyframes 绑定到指定的选择器上。

提示：创建动画规则，至少需要规定动画的名称和持续的时间，然后将动画规则绑定到选择器上，否则动画不会有任何效果。

在规定动画规则时，可使用关键字"from" 和 "to"来规定动画的初始时间和结束时间，也可以使用百分比来规定变化发生的时间，0%是动画的开始，100%是动画的完成。

例如下面定义一个动画规则，将实现网页背景从蓝色转换为红色的动画效果，代码如下：

```
@keyframes colorchange
{
   from {background:blue;}
   to {background: red;}
}
```

```
@-webkit-keyframes colorchange /* Safari 与 Chrome */
{
   from {background:blue;}
   to {background: red;}
}
```

动画规则定义完成后，就可以将其规则绑定到指定的选择器上，然后指定动画持续的时间即可。例如将“colorchange”动画捆绑到 div 元素，动画持续时间设置为 10 秒，代码如下：

```
div
{
   animation:colorchange 10s;
   -webkit-animation:colorchange 10s; /* Safari 与 Chrome */
}
```

这里需要注意的是，必须要指定动画持续的时间，否则将无动画效果，因为动画默认的持续时间为 0。

17.4　添加动画效果

下面的案例将添加一个不仅改变背景色、还改变位置的动画效果。这里定义了0%~50%~100%三个时间上的样式和位置。

【例 17.2】 添加动画效果。

```
<!DOCTYPE html>
<html>
<head>
<title>过渡效果</title>
<style>
div
{
    width:100px;
    height:100px;
    background:blue;
    position:relative;
    animation:mydht 10s;
    -webkit-animation:mydh 10s; /* Safari and Chrome */
}

@keyframes mydh
{
   0%   {background: red; left:0px; top:0px;}
   50%  {background: blue; left:100px; top:200px;}
   100% {background: red; left:200px; top:0px;}
}

@-webkit-keyframes mydh /* Safari 与 Chrome */
```

```
{
    0%   {background: red; left:0px; top:0px;}
    50%  {background: blue; left:100px; top:200px;}
    100% {background: red; left:200px; top:0px;}
}
</style>
</head>
<body>
<p><b>查看动画效果</b></p>
<div> </div>
</body>
</html>
```

在 IE 11.0 中浏览，效果如图 17-3 所示。动画过渡中的效果如图 17-4 所示。动画过渡后的效果如图 17-5 所示。

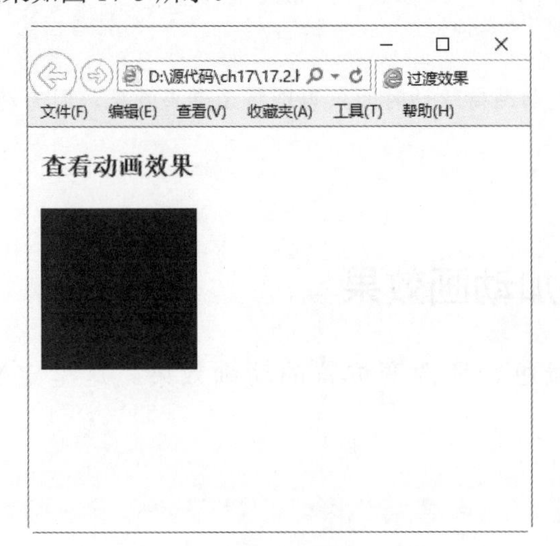

图 17-3　过渡前的效果

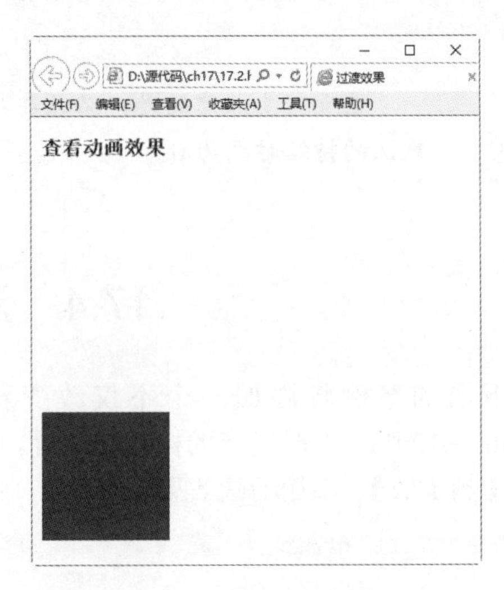

图 17-4　过渡中的效果

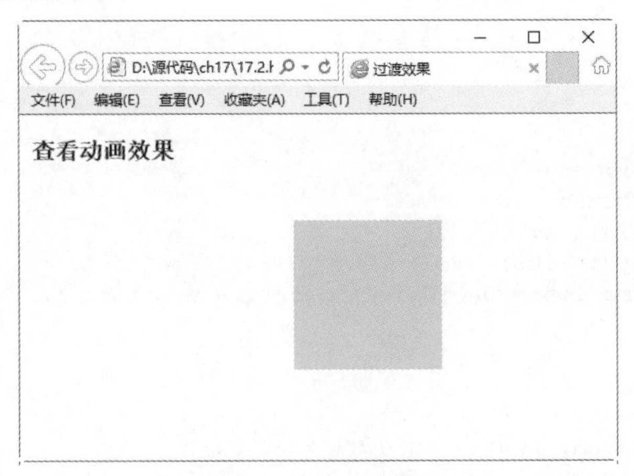

图 17-5　过渡后的效果

17.5 了解2D转换效果

在CSS 3中，2D转换效果主要是指网页元素的形状、大小和位置从一个状态转换到另外一个状态。其中2D转换中的属性如下。

(1) transform：用于指定转换元素的方法。

(2) transform-origin：用于更改转换元素的位置。

CSS 3中2D转换效果的属性，在浏览器中的支持情况如表17-2所示。

表17-2 常见浏览器对2D转换属性的支持情况

名 称	图 标	支持情况
Chrome浏览器		36.0及以上版本支持
IE浏览器		IE 10.0及以上版本支持
Mozilla Firefox浏览器		16.0及以上版本支持
Opera浏览器		23.0及以上版本支持
Safari浏览器		3.2及以上版本支持

2D转换中的方法介绍如下。

(1) translate()：定义2D移动效果，沿着X轴或Y轴移动元素。

(2) rotate()：定义2D旋转效果，在参数中规定角度。

(3) scale()：定义2D缩放转换效果，改变元素的宽度和高度。

(4) skew()：定义2D倾斜效果，沿着X轴或Y轴倾斜元素。

(5) matrix()：定义2D转换效果，包含6个参数，可以一次定义旋转、缩放、移动和倾斜的综合效果。

17.6 添加2D转换效果

下面讲述如何添加不同类型的2D转换效果，主要包括移动、旋转、缩放、倾斜等2D转换效果。

17.6.1 添加移动效果

使用translate()方法，定义X轴、Y轴和Z轴的参数，可以将当前元素移动到指定的位置。例如，将指定元素沿着X轴移动30个像素，然后沿着Y轴移动60个像素。代码如下：

```
translate(30px, 60px)u
```

下面通过案例来对比移动转换前后的效果。

【例17.3】 添加移动转换效果。

```
<!DOCTYPE html>
<html>
<head>
<title>3D 移动效果</title>
<style>
div
{
    width:140px;
    height:100px;
    background-color:#FFB5B5;
    border:1px solid black;
}
div#div2
{
    transform:translate(150px,50px);
    -ms-transform:translate(150px,50px); /* IE 9 */
    -webkit-transform:translate(150px,50px); /* Safari and Chrome */
}
</style>
</head>
<body>
<div>自在飞花轻似梦，无边丝雨细如愁。</div>
<div id="div2">自在飞花轻似梦，无边丝雨细如愁。</div>
</body>
</html>
```

在 IE 11.0 中浏览，效果如图 17-6 所示。可以看出移动前和移动后的不同效果。

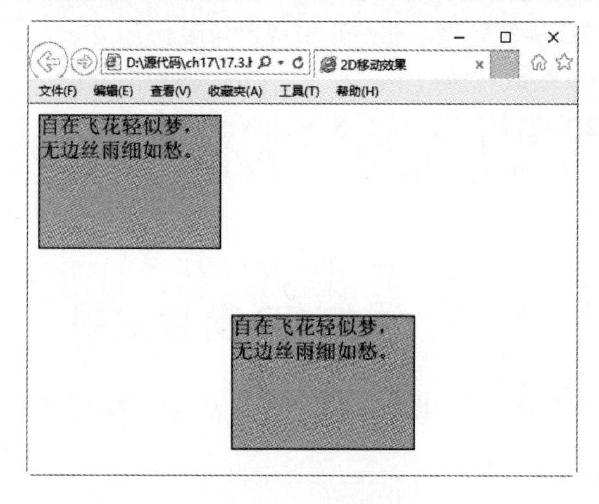

图 17-6　2D 移动效果

17.6.2　添加旋转效果

使用 rotate()方法，可以将一个网页元素按指定的角度添加旋转效果。如果指定的角度是正值，则网页元素按顺时针旋转；如果指定的角度为负值，则网页元素按逆时针旋转。

例如，将网页元素顺时针旋转 60 度，代码如下：

```
rotate(60deg)
```

【例 17.4】 添加旋转效果。

```
<!DOCTYPE html>
<html>
<head>
<title>2D旋转效果</title>
<style>
div
{
    width:100px;
    height:75px;
    background-color: #FFB5B5;
    border:1px solid black;
}
div#div2
{
    transform:rotate(45deg);
    -ms-transform:rotate(45deg); /* IE 9 */
    -webkit-transform:rotate(45deg); /* Safari and Chrome */
}
</style>
</head>
<body>
<div>侯门一入深如海，从此萧郎是路人</div>
<div id="div2">侯门一入深如海，从此萧郎是路人</div>
</body>
</html>
```

在 IE 11.0 中浏览，效果如图 17-7 所示。可以看出旋转前和旋转后的不同效果。

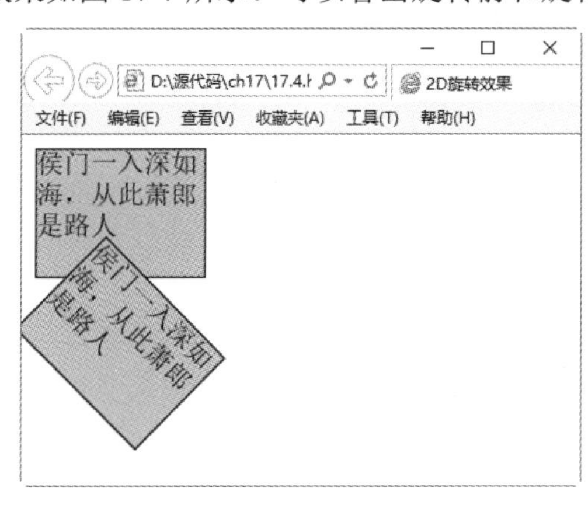

图 17-7　2D 旋转效果

17.6.3　添加缩放效果

使用 scale()方法，可以将一个网页元素按指定的参数进行缩放。缩放后的大小取决于指定的宽度和高度。

例如，将指定元素的宽度增加为原来的 4 倍，高度增加为原来的 3 倍，代码如下：

```
scale(4,3)
```

【例 17.5】 添加缩放效果。

```
<!DOCTYPE html>
<html>
<head>
<title>2D 缩放效果</title>
<style>
div {
   margin: 50px;
   width: 100px;
   height: 100px;
   background-color:#FFB5B5;
   border: 1px solid black;
   border: 1px solid black;
}
div#div2
{
   -ms-transform: scale(2,2);      /* IE 9 */
   -webkit-transform: scale(2,2);  /* Safari */
   transform: scale(2,2);          /* 标准语法 */
}

</style>
</head>
<body>
<div>春云吹散湘帘雨，絮黏蝴蝶飞还住。人在玉楼中，楼高四面风。</div>
缩放后的效果:
<div id="div2">春云吹散湘帘雨，絮黏蝴蝶飞还住。人在玉楼中，楼高四面风。</div>
</body>
</html
```

在 IE 11.0 中浏览，效果如图 17-8 所示。可以看出缩放前和缩放后的不同效果。

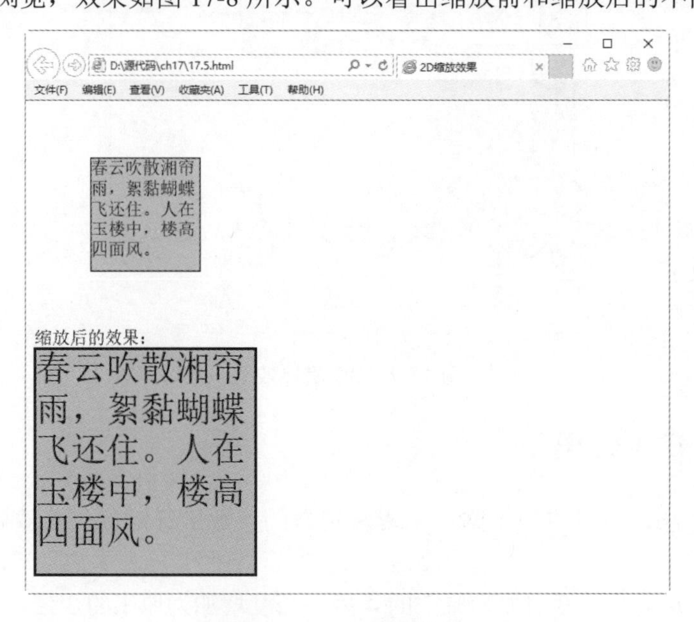

图 17-8　2D 缩放效果

17.6.4　添加倾斜效果

使用 skew()方法可以为网页元素添加倾斜效果。其语法格式如下：

```
transform:skew(<angle> [,<angle>]);
```

这里包含了两个角度值，分别表示 X 轴和 Y 轴倾斜的角度。如果第二个参数为空，则默认为 0，参数为负表示向相反方向倾斜。

例如：将网页元素围绕 X 轴翻转 30 度，围绕 Y 轴翻转 40 度。代码如下：

```
skew(30deg,40deg)
```

另外，如果仅仅只在 X 轴(水平方向)倾斜。方法如下：

```
skewX(<angle>);
```

如果仅仅只在 Y 轴(垂直方向)倾斜。方法如下：

```
skewY(<angle>);
```

【例 17.6】 添加倾斜效果。

```
<!DOCTYPE html>
<html>
<head>
<title>2D 倾斜效果</title>
<style>
div {
   margin: 50px;
   width: 100px;
   height: 100px;
   background-color:#FFB5B5;
   border: 1px solid black;
   border: 1px solid black;
}
div#div2
{
   transform:skew(30deg,150deg);
   -ms-transform:skew(30deg,15deg);        /* IE 9 */
   -moz-transform:skew(30deg,15deg);       /* Firefox */
   -webkit-transform:skew(30deg,15deg);    /* Safari and Chrome */
   -o-transform:skew(30deg,40deg);         /* Opera */
}
</style>
</head>
<body>
<div>窗含西岭千秋雪，门泊东吴万里船。</div>
倾斜后的效果：
<div id="div2">窗含西岭千秋雪，门泊东吴万里船。</div>
</body>
</html
```

在 IE 11.0 中浏览，效果如图 17-9 所示。可以看出倾斜前和倾斜后的不同效果。

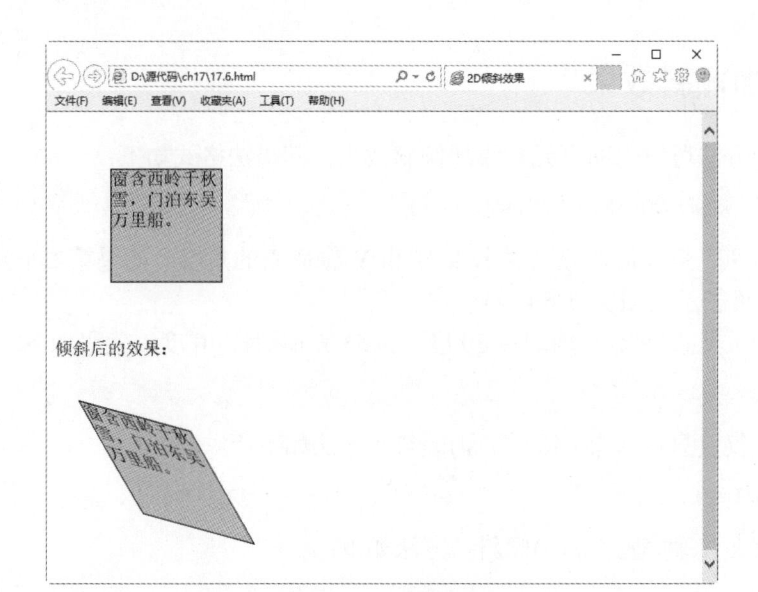

图 17-9　2D 倾斜效果

17.7　添加 3D 转换效果

在 CSS 3 中，3D 转换效果主要是指网页元素在三维空间内进行转换的效果。其中 3D 转换中的属性如下。

(1)　transform：用于指定转换元素的方法。

(2)　transform-origin：用于更改转换元素的位置。

(3)　transform-style：规定被嵌套元素如何在 3D 空间中显示。

(4)　perspective：规定 3D 元素的透视效果。

(5)　perspective-origin：规定 3D 元素的底部位置。

(6)　backface-visibility：定义元素在不面向屏幕时是否可见。如果在旋转元素后，又不希望看到其背面时，该属性很有用。

CSS 3 中 3D 转换效果的属性，在浏览器中的支持情况如表 17-3 所示。

表 17-3　常见浏览器对 3D 转换属性的支持情况

名　称	图　标	支持情况
Chrome 浏览器		36.0 及以上版本支持
IE 浏览器		IE 10.0 及以上版本支持
Mozilla Firefox 浏览器		16.0 及以上版本支持
Opera 浏览器		23.0 及以上版本支持
Safari 浏览器		4.0 及以上版本支持

3D 转换中的方法介绍如下。

(1)　translate3d(x,y,z)：定义 3D 移动效果，沿着 X 轴或 Y 轴或 Z 轴移动元素。

(2) rotate3d(x,y,z,angle)：定义 3D 旋转效果，在参数中规定角度。

(3) scale3d(x,y,z)：定义 3D 缩放转换效果。

(4) perspective(n)：定义 3D 元素的透视效果。

(5) matrix3d()：定义 3D 转换效果，包含 6 个参数，可以定义旋转、缩放、移动和倾斜的综合效果。

添加 3D 转换效果与 2D 转换效果的方法类似，下面以 3D 旋转效果为例进行讲解。

【例 17.7】 沿 X 轴旋转效果。

```
<!DOCTYPE html>
<html>
<head>
<title>3D 旋转效果</title>
<style>
div
{
    width:100px;
    height:75px;
    background-color: #FFB5B5;
    border:1px solid black;
}
div#div2
{
    transform:rotateX(60deg);
    -webkit-transform:rotateX(60deg); /* Safari and Chrome */}
</style>
</head>
<body>
<div>侯门一入深如海，从此萧郎是路人</div>
<div id="div2">侯门一入深如海，从此萧郎是路人</div>
</body>
</html>
```

在 IE 11.0 中浏览，效果如图 17-10 所示。可以看出旋转前和旋转后的不同效果。

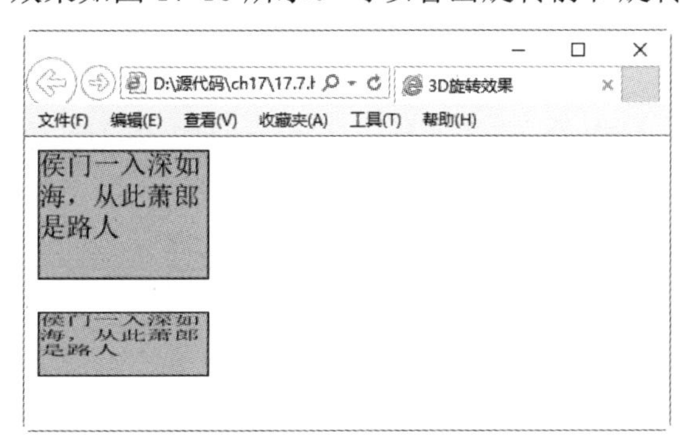

图 17-10　沿 X 轴旋转效果

【例 17.8】 沿 Y 轴旋转效果。

```
<!DOCTYPE html>
<html>
<head>
```

```
<title>3D 旋转效果</title>
<style>
div
{
    width:100px;
    height:75px;
    background-color: #FFB5B5;
    border:1px solid black;
}
div#div2
{
    transform:rotateY(60deg);
    -webkit-transform:rotateY(60deg); /* Safari and Chrome */}
</style>
</head>
<body>
<div>侯门一入深如海，从此萧郎是路人</div>
<div id="div2">侯门一入深如海，从此萧郎是路人</div>
</body>
</html>
```

在 IE 11.0 中浏览，效果如图 17-11 所示。可以看出旋转前和旋转后的不同效果。

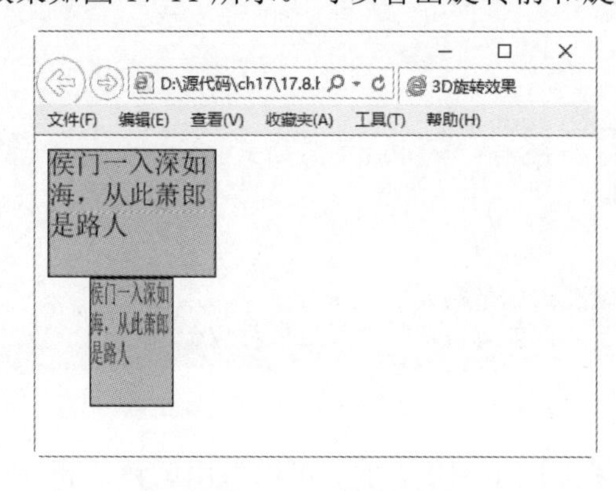

图 17-11 沿 Y 轴旋转效果

17.8 综合案例——添加综合过渡效果

用户可以一次性添加多个样式的变换效果，添加的属性由逗号分隔即可。

【例 17.9】 添加多个样式的过渡效果。

```
<!DOCTYPE html>
<html>
<head>
<title>过渡效果</title>
<style>
div
{
    width:100px;
    height:100px;
    background:blue;
```

```
    -webkit-transition:width 3s,height 3s,background 3s, -webkit-transform 3s;
    transition: width 3s, height 3s, background 3s, transform 3s;
}
div:hover {
   width: 300px;
   height: 200px;
        background:red;
   -webkit-transform: rotate(180deg); /* Chrome, Safari, Opera */
   transform: rotate(180deg);
}
</style>
</head>
<body>
<p><b>鼠标移动到 div 元素上，查看过渡效果。</b></p>
<div>锄禾日当午，汗滴禾下土</div>
</body>
</html>
```

在 IE 11.0 中浏览效果如图 17-12 所示。将鼠标放置在 div 块上，div 块的高度和宽度都发生了变化，背景颜色由浅蓝色变为浅红色，而且进行了 180 度的旋转操作，过渡后的效果如图 17-13 所示。

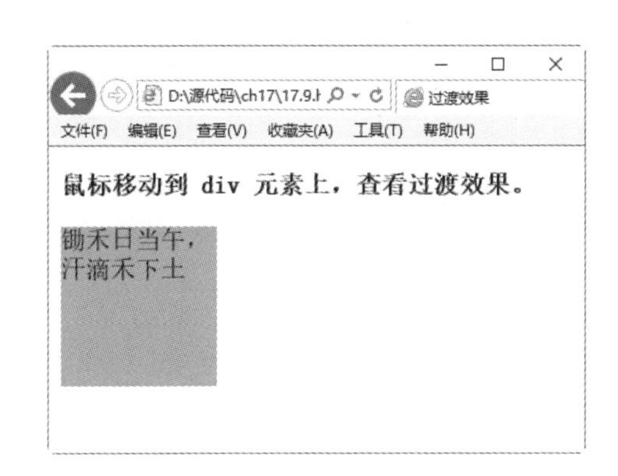

图 17-12　过渡前的效果

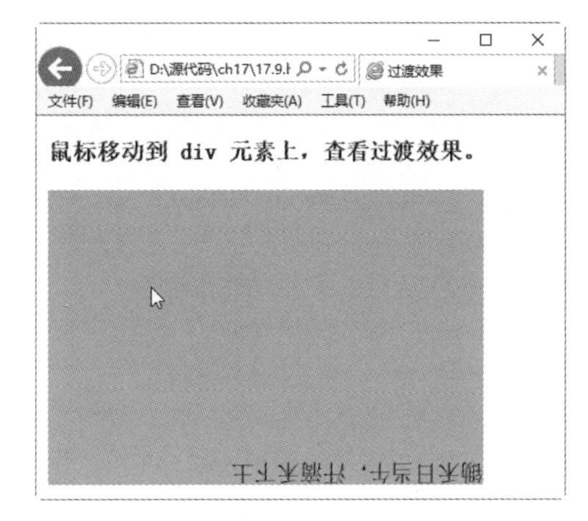

图 17-13　过渡后的效果

17.9　跟我学上机——添加综合变幻效果

使用 matrix()方法可以为网页元素添加移动、旋转、缩放和倾斜效果。其语法格式如下：

```
transform: matrix(n,n,n,n,n,n)
```

这里包含了 6 个参数值，使用这 6 个值的矩阵可以添加不同的 2D 转换效果。

【例 17.10】 添加综合变幻效果。

```
<!DOCTYPE html>
<html>
<head>
```

```
<title>2D综合变幻效果</title>
<style>
div {
   margin: 50px;
   width: 100px;
   height: 100px;
   background-color:#FFB5B5;
   border: 1px solid black;
   border: 1px solid black;
}
div#div2
{
    transform:matrix(0.888,0.6,-0.6,0.888,0,0);
    -ms-transform:matrix(0.888,0.6,-0.6,0.888,0,0); /* IE 9 */
    -webkit-transform:matrix(0.888,0.6,-0.6,0.888,0,0); /* Safari and
Chrome */
}
</style>
</head>
<body>
<div>众芳摇落独暄妍，占尽风情向小园。</div>
变换后的效果：
<div id="div2">众芳摇落独暄妍，占尽风情向小园。</div>
</body>
</html
```

在IE 11.0中浏览，效果如图17-14所示。可以看出变换前和变换后的不同效果。

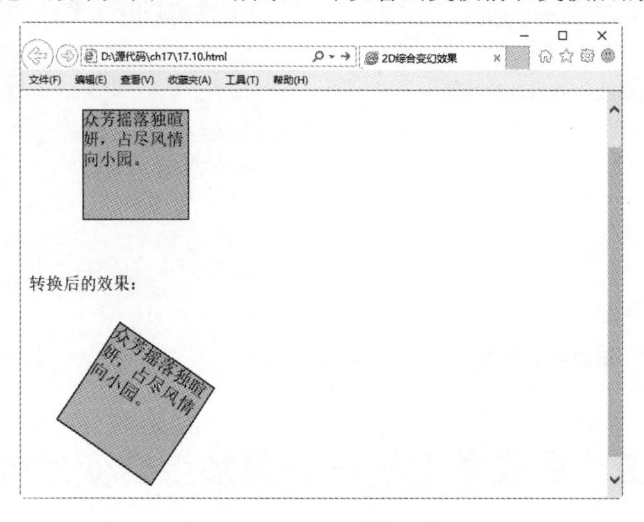

图17-14　2D转换效果

17.10　疑难解惑

疑问1：添加了动画效果后，为什么在IE浏览器中没有效果呢？

首先需要仔细检查代码，在设置参数时有没有多余的空格。确认代码无误后，可以查看

IE 浏览器的版本，如果浏览器的版本为 IE 9.0 或者更低的版本，则需要升级到 IE 10.0 或者更新的版本，才能查看添加的动画效果。

疑问 2：定义动画的时间用百分比还是用关键字"from"和"to"？

一般情况下，使用百分比和使用关键字"from" 和 "to"的效果是一样的，但是以下两种情况，用户需要考虑使用百分比来定义时间。

(1) 定义多于两种以上的动画状态时，需要使用百分比来定义动画时间。

(2) 考虑到在多种浏览器上查看动画效果时，使用百分比的方式会获得更好的兼容效果。

疑问 3：如何实现 3D 网页对象沿 Z 轴旋转？

使用 translateZ(n)方法可以将网页对象沿着 Z 轴作 3D 旋转。例如：将网页对象沿着 Z 轴做 60 度旋转，代码如下：

```
transform:rotateZ(60deg)
```

疑问 4：如何能在 IE 9.0 中显示 2D 转换效果？

如果想让 2D 转换效果也能在 IE 9.0 中正常现实，需要在转换属性前添加-ms-。例如在添加移动效果中的代码如下：

```
-ms-transform:translate(150px,50px); /* IE 9 */
```

第 III 篇

JavaScript 动态特效

JavaScript 是目前 Web 应用程序开发者使用最为广泛的客户端脚本编程语言，它不仅可用来开发交互式的 Web 页面，还可将 HTML、XML 和 Java Applet、Flash 等 Web 对象有机地结合起来，使开发人员能够快速生成 Internet 上使用的分布式应用程序。

18.1 认识 JavaScript

JavaScript 作为一种可以给网页增加交互性的脚本语言，拥有近 20 年的发展历史。它的简单、易学易用特性，使其立于不败之地。

18.1.1 什么是 JavaScript

JavaScript 最初由网景公司的 Brendan Eich 设计，是一种动态、弱类型、基于原型的语言，内置支持类。经过近 20 年的发展，它已经成为健壮的基于对象和事件驱动并具有相对安全性的客户端脚本语言，同时也是一种广泛用于客户端 Web 开发的脚本语言，常用来给 HTML 网页添加动态功能，例如响应用户的各种操作。

JavaScript 可以弥补 HTML 语言的缺陷，实现 Web 页面客户端的动态效果，其主要作用如下。

1. 动态改变网页内容

HTML 语言是静态的，一旦编写，内容是无法改变的。JavaScript 可以弥补这种不足，可以将内容动态地显示在网页中。

2. 动态改变网页的外观

JavaScript 通过修改网页元素的 CSS 样式，可以动态地改变网页的外观。例如，修改文本的颜色、大小等属性，让图片的位置动态地改变等。

3. 验证表单数据

为了提高网页的效率，用户在填写表单时，可以在客户端对数据进行合法性验证，验证成功之后，才能提交到服务器上，进而减少服务器的负担和网络带宽的压力。

4. 响应事件

JavaScript 是基于事件的语言，因此可以影响用户或浏览器产生的事件。只有事件产生时才会执行某段 JavaScript 代码。例如，当用户单击计算按钮时，程序才显示运行结果。

注意 几乎所有浏览器都支持 JavaScript，如 Internet Explorer(IE)、Firefox、Netscape、Mozilla、Opera 等。

18.1.2 JavaScript 的特点

JavaScript 的主要特点有以下几个方面。

1. 语法简单，易学易用

JavaScript 语法简单、结构松散，可以使用任何一种文本编辑器来进行编写。JavaScript

程序运行时不需要编译成二进制代码，只需要支持 JavaScript 的浏览器进行解释。

2. 解释性语言

非脚本语言编写的程序通常需要经过“编写→编译→连接→运行”这 4 个步骤，而脚本语言 JavaScript 只需要经过“编写→运行”这两个步骤。

3. 跨平台

由于 JavaScript 程序的运行依赖于浏览器，只要操作系统中安装有支持 JavaScript 的浏览器即可，因此，JavaScript 与平台(操作系统)无关。例如，无论是 Windows 操作系统、Unix 操作系统、Linux 操作系统，或者是用于手机的 Android 操作系统、iPhone 操作系统等，都可以使用 JavaScript。

4. 基于对象和事件驱动

JavaScript 把 HTML 页面中的每个元素都当作一个对象来处理，并且这些对象都具有层次关系，像一棵倒立的树，这种关系被称为“文档对象模型(DOM)”。在编写 JavaScript 代码时，会接触到大量的对象及对象的方法和属性。可以说学习 JavaScript 的过程，就是了解 JavaScript 对象及其方法和属性的过程。因为基于事件驱动，所以 JavaScript 可以捕捉到用户在浏览器中的操作，可以将原来静态的 HTML 页面变成可以与用户交互的动态页面。

5. 用于客户端

尽管 JavaScript 分为服务器端和客户端两种，但目前应用最多的还是客户端的。

18.1.3 JavaScript 与 Java 的区别

JavaScript 是一种嵌入式脚本文件，可直接插入网页，由浏览器一边解释一边执行。Java 语言则不一样，它必须在 Java 虚拟机上运行，而且事先需要进行编译。另外，Java 的语法规则比 JavaScript 要严格得多，功能要强大得多。下面就来分析 JavaScript 与 Java 的主要区别。

1. 基于对象和面向对象

JavaScript 是基于对象的，它是一种脚本语言，是一种基于对象和事件驱动的编程语言，因而它本身提供了非常丰富的内部对象供设计人员使用。

Java 是面向对象的，即 Java 是一种真正的面向对象的语言，即使是开发简单的程序，也必须设计对象。

2. 强变量和弱变量

JavaScript 与 Java 所采用的变量是不一样的。

Java 采用强类型变量检查，即所有变量在编译之前必须做声明。例如下面一段代码：

```
Integer x;
String y;
x = 123456;
y = "654321";
```

其中，x=123456 说明是一个整数；y=“654321”说明是一个字符串。

而在 JavaScript 中，变量声明采用其弱类型。即变量在使用前不需要做声明，而是由解释器在运行时检查其数据类型。代码如下：

```
x = 123456;
y = "654321";
```

在上述代码中，前者说明 x 为数值型变量，而后者说明 y 为字符串型变量。

3. 代码格式不同

JavaScript 与 Java 代码的格式不一样。JavaScript 的代码是一种文本字符格式，可以直接嵌入 HTML 文档中，并且可动态装载，编写 HTML 文档就像编辑文本文件一样方便，其独立文件的格式为*.js。

Java 是一种与 HTML 无关的格式，必须通过像 HTML 中引用外媒体那样进行装载，其代码以字节代码的形式保存在独立的文档中，其独立文件的格式为*.class。

4. 嵌入方式不同

JavaScript 与 Java 嵌入方式不一样。在 HTML 文档中，两种编程语言的标识不同，JavaScript 使用<script>… </script>来标识，而 Java 使用<applet>...</applet>来标识。

5. 静态联编和动态联编

JavaScript 采用动态联编，即 JavaScript 的对象引用在运行时进行检查。

Java 采用静态联编，即 Java 的对象引用必须在编译时进行，以使编译器能够实现强类型检查。

6. 浏览器执行方式不同

JavaScript 与 Java 在浏览器中所执行的方式不一样。JavaScript 是一种解释性编程语言，其源代码在发往客户端执行之前无须经过编译，而是将文本格式的字符代码发送给客户端，即 JavaScript 语句本身随 Web 页面一起下载，由浏览器解释和执行。

而 Java 的源代码在传递到客户端执行之前，必须经过编译，因而客户端上必须具有相应平台上的编译器或解释器，通过编译器或解释器实现特定平台上的代码操作。

18.1.4 JavaScript 的版本

1995 年，Netscape 公司开发了名字为 LiveScript 的语言，与 Sun 公司合作之后，于 1996 年更名为 JavaScript，版本为 1.0。

随着网络和网络技术的不断发展，JavaScript 的功能越来越强大和完善，至今经历了若干版本，各个版本的发布日期及功能如表 18-1 所示。

JavaScript 尽管版本很多，但是受限于浏览器。并不是所有版本的 JavaScript 浏览器都支持，常用浏览器对 JavaScript 版本的支持如表 18-2 所示。

表 18-1 JavaScript 的版本

版 本	发布日期	新增功能
1.0	1996年3月	目前已经不用
1.1	1996年8月	修正了1.0中的部分错误，并加入了对数组的支持
1.2	1997年6月	加入了对switch选择语句和正则表达式的支持
1.3	1998年10月	修正了JavaScript 1.2与ECMA 1.0中不兼容的部分
1.4	1999年3月	加入了服务器端功能
1.5	2000年11月	在JavaScript 1.3的基础上增加了异常处理，并与ECMA 3.0完全兼容
1.6	2005年11月	加入对E4X、字符串泛型的支持以及新的数组、数据方法等特性
1.7	2006年10月	在JavaScript 1.6的基础上加入了生成器、声明器、分配符变化、let表达式等新特性
1.8	2008年6月	更新很少，它确实包含了一些向ECMAScript 4 / JavaScript 2进化的痕迹
1.8.1	2009年6月	该版本只有很少的更新，主要集中在添加实时编译跟踪
1.8.5	2010年7月	有一些更新
2.0	制定中	

表 18-2 浏览器对 JavaScript 的支持情况

浏 览 器	对 JavaScript 的支持情况
Internet Explorer 9	JavaScript 1.1 ~ JavaScript 1.3
Firefox 4.3	JavaScript 1.1 ~ JavaScript 1.8
Opera 11.9	JavaScript 1.1 ~ JavaScript 1.5

18.2 JavaScript 基本语法的应用

JavaScript 可以直接用记事本编写，其中包括语句、相关的语句块以及注释。在一条语句内可以使用变量、表达式等。下面就来介绍相关的编程语法基础。

18.2.1 注释的应用

注释通常用来解释程序代码的功能(增加代码的可读性)或阻止代码的执行(调试程序)，不参与程序的执行。在 JavaScript 中，注释分为单行注释和多行注释两种。

1. 单行注释语句

在 JavaScript 中，单行注释以双斜杠“//”开始，直到这一行结束。

【**例 18.1**】应用单行注释语句。

```
<!DOCTYPE html>
<html>
```

```
<head>
<title></title>
<script type="text/javascript">
function disptime(){
  //创建日期对象 now，并实现当前日期的输出
  var now = new Date();
  //document.write("<h1>云南旅游网</h1>");
  document.write("<H2>今天日期:"+now.getFullYear()+"年"+(now.getMonth()+1)
    +"月"+now.getDate()+"日</H2>");    //在页面上显示当前年月日
}
</script>
</head>
<body onload="disptime()">
</body>
</html>
```

以上代码中，共使用 3 个注释语句。第一个注释语句将“//”符号放在了行首，通常用来解释下面代码的功能与作用。第二个注释语句放在了代码的行首，阻止了该行代码的执行。第三个注释语句放在了行的末尾，主要是对该行的代码进行解释和说明。

在 IE 11.0 中浏览，效果如图 18-1 所示。可以看到，代码中的注释不被执行。

2. 多行注释语句

单行注释语句只能注释一行的代码，假设在调试程序时，希望有一段代码都不被浏览器执行或者对代码的功能说明一行书写不完，那么就需要使用多行注释语句。

多行注释语句以“/*”开始，以“*/”结束，可以注释一段代码。

【例 18.2】应用多行注释语句。

```
<!DOCTYPE html>
<html>
<head>
</head>
<body>
<h1 id="myH1"></h1>
<p id="myP"></p>
<script type="text/javascript">
/*
下面的这些代码会输出
一个标题和一个段落
并将代表主页的开始
*/
document.getElementById("myH1").innerHTML = "Welcome to my Homepage";
document.getElementById("myP").innerHTML = "This is my first paragraph.";
</script>
<p><b>注释：</b>注释块不会被执行。</p>
</body>
</html>
```

在 IE 11.0 中浏览，效果如图 18-2 所示。可以看到，代码中的注释不被执行。

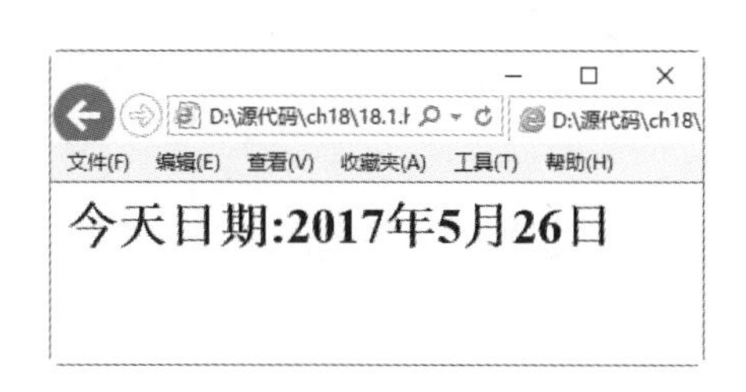

图 18-1　单行注释的使用

图 18-2　多行注释的使用

18.2.2　语句的应用

JavaScript 程序是语句的集合，一条 JavaScript 语句相当于英语中的一个完整句子。JavaScript 语句将表达式组合起来，完成一定的任务。一条语句由一个或多个表达式、关键字或运算符组成，语句之间用分号(;)隔开，也就是说，分号是一条 JavaScript 语句的结束符号。

下面给出 JavaScript 语句的分隔示例，其中一行就是一条 JavaScript 语句：

```
name = "张三";                    //将“张三”赋值给name
var today = new Date();           //将今天的日期赋值给today
```

【例 18.3】语句的应用。

操作两个 HTML 元素：

```
<!DOCTYPE html>
<html>
<head></head>
<body>
<h1>我的网站</h1>
<p id="demo">一个段落.</p>
<div id="myDIV">一个div块.</div>
<script type="text/javascript">
document.getElementById("demo").innerHTML = "Hello JavaScript";
document.getElementById("myDIV").innerHTML = "How are you?";
</script>
</body>
</html>
```

在 IE 11.0 中浏览，效果如图 18-3 所示。

图 18-3　语句的应用

18.2.3　语句块的应用

语句块是一些语句的组合，通常语句块都会被一对大括号括起来。在调用语句块时，JavaScript 会按书写次序执行语句块中的语句。JavaScript 会把语句块中的语句看成是一个整体，全部执行，语句块通常用在函数中或流程控制语句中。

如下所示的代码就是一个语句块：

```
if (Fee < 2)
{
    Fee = 2;    //小于 2 元时，手续费为 2 元
}
```

语句块的作用是使语句序列一起执行。JavaScript 函数是将语句组合在块中的典型例子。

【例 18.4】语句块的应用。

运行可操作两个 HTML 元素的函数：

```
<!DOCTYPE html>
<html>
<head></head>
<body>
<h1>我的网站</h1>
<p id="myPar">我是一个段落.</p>
<div id="myDiv">我是一个 div 块.</div>
<p>
<button type="button" onclick="myFunction()">点击这里</button>
</p>
<script type="text/javascript">
function myFunction()
{
    document.getElementById("myPar").innerHTML = "Hello JavaScript";
    document.getElementById("myDiv").innerHTML = "How are you?";
}
</script>
<p>当您点击上面的按钮时，两个元素会改变。</p>
</body>
</html>
```

在 IE 11.0 中浏览，效果如图 18-4 所示。单击其中的“点击这里”按钮，可以看到两个元素发生了变化。

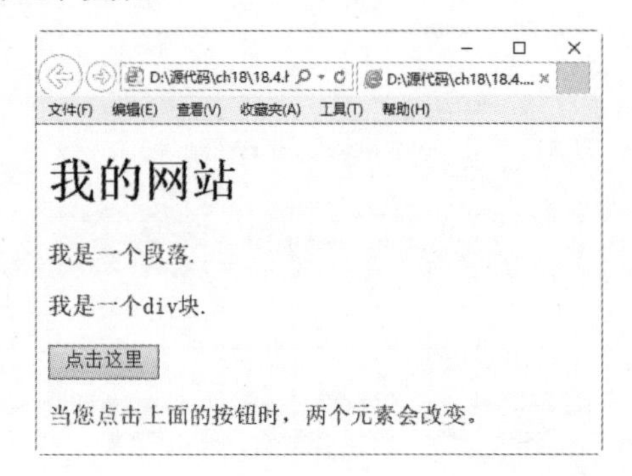

图 18-4　语句块的应用

18.3　JavaScript 的数据结构

每一种计算机编程语言都有自己的数据结构，JavaScript 脚本语言的数据结构包括标识符、常量、变量、关键字等。

18.3.1 认识标识符

用 JavaScript 编写程序时，很多地方都要求用户给定名称。例如，JavaScript 中的变量、函数等要素定义时都要求给定名称。可以将定义要素时使用的字符序列称为标识符。这些标识符必须遵循如下命名规则。

(1) 标识符只能由字母、数字、下划线和中文组成，而不能包含空格、标点符号、运算符等其他符号。

(2) 标识符的第一个字符必须是字母、下划线或者中文。

(3) 标识符不能与 JavaScript 中的关键字名称相同，如不能是 if、else 等。

例如，下面是一些合法的标识符：

```
UserName
Int2
_File_Open
Sex
```

又如，下面为一些不合法的标识符：

```
99BottlesofBeer
Namespace
It's-All-Over
```

18.3.2 认识关键字

关键字标识了 JavaScript 语句的开头或结尾。根据规定，关键字是保留的，不能用作变量名或函数名。

JavaScript 中的关键字如表 18-3 所示。

表 18-3 JavaScript 中的关键字

break	case	catch	continue
default	delete	do	else
finally	for	function	if
in	instanceof	new	return
switch	this	throw	try
typeof	var	void	while
with			

JavaScript 关键字是不能作为变量名和函数名使用的。

18.3.3 认识常量

简单地说，常量是字面变量，是固化在程序代码中的信息，常量的值从定义开始就是固定的。常量主要用于为程序提供固定和精确的值，包括数值和字符串，如数字、逻辑值真(true)、逻辑值假(false)等都是常量。

常量通常使用 const 来声明。其语法格式如下：

```
const 常量名:数据类型 = 值;
```

18.3.4 认识变量及其应用

变量，顾名思义，就是在程序运行过程中，其值可以改变。变量是存储信息的单元，它对应于某个内存空间，变量用于存储特定数据类型的数据，用变量名代表其存储空间。

1. 变量的命名

实际上，变量的名称是一个标识符。在 JavaScript 中，用标识符来命名变量和函数，变量的名称可以是任意长度。创建变量名称时，应该遵循以下命名规则。

(1) 第一个字符必须是一个 ASCII 字符(大小写均可)或一个下划线(_)，但不能是文字。

(2) 后续的字符必须是字母、数字或下划线。

(3) 变量名称不能是 JavaScript 的保留字。

(4) JavaScript 的变量名是严格区分大小写的。例如，变量名称 myCounter 与变量名称 MyCounter 是不同的。

下面给出一些合法的变量命名示例：

```
_pagecount
Part9
Numer
```

下面给出一些错误的变量命名示例：

```
12balloon              //不能以数字开头
Summary&Went           //&符号不能用在变量名称中
```

2. 变量的声明与赋值

JavaScript 是一种弱类型的程序设计语言，变量可以不声明直接使用。所谓声明变量，即为变量指定一个名称。声明变量后，就可以把它们用作存储单元。

JavaScript 中使用关键字 var 来声明变量，在这个关键字之后的字符串将代表一个变量名。其格式为：

```
var 标识符;
```

例如，声明变量 username，用来表示用户名，代码如下：

```
var username;
```

另外，一个关键字 var 也可以同时声明多个变量名，多个变量名之间必须用逗号“,”分隔，例如，同时声明变量 username、pwd、age，分别表示用户名、密码和年龄，代码如下：

```
var username,pwd,age;
```

要给变量赋值，可以使用 JavaScript 中的赋值运算符，即等于号(=)。

声明变量名时同时赋值，例如，声明变量 username，并赋值为“张三”，代码如下：

```
var username = "张三";
```

声明变量之后，对变量赋值，或者对未声明的变量直接赋值。例如，声明变量 age，然后再为它赋值，以及直接对变量 count 赋值：

```
var age;          //声明变量
age = 18;         //对已声明的变量赋值
count = 4;        //对未声明的变量直接赋值
```

JavaScript 中的变量如果未初始化(赋值)，默认值为 undefind。

3. 变量的作用范围

所谓变量的作用范围，是指可以访问该变量的代码区域。JavaScript 中，按变量的作用范围，分为全局变量和局部变量。

(1) 全局变量。可以在整个 HTML 文档范围中使用的变量，这种变量通常都是在函数体外定义的变量。

(2) 局部变量。只能在局部范围内使用的变量，这种变量通常都是在函数体内定义的变量，所以只能在函数体中有效。

注意

省略关键字 var 声明的变量，无论是在函数体内，还是在函数体外，都是全局变量。

【例 18.5】变量的应用。

创建名为 carname 的变量，并向其赋值“别克汽车”，然后把它放入 id=“demo”的 HTML 段落中。代码如下：

```
<!DOCTYPE html>
<html>
<head></head>
<body>
<p>点击这里来创建变量，并显示结果。</p>
<button onclick="myFunction()">点击这里</button>
<p id="demo"></p>
<script type="text/javascript">
function myFunction()
{
   var carname = "别克汽车";
   document.getElementById("demo").innerHTML = carname;
}
</script>
</body>
</html>
```

在 IE 11.0 中浏览，效果如图 18-5 所示。单击其中的“点击这里”按钮，可以看到两个元素发生了变化。

一个好的编程习惯是，在代码开始处，统一对需要的变量进行声明。

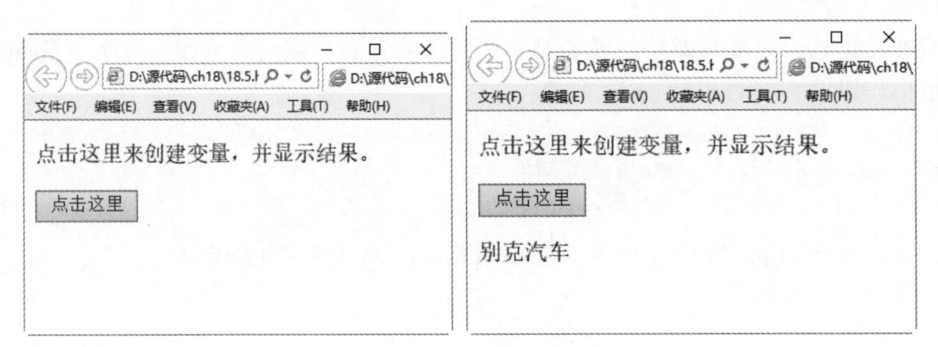

图 18-5　变量的应用

18.4　JavaScript 数据类型的使用

每一种计算机语言，除了有自己的数据结构外，还具有自己所支持的数据类型。

在 JavaScript 脚本语言中，采用的是弱数据类型的方式，即一个数据不必首先做声明，可以在使用或赋值时再确定其数据的类型，当然也可以先声明该数据类型。

18.4.1　typeof 运算符的使用

typeof 运算符有一个参数，即要检查的变量或值。例如：

```
var sTemp = "test string";
alert(typeof sTemp);    //输出 "string"
alert(typeof 86);       //输出 "number"
```

对变量或值，调用 typeof 运算符将返回下列值之一。

(1) undefined：如果变量是 Undefined 类型的。

(2) boolean：如果变量是 Boolean 类型的。

(3) number：如果变量是 Number 类型的。

(4) string：如果变量是 String 类型的。

(5) object：如果变量是一种引用类型或 Null 类型的。

【例 18.6】使用 typeof 运算符。

```
<!DOCTYPE html>
<html>
<head></head>
<body>
<script type="text/javascript">
typeof(1);
typeof(NaN);
typeof(Number.MIN_VALUE);
typeof(Infinity);
```

```
typeof("123");
typeof(true);
typeof(window);
typeof(document);
typeof(null);
typeof(eval);
typeof(Date);
typeof(sss);
typeof(undefined);
document.write("typeof(1): "+typeof(1)+"<br>");
document.write("typeof(NaN): "+typeof(NaN)+"<br>");
document.write("typeof(Number.MIN_VALUE): "+typeof(Number.MIN_VALUE)+"<br>")
document.write("typeof(Infinity): "+typeof(Infinity)+"<br>")
document.write("typeof(\"123\"): "+typeof("123")+"<br>")
document.write("typeof(true): "+typeof(true)+"<br>")
document.write("typeof(window): "+typeof(window)+"<br>")
document.write("typeof(document): "+typeof(document)+"<br>")
document.write("typeof(null): "+typeof(null)+"<br>")
document.write("typeof(eval): "+typeof(eval)+"<br>")
document.write("typeof(Date): "+typeof(Date)+"<br>")
document.write("typeof(sss): "+typeof(sss)+"<br>")
document.write("typeof(undefined): "+typeof(undefined)+"<br>")
</script>
</body>
</html>
```

在 IE 11.0 中浏览，效果如图 18-6 所示。

图 18-6 typeof 运算符的使用

18.4.2 undefined 类型的使用

undefined 是未定义类型的变量，表示变量还没有赋值，如 var a;，或者赋予一个不存在的属性值，例如 var a = String.notProperty。

此外，JavaScript 中有一种特殊类型的数字常量 NaN，表示“非数值”，当在程序中由于某种原因发生计算错误后，将产生一个没有意义的数值，此时 JavaScript 返回的数值就是 NaN。

【例 18.7】使用 undefined 类型。

```
<!DOCTYPE html>
<html>
<head>
</head>
<body>
<script type="text/javascript">
   var person;
   document.write(person + "<br />");
</script>
</body>
</html>
```

在 IE 11.0 中浏览，效果如图 18-7 所示。

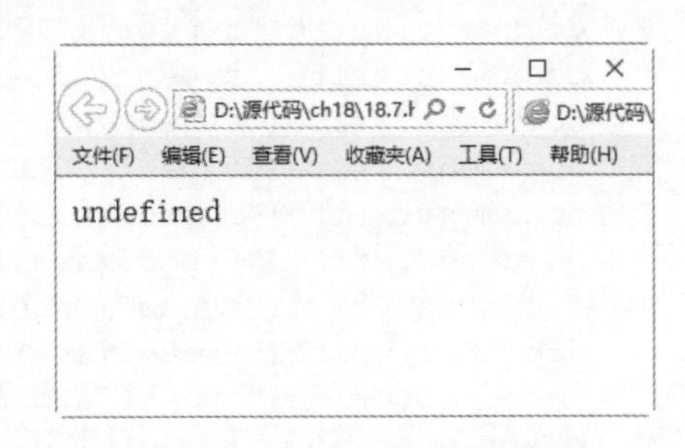

图 18-7　undefined 类型的使用

18.4.3　null 类型的使用

JavaScript 中的关键字 null 是一个特殊的值，表示空值，用于定义空的或不存在的引用。不过，null 不等同于空的字符串或 0。由此可见，null 与 undefined 的区别是：null 表示一个变量被赋予了一个空值，而 undefined 则表示该变量还未被赋值。

【例 18.8】使用 null 类型。

```
<!DOCTYPE html>
<html>
<head>
</head>
<body>
<script type="text/javascript">
var person;
document.write(person + "<br />");
var car = null;
document.write(car + "<br />");
</script>
</body>
</html>
```

在 IE 11.0 中浏览，效果如图 18-8 所示。

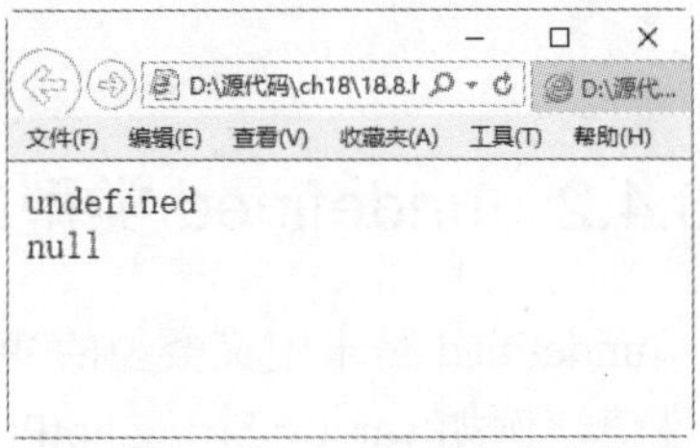

图 18-8　null 类型的使用

18.4.4　Boolean 类型的使用

布尔类型 Boolean 表示一个逻辑数值，用于表示两种可能的情况。逻辑真用 true 表示；逻辑假用 false 来表示。通常，我们使用 1 表示真，0 表示假。

【例 18.9】使用 Boolean 类型。

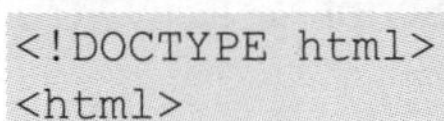

```
<!DOCTYPE html>
<html>
```

```
<head>
</head>
<body>
<script type="text/javascript">
var b1 = Boolean("");                    //返回 false，空字符串
var b2 = Boolean("s");                   //返回 true，非空字符串
var b3 = Boolean(0);                     //返回 false，数字 0
var b4 = Boolean(1);                     //返回 true，非 0 数字
var b5 = Boolean(-1);                    //返回 true，非 0 数字
var b6 = Boolean(null);                  //返回 false
var b7 = Boolean(undefined);             //返回 false
var b8 = Boolean(new Object());          //返回 true，对象
document.write(b1 + "<br>")
document.write(b2 + "<br>")
document.write(b3 + "<br>")
document.write(b4 + "<br>")
document.write(b5 + "<br>")
document.write(b6 + "<br>")
document.write(b7 + "<br>")
document.write(b8 + "<br>")
</script>
</body>
</html>
```

在 IE 11.0 中浏览，效果如图 18-9 所示。

图 18-9　Boolean 类型的使用

18.4.5　Number 类型的使用

JavaScript 的数值类型可以分为 4 种，即整数、浮点数、内部常量和特殊值。整数可以为正数、0 或者负数；浮点数可以包含小数点，也可以包含一个“e”(大小写均可，在科学记数法中表示“10 的幂”)，或者同时包含这两项。整数可以以 10(十进制)、8(八进制)和 16(十六进制)作为基数来表示。

【例 18.10】使用 Number 类型。

```
<!DOCTYPE html>
<html>
<head>
</head>
<body>
```

```
<script type="text/javascript">
var x1 = 36.00;
var x2 = 36;
var y = 123e5;
var z = 123e-5;
document.write(x1 + "<br />")
document.write(x2 + "<br />")
document.write(y + "<br />")
document.write(z + "<br />")
</script>
</body>
</html>
```

在 IE 11.0 中浏览，效果如图 18-10 所示。

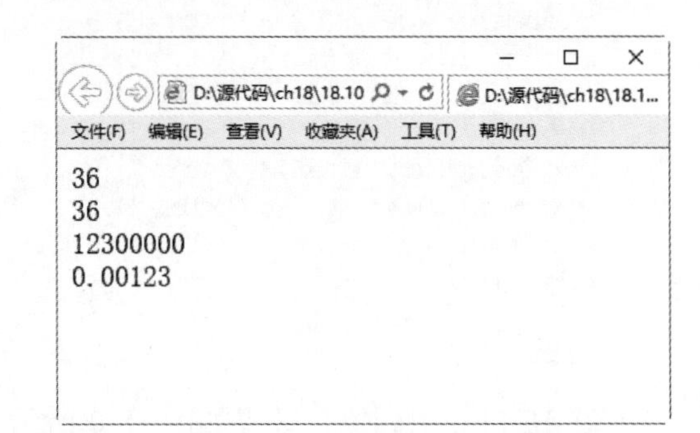

图 18-10　Number 类型的使用

18.4.6　String 类型的使用

字符串是用一对单引号('')或双引号("")和引号中的内容构成的。

一个字符串也是 JavaScript 中的一个对象，有专门的属性。引号中间的内容可以是任意多的字符，如果没有内容，则是一个空字符串。如果要在字符串中使用双引号，则应该将其包含在使用单引号的字符串中，使用单引号时则反之。

【例 18.11】使用 String 类型。

```
<!DOCTYPE html>
<html>
<head></head>
<body>
<script type="text/javascript">
var string1 = "Bill Gates";
var string2 = 'Bill Gates';
var string3 = "Nice to meet you!";
var string4 = "He is called 'Bill'";
var string5 = 'He is called "Bill"';
document.write(string1 + "<br>")
document.write(string2 + "<br>")
document.write(string3 + "<br>")
document.write(string4 + "<br>")
document.write(string5 + "<br>")
</script>
</body>
</html>
```

在 IE 11.0 中浏览，效果如图 18-11 所示。

```
Bill Gates
Bill Gates
Nice to meet you!
He is called 'Bill'
He is called "Bill"
```

图 18-11　String 类型的使用

18.4.7　Object 类型的使用

前面介绍的几种数据类型是 JavaScript 的原始数据类型，而 Object 是对象类型，该数据类型中包括 Object、Function、String、Number、Boolean、Array、Regexp、Date、Global、Math、Error，以及宿主环境提供的 object 类型。

【例 18.12】Object 类型的使用。

```
<!DOCTYPE html>
<html>
<head></head>
<body>
<script type="text/javascript">
person = new Object();
person.firstname = "Bill";
person.lastname = "Gates";
person.age = 56;
person.eyecolor = "blue";
document.write(person.firstname + " is " + person.age + " years old.");
</script>
</body>
</html>
```

在 IE 11.0 中浏览，效果如图 18-12 所示。

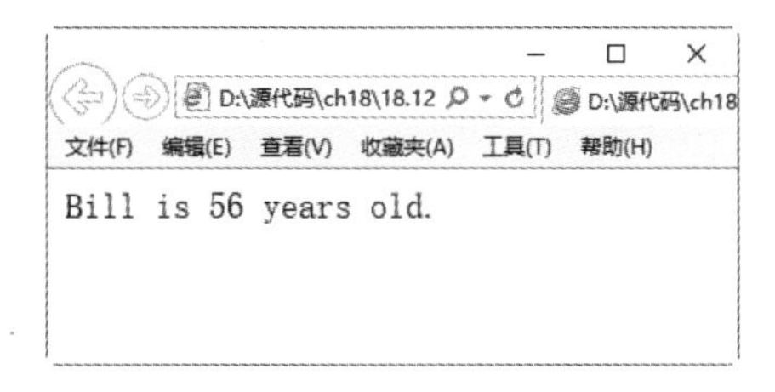

图 18-12　Object 类型的使用

18.5　JavaScript 运算符的使用

在 JavaScript 程序中，要完成各种各样的运算，是离不开运算符的。它用于将一个或几个值进行运算，而得出所需要的结果值。在 JavaScript 中，按运算符类型，可以分为算术运算符、比较运算符、位运算符、逻辑运算符、条件运算符、赋值运算符等。

18.5.1 算术运算符

JavaScript 语言中提供的算术运算符有+、-、*、/、%、++、--共 7 种。分别表示加、减、乘、除、求余数、自增和自减，如表 18-4 所示。其中+、-、*、/、%这 5 种为二元运算符，表示对运算符左右两边的操作数做算术运算，其运算规则与数学中的运算规则相同，即先乘除后加减。++、--两种运算符都是一元运算符，其结合性为自右向左，在默认情况下，表示对运算符右边的变量的值增 1 或减 1，而且它们的优先级比其他算术运算符高。

表 18-4 算术运算符

运 算 符	说 明	示 例
+	加法运算符，用于实现对两个数字进行求和	x+100、100+1000、+100
-	减法运算符或负值运算符	100-60、-100
*	乘法运算符	100*6
/	除法运算符	100/50
%	求模运算符，也就是算术中的求余	100%30
++	将变量值加 1 后，再将结果赋值给该变量	x++用于在参与其他运算之前先将自己加 1，再用新的值参与其他运算 ++x 用于先用原值与其他运算后，再将自己加 1
--	将变量值减 1 后，再将结果赋值给该变量	x--、--x，与++的用法类似

【例 18.13】使用算术运算符。

```
<!DOCTYPE html>
<html>
<head><title>运用 JavaScript 运算符</title></head>
<body>
<script type="text/javascript">
var num1=120,num2=25;                                    //定义两个变量
document.write("120+25="+(num1+num2)+"<br>");            //计算两个变量的和
document.write("120-25="+(num1-num2)+"<br>");            //计算两个变量的差
document.write("120*25="+(num1*num2)+"<br>");            //计算两个变量的积
document.write("120/25="+(num1/num2)+"<br>");            //计算两个变量的商
document.write("(120++)="+(num1++)+"<br>");              //自增运算
document.write("++120="+(++num1)+"<br>");
</script>
</body>
</html>
```

在 IE 11.0 中浏览，效果如图 18-13 所示。

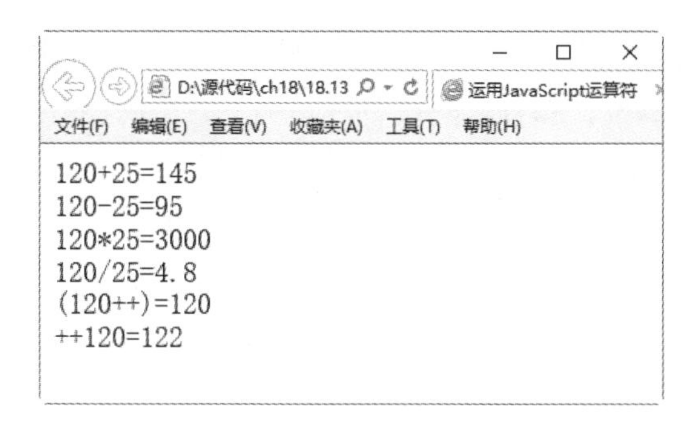

图 18-13 算术运算符的使用

18.5.2 比较运算符

比较运算符用于对运算符的两个表达式进行比较，然后根据比较结果返回布尔类型的值 true 或 false。例如，比较两个值是否相同或比较两个数值的大小等。

在表 18-5 中，列出了 JavaScript 支持的比较运算符。

表 18-5 比较运算符

运 算 符	说 明	示 例
==	判断左右两边的表达式是否相等，当左边的表达式等于右边的表达式时，返回 true，否则返回 false	Number == 100 Number1 == Number2
!=	判断左边的表达式是否不等于右边的表达式，当左边的表达式不等于右边的表达式时，返回 true，否则返回 false	Number != 100 Number1 != Number2
>	判断左边的表达式是否大于右边的表达式，当左边的表达式大于右边的表达式时，返回 true，否则返回 false	Number > 100 Number1 > Number2
>=	判断左边的表达式是否大于等于右边的表达式，当左边的表达式大于等于右边的表达式时，返回 true，否则返回 false	Number >= 100 Number1 >= Number2
<	判断左边的表达式是否小于右边的表达式，当左边的表达式小于右边的表达式时，返回 true，否则返回 false	Number < 100 Number1 < Number2
<=	判断左边的表达式是否小于等于右边的表达式，当左边的表达式小于等于右边的表达式时，返回 true，否则返回 false	Number <= 100 Number <= Number2

【例 18.14】使用比较运算符。

```
<!DOCTYPE>
<html>
<head>
<title>
比较运算符的使用
</title>
</head>
<body>
<script type="text/javascript">
var age = 25;                                   //定义变量
```

```
document.write("age 变量的值为: "+age+"<br>");          //输出变量值
document.write("age>=20: "+(age>=20)+"<br>");          //实现变量值比较
document.write("age<20: "+(age<20)+"<br>");
document.write("age!=20: "+(age!=20)+"<br>");
document.write("age>20: "+(age>20)+"<br>");
</script>
</body>
</html>
```

在 IE 11.0 中浏览，效果如图 18-14 所示。

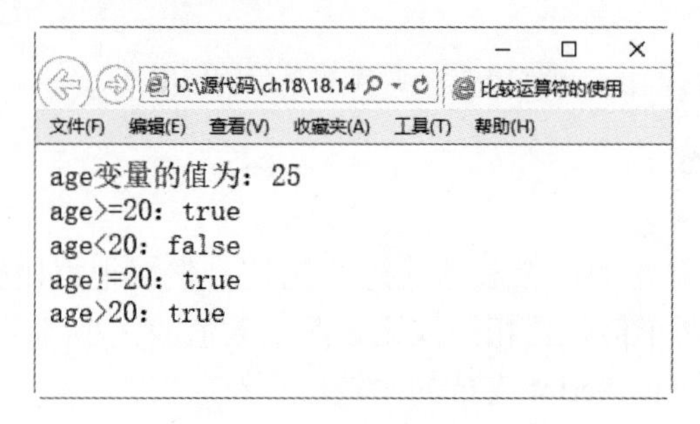

图 18-14　比较运算符的使用

18.5.3　位运算符

位运算符就是对数据按二进制位进行运算的运算符。JavaScript 语言中的位运算符有&(与)、|(或)、^(异或)、~(取补)、<<(左移)、>>(右移)，如表 18-6 所示。位运算符的操作数为整型或者是可以转换为整型的任何其他类型。

表 18-6　位运算符

运 算 符	描　述
&	与运算。若操作数中的两个位都为 1，结果为 1；若两个位中有一个为 0，结果为 0
|	或运算。若操作数中的两个位都为 0，结果为 0；否则，结果为 1
^	异或运算。若两个操作位相同，结果为 0，若不相同，结果为 1
~	取补运算。操作数的各个位取反，即 1 变为 0，0 变为 1
<<	左移位。操作数按位左移，高位被丢弃，低位顺序补 0
>>	右移位。操作数按位右移，低位被丢弃，其他各位顺序一次右移

【例 18.15】使用位运算符。

```
<!DOCTYPE html>
<html>
<head>
</head>
<body>
<h1>输出十进制 18 的二进制数</h1>
<script type="text/javascript">
   var iNum = 18;
   alert(iNum.toString(2));
```

```
</script>
</body>
</html>
```

在 IE 11.0 中浏览，效果如图 18-15 中的左图所示。18 的二进制数只用了前 5 位，它们是这个数值的有效位。把数值转换成二进制字符串，就能看到有效位。

这段代码只输出“10010”，而不是 18 的 32 位表示。这是因为，其他的数位并不重要，仅使用前 5 位，即可确定这个十进制数值，如图 18-15 中的右图所示。

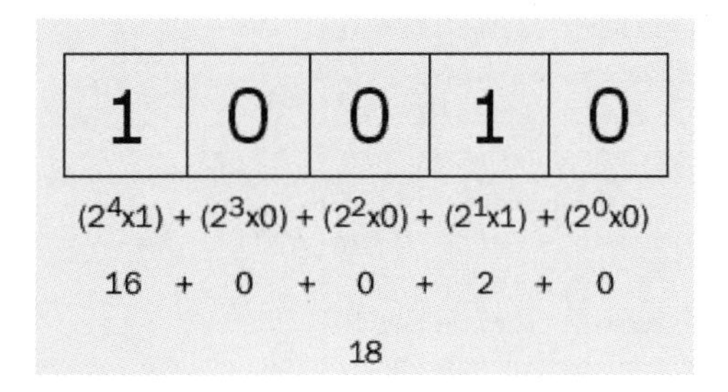

图 18-15 位运算符的使用

18.5.4 逻辑运算符

逻辑运算符通常用于执行布尔运算，它们常与比较运算符一起使用，来表示复杂比较运算，这些运算涉及的变量通常不止一个，而且常用于 if、while 和 for 语句中。

表 18-7 列出了 JavaScript 支持的逻辑运算符。

表 18-7 逻辑运算符

运 算 符	说 明	示 例
&&	逻辑与，若两边表达式的值都为 true，则返回 true；任意一个值为 false，则返回 false	100>60&&100<200 返回 true 100>50&&10>100 返回 false
||	逻辑或，只有表达式的值都为 false 时，才返回 false	100>60||10>100 返回 true 100>600||50>60 返回 false
!	逻辑非，若表达式的值为 true，则返回 false，否则返回 true	!(100>60) 返回 false !(100>600) 返回 true

【例 18.16】使用逻辑运算符。

```
<!DOCTYPE html>
<html>
<head></head>
<body>
<h1>逻辑运算符的使用</h1>
<script type="text/javascript">
var a=true,b=false;
document.write(!a);
```

```
document.write("<br />");
document.write(!b);
document.write("<br />");
a=true,b=true;
document.write(a&&b);
document.write("<br />");
document.write(a||b);
document.write("<br />");
a=true,b=false;
document.write(a&&b);
document.write("<br />");
document.write(a||b);
document.write("<br />");
a=false,b=false;
document.write(a&&b);
document.write("<br />");
document.write(a||b);
document.write("<br />");
a=false,b=true;
document.write(a&&b);
document.write("<br />");
document.write(a||b);
</script>
</body>
</html>
```

在 IE 11.0 中浏览，效果如图 18-16 所示。

图 18-16　逻辑运算符的使用

从运行结果可以看出逻辑运算符的规律，具体如下。

(1)　!：true 的!为 false，false 的!为 true。

(2)　a&&b：a、b 全 true 则表达式为 true，否则表达式为 false。

(3)　a||b：a、b 全 false 表达式为 false，否则表达式为 true。

18.5.5　条件运算符

除了上面介绍的常用运算符外，JavaScript 还支持条件表达式运算符“? :”，这个运算符是个三元运算符，它有 3 个部分，即一个计算值的条件和两个根据条件返回的真假值。其格式如下：

```
条件? 表示式 1 : 表达式 2
```

在使用条件运算符时，如果条件为真，则使用表达式 1 的值，否则使用表达式 2 的值。示例如下：

```
(x>y)? 100*3 : 11
```

如果 x 的值大于 y 值，则表达式的值为 300；否则，当 x 的值小于或等于 y 值时，表达式的值为 11。

【例 18.17】使用条件运算符。

```
<!DOCTYPE html>
<html>
<head>
</head>
<body>
<h1>条件运算符的使用</h1>
<script type="text/javascript">
var a = 3;
var b = 5;
var c = b-a;
document.write(c+"<br>");
if(a>b)
{
   document.write("a 大于 b<br>");
} else {
   document.write("a 小于 b<br>");
}
document.write(a>b?"2":"3");
</script>
</body>
</html>
```

上面的代码创建了两个变量 a 和 b，变量 c 的值是 b 和 a 的差。然后使用 if 语句判断 a 和 b 的大小，并输出结果。最后使用了一个三元运算符，如果 a>b，则输出 2，否则输出 3。
表示在网页中换行，“+”用来连接字符串。

在 IE 11.0 中浏览，效果如图 18-17 所示，可以看到，输出了 JavaScript 语句的执行结果。

图 18-17 条件运算符的使用

18.5.6 赋值运算符

赋值就是把一个数据赋值给一个变量。例如，myName="张三"的作用是执行一次赋值操作。把常量"张三"赋值给变量 myName。赋值运算符为二元运算符，要求运算符两侧的操作数类型必须一致。

JavaScript 中提供了简单赋值运算符和复合赋值运算符两种，具体如表 18-8 所示。

表 18-8 赋值运算符

运 算 符	说 明	示 例
=	将右边表达式的值赋值给左边的变量	Username="Bill"
+=	将运算符左边的变量加上右边表达式的值，赋值给左边的变量	a+=b //相当于 a=a+b
-=	将运算符左边的变量减去右边表达式的值，赋值给左边的变量	a-=b //相当于 a=a-b
*=	将运算符左边的变量乘以右边表达式的值，赋值给左边的变量	a*=b //相当于 a=a*b
/=	将运算符左边的变量除以右边表达式的值，赋值给左边的变量	a/=b //相当于 a=a/b
%=	将运算符左边的变量用右边表达式的值求模，并将结果赋给左边的变量	a%=b //相当于 a=a%b
&=	将运算符左边的变量与右边表达式的变量进行逻辑与运算，将结果赋给左边的变量	a&=b //相当于 a=a&b
|=	将运算符左边的变量与右边表达式的变量进行逻辑或运算，将结果赋给左边的变量	a|=b //相当于 a=a||b
^=	将运算符左边的变量与右边表达式的变量进行逻辑或运算，将结果赋给左边的变量	a^=b //相当于 a=a^b

在书写复合赋值运算符时，两个符号之间一定不能有空格，否则将会出错。

【例 18.18】使用赋值运算符。

```
<!DOCTYPE html>
<html>
<head></head>
<body>
<h3>赋值运算符的使用规则</h3>
<p><strong>如果把数字与字符串相加，结果将成为字符串。</strong></p>
<script type="text/javascript">
x = 5+5;
document.write(x);
document.write("<br />");
x = "5"+"5";
document.write(x);
document.write("<br />");
x = 5+"5";
document.write(x);
document.write("<br />");
```

```
x = "5"+5;
document.write(x);
document.write("<br />");
</script>
</body>
</html>
```

在 IE 11.0 中浏览，效果如图 18-18 所示。

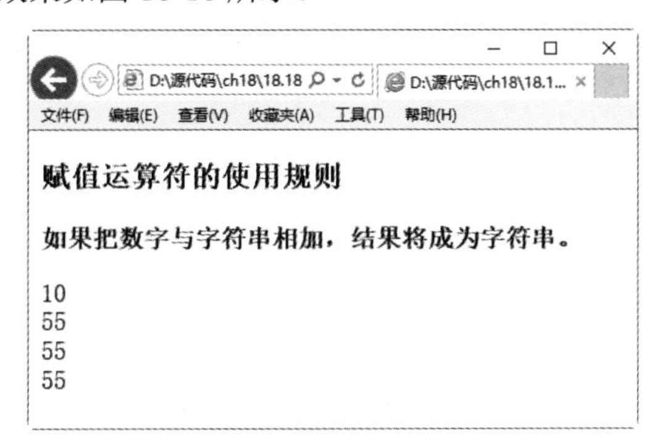

图 18-18 赋值运算符的使用

18.5.7 运算符的优先级

运算符的种类非常多，通常不同的运算符又构成了不同的表达式，甚至一个表达式中又包含有多种运算符，因此它们的运算方法应该有一定的规律性。JavaScript 语言规定了各类运算符的运算级别及结合性等，如表 18-9 所示。

表 18-9 运算符的优先级

优先级(1 最高)	说 明	运 算 符	结 合 性
1	括号	()	从左到右
2	自加/自减运算符	++/--	从右到左
3	乘法运算符、除法运算符、取模运算符	*、/、%	从左到右
4	加法运算符、减法运算符	+、-	从左到右
5	小于、小于等于、大于、大于等于	<、<=、>、>=	从左到右
6	等于、不等于	==、!=	从左到右
7	逻辑与	&&	从左到右
8	逻辑或	||	从左到右
9	赋值运算符和快捷运算符	=、+=、*=、/=、%=、-=	从右到左

建议在写表达式的时候，如果无法确定运算符的有效顺序，则尽量采用括号来保证运算的顺序，这样也使得程序一目了然，而且自己在编程时能够做到思路清晰。

【例 18.19】运算符的优先级。

```
<!DOCTYPE html>
<html>
```

```
<head>
<title>运算符的优先级</title>
</head>
<body>
<script language="javascript">
var a = 1+2*3;                    //按自动优先级计算
var b = (1+2)*3;                  //使用()改变运算优先级
alert("a="+a+"\nb="+b);           //分行输出结果
</script>
</body>
</html>
```

在 IE 11.0 中浏览，结果如图 18-19 所示。

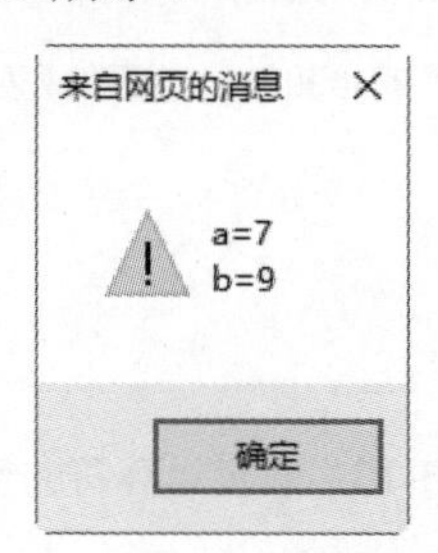

图 18-19　运算符优先级的比较

18.6　综合案例——一个简单的 JavaScript 程序

本例是一个简单的 JavaScript 程序，主要用来说明如何编写 JavaScript 程序以及在 HTML 中如何使用。本例主要实现的功能为：当页面打开时，显示“尊敬的客户，欢迎您光临本网站”对话框，关闭页面时，弹出“欢迎下次光临！”对话框。程序效果如图 18-20 和图 18-21 所示。

图 18-20　页面加载时的效果

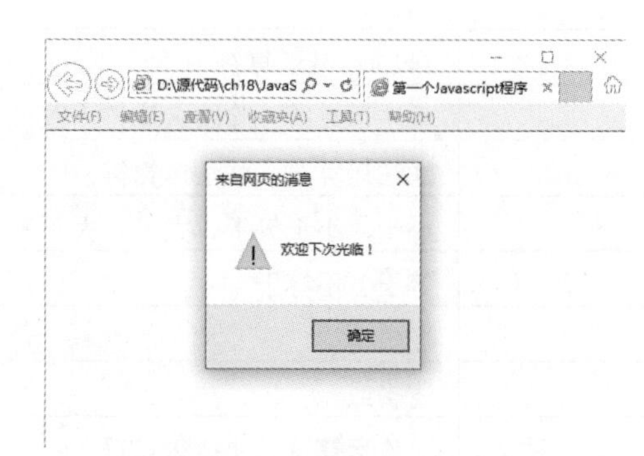

图 18-21　页面关闭时的效果

具体操作步骤如下。

step 01 新建 HTML 文档，输入以下代码：

```
<!DOCTYPE html>
<html>
<head>
```

```
<title>第一个 Javascript 程序</title>
</head>
<body>
</body>
</html>
```

step 02 保存 HTML 文件，选择相应的保存位置，文件名为 welcome.html。

step 03 在 HTML 文档的 head 部分，输入如下代码：

```
<script>
//页面加载时执行的函数
function showEnter(){
    alert("尊敬的客户，欢迎您光临本网站");
}
//页面关闭时执行的函数
function showLeave(){
    alert("欢迎下次光临！");
}
window.onload=showEnter;                //页面加载事件触发时调用函数
window.onbeforeunload=showLeave;    //页面关闭事件触发时调用函数
</script>
```

step 04 保存网页，浏览最终效果。

18.7 疑难解惑

疑问 1：什么是脚本语言？

脚本语言是由传统编程语言简化而来的语言，它与传统编程语言有很多相似之处，也有不同之处。脚本语言的最显著特点是：第一，它不需要编译成二进制，以文本的形式存在；第二，脚本语言一般都需要其他语言的调用，不能独立运行。

疑问 2：JavaScript 是 Java 的变种吗？

JavaScript 最初的确是受 Java 启发而开始设计的，而且设计的目的之一就是“看上去像 Java”，因此语法上有很多类似之处，许多名称和命名规范也借自 Java。

但实际上，JavaScript 的主要设计原则源自 Self 和 Scheme，它与 Java 本质上是不同的。它与 Java 名称上的近似，是当时网景为了营销考虑与 Sun 公司达成协议的结果。其实从本质上讲，JavaScript 更像是一门函数式编程语言，而非面向对象的语言，它使用一些智能的语法和语义来仿真高度复杂的行为。其对象模型极为灵活、开放和强大，具有全部的反射性。

疑问 3：JavaScript 与 JScript 相同吗？

为了取得技术优势，微软推出了 JScript 来迎战 JavaScript 的脚本语言。为了互用性，ECMA 国际协会(前身为欧洲计算机制造商协会)建立了 ECMA-262 标准(ECMAScript)。现在两者都属于 ECMAScript 的实现。

疑问 4：JavaScript 是一门简单的语言吗？

尽管 JavaScript 作为给非程序人员使用的脚本语言，而非作为给程序设计人员的编程语言来推广和宣传，但是，JavaScript 是一门具有非常丰富特性的语言，它有着与其他编程语言一样的复杂性，甚至更复杂。实际上，我们必须对 JavaScript 有扎实的理解，才能用它来撰写比较复杂的程序。

第 19 章 JavaScript 的程序控制结构与语句

在 JavaScript 编程中，对程序流程的控制主要是通过条件判断、循环控制语句及 continue、break 来完成的，其中条件判断按预先设定的条件执行程序，包括 if 语句和 switch 语句；而循环控制语句则可以重复完成任务，包括 while 语句、do-while 语句及 for 语句。

19.1 赋 值 语 句

赋值语句是 JavaScript 程序中最常用的语句。在程序中，往往需要大量的变量来存储程序中用到的数据，所以用来对变量进行赋值的赋值语句也会在程序中大量出现。赋值语句的语法格式如下：

```
变量名 = 表达式;
```

当使用关键字 var 声明变量时，可以同时使用赋值语句对声明的变量进行赋值。

例如，声明一些变量，并分别给这些变量赋值，代码如下：

```
var username = "Rose";
var bue = true;
var variable = "开怀大笑，益寿延年";
```

19.2 条件判断语句

条件判断语句就是对语句中不同条件的值进行判断，进而根据不同的条件执行不同的语句。条件判断语句主要包括两大类，分别是 if 判断语句和 switch 多分支语句。

19.2.1 if 语句

if 语句是使用得最为普遍的条件选择语句。每一种编程语言都有一种或多种形式的 if 语句，在编程中，它是经常被用到的。

if 语句的格式如下：

```
if(条件语句)
{
    执行语句;
}
```

其中的“条件语句”可以是任何一种逻辑表达式，如果“条件语句”的返回结果为 true，则程序先执行后面大括号{}对中的“执行语句”，然后接着执行它后面的其他语句。如果“条件语句”的返回结果为 false，则程序跳过“条件语句”后面的“执行语句”，直接去执行程序后面的其他语句。大括号的作用就是将多条语句组合成一个复合语句，作为一个整体来处理，如果大括号中只有一条语句，这对大括号{}就可以省略。

【例 19.1】使用 if 语句。

```
<!DOCTYPE html>
<html>
<head></head>
<body>
<p>如果时间早于 20:00，会获得问候"Good day"。</p>
<button onclick="myFunction()">点击这里</button>
<p id="demo"></p>
```

```
<script type="text/javascript">
function myFunction()
{
    var x = "";
    var time = new Date().getHours();
    if (time<20)
    {
        x = "Good day";
    }
    document.getElementById("demo").innerHTML = x;
}
</script>
</body>
</html>
```

在 IE 11.0 中浏览，效果如图 19-1 所示。单击页面中的“点击这里”按钮，可以看到按钮下方显示出“Good day”问候语。

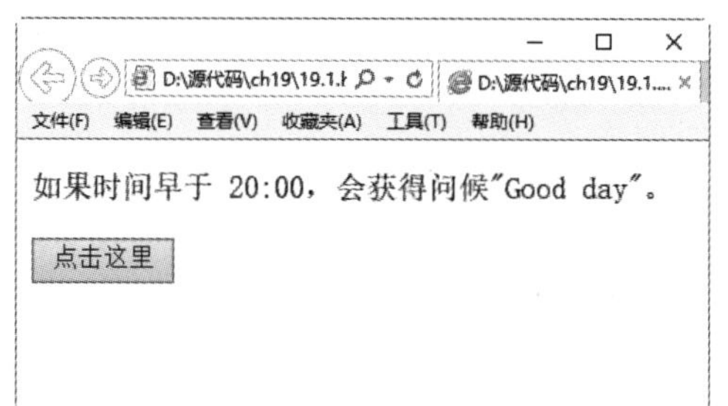

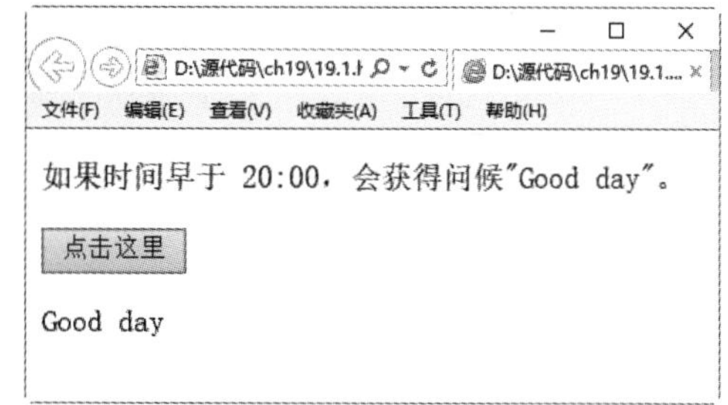

图 19-1　if 语句的使用

应该注意使用小写的 if，如果使用大写字母(IF)，会生成 JavaScript 错误。另外，在这个语法中，没有 else，因此，用户已经告诉浏览器只有在指定条件为 true 时才执行代码。

19.2.2　if-else 语句

if-else 语句通常用于一个条件需要两个程序分支来执行的情况。

if-else 语句的语法格式如下：

```
if (条件)
{
    当条件为 true 时执行的代码;
} else {
    当条件不为 true 时执行的代码;
}
```

这种格式在 if 语句的后面添加一个 else 从句，这样，当条件语句返回结果为 false 时，执行 else 后面部分的从句。

【例 19.2】使用 if-else 语句。

```
<html>
<head>
<script type="text/javascript">
var a = "john";
```

```
if(a != "john") {
    document.write(
      "<h1 style='text-align:center;color:red;'>欢迎 JOHN 光临</h1>");
} else {
    document.write("<p style='font-size:15px;font-weight:bolder;
      color:blue'>请重新输入名称</p>");
}
</script>
</head>
<body>
</body>
</html>
```

上面代码中使用 if-else 语句对变量 a 的值进行判断，如果 a 值不等于“john”，则输出红色标题，否则输出蓝色信息。

在 IE 11.0 中浏览，效果如图 19-2 所示，网页输出了蓝色信息“请重新输入名称”。

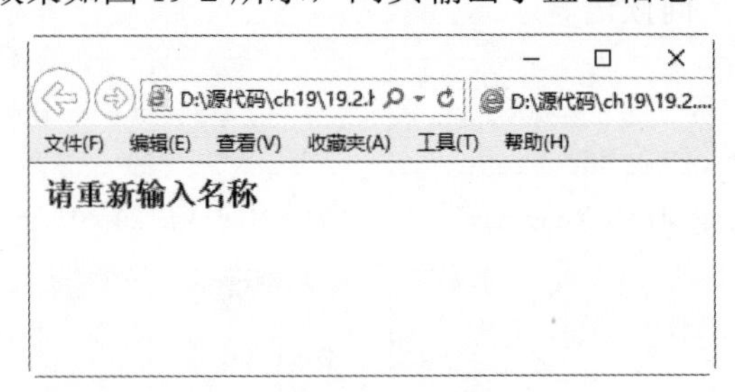

图 19-2　使用 if-else 语句进行判断

19.2.3　if ... else if 语句

使用 if ... else if 语句来选择多个代码块之一来执行。if ... else if 语句的语法格式如下：

```
if (条件 1) {
    当条件 1 为 true 时执行的代码
} else if (条件 2) {
    当条件 2 为 true 时执行的代码
} else {
    当条件 1 和条件 2 都不为 true 时执行的代码
}
```

【例 19.3】使用 if ... else if 语句。

```
<!DOCTYPE>
<html>
<head></head>
<body>
<p>if...else if 语句的使用</p>
<script type="text/javascript">
var d = new Date();
var time = d.getHours();
if (time<10) {
    document.write("<b>Good morning</b>");
} else if (time>=10 && time<16) {
    document.write("<b>Good day</b>");
```

```
} else {
    document.write("<b>Hello World!</b>");
}
</script>
</body>
</html>
```

在 IE 11.0 中浏览，效果如图 19-3 所示。

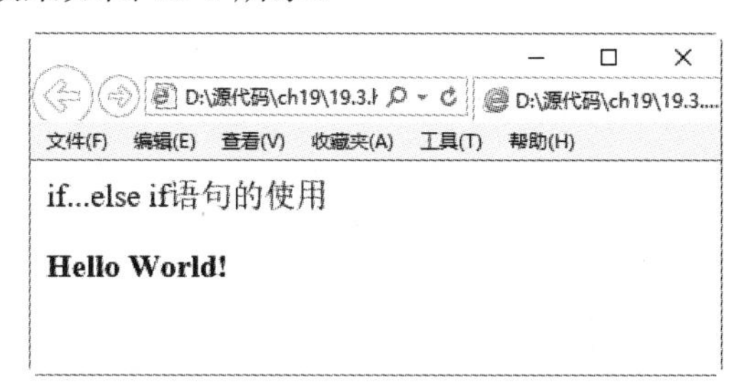

图 19-3 if ... else if 语句的使用

19.2.4 if 语句的嵌套

if 语句可以嵌套使用。当 if 语句的从句部分(大括号中的部分)是另外一个完整的 if 语句时，外层 if 语句的从句部分的“{}”可以省略。但是，在使用 if 语句的嵌套应用时，最好使用“{}”来确定相互的层次关系。否则，由于大括号“{}”使用位置的不同，可能导致程序代码的含义完全不同，从而输出不同的结果。例如下面的两个示例，由于大括号“{}”的不同，其输出结果也是不同的。

【例 19.4】if 语句的嵌套。

```
<!DOCTYPE>
<html>
<head></head>
<body>
<script type="text/javascript">
var x=20;y=x;                      //x、y 值都为 20
if(x<1) {                          //x 为 20，不满足此条件，故其下面的代码不会执行
    if(y==5)
        alert("x<1&&y==5");
    else
        alert("x<1&&y!==5");
} else if(x>15) {                  //x 满足条件，继续执行下面的语句
    if(y==5)                       //y 为 20，不满足此条件，故其下面的代码不会执行
        alert("x>15&&y==5");
    else                           //y 满足条件，继续执行下面的语句
        alert("x>15&&y!==5");      //这里是程序输出的结果
}
</script>
</body>
</html>
```

在 IE 11.0 中浏览，效果如图 19-4 所示。

【例 19.5】调整嵌套语句中的大括号位置。

```
<!DOCTYPE>
<html>
<body>
<script type="text/javascript">
var x=20;y=x;                //x、y值都为20
if(x<1)                      //x为20，不满足此条件，故其下面的代码不会执行
{
   if(y==5)
      alert("x<1&&y==5");
   else
      alert("x<1&&y!==5");
}
else if(x>15)                //x满足条件，继续执行下面的语句
{
   if(y==5)                  //y为20，不满足此条件，故其下面的代码不会执行
      alert("x>15&&y==5");
}
else                         //x已满足前面的条件，这里的语句不会被执行
   alert("x>50&&y!==1");     //由于没有满足的条件，故没有可执行的语句，也就没有输出结果
</script>
</body>
</html>
```

运行该程序，不会出现任何结果，如图 19-5 所示。可以看出，只是由于“{}”使用位置的不同，造成了程序代码含义的完全不同。因此，在嵌套使用 if 时，最好用“{}”对程序代码明确其层次关系。

图 19-4　使用嵌套的 if 语句

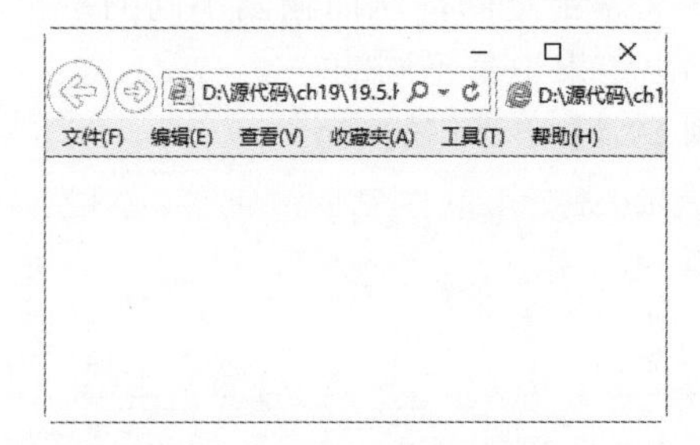

图 19-5　调整大括号后的显示效果

19.2.5　switch 语句

switch 选择语句用于将一个表达式的结果与多个值进行比较，并根据比较结果选择执行语句。switch 的语法格式如下：

```
switch (表达式)
{
   case 取值1:
      语句块1; break;
   case 取值2:
      语句块2; break;
   ...
   case 取值n;
```

```
    语句块 n; break;
  default:
    语句块 n+1;
}
```

case 语句只是相当于定义一个标记位置，程序根据 switch 条件表达式的结果，直接跳转到第一个匹配的标记位置处，开始顺序执行后面的所有程序代码，包括后面的其他 case 语句下的代码，直至遇到 break 语句或函数返回语句为止。default 语句是可选的，它匹配上面所有的 case 语句定义的值以外的其他值，也就是前面所有取值都不满足时，就执行 default 后面的语句块。

【例 19.6】用 switch 语句判断当前是星期几。

```
<!DOCTYPE>
<html>
<head>
<title>应用 switch 判断当前是星期几</title>
<script language="javascript">
var now = new Date();       //获取系统日期
var day = now.getDay();     //获取星期
var week;
switch (day){
   case 1:
      week = "星期一";
      break;
   case 2:
      week = "星期二";
      break;
   case 3:
      week = "星期三";
      break;
   case 4:
      week = "星期四";
      break;
   case 5:
      week = "星期五";
      break;
   case 6:
      week = "星期六";
      break;
   default:
      week = "星期日";
      break;
}
document.write("今天是" + week);    //输出中文的星期几
</script>
</head>
<body>
</body>
</html>
```

在 IE 11.0 中浏览，效果如图 19-6 所示。可以看到，页面中显示了当前是星期几。

提示 在程序开发过程中，要根据实际情况选择是使用 if 语句，还是使用 switch 语句，不要因为 switch 语句的效率高而一味地使用，也不要因为 if 语句常用而不使用 switch 语句。一般情况下，对于判断条件较少的，可以使用 if 语句，但是在实现一些多条件判断时，就应该使用 switch 语句。

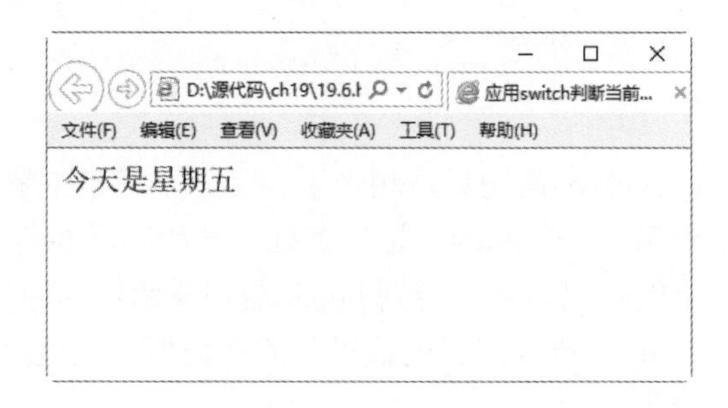

图 19-6 switch 语句的使用

19.3 循环控制语句

循环控制语句，顾名思义，主要就是在满足条件的情况下反复执行某一个操作。循环控制语句主要包括 while 语句、do-while 语句和 for 语句。

19.3.1 while 语句

while 语句是循环语句，也是条件判断语句。while 语句的语法格式如下：

```
while(条件表达式语句)
{
    执行语句块
}
```

当“条件表达式语句”的返回值为 true 时，则执行大括号{}中的语句块，当执行完大括号{}中的语句块后，再次检测条件表达式的返回值，如果返回值还为 true，则重复执行大括号{}中的语句块，直到返回值为 false 时，结束整个循环过程，接着往下执行 while 代码段后面的程序代码。

【例 19.7】使用 while 语句。

```
<!DOCTYPE>
<html>
<head>
<title>while 语句的使用</title>
</head>
<body>
<script type="text/javascript">
var i = 0;
var iSum = 0;
while(i<=100)
{
    iSum += i;
    i++;
}
document.write("1-100 的所有数之和为" + iSum);
```

```
</script>
</body>
</html>
```

在 IE 11.0 中浏览，效果如图 19-7 所示。

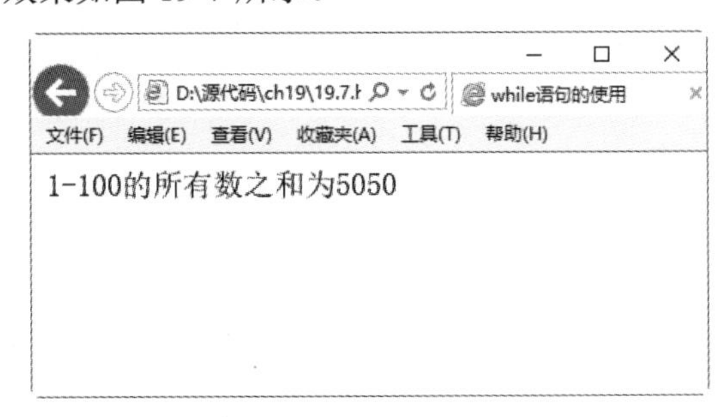

图 19-7　while 语句的使用

使用 while 语句的注意事项如下。

(1) 应该使用大括号{}包含多条语句(一条语句也最好使用大括号)。

(2) 循环体中应该包含能使循环退出的语句，如例 19.7 的 i++(否则循环将无休止地运行)。

(3) 注意循环体中语句的顺序，比如例 19.7，如果改变 iSum+=i;与 i++;语句的顺序，结果将完全不一样。

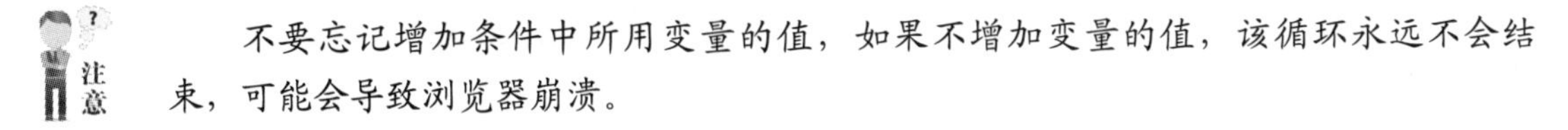

不要忘记增加条件中所用变量的值，如果不增加变量的值，该循环永远不会结束，可能会导致浏览器崩溃。

19.3.2　do-while 语句

do-while 语句的功能和 while 语句差不多，只不过它是在执行完第一次循环之后才检测条件表达式的值，这意味着包含在大括号中的代码块至少要被执行 1 次。另外，do-while 语句结尾处的 while 条件语句的括号后有一个分号“;”，该分号一定不能省略。

do-while 语句的格式如下：

```
do
{
   执行语句块
} while(条件表达式语句);
```

【例 19.8】使用 do-while 语句。

```
<!DOCTYPE>
<html>
<head>
<title>JavaScript do...while 语句示例</title>
</head>
<body>
<script type="text/javascript">
var i = 0;
```

```
var iSum = 0;
do
{
    iSum += i;
    i++;
} while(i<=100)
document.write("1-100 的所有数之和为" + iSum);
</script>
</body>
</html>
```

在 IE 11.0 中浏览，效果如图 19-8 所示。

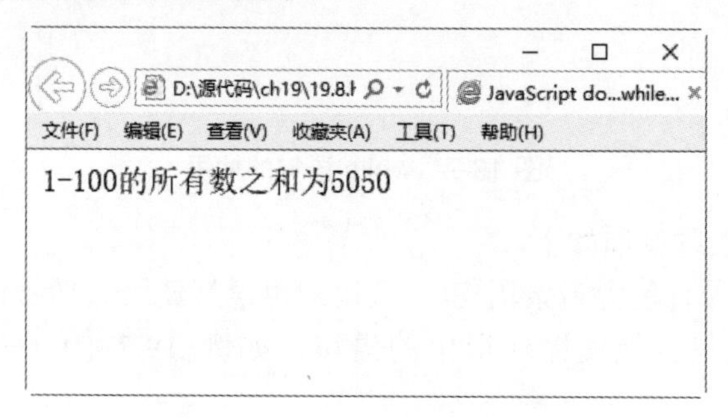

图 19-8　do-while 语句的使用

while 与 do-while 的区别如下。

(1) do-while 将先执行一遍大括号中的语句，再判断表达式的真假，这是它与 while 的本质区别。

(2) do-while 与 while 是可以互相转化的。

例 19.8 中，如果 i 的初始值大于 100，iSum 的值将不同于示例，这就是由于 do-while 语句先执行了循环体语句的缘故。

19.3.3　for 语句

for 语句通常由两部分组成：一是条件控制；二是循环部分。for 语句的语法格式如下：

```
for(初始化表达式; 循环条件表达式; 循环后的操作表达式)
{
    执行语句块
}
```

在使用 for 循环语句前，要先设定一个计数器变量，可以在 for 循环之前预先定义，也可以在使用时直接进行定义。在上述语法格式中，“初始化表达式”表示计数器变量的初始值；“循环条件表达式”是一个计数器变量的表达式，决定了计数器的最大值；“循环后的操作表达式”表示循环的步长，也就是每循环一次计数器变量值的变化，该变化可以是增大的，也可以是减小的，或进行其他运算。for 循环是可以嵌套的，也就是说，在一个循环里还可以有另一个循环。

【例 19.9】 for 循环语句的使用。

```
<!DOCTYPE>
<html>
<head>
<script type="text/javascript">
for(var i=0; i<5; i++){
   document.write(
     "<p style='font-size:" + i + "0px'>欢迎学习 javascript</p>");
}
</script>
</head>
<body>
</body>
</html>
```

上面的代码使用 for 循环输出了不同字体大小的语句。在 IE 11.0 中浏览，效果如图 19-9 所示。可以看到，页面中语句从小到大。

图 19-9　使用 for 循环语句

19.4　跳 转 语 句

JavaScript 支持的跳转语句主要有 continue 语句和 break 语句。continue 语句与 break 语句的主要区别是：break 是彻底结束循环，而 continue 是结束本次循环。

19.4.1　break 语句

break 语句用于退出包含在最内层的循环或者退出一个 switch 语句。break 语句通常用在 for、while、do-while 或 switch 语句中。break 语句的语法格式如下：

```
break;
```

【例 19.10】break 语句的使用。

```
<!DOCTYPE>
<html>
<head>
```

```
<script type="text/javascript">
var sUrl = "I have a dream";
var iLength = sUrl.length;
var iPos = 0;
for(var i=0; i<iLength; i++)
{
    if(sUrl.charAt(i)=="d") //判断表达式
    {
        iPos = i+1;
        break;
    }
}
document.write("字符串" + sUrl + "中的第一个d字母的位置为" + iPos);
</script>
</head>
<body>
</body>
</html>
```

在 IE 11.0 中浏览，效果如图 19-10 所示。

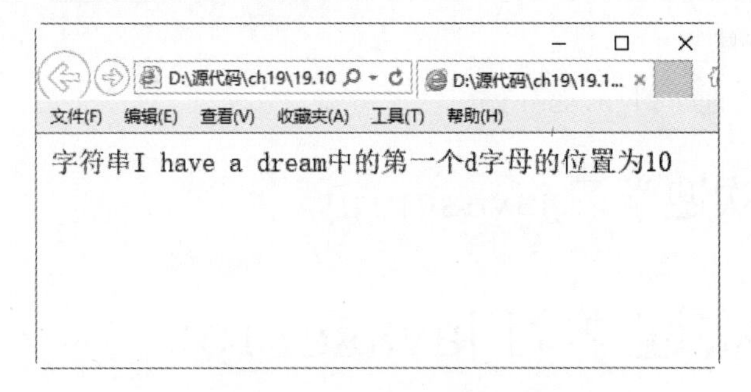

图 19-10　break 语句的使用

19.4.2　continue 语句

continue 语句与 break 语句类似，不同之处在于，continue 语句用于中止本次循环，并开始下一次循环。

continue 语句的语法格式如下：

```
continue;
```

continue 语句只能用在 while、for、do-while 和 switch 语句中。

【例 19.11】continue 语句的使用。

```
<!DOCTYPE>
<html>
<head>
<script type="text/javascript">
var sUrl = "i have a dream";
var iLength = sUrl.length;
```

```
var iCount = 0;
for(var i=0; i<iLength; i++)
{
    if(sUrl.charAt(i) >= "d") //判断表达式
    {
        continue;
    }
    document.write(sUrl.charAt(i));
}
</script>
</head>
<body>
</body>
</html>
```

在 IE 11.0 中浏览，效果如图 19-11 所示。

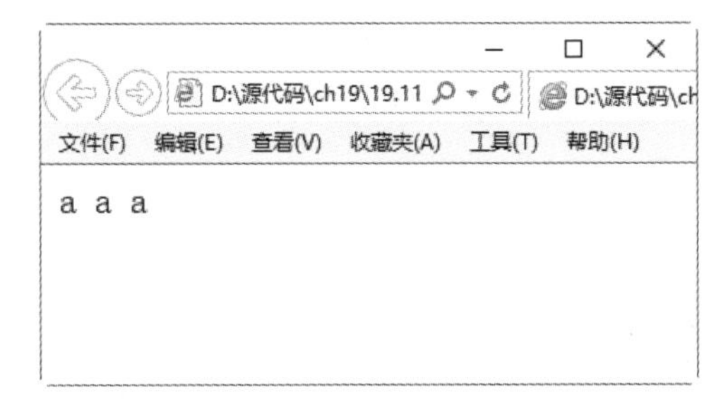

图 19-11　continue 语句的使用

19.5　综合案例——在页面中显示距离 2018 年元旦的天数

学习了 JavaScript 中的基本语句之后，即可实现多种效果。本例就通过 JavaScript 实现在页面中显示距离 2018 年元旦的天数。

具体的操作步骤如下。

step 01 定义 JavaScript 的函数，实现判断系统当前时间与 2018 年元旦相距的天数，代码如下：

```
function countdown(title,Intime,divId){
    var online = new Date(Intime);                    //根据参数定义时间对象
    var now = new Date();                             //定义当前系统时间对象
    var leave = online.getTime() - now.getTime();     //计算时间差
    var day = Math.floor(leave/(1000*60*60*24))+1;
    if (day > 1){
        if(document.all){
            divId.innerHTML =
              "<b>——距" + title + "还有" + day + "天! </b>"; //页面显示信息
        }
    }else{
        if (day == 1) {
            if(document.all){
```

```
                divId.innerHTML = "<b>——明天就是" + title + "啦!</b>";
            }
        }else{
            if (day == 0) {
                divId.innerHTML = "<b>今天就是" + title + "呀! </b>";
            }else{
                if(document.all){
                    divId.innerHTML = "<b>——唉呀! " + title + "已经过了! </b>";
                }
            }
        }
    }
}
```

step 02 在页面中定义相关的表格，用于显示当前时间距离 2018 年元旦的天数：

```
<table width="350" height="450" border="0" align="center" cellpadding="0"
 cellspacing="0">
<tr>
    <td valign="bottom">
    <table width="346" height="418" border="0" cellpadding="0"
     cellspacing="0">
    <tr>
        <td width="76"> </td>
        <td width="270">
            <div id="countDown"><b>—</b></div>
<script language="javascript">
countdown("2018 年元旦","1/1/2018",countDown); <!--调用 JavaScript 函数-->
</script>
        </td>
    </tr>
    </table>
    </td>
</tr>
</table>
```

step 03 运行相关程序，即可得出最终的效果，如图 19-12 所示。

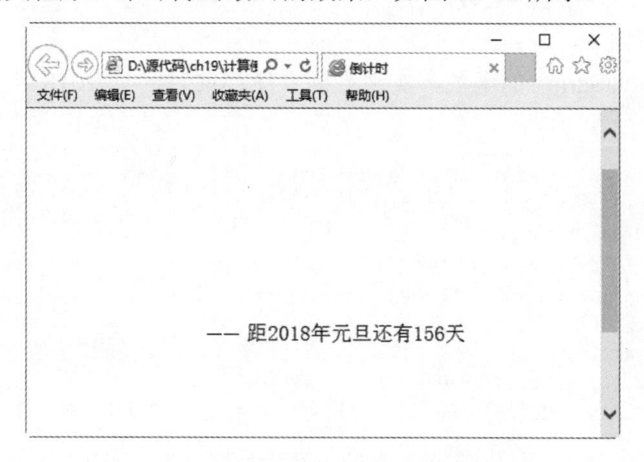

图 19-12 显示距离 2018 年元旦的天数

19.6 跟我学上机——制作一个简易乘法表

本练习结合前面所学的知识，制作一个简易乘法表，具体操作步骤如下。

step 01 打开记事本文件，在其中输入如下代码：

```
<!DOCTYPE HTML>
<html>
<head>
<title>简易乘法表</title>
<script language="JavaScript">
<!--
for(var m=9; m>=1; m--)                 //输出行
{
   for(var n=9; n>=m; n--)              //输出列
   {
      if(n*m<10)                        //对所有的 1 位数增加前置空格
      {
         document.write(" ");
      }
      document.write(n*m + " "); //显示乘法表的行，两数之间由空格分开
   }
   document.write("<br>");              //每行输出结束后换行，开始下一行
}
//-->
</script>
</head>
<body></body>
</html>
```

step 02 保存网页，在 IE 11.0 中预览，效果如图 19-13 所示。

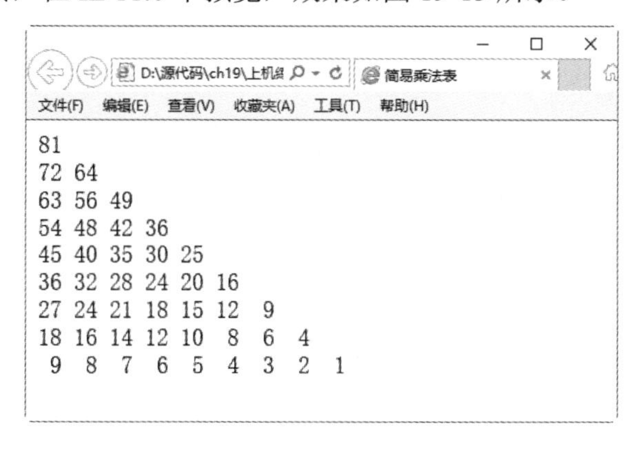

图 19-13 简易乘法表

19.7 疑难解惑

疑问 1：如果浏览器不支持 JavaScript，如何做不影响网页的美观？

现在浏览器种类、版本繁多，不同浏览器对 JavaScript 代码的支持度均不一样。为了保证浏览器不支持部分的代码不影响网页的美观，可以使用 HTML 注释语句将其注释，这样便不会在网页中输出这些代码。HTML 注释语句用“<!--”和“-->”来标记 JavaScript 代码。

疑问 2：break 语句主要有哪几种作用？

break 语句主要有 3 种作用：一是在 switch 语句中，用于终止 case 语句序列，跳出 switch 语句；二是用在循环结构中，用于终止循环语句序列，跳出循环结构；三是与标签语句配合使用，从内层循环或内层程序块中退出。

第 20 章 JavaScript 中的函数

函数实质上就是可以作为一个逻辑单元对待的一组 JavaScript 代码，使用函数可以使代码更为简洁，从而提高代码的重用性。在 JavaScript 中，大约有 95%的代码都包含在函数中，可见，函数在 JavaScript 中是非常重要的。

20.1 函数的简介

所谓函数，是指在程序设计中，可以将一段经常使用的代码“封装”起来，在需要时直接调用，这种“封装”就叫函数。JavaScript 中可以使用函数来响应网页中的事件。

函数有很多种分类方法，常用的分类方法有以下几种。

(1) 按参数个数划分。包括有参数函数和无参数函数。

(2) 按返回值划分。包括有返回值函数和无返回值函数。

(3) 按编写函数的对象划分。包括预定义函数(系统函数)和自定义函数。

综上所述，函数有以下几个优点。

(1) 代码灵活性较强。通过传递不同的参数，可以让函数应用更广泛。例如，在对两个数据进行运算时，运算结果取决于运算符，如果把运算符当作参数，那么不同的用户在使用函数时，只需要给定不同的运算符，都能得到自己想要的结果。

(2) 代码利用性强。函数一旦定义，任何地方都可以调用，而无须再次编写。

(3) 响应网页事件。JavaScript 中的事件模型主要是函数和事件的配合使用。

20.2 调 用 函 数

在 JavaScript 中调用函数的方法有简单调用、在表达式中调用、在事件响应中调用、通过链接调用等。

20.2.1 函数的简单调用

函数的简单调用也被称为直接调用，该方法一般比较适合没有返回值的函数。此时相当于执行函数中的语句集合。直接调用函数的语法格式如下：

```
函数名([实参1, ...])
```

调用函数时的参数取决于定义该函数时的参数，如果定义时有参数，则调用时就应当提供实参。

【例 20.1】函数的简单调用。

```
<!DOCTYPE html>
<html>
<head>
<title>计算一元二次方程函数</title>
<script type="text/javascript">
function calcF(x){
   var result;                        //声明变量，存储计算结果
   result = 4*x*x+3*x+2;              //计算一元二次方程值
   alert("计算结果: " + result);      //输出运算结果
}
var inValue = prompt('请输入一个数值: ')
calcF(inValue);
```

```
</script>
</head>
<body>
</body>
</html>
```

在 IE 11.0 中浏览，效果如图 20-1 所示。

可以看到，在加载页面的同时，信息提示框就出现了，在其中输入相关的数值，然后单击“确定”按钮，即可得出计算结果，如图 20-2 所示。

Explorer 用户提示
脚本提示:
请输入一个数值：
确定
取消
10

图 20-1　使用函数

图 20-2　计算结果

20.2.2　在表达式中调用函数

在表达式中调用函数的方式，一般比较适合有返回值的函数，函数的返回值参与表达式的计算。通常该方式还会与输出(alert、document 等)语句配合使用。

【例 20.2】在表达式中调用函数。

```
<!DOCTYPE html>
<html>
<head>
<title>在表达式中使用函数</title>
<script type="text/javascript">
//函数 isLeapYear 判断给定的年份是否为闰年，
//如果是，则返回指定年份为闰年的字符串，否则，返回平年字符串
function isLeapYear(year){
    //判断闰年的条件
    if(year%4==0&&year%100!=0||year%400==0)
    {
        return year + "年是闰年";
    }
    else
    {
        return year + "年是平年";
    }
}
document.write(isLeapYear(2018));
</script>
</head>
<body>
</body>
</html>
```

在 IE 11.0 中浏览，效果如图 20-3 所示。

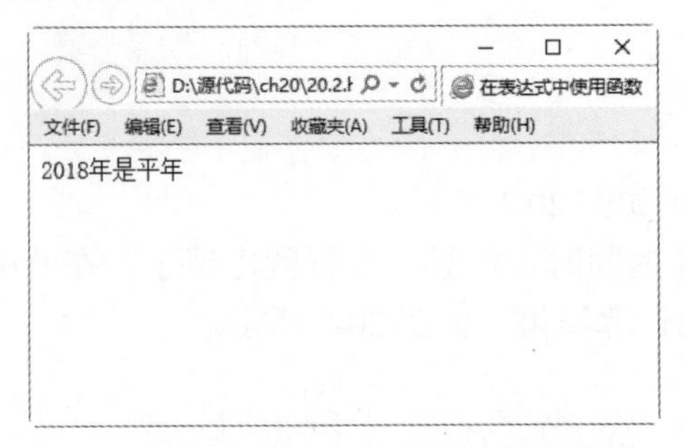

图 20-3　在表达式中使用函数

20.2.3　在事件响应中调用函数

JavaScript 是基于事件模型的程序语言，页面加载、用户单击、移动光标都会产生事件。当事件产生时，JavaScript 可以调用某个函数来响应这个事件。

【例 20.3】在事件响应中调用函数。

```
<!DOCTYPE html>
<html>
<head>
<title>在事件响应中使用函数</title>
<script type="text/javascript">
function showHello()
{
    var count = document.myForm.txtCount.value ;  //取得在文本框中输入的显示次数
    for(i=0; i<count; i++){
        document.write("<H2>HelloWorld</H2>");     //按指定次数输出 HelloWorld
    }
}
</script>
</head>
<body>
<form name="myForm">
  <input type="text" name="txtCount" />
  <input type="submit" name="Submit" value="显示 HelloWorld"
    onClick="showHello()">
</form>
</body>
</html>
```

在 IE 11.0 中浏览，输入要求显示 HelloWorld 的次数，这里输入 5，如图 20-4 所示。

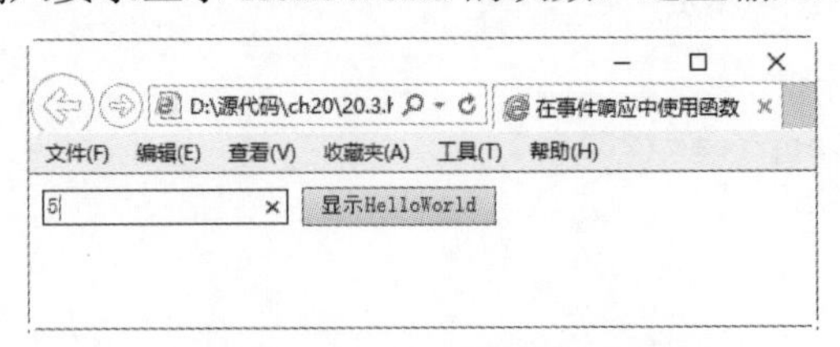

图 20-4　输入显示的次数

然后单击“显示 HelloWorld”按钮，即可在页面中显示 5 个 HelloWorld，如图 20-5 所示。

图 20-5　显示的结果

20.2.4　通过链接调用函数

函数除了可以在事件响应中调用外，还可以通过链接调用。在<a>标签中的 href 标记中使用“JavaScript:关键字”链接来调用函数，当用户单击该链接时，相关的函数就会被执行。

【例 20.4】通过链接调用函数。

```
<!DOCTYPE html>
<html>
<head>
<title>通过链接调用函数</title>
<script language="javascript">
function test(){
   alert("HTML 5+CSS 3+JavaScript 网页设计案例课堂");
}
</script>
</head>
<body>
<a href="javascript:test();">学习网页设计的好书籍</a>
</body>
</html>
```

在 IE 11.0 中浏览，效果如图 20-6 所示，单击页面中的超级链接，即可调用自定义函数。

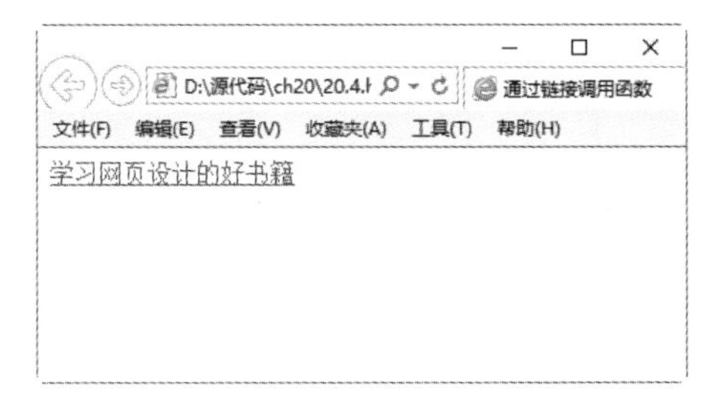

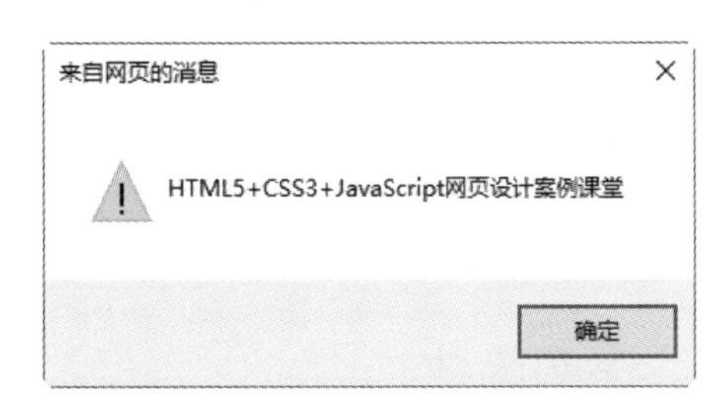

图 20-6　通过链接调用函数

20.3　JavaScript 中常用的函数

在了解了什么是函数以及函数的调用方法后，下面再来介绍 JavaScript 中常用的函数，如嵌套函数、递归函数、内置函数等。

20.3.1　嵌套函数

嵌套函数，顾名思义，就是在函数的内部再定义一个函数，这样定义的优点在于可以使用内部函数轻松获得外部函数的参数以及函数的全局变量。嵌套函数的语法格式如下：

```
function 外部函数名(参数1, 参数2){
    function 内部函数名(){
        函数体
    }
}
```

【例 20.5】嵌套函数的使用。

```
<!DOCTYPE>
<html>
<head>
<title>嵌套函数的应用</title>
<script type="text/javascript">
var outter = 20;                                        //定义全局变量
function add(number1,number2){                          //定义外部函数
    function innerAdd(){                                //定义内部函数
        alert("参数的和为: " + (number1+number2+outter)); //取参数的和
    }
    return innerAdd();                                  //调用内部函数
}
</script>
</head>
<body>
<script type="text/javascript">
    add(20,20);                                         //调用外部函数
</script>
</body>
</html>
```

在 IE 11.0 中浏览，效果如图 20-7 所示。

注意：嵌套函数在 JavaScript 语言中的功能非常强大，但是如果过多地使用嵌套函数，会使程序的可读性降低。

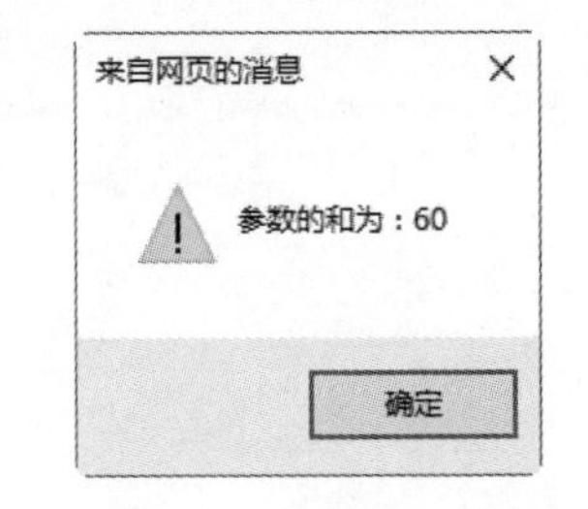

图 20-7　嵌套函数的使用

20.3.2　递归函数

递归是一种重要的编程技术，它用于让一个函数从其内部调用其自身。但是，如果递归函数处理不当，会使程序进入

“死循环”。为了防止“死循环”的出现，可以设计一个做自加运算的变量，用于记录函数自身调用的次数，如果次数太多，就使它自动退出。

递归函数的语法格式如下：

```
function 递归函数名(参数1){
    递归函数名(参数2);
}
```

【例 20.6】递归函数的使用。

在下面的代码中，为了获取20以内的偶数和，定义了递归函数sum(m)，而由函数Test()对其进行调用，并利用alert方法弹出相应的提示信息：

```
<!DOCTYPE>
<html>
<head>
<title>函数的递归调用</title>
<script type="text/javascript">
<!--
var msg = "\n 函数的递归调用 : \n\n";
//响应按钮的 onclick 事件处理程序
function Test()
{
    var result;
    msg += "调用语句 : \n";
    msg += "        result = sum(20);\n";
    msg += "调用步骤 : \n";
    result = sum(20);
    msg += "计算结果 : \n";
    msg += "        result = "+result+"\n";
    alert(msg);
}
//计算当前步骤加和值
function sum(m)
{
    if(m==0)
        return 0;
    else
    {
        msg += "        语句 : result = " +m+ "+sum(" +(m-2)+"); \n";
        result = m+sum(m-2);
    }
    return result;
}
-->
</script>
</head>
<body>
<center>
<form>
<input type=button value="测试" onclick="Test()">
</form>
</center>
</body>
</html>
```

在 IE 11.0 中浏览，效果如图 20-8 所示，单击“测试”按钮，即可在弹出的信息提示框中查看递归函数的使用。

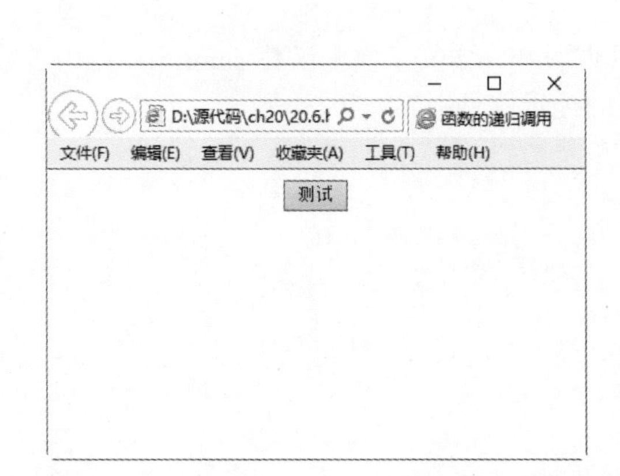

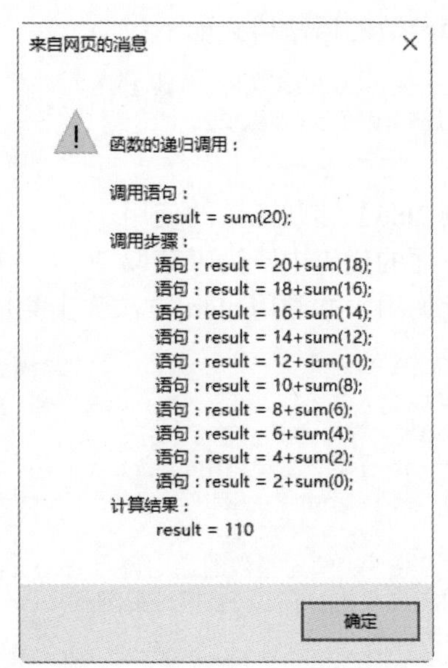

图 20-8 递归函数的使用

注意 在定义递归函数时，需要两个必要条件：首先要包括一个结束递归的条件；其次是要包括一个递归调用的语句。

20.3.3 内置函数

JavaScript 中有两种函数：一种是语言内部事先定义好的函数，叫内置函数；另一种是自己定义的函数。使用 JavaScript 的内置函数，可提高编程效率，其中常用的内置函数有 6 种，下面分别对其进行简要介绍。

1. eval 函数

eval(expr)函数可以把一个字符串当作一个 JavaScript 表达式一样去执行，具体地说，就是 eval 接受一个字符串类型的参数，将这个字符串作为代码在上下文环境中执行，并返回执行的结果。其中，expr 参数是包含有效 JavaScript 代码的字符串值，这个字符串将由 JavaScript 分析器进行分析和执行。

在使用 eval 函数时，需要注意以下两点。

(1) 它是有返回值的，如果参数字符串是一个表达式，就会返回表达式的值。如果参数字符串不是表达式，没有值，那么返回“undefined”。

(2) 参数字符串作为代码执行时，是与调用 eval 函数的上下文相关的，即其中出现的变量或函数调用，必须在调用 eval 的上下文环境中可用。

【例 20.7】使用 eval 函数。

```
<!DOCTYPE>
<html>
<head>
<title>eval 函数应用示例</title>
</head>
<script type="text/javascript">
<!--
function computer(num)
{
   return eval(num)+eval(num);
}
document.write("执行语句 return eval(123)+eval(123)后结果为: ");
document.write(computer('123'));
-->
</script>
</html>
```

在 IE 11.0 中浏览，效果如图 20-9 所示。

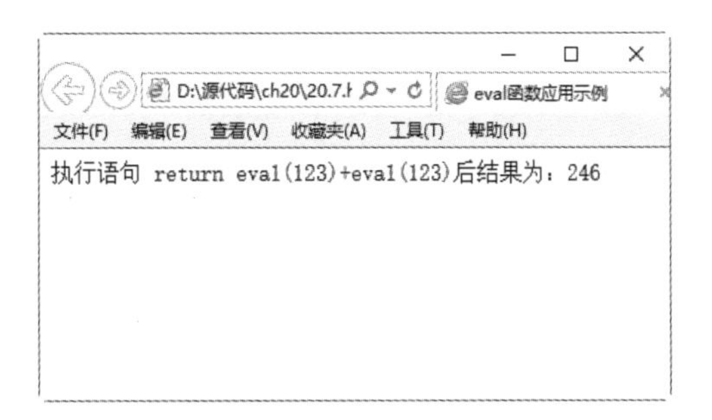

图 20-9 eval 函数的调用

2. isFinite 函数

isFinite(number)用来确定参数是否为一个有限数值，其中 number 参数是必选项，可以是任意的数值。如果该参数为非数值、正无穷数或负无穷数，则返回 false，否则返回 true；如果是字符串类型的数值，则将会自动转化为数值型。

【例 20.8】使用 isFinite 函数。

```
<!DOCTYPE>
<html>
<head>
<title>isFinite 函数应用示例</title>
</head>
<script type="text/javascript">
<!--
document.write("执行语句 isFinite(123)后，结果为")
document.write(isFinite(123)+ "<br/>")
document.write("执行语句 isFinite(-3.1415)后，结果为")
document.write(isFinite(-3.1415)+ "<br/>")
document.write("执行语句 isFinite(10-4)后，结果为")
document.write(isFinite(10-4)+ "<br/>")
document.write("执行语句 isFinite(0)后，结果为")
document.write(isFinite(0)+ "<br/>")
document.write("执行语句 isFinite(Hello word! )后，结果为")
document.write(isFinite("Hello word! ")+ "<br/>")
document.write("执行语句 isFinite(2009/1/1)后，结果为")
document.write(isFinite("2009/1/1")+ "<br/>")
-->
</script>
</html>
```

在 IE 11.0 中浏览，效果如图 20-10 所示。

3. isNaN 函数

isNaN(num)函数用于指明提供的值是否为保留值 NaN：如果值为 NaN，那么 isNaN 函数返回 true；否则返回 false。

【例 20.9】使用 isNaN 函数。

```
<!DOCTYPE>
<html>
<head>
<title>isNaN 函数应用示例</title>
</head>
<script type="text/javascript">
<!--
document.write("执行语句 isNaN(123)后，结果为")
document.write(isNaN(123)+ "<br/>")
document.write("执行语句 isNaN(-3.1415)后，结果为")
document.write(isNaN(-3.1415)+ "<br/>")
document.write("执行语句 isNaN(10-4)后，结果为")
document.write(isNaN(10-4)+ "<br/>")
document.write("执行语句 isNaN(0)后，结果为")
document.write(isNaN(0)+ "<br/>")
document.write("执行语句 isNaN(Hello word! )后，结果为")
document.write(isNaN("Hello word! ")+ "<br/>")
document.write("执行语句 isNaN(2009/1/1)后，结果为")
document.write(isNaN("2009/1/1")+ "<br/>")
-->
</script>
</html>
```

在 IE 11.0 中浏览，效果如图 20-11 所示。

D:\源代码\ch20\20.8.h
isFinite函数应用示例
文件(F) 编辑(E) 查看(V) 收藏夹(A) 工具(T) 帮助(H)
执行语句isFinite(123)后，结果为true
执行语句isFinite(-3.1415)后，结果为true
执行语句isFinite(10-4)后，结果为true
执行语句isFinite(0)后，结果为true
执行语句isFinite(Hello word!)后，结果为false
执行语句isFinite(2009/1/1)后，结果为false

图 20-10　isFinite 函数的调用

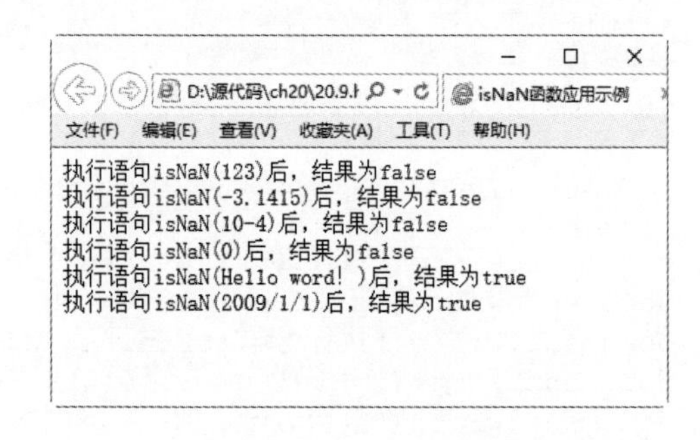

图 20-11　isNaN 函数的调用

4. parseInt 函数和 parseFloat 函数

parseInt 函数和 parseFloat 函数都是将数值字符串转化为一个数值，但它们也存在着如下区别：在 parseInt(str[radix])函数中，str 参数是必选项，为要转换成数值的字符串，如“11”；radix 参数为可选项，用于确定 str 的进制数。如果 radix 参数缺省，则前缀为 0x 的字符串被当作十六进制的；前缀为 0 的字符串被当作八进制的；所有其他字符串都被当作是十进制的；当第一个字符不能转换为基于基数的数值时，则返回 NaN。

【例 20.10】使用 parseInt 函数。

```
<!DOCTYPE>
<html>
<head>
<title>parseInt 函数应用示例</title>
</head>
<body>
<center>
<h3>parseInt 函数应用示例</h3>
<script type="text/javascript">
<!--
document.write("<br/>"+"执行语句 parseInt('10')后，结果为：");
document.write(parseInt("10")+"<br/>") ;
document.write("<br/>"+"执行语句 parseInt('21',10)后，结果为：");
document.write(parseInt("21",10)+"<br/>") ;
document.write("<br/>"+"执行语句 parseInt('11',2)后，结果为：");
document.write(parseInt("11",2)+"<br/>") ;
document.write("<br/>"+"执行语句 parseInt('15',8)后，结果为：");
document.write(parseInt("15",8)+"<br/>");
document.write("<br/>"+"执行语句 parseInt('1f',16)后，结果为：");
document.write(parseInt("1f",16)+"<br/>");
document.write("<br/>"+"执行语句 parseInt('010')后，结果为：");
document.write(parseInt("010")+"<br/>");
document.write("<br/>"+"执行语句 parseInt('abc')后，结果为：");
document.write(parseInt("abc")+"<br/>");
document.write("<br/>"+"执行语句 parseInt('12abc')后，结果为：");
document.write(parseInt("12abc")+"<br/>");
-->
</script>
</center>
</body>
</html>
```

在 IE 11.0 中浏览，效果如图 20-12 所示，从结果中可以看出，表达式 parseInt('15',8)将会把八进制的“15”转换为十进制的数值，其计算结果为 13，即按照 radix 这个基数，使字符串转化为十进制数。

parseFloat(str)函数返回由字符串转换得到的浮点数，其中字符串参数是包含浮点数的字符串：即如果 str 的值为'11'，那么计算结果就是 11，而不是 3 或 B。如果处理的字符不是以数字开头，则返回 NaN。当字符后面出现非字符部分时，则只取前面的数字部分。

【例 20.11】使用 parseFloat 函数。

```
<!DOCTYPE>
<html>
<head>
<title>parseFloat 函数应用示例</title>
</head>
<body>
<center>
<h3>parseFloat 函数应用示例</h3>
<script type="text/javascript">
<!--
document.write("<br/>"+"执行语句 parseFloat('10')后，结果为：");
document.write(parseFloat("10")+"<br/>");
document.write("<br/>"+"执行语句 parseFloat('21.001')后，结果为：");
```

```
document.write(parseFloat("21.001")+"<br/>");
document.write("<br/>"+"执行语句 parseFloat('21.999')后，结果为：");
document.write(parseFloat("21.999")+"<br/>");
document.write("<br/>"+"执行语句 parseFloat('314e-2')后，结果为：");
document.write(parseFloat("314e-2")+"<br/>");
document.write("<br/>"+"执行语句 parseFloat('0.0314E+2')后，结果为：");
document.write(parseFloat("0.0314E+2")+"<br/>");
document.write("<br/>"+"执行语句 parseFloat('010')后，结果为：");
document.write(parseFloat("010")+"<br/>");
document.write("<br/>"+"执行语句 parseFloat('abc')后，结果为：");
document.write(parseFloat("abc")+"<br/>");
document.write("<br/>"+"执行语句 parseFloat('1.2abc')后，结果为：");
document.write(parseFloat("1.2abc")+"<br/>");
-->
</script>
</center>
</body>
</html>
```

在 IE 11.0 中浏览，效果如图 20-13 所示。

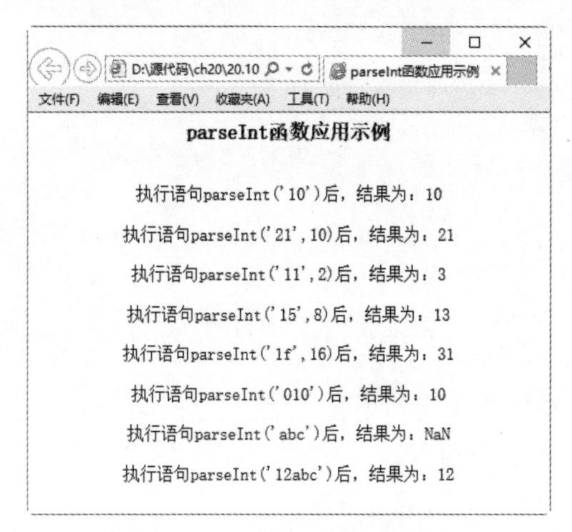

图 20-12　parseInt 函数的调用

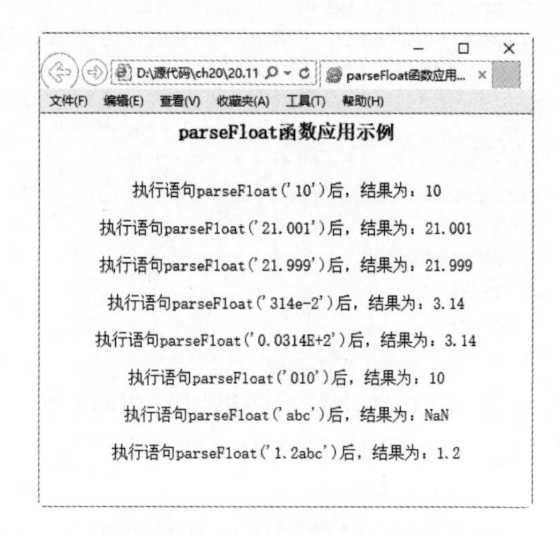

图 20-13　parseFloat 函数的调用

5. Number 函数和 String 函数

在 JavaScript 中，Number 函数和 String 函数主要用来将对象转换为数值或字符串。其中，Number 函数的转换结果为数值型，如 Number('1234')的结果 1234；String 函数的转换结果为字符型，如 String(1234)的结果为“1234”。

【例 20.12】使用 Number 函数和 String 函数。

```
<!DOCTYPE>
<html>
<head>
<title>Number 和 String 应用示例</title>
</head>
<body>
<center>
<h3>Number 和 String 应用示例</h3>
```

```
<script type="text/javascript">
<!--
document.write("<br/>"+"执行语句 Number('1234')+Number('1234')后，结果为：");
document.write(Number('1234')+Number('1234')+"<br/>");
document.write("<br/>"+"执行语句 String('1234')+String('1234')后，结果为：");
document.write(String('1234')+String('1234')+"<br/>");
document.write("<br/>"+"执行语句 Number('abc')+Number('abc')后，结果为：");
document.write(Number('abc')+Number('abc')+"<br/>");
document.write("<br/>"+"执行语句 String('abc')+String('abc')后，结果为：");
document.write(String('abc')+String('abc')+"<br/>");
-->
</script>
</center>
</body>
</html>
```

运行上述代码，结果如图 20-14 所示，可以看出，语句 Number('1234')+Number('1234')首先将“1234”转换为数值型并进行数值相加，结果为 2468；而语句 String('1234')+String ('1234')则是按照字符串相加的规则将“1234”合并，结果为 12341234。

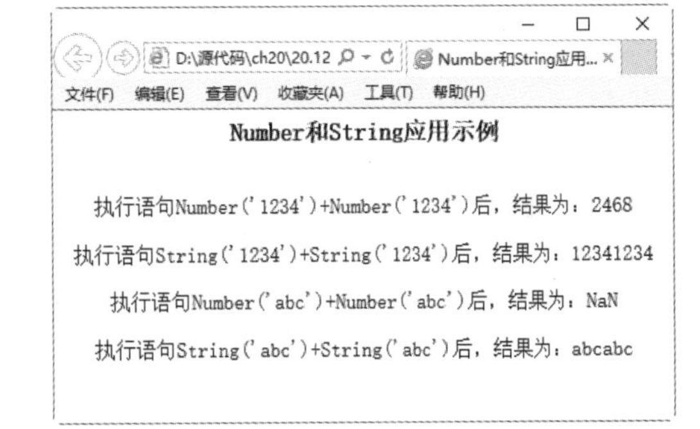

图 20-14　Number 函数和 String 函数的调用

6. escape 函数和 unescape 函数

escape(charString)函数的主要作用是对 String 对象进行编码，以便它们能在所有计算机上可读。其中 charstring 参数为必选项，表示要编码的任意 String 对象或文字。它返回一个包含了 charstring 内容的字符串值(Unicode 格式)。除了个别如*@之类的符号外，其余所有空格、标点、重音符号以及其他非 ASCII 字符均可用%xx 编码代替，其中 xx 等于表示该字符的十六进制数。

【例 20.13】使用 escape 函数。

```
<!DOCTYPE>
<html>
<head>
<title>escape 应用示例</title>
</head>
<body>
<center>
<h3>escape 应用示例</h3>
</center>
<script type="text/javascript">
<!--
document.write("由于空格符对应的编码是%20，感叹号对应的编码符是%21，"+"<br/>");
document.write("<br/>"+"故，执行语句 escape('hello world!')后，"+"<br/>");
document.write("<br/>"+"结果为："+escape('hello world!'));
-->
</script>
</body>
```

```
</html>
```

运行上述代码，结果如图 20-15 所示，由于空格符对应的编码是%20，感叹号对应的编码符是%21，因此执行语句 escape(“hello world!”)后，显示结果为 hello%20world%21。

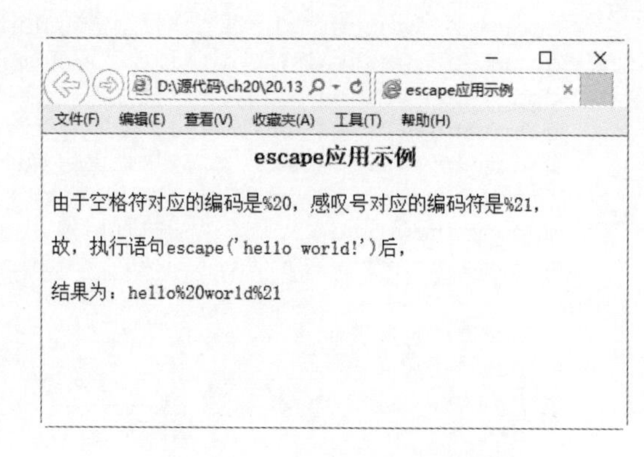

图 20-15　escape 函数的调用

unescape(charstring)函数用于返回指定值的 ASCII 字符串，其中 charstring 参数为必选项，表示需要解码的 String 对象。与 escape(charString) 函数相反，unescape (charstring)函数返回一个包含 charstring 内容的字符串值，所有以%xx 十六进制形式编码的字符都用 ASCII 字符集中等价的字符代替。

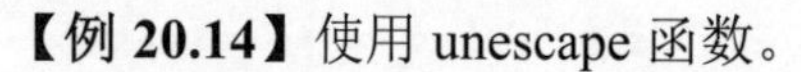

【例 20.14】使用 unescape 函数。

```
<!DOCTYPE>
<html>
<head>
<title>unescape 函数应用示例</title>
</head>
<body>
<center>
<h3>unescape 函数应用示例</h3>
</center>
<script type="text/javascript">
<!--
document.write("由于空格符对应的编码是%20，感叹号对应的编码符是%21，"+"<br/>");
document.write(
  "<br/>"+"故，执行语句 unescape('hello%20world%21')后，"+"<br/>");
document.write("<br/>"+"结果为： "+unescape('hello%20world%21'));
-->
</script>
</body>
</html>
```

在 IE 11.0 中浏览，效果如图 20-16 所示。

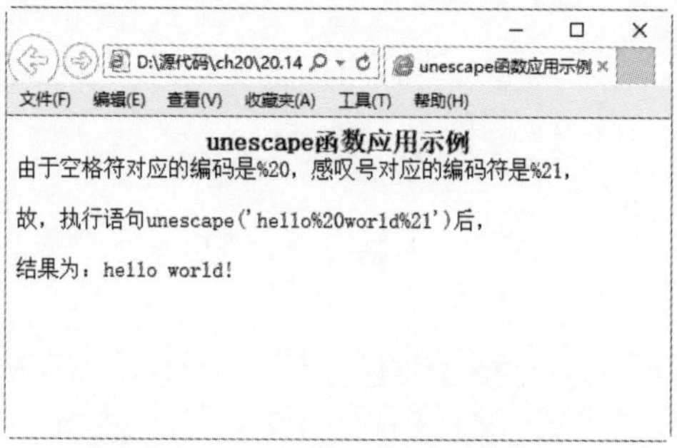

图 20-16　unescape 函数的调用

20.4　综合案例——购物简易计算器

编写具有能对两个操作数进行加、减、乘、除运算的简易计算器，效果如图 20-17 所示。加运算效果如图 20-18 所示，减运算效果如图 20-19 所示，乘运算效果如图 20-20 所示，除运算效果如图 20-21 所示。

图 20-17　程序效果图

图 20-18　加法运算

图 20-19　减法运算

图 20-20　乘法运算

图 20-21　除法运算

本例中涉及了本章所学的数据类型、变量、流程控制语句、函数等知识。注意该示例中还涉及少量后续章节的知识，如事件模型。不过，前面的案例中也有使用，读者可先掌握其用法，详见对象部分。

具体操作步骤如下。

step 01 新建 HTML 文档，输入如下代码：

```
<!DOCTYPE html>
<html>
<head>
<meta charset="utf-8" />
<title>购物简易计算器</title>
```

```
<style>
/*定义计算器块信息*/
section{
   background-color:#C9E495;
   width:280px;
   height:320px;
   text-align:center;
   padding-top:1px;
}
/*细边框的文本输入框*/
.textBaroder
{
   border-width:1px;
   border-style:solid;
}
</style>
</head>
<body>
<section>
<h1><img src="images/logo.gif" width="260" height="31">欢迎您来淘宝！</h1>
<form action="" method="post" name="myform" id="myform">
<h3><img src="images/shop.gif" width="54" height="54">购物简易计算器</h3>
<p>第一个数<input name="txtNum1" type="text" class="textBaroder"
 id="txtNum1" size="25"></p>
<p>第二个数<input name="txtNum2" type="text" class="textBaroder"
 id="txtNum2" size="25"></p>
<p><input name="addButton2" type="button" id="addButton2" value="  +  "
 onClick="compute('+')">
<input name="subButton2" type="button" id="subButton2" value="  -  ">
<input name="mulButton2" type="button" id="mulButton2" value="  ×  ">
<input name="divButton2" type="button" id="divButton2" value="  ÷  ">
<p>计算结果<INPUT name="txtResult" type="text" class="textBaroder"
 id="txtResult" size="25"></p>
</form>
</section>
</body>
</html>
```

step 02 保存 HTML 文件，选择相应的保存位置，文件名为“综合示例——购物简易计算器.html”。

step 03 在 HTML 文档的 head 部分，键入如下代码：

```
<script>
function compute(op)
{
   var num1,num2;
   num1 = parseFloat(document.myform.txtNum1.value);
   num2 = parseFloat(document.myform.txtNum2.value);
   if (op=="+")
      document.myform.txtResult.value = num1+num2;
   if (op=="-")
      document.myform.txtResult.value = num1-num2;
   if (op=="*")
      document.myform.txtResult.value = num1*num2;
```

```
    if (op=="/"  && num2!=0)
        document.myform.txtResult.value = num1/num2;
}
</script>
```

step 04 修改“+”按钮，“-”按钮，“×”按钮，“÷”按钮，代码如下：

```
<input name="addButton2" type="button" id="addButton2" value="  +  "
 onClick="compute('+')">
<input name="subButton2" type="button" id="subButton2" value="  -  "
 onClick="compute('-')">
<input name="mulButton2" type="button" id="mulButton2" value="  ×  "
 onClick="compute('*')">
<input name="divButton2" type="button" id="divButton2" value="  ÷  "
 onClick="compute('/')">
```

step 05 保存网页，然后即可预览效果。

20.5　跟我学上机——制作闪烁图片

闪烁图片是常用的一种特效，用 JavaScript 实现起来非常简单，这时需要注意时间间隔这个参数。数值越大，闪烁越不连续；数值越小，闪烁越厉害。可以随意更改这个值，直到取得满意的效果。具体步骤如下。

step 01 打开记事本文件，在其中输入下述代码：

```
<!DOCTYPE html>
<HTML>
<HEAD>
<TITLE>闪烁图片</TITLE>
</HEAD>
<BODY ONLOAD="soccerOnload()" topmargin="0">
<DIV ID="soccer" STYLE="position:absolute; left:150; top:0">
<a href=""><IMG SRC="01.jpg" border="0"></a>
</DIV>
<SCRIPT LANGUAGE="JavaScript">
var msecs = 500; //改变时间得到不同的闪烁间隔
var counter = 0;
function soccerOnload() {
    setTimeout("blink()", msecs);
}
function blink() {
    soccer.style.visibility =
      (soccer.style.visibility=="hidden")? "visible" : "hidden";
    counter += 1;
    setTimeout("blink()", msecs);
}
</SCRIPT>
</BODY>
</HTML>
```

step 02 保存网页，在 IE 11.0 中预览，效果如图 20-22 所示，图片在指定时间内闪烁。

图 20-22　闪烁图片效果

20.6　疑 难 解 惑

疑问 1：函数 Number 和 parseInt 都可以将字符串转换成整数，二者有何区别？

函数 Number 和 parseInt 都可以将字符串转换成整数，它们之间的区别如下。

(1) 函数 Number 不但可以将数字字符串转换成整数，还可以转换成浮点数。它的作用是将数字字符串直接转换成数值；而 parseInt 函数只能将数字字符串转换成整数。

(2) 函数 Number 在转换时，如果字符串中包括非数字字符，转换将会失败，而 parseInt 函数只要开头第 1 个是数字字符，即可转换成功。

疑问 2：JavaScript 代码的执行顺序如何？

JavaScript 代码的执行次序与书写次序相同，先写的 JavaScript 代码先执行，后写的 JavaScript 代码后执行。执行 JavaScript 代码的方式有以下几种。

(1) 直接调用函数。

(2) 在对象事件中使用 javascript:调用 JavaScript 程序，例如，<input type="button" name="Submit" value="显示 HelloWorld" onClick="javascript:alert('1233')">。

(3) 通过事件激发 JavaScript 程序。

第 21 章 JavaScript 对象编程

JavaScript 是一种基于对象的语言，它包含了许多对象，如 date、window 和 document 对象等。利用这些对象，可以很容易地快速实现 JavaScript 编程并加强 JavaScript 程序的功能。

21.1　文档对象模型(DOM)

HTML DOM 是 HTML Document Object Model(文档对象模型)的缩写，HTML DOM 是专门适用于 HTML/XHTML 的文档对象模型。

可以将 HTML DOM 理解为网页的 API。它将网页中的各个元素都看作一个个对象，从而使网页中的元素也可以被计算机语言获取或者编辑。例如 JavaScript 就可以利用 HTML DOM 动态地修改网页。

21.1.1　文档对象模型(DOM)介绍

DOM 是 W3C 组织推荐的处理 HTML/XML 的标准接口。DOM 实际上是以面向对象的方式描述的对象模型，它定义了表示和修改文档所需要的对象、这些对象的行为和属性，以及这些对象之间的关系。

各种语言都可以按照 DOM 规范去实现这些接口，给出解析文件的解析器。DOM 规范中所指的文件相当广泛，其中包括 XML 文件以及 HTML 文件。

DOM 可以看作是一组 API(Application Program Interface，应用编程接口)，它把 HTML 文档、XML 文档等看作一个文档对象，在接口里面存放着大量的方法，其功能是对这些文档对象中的数据进行存取，并且利用程序对数据进行相应的处理。DOM 技术并不是首先用于 XML 文档，对 HTML 文档来说，早已可以使用 DOM 来读取里面的数据了。

DOM 可以由 JavaScript 实现，它们两者之间的结合非常紧密。甚至可以说，如果没有 DOM，在使用 JavaScript 的时候是不可想象的，因为我们每解析一个节点、一个元素，都要耗费很多精力，DOM 本身被设计为一种独立的程序语言，以一致的 API 存取文件的结构表述。在使用 DOM 解析 HTML 对象的时候，首先在内存中构建起一棵完整的解析树，借此实现对整个文档的全面、动态的访问。也就是说，它的解析是有层次的，即把所有的 HTML 中的元素都解析成树上层次分明的节点，然后我们可以对这些节点执行添加、删除、修改、查看等操作。

目前 W3C 提出了 3 个 DOM 规范，分别是 DOM Level1、DOM Level2、DOM Level3。

21.1.2　在 DOM 模型中获得对象

在使用 DOM 操作 XML 和 HTML 文档时，经常要使用 document 对象。document 对象是一棵文档树的根，该对象可为我们提供对文档数据的最初(或最顶层)的访问入口。

【例 21.1】在 DOM 模型中获得对象。

```
<!DOCTYPE html>
<html>
<head>
<title>解析 HTML 对象</title>
<script type="text/javascript">
window.onload = function(){
```

```
    //通过 document.documentElement 获取根节点 ==>html
    var zhwHtml = document.documentElement;
    alert(zhwHtml.nodeName); //打印节点名称，HTML 大写
    var zhwBody = document.body; //获取 body 标签节点
    alert(zhwBody.nodeName); //打印 BODY 节点的名称
    var fH = zhwBody.firstChild; //获取 body 的第一个子节点
    alert(fH+"body 的第一个子节点");
    var lH = zhwBody.lastChild; //获取 body 的最后一个子节点
    alert(lH+"body 的最后一个子节点");
    var ht = document.getElementById("zhw"); //通过 id 获取<h1>
    alert(ht.nodeName);
    var text = ht.childNodes;
    alert(text.length);
    var txt = ht.firstChild;
    alert(txt.nodeName);
    alert(txt.nodeValue);
    alert(ht.innerHTML);
    alert(ht.innerText+"Text");
}
</script>
</head>
<body>
    <h1 id="zhw">我是一个内容节点</h1>
</body>
</html>
```

在上述代码中，首先获取 HTML 文件的根节点，即使用“document.documentElemen”语句获取，然后分别获取了 body 节点、body 的第一个节点、最后一个子节点。

语句 document.getElementById(“zhw”)表示获得指定节点，并输出节点名称和节点内容。

在 IE 11.0 中浏览，效果如图 21-1 所示，可以看到，当页面显示的时候，JavaScript 程序会依次将 HTML 的相关节点输出，例如输出 HTML、BODY 和 H1 等节点。

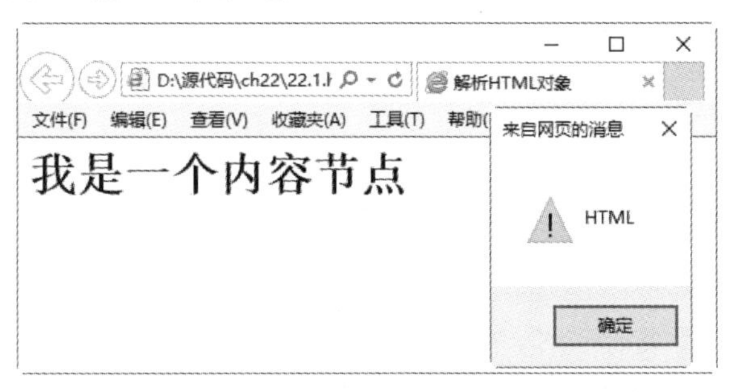

图 21-1　输出 DOM 对象中的节点

21.1.3　事件驱动的应用

JavaScript 是基于对象(Object-based)的语言，而基于对象的基本特征，就是采用事件驱动(Event-driven)。它是在用图形界面的环境下，使得一切输入变得简单化。通常，鼠标或热键的动作称为事件(Event)，而由鼠标或热键引发的一连串程序的动作，称为事件驱动。

【例 21.2】事件驱动的应用。

```
<!DOCTYPE html>
<html>
<head>
<title>JavaScript 事件驱动</title>
<script language="javascript">
<!--
function countTotal(){
   var elements = document.getElementsByTagName("input");
   window.alert("input 类型节点总数是:" + elements.length);
}
function anchorElement(){
   var element = document.getElementById("ss");
   window.alert("按钮的 value 是:" + element.value);
}
-->
</script>
</head>
<body>
<table width="364" border="1" cellpadding="0" cellspacing="0">
<form action="" name="form1" method="post">
<tr>
   <td width="20%"> 用户名</td>
   <td width="80%"> <input type="text" name="input1" value=""></td>
</tr>
<tr>
   <td> 密码</td>
   <td> <input type="password" name="password1" value=""></td>
</tr>
<tr>
   <td> </td>
   <td><input id="ss" type="submit" name="Submit" value="提交"></td>
</tr>
</form>
</table>
<a href="javascript:void(0);" onClick="countTotal();">
 统计 input 子节点总数</a>
<a href="javascript:void(0);" onClick="anchorElement();">获取提交按钮内容</a>
</body>
</html>
```

在上面的 HTML 代码中，创建了两个超级链接，并给这两个超级链接添加了单击事件，即 onClick 事件，当单击超级链接时，会触发 countTotal 和 anchorElement()函数。

在 JavaScript 代码中，创建了 countTotal 和 anchorElement()函数，countTotal 函数中使用 document.getElementsByTagName(“input”);语句获取节点名称为 input 的所有元素，并将它存储到一个数组中，然后将这个数组的长度输出。

在 anchorElement()函数中，使用 document.getElementById(“ss”)获取按钮节点对象，并将此对象的值输出，这里的 ss 为提交按钮的 id。

在 IE 11.0 中浏览，效果如图 21-2 所示，可以看到，当页面显示的时候，单击“统计 input 自己的总数”和“获取提交按钮内容”链接，会分别显示 input 的子节点数和提交按钮的 value 内容。从执行结果来看，当单击超级链接时，会触发事件处理程序，即调用

JavaScript 函数。JavaScript 函数执行时，会根据相应程序代码完成相关的操作，例如本例的统计节点数和获取按钮 value 内容等。

图 21-2　事件驱动显示

21.2　窗口(window)对象

window 对象在客户端 JavaScript 中扮演重要的角色，一般要引用它的属性和方法时，不需要用 window.XXX 这种形式，而是直接使用 XXX。一个框架页面也是一个窗口。window 对象表示浏览器中打开的窗口。

21.2.1　创建窗口(window)

window 对象表示一个浏览器窗口或一个框架。在客户端 JavaScript 中，window 对象是全局对象，所有的表达式都在当前的环境中计算。window 对象还实现了核心 JavaScript 所定义的所有全局属性和方法。window 对象的 window 属性和 self 属性引用的都是它自己。

window 对象的属性如表 21-1 所示。

表 21-1　window 对象的属性

属性名称	说　明
closed	布尔值，当窗口被关闭时此属性为 true，默认为 false
defaultstatus、status	字符串，用于设置在浏览器状态栏显示的文本
document	对 document 对象的引用，该对象表示在窗口中显示的 HTML 文件
frames[]	window 对象的数组，代表窗口的各个框架
history	对 history 对象的引用，该对象代表用户浏览器窗口的历史
innerHight、innerWidth、outerHeight、outerWidth	它们分别表示窗口的内外尺寸
location	对 location 对象的引用，该对象代表在窗口中显示的文档的 URL

续表

属性名称	说　明
locationbar、menubar、scrollbars、statusbar、toolbar	对窗口中各种工具栏的引用，如地址栏、工具栏、菜单栏、滚动条等。这些对象分别用来设置浏览器窗口中各个部分的可见性
name	窗口的名称，可被 HTML 标记<a>的 target 属性使用
opener	对打开当前窗口的 window 对象的引用。如果当前窗口被用户打开，则它的值为 null
pageXOffset、pageYOffset	在窗口中滚动到右边和下边的数量
parent	如果当前的窗口是框架，它就是对窗口中包含这个框架的引用
self	自引用属性，是对当前 window 对象的引用，与 window 属性相同
top	如果当前窗口是一个框架，那么它就是对包含这个框架顶级窗口的 window 对象的引用。注意，对于嵌套在其他框架中的框架来说，top 不等同于 parent
window	自引用属性，是对当前 window 对象的引用，与 self 属性相同

window 对象的常用方法如表 21-2 所示。

表 21-2　window 对象的方法

方法名称	说　明
close()	关闭窗口
find()、home()、print()、stop()	执行浏览器查找、主页、打印和停止按钮的功能，就像用户单击了窗口中的这些按钮一样
focus()、blur()	请求或放弃窗口的键盘焦点。focus()方法还将把窗口置于最上层，使窗口可见
moveBy()、moveTo()	移动窗口
resizeBy()、resizeTo()	调整窗口大小
scrollBy()、scrollTo()	滚动窗口中显示的文档
setInterval()、clearInterval()	设置或者取消重复调用的函数，该函数在两次调用之间有指定的延迟
setTimeout()、clearTimeout()	设置或者取消在指定的若干秒后调用一次的函数

【例 21.3】使用 window 对象的方法。

```
<!DOCTYPE html>
<html>
<head><title>window 属性</title></head>
<body>
<script language="JavaScript">
function shutwin(){
   window.close();
   return;
}
```

```
</script>
<a href="javascript:shutwin();">关闭本窗口</a>
</body>
</html>
```

在上面的代码中，创建了一个超级链接，并为超级链接添加了一个事件，即单击超级链接时，会调用函数 shutwin。在 shutwin 函数中，使用了 window 对象的 close 方法，关闭当前窗口。在 IE 11.0 中浏览，效果如图 21-3 所示。

当单击超级链接“关闭本窗口”时，会弹出一个对话框询问是否关闭当前窗口，如果选择“是(Y)”则会关闭当前窗口，否则不关闭当前窗口。

图 21-3　窗口的方法

21.2.2　创建对话框

对话框的作用是与浏览者进行交流，有提示、选择和获取信息的功能。JavaScript 提供了 3 个标准的对话框，即弹出对话框、选择对话框和输入对话框，三者都是基于 window 对象产生的，即作为 window 对象的方法而使用的。window 对象的对话框如表 21-3 所示。

表 21-3　window 对象的对话框

对 话 框	说　明
alert()	弹出一个只包含“确定”按钮的对话框
confirm()	弹出一个包含“确定”和“取消”按钮的对话框，要求用户做出选择。如果用户单击“确定”按钮，则返回 true 值，如果单击“取消”按钮，则返回 false 值
prompt()	弹出一个包含“确认”和“取消”按钮和一个文本框的对话框，要求用户在文本框中输入一些数据。如果用户单击“确认”按钮，则返回文本框里已有的内容，如果用户单击“取消”按钮，则返回 null 值。如果指定<初始值>，则文本框里会有默认值

【例 21.4】显示对话框。

```
<!DOCTYPE html>
<html>
<head>
<script type="text/javascript">
function display_alert()
{
   alert("我是弹出对话框");
}
function disp_prompt()
{
   var name = prompt("请输入名称","");
   if (name!=null && name!="")
```

```
    {
        document.write("你好 " + name + "!");
    }
}
function disp_confirm()
{
    var r = confirm("按下按钮");
    if (r==true)
    {
        document.write("单击确定按钮");
    }
    else
    {
        document.write("单击返回按钮");
    }
}
</script>
</head>
<body>
<input type="button" onclick="display_alert()" value="弹出对话框" />
<input type="button" onclick="disp_prompt()" value="输入对话框" />
<input type="button" onclick="disp_confirm()"  value="选择对话框" />
</body>
</html>
```

在 HTML 代码中，创建了 3 个表单按钮，并分别为 3 个按钮添加了单击事件，即单击不同的按钮时，调用不同的 JavaScript 函数。在 JavaScript 代码中，创建了 3 个 JavaScript 函数，这 3 个函数分别调用 window 对象的 alert 方法、confirm 方法和 prompt 方法，创建不同形式的对话框。

在 IE 11.0 中浏览，效果如图 21-4 所示，当单击 3 个按钮时，会显示不同的对话框类型，即弹出对话框、输入对话框和选择对话框。

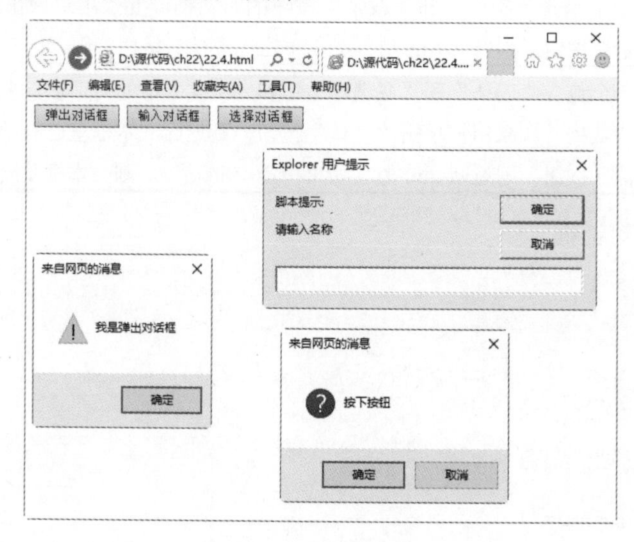

图 21-4　显示对话框

21.2.3 窗口的相关操作

上网的时候会遇到这样的情况，进入首页时，或者单击一个链接或按钮时，会弹出一个窗口，通常窗口里会显示一些注意事项、版权信息、警告、欢迎光顾之类的话，或者一些特别提示的信息。

实现弹出窗口非常简单，只需使用 window 对象的 open 方法即可。

open()方法提供了很多可供用户选择的参数，它的用法是：

```
open(<URL 字符串>, <窗口名称字符串>, <参数字符串>);
```

其中，各个参数的含义如下。

一是<URL 字符串>。指定新窗口要打开网页的 URL 地址，如果为空(‘’)，则不打开任何二是网页。

<窗口名称字符串>。指定被打开新窗口的名称(window.name)，可以使用_top、_blank 等内置名称。这里的名称跟<a href=“...” target=“...”>里的 target 是一样的。

三是<参数字符串>。指定被打开新窗口的外观。如果只需要打开一个普通窗口，该字符串留空(‘’)，否则，就在字符串里写上一到多个参数，参数之间用逗号隔开。open()方法的第 3 个参数，有如下一些可选值。

(1) top=0：窗口顶部离开屏幕顶部的像素数。

(2) left=0：窗口左端离开屏幕左端的像素数。

(3) width=400：窗口的宽度。

(4) height=100：窗口的高度。

(5) menubar=yes|no：窗口是否有菜单，取值为 yes 或 no。

(6) toolbar= yes|no：窗口是否有工具栏，取值为 yes 或 no。

(7) location=yes|no：窗口是否有地址栏，取值为 yes 或 no。

(8) directories=yes|no：窗口是否有连接区，取值为 yes 或 no。

(9) scrollbars=yes|no：窗口是否有滚动条，取值为 yes 或 no。

(10) status= yes|no：窗口是否有状态栏，取值为 yes 或 no。

(11) resizable=yes|no：窗口是否可以调整大小，取值为 yes 或 no。

例如，打开一个宽 500 高 200 的窗口，使用语句：

```
open('','_blank',
  'width=500,height=200,menubar=no,toolbar=no,location=no,
  directories=no,status=no,scrollbars=yes,resizable=yes')
```

【例 21.5】使用 open 方法。

```
<!DOCTYPE html>
<html>
<head>
<title>
   打开新窗口
</title>
</head>
<body>
```

```
<script language="JavaScript">
<!--
function setWindowStatus()
{
   window.status = "Window 对象的简单应用案例，这里的文本是由 status 属性设置的。";
}
function NewWindow() {
   msg = open("","DisplayWindow","toolbar=no,directories=no,menubar=no");
   msg.document.write("<HEAD><TITLE>新窗口</TITLE></HEAD>");
   msg.document.write(
     "<CENTER><h2>这是由 Window 对象的 Open 方法所打开的新窗口!</h2></CENTER>");
}
-->
</script>
<body onload="setWindowStatus()">
<input type="button" name="Button1"
  value="打开新窗口"
  onclick="NewWindow()">
</body>
</html>
```

在上述代码中，使用 onload 加载事件调用 JavaScript 函数 setWindowStatus，用于设置状态栏的显示信息。创建了一个按钮，并为按钮添加了单击事件，其事件处理程序是 NewWindow 函数，在这个函数中，使用 open 打开了一个新的窗口。

在 IE 11.0 中浏览，效果如图 21-5 所示，当单击页面中“打开新窗口”按钮时，会显示如图 21-6 所示的窗口。在新窗口中没有显示地址栏、菜单栏等信息。

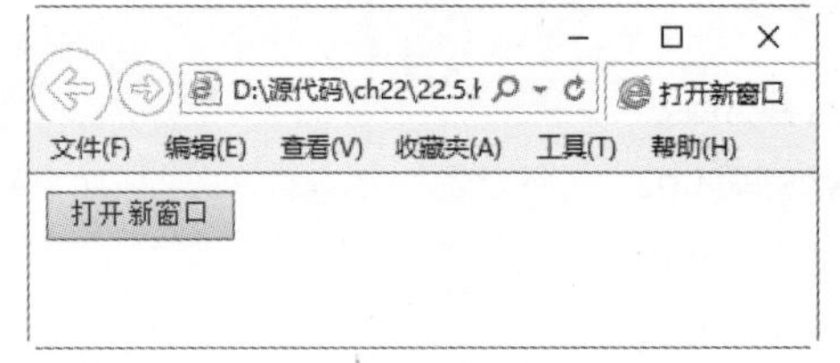

图 21-5 使用 open 方法

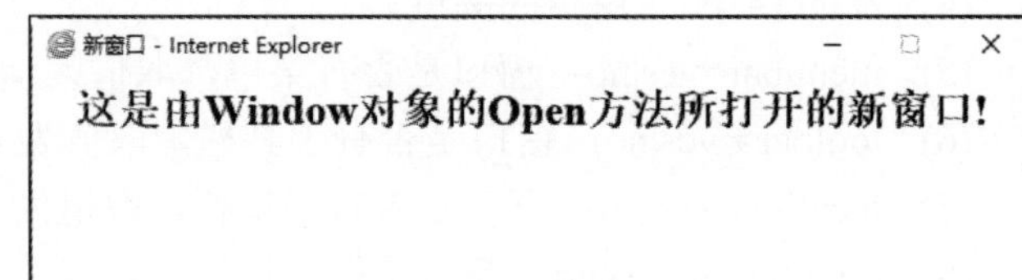

图 21-6 新窗口

21.3 文档(document)对象

document 对象是客户端使用最多的 JavaScript 对象。document 属性除了常用的 write()方法之外，document 对象还定义了文档整体信息属性，如文档 URL、最后修改日期、文档要链接到的 URL、显示颜色等。

21.3.1 文档属性的应用

window 对象具有 document 属性，该属性表示在窗口中显示 HTML 文件的 document 对象。document 对象有很多方法，包括程序中经常看到的 document.write()，如表 21-4 所示。

表 21-4　document 对象的方法

方法名称	说　明
close()	关闭或结束 open()方法打开的文档
open()	产生一个新文档，并清除已有文档的内容
write()	输出文本到当前打开的文档
writeln()	输出文本到当前打开的文档，并添加一个换行符
document.createElement(Tag)	创建一个 HTML 标签对象
document.getElementById(ID)	获得指定 ID 值的对象
document.getElementsByName(Name)	获得指定 Name 值的对象

表 21-5 中列出了 document 对象中定义的常用属性。

表 21-5　document 对象的属性

属性名称	说　明
alinkColor、linkColor、vlinkColor	这些属性描述了超链接的颜色。linkColor 指未访问过的链接的正常颜色，vlinkColor 指访问过的链接的颜色，alinkColor 指被激活的链接的颜色。这些属性对应于 HTML 文档中 body 标记的属性：alink、link 和 vlink
anchors[]	anchor 对象的一个数组，该对象保存着代表文档中锚的集合
applets[]	applet 对象的一个数组，该对象代表文档中的 Java 小程序
bgColor、fgColor	文档的背景色和前景色，这两个属性对应于 HTML 文档中 body 标记的 bgcolor 和 text 属性
cookie	一个特殊属性，允许 JavaScript 脚本读写 HTTP cookie
domain	该属性使处于同一域中的相互信任的 Web 服务器在网页间交互时能协同忽略某项案例性限制
forms[]	form 对象的一个数组，该对象代表文档中 form 标记的集合
images[]	image 对象一个数组，该对象代表文档中<img>标记的集合
lastModified	一个字符串，包含文档的最后修改日期
links[]	Link 对象的一个数组，该对象代表文档的链接<a>标记的集合
location	等价于属性 URL
referrer	文档的 URL，包含把浏览器带到当前文档的链接
title	当前文档的标题，即<title>和</title>之间的文本
URL	一个字符串。声明装载文件的 URL，除非发生了服务器重定向，否则该属性的值与 window 对象的 Location.href 相同

在一个页面中，document 对象具有 form、image 和 applet 子对象。通过在对应的 HTML 标记中设置 name 属性，就可以使用名字来引用这些对象。包含有 name 属性时，它的值将被用作 document 对象的属性名，用来引用相应的对象。

【例 21.6】document 对象的使用。

```
<!DOCTYPE html>
<html>
<head>
<title>document 属性使用</title>
</head>
<body>
<DIV>
  <H2>在文本框中输入内容，注意第二个文本框变化：</H2>
  <form>
    内容：<input type=text
            onChange="document.my.elements[0].value=this.value;" />
  </form>
  <form name="my">
    结果：<input type=text
            onChange="document.forms[0].elements[0].value=this.value;" />
  </form>
</DIV>
</body>
</html>
```

在上面的代码中，document.forms[0]引用了当前文档中的第一个表单对象，document.my 则引用了当前文档中 name 属性为 my 的表单。完整的 document.forms[0].elements[0].value 引用了第一个表单中第一个文本框的值，而 document.my.elements[0].value 引用了名为 my 的表单中第一个文本框的值。

在 IE 11.0 中浏览，效果如图 21-7 所示，当在第一个文本框输入内容时，鼠标放到第二个文本框时，会显示第一个文本框输入的内容。在第一个表单的文本框中输入内容，然后触发了 onChange 事件(当文本框的内容改变时触发)，使第二个文本框中的内容与此相同。

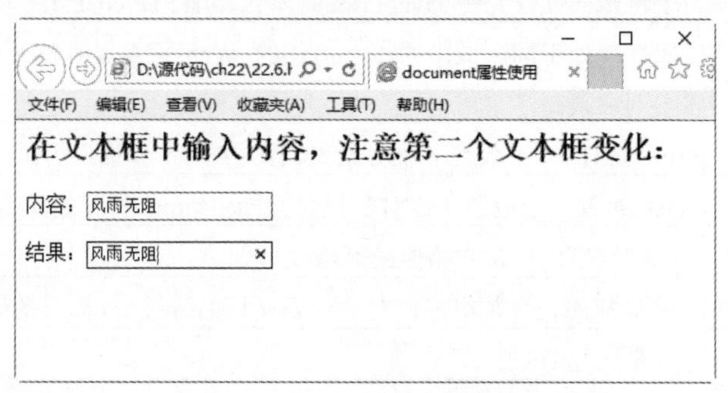

图 21-7 document 对象的使用

21.3.2 文档中图片的使用

如果要使用 JavaScript 代码对文档中的图像标记<img>进行操作，需要用到 document 对象，该对象提供了多种访问文档中标记的方法，以图像标记为例，通常有以下 3 种方法。

(1) 通过集合引用：

```
document.images                //对应页面上的<img>标记
document.images.length         //对应页面上<img>标记的个数
```

```
document.images[0]            //第1个<img>标记
document.images[i]            //第i-1个<img>标记
```

(2) 通过 name 属性直接引用：

```
<img name="oImage">
<script language="javascript">
document.images.oImage        //document.images.name属性
</script>
```

(3) 引用图片的 src 属性：

```
document.images.oImage.src //document.images.name属性.src
```

【例 21.7】在文档中设置图片。

```
<html>
<head>
<title>文档中的图片</title>
</head>
<body>
<p>下面显示了一张图片</p>
<img name=image1 width=200 height=120>
<script language="javascript">
var image1;
image1 = new Image();
document.images.image1.src = "12.jpg"
</script>
</body>
</html>
```

在上面的代码中，首先创建了一个 img 标记，此标记没有使用 src 属性用于获取显示的图片。在 JavaScript 代码中，创建了一个 image1 对象，该对象使用 new image 实例化。然后使用 document 属性设置 img 标记的 src 属性。

在 IE 11.0 中浏览，效果如图 21-8 所示，会显示一张图片和段落信息。

图 21-8　在文档中设置图片

21.3.3　显示文档中的所有超链接

文档对象 document 中有一个 links 属性，该属性返回页面中所有链接标记所组成的数组，同样可以用于进行一些通用的链接标记处理。

【例 21.8】显示页面中的所有链接。

```
<!DOCTYPE html>
<html>
<head>
<title>显示页面的所有链接</title>
<script language="JavaScript1.2">
<!--
function extractlinks(){
    //var links = document.all.tags("A");
    var links = document.links;
    var total = links.length
    var win2 = window.open("","","menubar,scrollbars,toolbar")
    win2.document.write("<font size='2'>一共有"+total+"个链接</font><br>")
    for (i=0;i<total;i++){
        win2.document.write(
          "<font size='2'>"+links[i].outerHTML+"</font><br>")
    }
}
//-->
</script>
</head>
<body>
<input type="button" onClick="extractlinks()" value="显示所有的链接">
<p></p>
<p><a target="_blank" href="http://www.sohu.com/">搜狐</a></p>
<p><a target="_blank" href="http://www.sina.com/">新浪</a></p>
<p><a target="_blank" href="http://www.163.com/">163</a></p>
<p>链接 1</p><p>链接 1</p><p>链接 1</p><p>链接 1</p>
</body>
</html>
```

在 HTML 代码中，创建了多个标记，例如表单标记 input、段落标记和 3 个超级链接标记。在 JavaScript 函数中，函数 extractlinks 的功能就是获取当前页面中的所有超级链接，并在新窗口中输出。其中“document.links”就是获取当前页面的所有链接，并存储到数组中，其功能与语句 document.all.tags(“A”)的功能相同。

在 IE 11.0 中浏览，效果如图 21-9 所示，在页面中单击“显示所有的链接”按钮，会弹出一个新的窗口，并显示原来窗口中所有的超级链接，如图 21-10 所示。当单击按钮时，就触发了一个按钮单击事件，并调用事件处理程序，即函数。

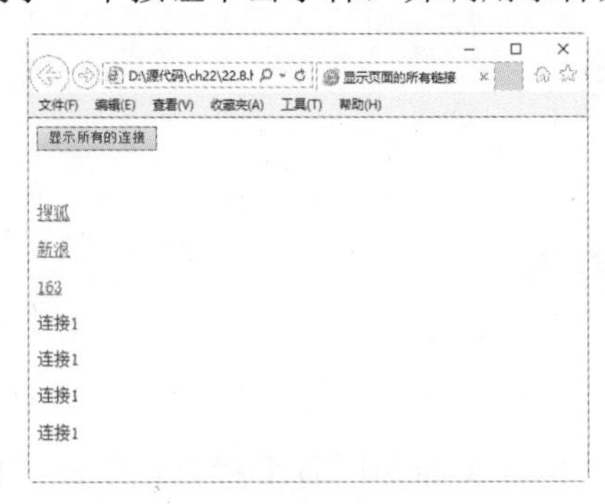

图 21-9　获取所有链接

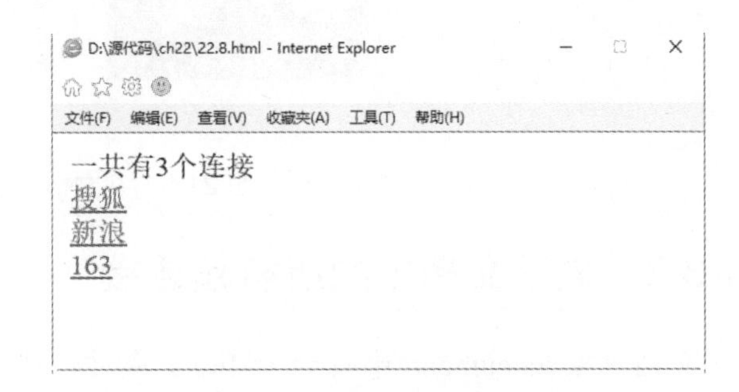

图 21-10　超级链接新窗口

21.4 表 单 对 象

每一个 form 对象都对应着 HTML 文档中的一个<form>标签。通过 form 对象，可以获得表单中的各种信息，也可以提交或重置表单。

21.4.1 创建 form 对象

form 对象代表一个 HTML 表单。在 HTML 文档中，<form>每出现一次，form 对象就会被创建。在使用单独的表单 form 对象之前，首先要引用 form 对象。form 对象由网页中的<form></form>标记对创建。

【例 21.9】创建 form 对象。

```
<!DOCTYPE html>
<html>
<head>
<title>form表单长度</title>
</head>
<body>
<form id="myForm" method="get">
   名称: <input type="text" size="20" value="" /><br />
   密码: <input type="text" size="20" value="" />
   <input type=submit value="登录">
</form>
<script type="text/javascript">
   document.write("表单中所包含的子元素");
   document.write(document.getElementById('myForm').length);
</script>
</body>
</html>
```

在上述 HTML 代码中，创建了一个表单对象，其 ID 名称为 myForm。在 JavaScript 程序代码中，使用 document.getElementById('myForm')语句获取当前的表单对象，最后使用 length 属性显示表单元素的长度。

在 IE 11.0 中浏览，效果如图 21-11 所示，会显示一个表单信息，表单中包含 2 个文本输入框和 1 个按钮。在表单的下面有一个段落，该段落显示了表单元素中包含的子元素个数。

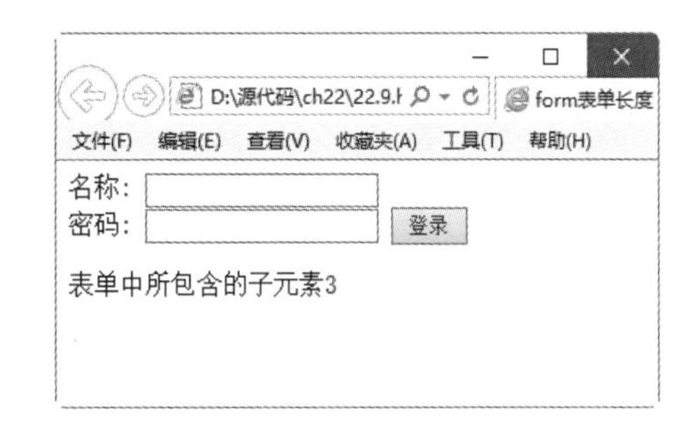

图 21-11 使用 form 属性

21.4.2 form 对象属性与方法的应用

表单的创建者为了收集所需的数据，使用了各种控件设计表单，如 input 或 select。查看表单的用户只需填充数据并单击“提交”按钮，即可向服务器发送数据。服务器上的脚本会处理这些数据。表单元素的常用属性如表 21-6 所示。

表 21-6　form 对象的常用属性

属　性	说　明
action	设置或返回表单的 action 属性
enctype	设置或返回表单用来编码内容的 MIME 类型
id	设置或返回表单的 id
length	返回表单中的元素数目
method	设置或返回将数据发送到服务器的 HTTP 方法
name	设置或返回表单的名称
target	设置或返回表单提交结果的 frame 或 window 名

表单元素的常用方法如表 21-7 所示。

表 21-7　form 对象的常用方法

方　法	说　明
reset()	把表单的所有输入元素重置为它们的默认值
submit()	提交表单

【例 21.10】提交表单。

```
<!DOCTYPE html>
<html>
<head>
<script type="text/javascript">
function formSubmit()
{
   document.getElementById("myForm").submit();
}
</script>
</head>

<body>
<form id="myForm" action="1.jsp" method="get">
   姓名: <input type="text" name="name" size="20"><br />
   住址: <input type="text" name="address" size="20"><br />
   <br />
   <input type="button" onclick="formSubmit()" value="提交">
</form>
</body>
</html>
```

在 HTML 代码中创建了一个表单，其 ID 名称为 myForm，其中包含了文本域和按钮。在 JavaScript 程序中使用 document.getElementById("myForm")语句获取当前表单对象，并利用表单方法 submit 执行提交操作。

在 IE 11.0 中浏览，效果如图 21-12 所示，在页面的表单中输入相关信息后，单击“提交”按钮，会将文本域信息提交给服务器程序。这里通过表单的按钮触发了 JavaScript 的提交事件。

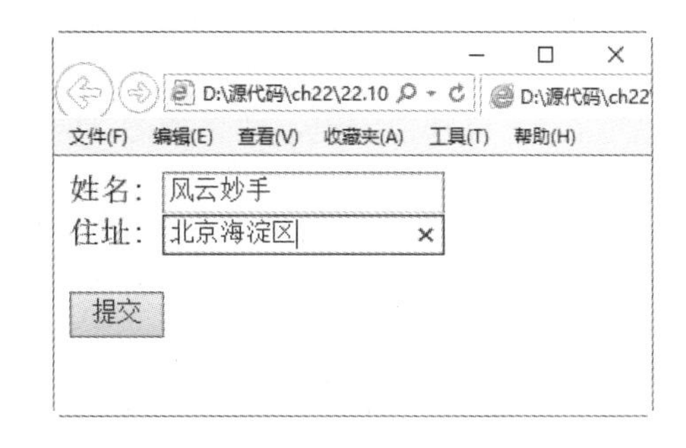

图 21-12　表单的提交

21.4.3　单选按钮与复选框的使用

在表单元素中，单选按钮是常用的元素之一。在浏览器对象中，可以将单选按钮对象看作是一个对象。radio 对象代表 HTML 表单中的单选按钮。同样，表单元素中的复选框在 JavaScript 程序中也可以作为一个对象处理，即 checkbox 对象。checkbox 对象代表 HTML 表单中的一个复选框。

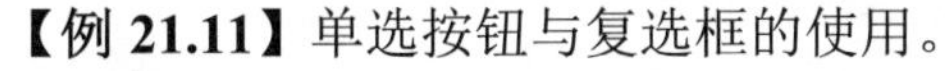

【例 21.11】单选按钮与复选框的使用。

```
<!DOCTYPE html>
<html>
<head>
<script type="text/javascript">
function check()
{
   document.getElementById("check1").checked=true;
}
function uncheck()
{
   document.getElementById("check1").checked=false;
}
function setFocus()
{
   document.getElementById('male').focus();
}
function loseFocus()
{
   document.getElementById('male').blur();
}
</script>
</head>
<body>
<form>
   男：<input id="male" type="radio" name="Sex" value="男" />
   女：<input id="female" type="radio" name="Sex" value="女" /><br>
   <input type="button" onclick="setFocus()" value="设置焦点" />
   <input type="button" onclick="loseFocus()" value="失去焦点" />

   <br><hr>
   <input type="checkbox" id="check1" />
   <input type="button" onclick="check()" value="选中复选框" />
   <input type="button" onclick="uncheck()" value="不选中复选框" />
</form>
</body>
</html>
```

在上述 JavaScript 代码中，创建了 4 个 JavaScript 函数，用于设置单选按钮和复选框的属性。前两个函数使用 checked 属性设置复选框状态。后两个函数使用 focus 和 blur 方法，设置单选按钮的行为。

在 IE 11.0 中浏览，效果如图 21-13 所示。

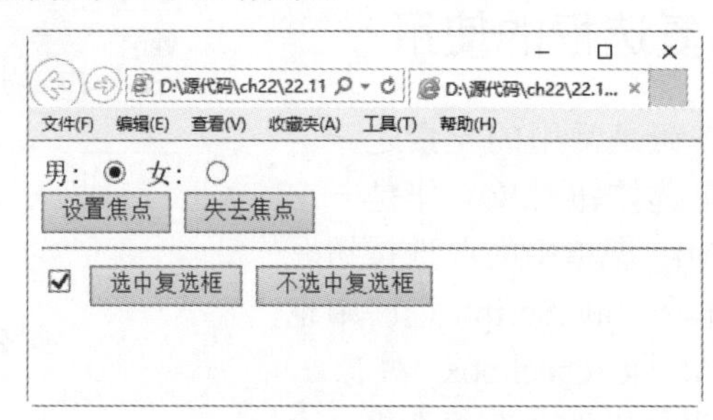

图 21-13 设置单选按钮和复选框的状态

在该页面中，可以通过按钮来控制单选按钮和复选框的相关状态，例如使用“设置焦点”和“失去焦点”按钮设置单选按钮的焦点，使用“选中复选框”和“不选中复选框”按钮设置复选框的选中状态。上述操作都是使用 JavaScript 程序完成的。

21.4.4 下拉菜单的使用

下拉菜单是表单中必不可少的元素之一。在浏览器对象中，下拉菜单可以看作是一个 select 对象，每一个 select 对象代表 HTML 表单中的一个下拉列表。在 HTML 表单中，<select>标签每出现一次，一个 select 对象就会被创建。

【例 21.12】下拉菜单的使用。

```
<!DOCTYPE html>
<html>
<head>
<script type="text/javascript">
function getIndex()
{
   var x = document.getElementById("mySelect");
   alert(x.selectedIndex);
}
</script>
</head>
<body>
<form>
   选择自己喜欢的水果:
   <select id="mySelect">
      <option>苹果</option>
      <option>香蕉</option>
      <option>橘子</option>
      <option>梨</option>
   </select>
   <br /><br />
   <input type="button" onclick="getIndex()" value="弹出选中项">
</form>
</body>
</html>
```

在 HTML 代码中，创建了一个下拉菜单，其 ID 名称为 mySelect。当单击按钮时，会调用 getIndex 函数。在 getIndex 函数中，使用 document.getElementById(“mySelect”)语句获取下拉菜单对象，然后使用 selectedIndex 属性显示当前选中项的索引。

在 IE 11.0 中浏览，效果如图 21-14 所示，单击“弹出选中项”按钮，可以显示下拉菜单中当前被选中项的索引，例如页面中的提示对话框。

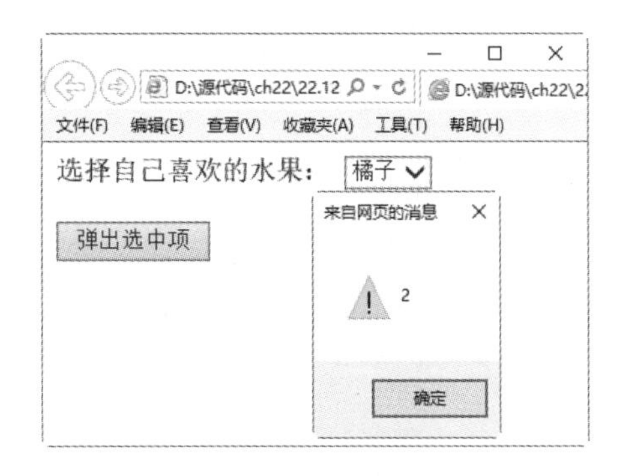

图 21-14 获取下拉菜单的选中项

21.5 综合案例——表单注册与表单验证

本案例将结合前面所学的知识，来制作一个表单注册和验证页面。具体操作步骤如下。

step 01 分析需求。

如果要实现一个表单注册页面，首先需要确定浏览者提交何种信息，如用户名、密码、电子邮件、住址、身份证号等，这些信息确定后，就可以动手创建 HTML 表单了。然后利用表格对表单进行限制，从而完成局部布局，使表单显示样式更加漂亮。最后使用 JavaScript 代码，对表单元素进行验证，例如不为空、电子邮件格式不正确等。

step 02 创建 HTML，实现基本表单。

在 HTML 页面中，首先创建一个表单对象，表单对象中包括用户名、性别、密码、确认密码、密码问题、问题答案、E-mail、联系电话、职业等元素对象，这里涉及文本框、下拉菜单、单选按钮等。

代码如下：

```
<!DOCTYPE html>
<html>
<head>
<title>表单注册和验证</title>
</head>
<body>
<form name="form1" id="form1" method="post" action="reg2.jsp">
    <B>用 户 名</B>:
    <INPUT maxLength="10" size=30  name="uid" type="text">
    <B>性    别</B>:
    <INPUT type=radio CHECKED value="boy" name="gender">男孩
    <INPUT type=radio value="girl"  name="gender">女孩
    <B>密    码</B>:
    <input name="psw1"  type="password" size=32>
    <tr>
    <B>确认密码</B>:
    <td ><input name="psw2" type="password" size=32>
    <B>密码问题</B>:
```

```
    <INPUT type=text size=30 name="question" type="text">
    <B>问题答案</B>:
    <INPUT type=text size=30 name="answer" type="text">
    <B>Email</B>:
    <INPUT maxLength=50 size=30 name="email" type="text">
    <B>联系电话</B>:
    <INPUT maxLength=50 size=30 name="tel" type="text">
    <b>职    业</b>:
    <select name="career" class="input1">
        <option value="student" selected="selected">学生</option>
        <option value="worker">工人</option>
        <option value="teacher">老师</option>
        <option value="farmer">农民</option>
        <option value="business">商人</option>
    </select>
    <input type=submit value="注 册" name=Submit onClick="return check()">
    <input type=reset value="清 除" name=Submit2>
</form>
</body>
</html>
```

在 IE 11.0 中浏览，效果如图 21-15 所示，可以看到，网页中显示了一个表单对象，并包含多个子元素对象，其布局样式混乱。

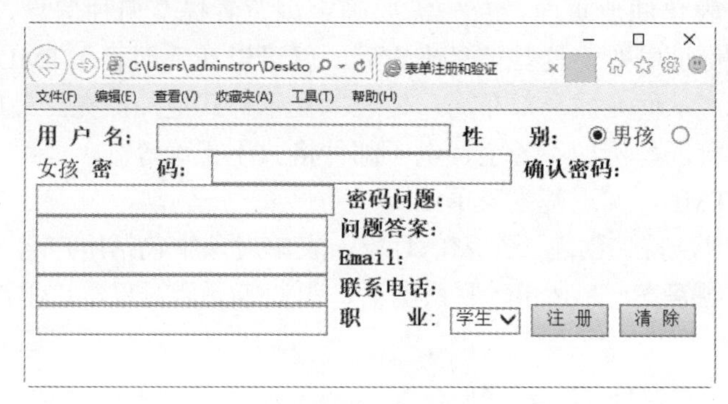

图 21-15 表单显示

step 03 添加 table 表格，实现表单的基本布局。

在 HTML 表单中，加入 table 表格，用表格来控制和定位表单元素对象的位置。其代码如下：

```
<form name="form1" id="form1" method="post" action="reg2.jsp">
<table  border=1 align=center width=350>
<TR align=middle><Th colSpan=2 height=24>新用户注册</TH></TR>
<TR>
<TD width="40%" >
<B>用 户 名</B>: </TD>
<TD width="60%"><INPUT maxLength="10" size=30 name="uid" type="text"></TD>
</TR>
<TR>
<TD><B>性    别</B>: </TD>
<TD><INPUT type=radio CHECKED value="boy" name="gender">男孩
<INPUT type=radio value="girl"  name="gender">女孩</TD>
</TR>
```

```
<tr>
<TD ><B>密    码</B>:
</TD>
<td><input name="psw1"  type="password" size=32></td>
<tr>
<TD><B>确认密码</B>: </TD>
<td><input name="psw2" type="password" size=32></td>
<TR>
<TD><B>密码问题</B>: </TD>
<TD>
<INPUT type=text size=30 name="question" type="text">
</TD></TR>
<TR>
<TD><B>问题答案</B>: </TD>
<TD>
<INPUT type=text size=30 name="answer" type="text">
</TD></TR>
<TR>
<TD><B>Email</B>: </TD>
<TD>
<INPUT maxLength=50 size=30 name="email" type="text"></TD>
</TR>
<tr>
<TD><B>联系电话</B>: </TD>
<TD>
<INPUT maxLength=50 size=30 name="tel" type="text">
</TD></tr>
<tr>
<td><b>职    业</b>:</td>
<td>
<select name="career" class="input1">
   <option value="student" selected="selected">学生</option>
   <option value="worker">工人</option>
   <option value="teacher">老师</option>
   <option value="farmer">农民</option>
   <option value="business">商人</option>
</select>
</td>
</tr><tr>
<td></td>
<td><input type=submit value="注 册" name=Submit onClick="return check()">
<input type=reset value="清 除" name=Submit2>
</td>
</tr>
</table>
</form>
</body>
```

在IE 11.0中浏览，效果如图21-16所示，可以看到，网页中表单元素都嵌套在table单元格中，并且长度和宽度都保持一致。

step 04 添加JavaScript代码，实现非空验证。

在head标记中间添加JavaScript代码，实现对表单元素对象的非空验证，例如验证用户名、密码和确认密码是否为空等。代码如下：

```
<script language="JavaScript">
function check()
```

```
{
    fr = document.form1;
    if(fr.uid.value=="") //用户名不能为空
    {
        alert("用户 ID 必须要填写！");
        fr.uid.focus();
        return false;
    }
    if((fr.psw1.value!="") || (fr.psw2.value!="")) //两次密码输入必须一致
    {
        if(fr.psw1.value != fr.psw2.value)
        {
            alert("密码不一致,请重新输入并验证密码！");
            fr.psw1.focus();
            return false;
        }
    } else { //密码也不能为空
        alert("密码不能为空！");
        fr.psw1.focus();
        return false;
    }
    if(fr.gender.value == "") //性别必须填写
    {
        alert("性别必须填写！");
        fr.name.focus();
        return false;
    }
    fr.submit();
}
</script>
```

在 IE 11.0 中浏览，效果如图 21-17 所示，如果不在“用户名”文本框中输入信息，当单击“注册”按钮时，会弹出一个对话框并提示用户名必须填写。这是一个 JavaScript 的非空验证，实现使用了 form 对象的属性。例如 fr.uid.value 语句，其中 fr 表示 form 对象，uid 表示用户名名称，value 表示用户名的文本值。

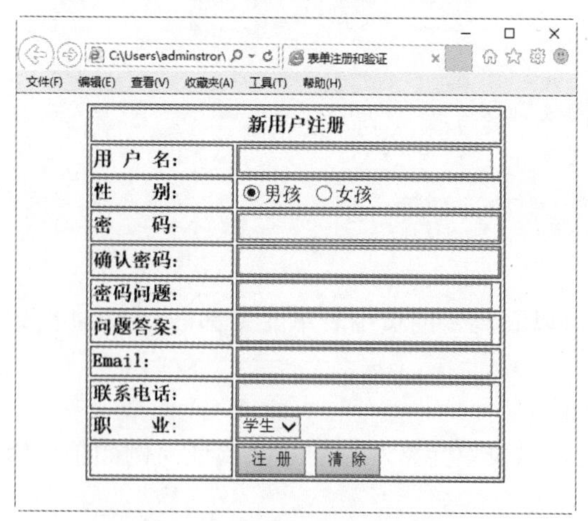

图 21-16 表单的基本布局样式

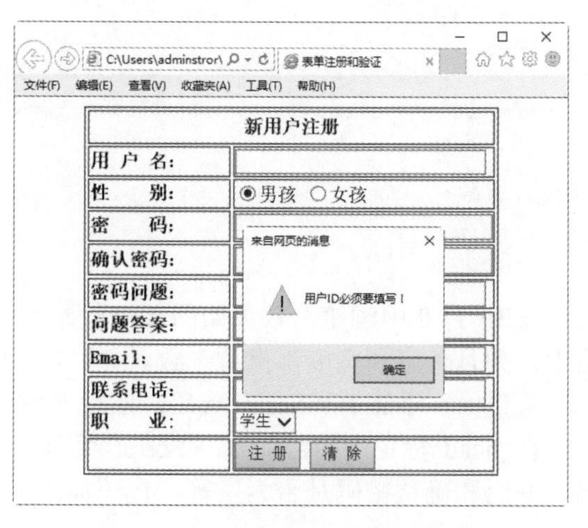

图 21-17 JavaScript 非空验证

step 05 添加 JavaScript 代码，实现电子邮件地址验证。

如果要实现电子邮件地址验证，需要完成两个部分，一是在 check 函数中加入对 E-mail 地址的格式获取；二是要创建一个函数 isEmail 对输入地址进行判断。代码如下：

```
if(fr.email.value != "") //验证 E-mail 的格式
{
    if(!isEmail(fr.email.value)) {
        alert("请输入正确的邮件名称！");
        fr.email.focus();
        return false;
    }
}
function isEmail(theStr){
    var atindex = theStr.indexOf('@');
    var dotindex = theStr.indexOf('.',atindex);
    var flag = true;
    thesub = theStr.substring(0,dotindex+1);
    if((atindex<1)||(atindex!=theStr.lastIndexOf('@'))
      ||(dotindex<atindex+2)||(theStr.length<=thesub.length)){
        flag = false;
    }else{
        flag = true;
    }
    return(flag);
}
```

在 IE 11.0 中浏览，效果如图 21-18 所示，当在表单中输入信息后，如果电子邮件地址不符合格式，会弹出相应的对话框，提示邮件地址格式不正确。

图 21-18 验证电子邮件地址

21.6 跟我学上机——省市联动效果

本练习实现一个省市联动效果，当选择省时，显示该省的市，选择市时，会显示不同的区。具体操作步骤如下。

step 01 分析需求。

实现一个省市联动效果，首先需要确定下拉列表的个数，这里设定了 3 个下拉列表，即省、市和区。然后为 3 个列表添加相应的数据项。最后使用 JavaScript 完成级联效果。

step 02 创建 HTML 页面，实现基本下拉列表。

创建 HTML 页面，在里面实现 3 个下拉列表，这 3 个下拉列表都包含在一个表单中。其代码如下：

```
<!DOCTYPE html>
<html>
<head>
<title>省市联动</title>
</head>
<body>
<div align="center">省市联动</div>
<div align="center">
<form name="isc">
<table border="0" cellspacing="0" cellpadding="0">
<tr align="center">
<td nowrap height="11">
<select name="example" size="1"
  onChange="redirect(this.options.selectedIndex)">
    <option selected>请选择</option>
    <option>河南省</option>
    <option>山东省</option>
</select>
<br>
<select name="stage2" size="1"
  onChange="redirect1(this.options.selectedIndex)">
    <option value=" " selected>所在市</option>
</select>
<br>
<select name="stage3" size="1">
    <option value=" " selected>所在区</option>
</select>
</table>
</form>
</div>
</body>
</html>
```

在 IE 11.0 中浏览，效果如图 21-19 所示，页面上显示了 3 个下拉列表，其中第一个下拉列表可以选择，其他两个没有相关数据项选择。

step 03 添加 JavaScript 代码，实现级联效果。

下拉列表实现后，需要为下面两个列表添加相应的数据选项，并且还需要实现相应的级联效果，即在第一个下拉列表选择后，则第二个下拉列表内容改变。其代码如下：

```
<script language="JavaScript">
<!--
var groups = document.isc.example.options.length;
var group = new Array(groups);
for (i=0; i<groups; i++)
```

```
    group[i] = new Array();
group[0][0] = new Option("所在市"," ");
group[1][0] = new Option("请选择河南省的所在市","");
group[1][1] = new Option("郑州","11");
group[1][2] = new Option("新乡","12");
group[1][3] = new Option("开封","13");
group[2][0] = new Option("请选择山东省所在市","");
group[2][1] = new Option("青岛","21");
group[2][2] = new Option("济南","22");
var temp = document.isc.stage2;
function redirect(x)
{
    for (m=temp.options.length-1;m>0;m--)
        temp.options[m] = null;
    for (i=0;i<group[x].length;i++)
    {
        temp.options[i] = new Option(group[x][i].text,group[x][i].value);
    }
    temp.options[0].selected = true;
    redirect1(0);
}
var secondGroups = document.isc.stage2.options.length;
var secondGroup = new Array(groups);
for (i=0; i<groups; i++)
{
    secondGroup[i] = new Array(group[i].length);
    for (j=0; j<group[i].length; j++)
    {
        secondGroup[i][j] = new Array();
    }
}
secondGroup[0][0][0] = new Option("所在区"," ");
secondGroup[1][0][0] = new Option("所在区"," ");
secondGroup[1][1][0] = new Option("郑州"," ");
secondGroup[1][1][1] = new Option("管城区","111");
secondGroup[1][1][2] = new Option("金水区","112");
secondGroup[1][1][3] = new Option("二七区","113");
secondGroup[1][2][0] = new Option("新乡"," ");
secondGroup[1][2][1] = new Option("红旗区","121");
secondGroup[1][2][2] = new Option("牧野区","122");
secondGroup[1][2][3] = new Option("凤泉区","123");
secondGroup[1][3][0] = new Option("开封"," ");
secondGroup[1][3][1] = new Option("龙亭区","131");
secondGroup[1][3][2] = new Option("鼓楼区","132");
secondGroup[2][0][0] = new Option("所在区"," ");
secondGroup[2][1][0] = new Option("青岛"," ");
secondGroup[2][1][1] = new Option("崂山区","211");
secondGroup[2][1][2] = new Option("四方区","212");
secondGroup[2][1][3] = new Option("城阳区","213");
secondGroup[2][2][0] = new Option("济南"," ");
secondGroup[2][2][1] = new Option("天桥区","221");
secondGroup[2][2][2] = new Option("长清区","222");
var temp1 = document.isc.stage3;
function redirect1(y)
```

```
{
    for (m=temp1.options.length-1;m>0;m--)
        temp1.options[m] = null;
    for (i=0; i<secondGroup[document.isc.example.options
      .selectedIndex][y].length; i++)
    {
        temp1.options[i] = new Option(secondGroup[document.isc.example
          .options.selectedIndex][y][i].text,
          secondGroup[document.isc.example.options.selectedIndex][y][i]
          .value);
    }
    temp1.options[0].selected = true;
}
//-->
</script>
```

注意，应当把 JavaScript 代码放在 HTML body 末尾，否则可能无法找到 DOM 元素。

在 IE 11.0 中浏览，效果如图 21-20 所示，选择第一个列表选项，则第二个会发生变化；选择第二个下拉列表的内容，则第三个下拉列表的内容也发生了变化。

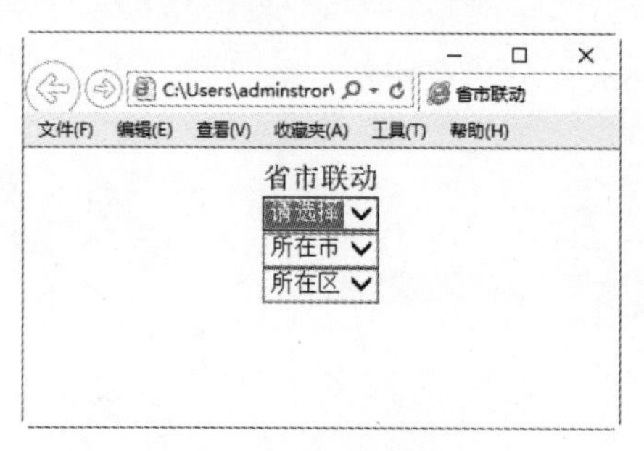

图 21-19　设定下拉列表

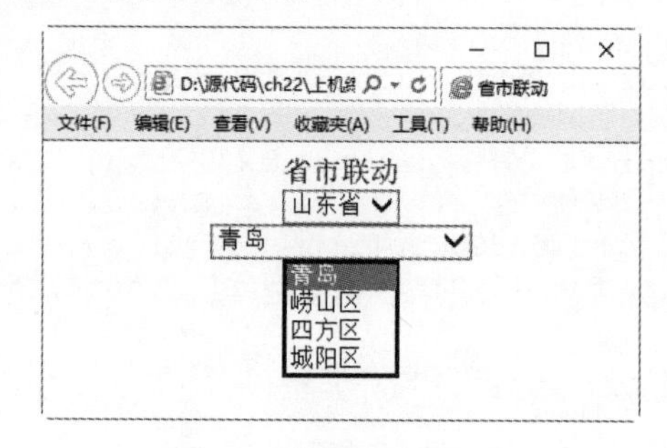

图 21-20　级联效果的实现

21.7　疑难解惑

疑问 1：在 IE 中可以通过 showModalDialog 和 showModelessDialog 打开模态和非模态窗口，但是 Firefox 不支持，应如何处理？

可以直接使用 window.open(pageURL,name,parameters)方式打开新窗口。如果需要传递参数，可以使用 frame 或者 iframe。

疑问 2：在 JS 中定义各种对象变量名时，是否应尽量使用 id，避免使用 name？

在 IE 中，HTML 对象的 ID 可以作为 document 的下属对象变量名直接使用。在 Firefox 中不能，所以在平常使用时，应尽量使用 id，避免只使用 name，而不使用 id。

第 22 章 JavaScript 的内置对象

JavaScript 是一种基于对象的编程语言，JavaScript 中将对象分为 JavaScript 内置对象、浏览器内置对象和自定义对象 3 种。

本章主要讲述常用的 JavaScript 内置对象。

22.1 字符串对象

字符串类型是 JavaScript 中的基本数据类型之一。在 JavaScript 中，可以将字符串直接看成字符串对象，不需要任何转换。

22.1.1 创建字符串对象的方法

字符串对象有两种创建方法。

1. 直接声明字符串变量

通过前面学习的声明字符串变量的方法，把声明的变量看作字符串对象，语法格式如下：

```
[var] 字符串变量 = 字符串;
```

其中 var 是可选项。例如，创建字符串对象 myString，并对其赋值，代码如下：

```
var myString = "This is a sample";
```

2. 使用 new 关键字来创建字符串对象

使用 new 关键字创建字符串对象的方法如下：

```
[var] 字符串对象 = new String(字符串);
```

其中 var 是可选项，字符串构造函数 String()的第一个字母必须为大写字母。
例如，通过 new 关键字创建字符串对象 myString，并对其赋值，代码如下：

```
var myString = new String("This is a sample");
```

上述两种语句效果是一样的，因此声明字符串时，可以采用 new 关键字，也可以不采用 new 关键字。

22.1.2 字符串对象常用属性的应用

字符串对象的属性比较少，常用的属性为 length，字符串对象的属性如表 22-1 所示。

表 22-1 字符串对象的属性及说明

属 性	说 明
Constructor	字串对象的函数模型
length	字串长度
prototype	添加字串对象的属性

对象属性的使用格式如下：

```
对象名.属性名          //获取对象属性值
对象名.属性名 = 值     //为属性赋值
```

例如，声明字符串对象 myArcticle，输出其包含的字符个数：

```
var myArcticle = " 千里始足下,高山起微尘,吾道亦如此,行之贵日新。——白居易";
document.write(myArcticle.length);   //输出字符串对象字符的个数
```

注意　测试字符串长度时，空格也占一个字符位。一个汉字点一个字符位，即一个汉字长度为 1。

【例 22.1】计算字符串的长度。

```
<!DOCTYPE html>
<html>
<body>
<script type="text/javascript">
var txt = "Hello World!";
document.write("字符串“Hello World!”的长度为：" + txt.length);
</script>
</body>
</html>
```

在 IE 11.0 中浏览，效果如图 22-1 所示。

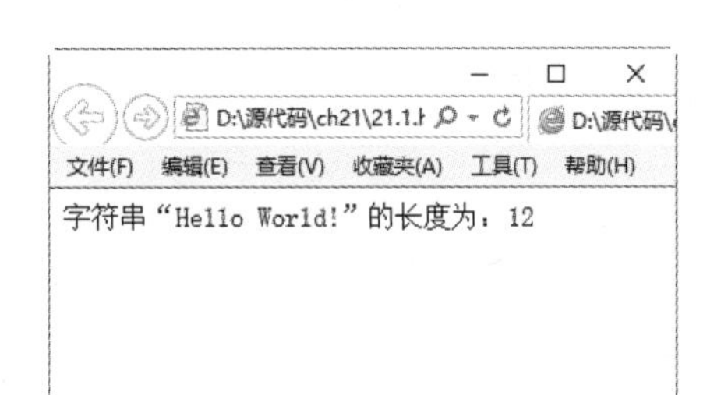

图 22-1　计算字符串的长度

22.1.3　字符串对象常用方法的应用

字符串对象是内置对象之一，也是常用的对象。在 JavaScript 中，经常会在字符串对象中查找、替换字符。为了方便操作，JavaScript 中内置了大量的方法，用户只需要直接使用这些方法，即可完成相应的操作。JavaScript 中字符串对象的常用方法如表 22-2 所示。

表 22-2　字符串对象的常用方法

方　法	说　明	示　例
charAt(位置)	字串对象在指定位置处的字符	stringObj.charAt(3)的结果为“L”
charCodeAt(位置)	字串对象在指定位置处字符的 Unicode 值	stringObj.charAt(3) 的结果为数值 76
indexOf(要查找的字符串, [起始位置])	从字符串对象的指定位置开始，从前到后查找子字符串在字符串对象中的位置	stringObj.indexOf(“a”)的结果为 13
lastIndexOf(要查找的字符串)	从后到前查找子字符串在字符串对象中的位置	stringObj.indexOf(“a”)的结果为 15
subStr(开始位置 [,长度])	从字符串对象指定的位置开始，按照指定的数量截取字符，并返回截取的字符串	stringObj.substr(2,5) 的结果为“ML5 从入”

续表

方 法	说 明	示 例
subString(开始位置, 结束位置)	从字符串对象指定的位置开始，截取字符串至结束位置，并返回截取的字符串	stringObj.substring(2,5) 的结果为“ML5”
split([分割符])	分割字符串到一个数组中	var s="good morning evering"; var b=s.split(" "); 结果 a[0]="good",a[1]=" morning", a[2]=" evering"
replace(需替代的字符串, 新字符串)	在字符串对象中，将指定的字符串替换成新的字符串	stringObj.replace("HTML 5","网页设计")的结果为“网页设计从入门到精通—JavaScript 部分”
toLowerCase()	把字符串对象中的字符变为小写字母	stringObj.toLowerCase()的结果为“HTML 5 从入门到精通—javascript 部分”
toUpperCase()	把字符串对象中的字符变为大写字母	stringObj.toUpperCase() 的结果为“HTML 5 从入门到精通——JAVASCRIPT 部分”

【例 22.2】 设计程序，在文本框中输入字符串，单击“检查”按钮，检查字符串是否为有效字符串(字符串是否由大小写字母、数字、下划线_和-构成)，如图 22-2 所示。

如果有效，弹出对话框信息“你的字符串合法”，如图 22-3 所示。如果无效，弹出对话框信息“你的字符串不合法”，如图 22-4 所示。

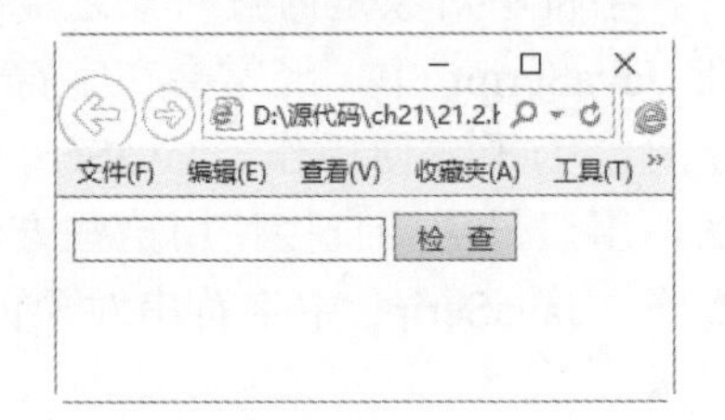

图 22-2 判断字符串是否合法

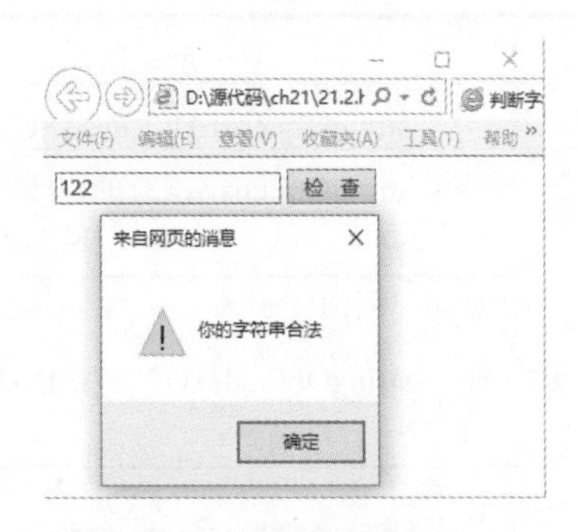

图 22-3 输入合法字符串

图 22-4 输入不合法字符串

具体操作步骤如下。

step 01 创建 HTML 文件，代码如下：

```
<!DOCTYPE html>
<html>
```

```
<head>
<title>判断字符串是否合法</title>
</head>
<body>
<form action="" method="post" name="myform" id="myform">
   <input type="text" name="txtString">
   <input type="button" value="检   查">
</form>
</body>
</html>
```

step 02 在 HTML 文件的 head 部分键入 JavaScript 代码，具体如下：

```
<script>
function isRight(subChar)
{
   var findChar="abcdefghijklmnopqrstuvwxyz1234567890_-";//字符串中出现的字符
   for(var i=0;i<subChar.length;i++)      //逐个判断字符串的字符
   {
      //在 findChar 中查找输入字符串中的字符
      if(findChar.indexOf(subChar.charAt(i))==-1)
      {
         alert("你的字符串不合法");
         return;
      }
   }
   alert("你的字符串合法");
}
</script>
```

step 03 为“检查”按钮添加单击(onclick)事件，调用计算(isRight)函数。将 HTML 文件中的<input type="button" value="检　　查">这一行代码修改成如下代码：

```
<input type="button" value="检   查"
 onClick="isRight(document.myform.txtString.value)">
```

step 04 保存网页，浏览最终效果。

22.2 数 学 对 象

在 JavaScript 中，通常会对数值进行处理，为了便于操作，内置了大量的数学属性和方法。例如，对数值求绝对值、取整等。

22.2.1 创建 Math 对象的方法

创建 Math 对象的语法结构如下：

```
Math.[{property|method}]
```

各个参数的含义如下。

(1) property：必选项，为 Math 对象的一个属性名。

(2) method：必选项，为 Math 对象的一个方法名。

22.2.2 数学对象属性的应用

在 JavaScript 中，用 Math 表示数学对象。Math 对象不需要创建，而可以直接使用。在数学中有很多常用的常数，比如圆周率、10 的自然对数等。在 JavaScript 中，将这些常用的常数定义为数学属性，通过引用这些属性，取得数学常数。

Math 对象的常用属性如表 22-3 所示。

表 22-3 Math 对象的常用属性

属　性	数学意义	值
E	欧拉常量，自然对数的底	约等于 2.7183
LN2	2 的自然对数	约等于 0.6931
LN10	10 的自然对数	约等于 2.3026
LOG2E	2 为底的 e 的自然对数	约等于 1.4427
LOG10E	10 为底的 e 的自然对数	约等于 0.4343
PI	π	约等于 3.14159
SQRT1_2	0.5 的平方根	约等于 0.707
SQRT2	2 的平方根	约等于 1.414

注意　Math 对象的属性只能读取，不能对其赋值，即是只读型属性，并且属性值是固定的。

【例 22.3】Math 对象属性的综合应用。

```
<!DOCTYPE html>
<html>
<head></head>
<body>
<script type="text/javascript">
var numVar1 = Math.E;
document.write("E 属性应用后的计算结果为：" +numVar1);
document.write("<br>");
document.write("<br>");
var numVar2 = Math.LN2;
document.write("LN2 属性应用后的计算结果为：" +numVar2);
document.write("<br>");
document.write("<br>");
var numVar3 = Math.LN10;
document.write("LN10 属性应用后的计算结果为：" +numVar3);
document.write("<br>");
document.write("<br>");
var numVar4 = Math.LOG2E;
document.write("LOG2E 属性应用后的计算结果为：" +numVar4);
document.write("<br>");
document.write("<br>");
```

```
var numVar5 = Math.LOG10E;
document.write("LOG10E 属性应用后的计算结果为：" +numVar5);
document.write("<br>");
document.write("<br>");
var numVar6 = Math.PI;
document.write("PI 属性应用后的计算结果为：" +numVar6);
document.write("<br>");
document.write("<br>");
var numVar7 = Math.SQRT1_2;
document.write("SQRT1_2 属性应用后的计算结果为：" +numVar7);
document.write("<br>");
document.write("<br>");
var numVar8 = Math.SQRT2;
document.write("SQRT2 属性应用后的计算结果为：" +numVar8);
</script>
</body>
</html>
```

在 IE 11.0 中浏览，效果如图 22-5 所示。

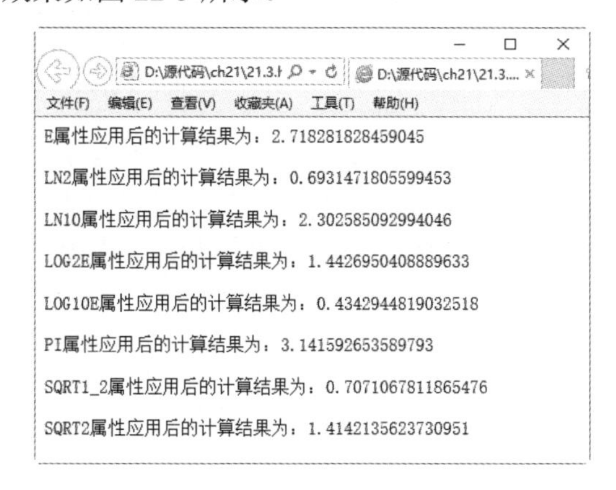

图 22-5　Math 对象的综合应用

22.2.3　数学对象方法的使用

Math 对象的方法有多种，如求数值的绝对值、求两个数之间的最大数与最小数等。Math 对象的方法如表 22-4 所示。

表 22-4　Math 对象的常用方法

方　法	意　义	示　例
abs(x)	返回 x 的绝对值	Math.Abs(−6.8)结果为 6.8
acos(x)	返回某数的反余弦值(弧度为单位)。x 在−1～1 范围内	Math.Acos(0.6)结果为 0.9272952180016123
asin(x)	返回某数的反正弦值(以弧度为单位)	Math.asin(0.6)结果为 0.6435011087932844
atan(x)	返回某数的反正切值(以弧度为单位)	Math.atan(0.6)结果为 0.5404195002705842
ceil(x)	返回与某数等于或大于该数的最小整数	Math.ceil(18.69)结果为 19

续表

方　法	意　义	示　例
cos(x)	返回某数(以弧度为单位)的余弦值	Math.cos(0.6)结果为 0.8253356149096783
exp(x)	返回 e 的 x 次方	Math.exp(3)的结果为 20.085536923187668
floor(x)	与 ceil 相反，返回等于某数或小于该数的最小整数	Math.floor(18.69)结果为 18
log(x)	返回某数的自然对数(以 e 为底)	Math.log(0.6)结果为-0.5108256237659907
max(x,y)	返回两数间的最大值	Math.max(16,-20)结果为 16
min(x,y)	返回两数间的最小值	Math.min(16,-20)结果为-20
pow(x,y)	返回 x 的 y 次方	Math.pow(2,3)结果为 8
random()	返回 0 和 1 之间的一个随机数	每次产生的值是不同的
round(x)	返回四舍五入之后的整数	Math.round(18.9678)结果为 19
sin(x)	返回某数(以弧度为单位)的正弦值	Math.sin(0.6)结果为 0.5646424733950354
sqrt(x)	返回某数的平方根	Math.sqrt(0.6)结果为 0.7745966692414834
tan(x)	返回某数的正切值	Math.tan(0.6)结果为 0.6841368083416923

【例 22.4】 设计程序，单击“随机数”按钮，使用 Math 对象的 random 方法产生一个 0~100 之间(含 0、100)的随机整数，并在窗口在显示，如图 22-6 所示；单击“计算”按钮，计算该随机数的平方、平方根和自然对数，保留两位小数，并在窗口中显示，如图 22-7 所示。

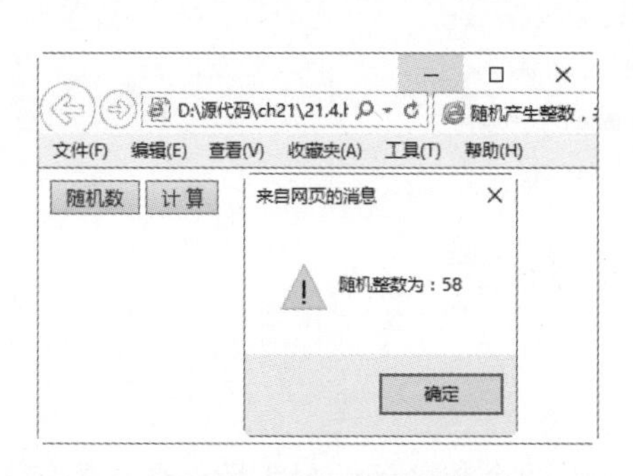

图 22-6　产生随机整数

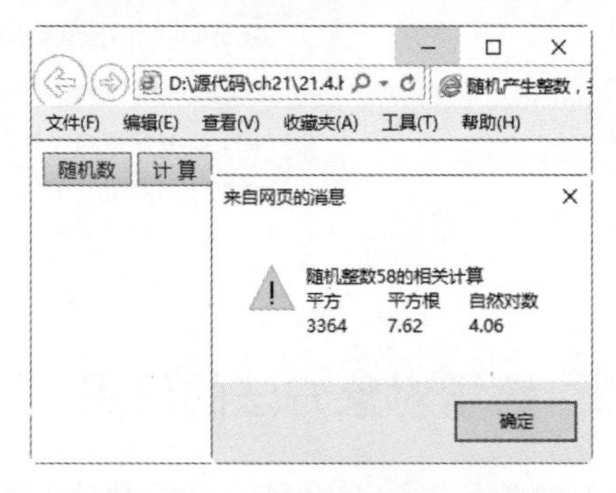

图 22-7　对随机整数进行计算

具体操作步骤如下。

step 01 创建 HTML 文件，代码如下：

```
<!DOCTYPE html>
<html>
<head>
<title>随机产生整数，并计算其平方、平方根和自然对数</title>
</head>
<body>
<form action="" method="post" name="myform" id="myform">
   <input type="button" value="随机数">
   <input type="button" value="计 算">
</form>
```

```
</body>
</html>
```

step 02 在 HTML 文件的 head 部分，键入 JavaScript 代码，具体如下：

```
<script>
var data;  //声明全局变量，保存随机产生的整数
/*随机数函数*/
function getRandom(){
   data = Math.floor(Math.random()*101);  //产生 0~100 的随机数
   alert("随机整数为：" + data);
}
/*随机整数的平方、平方根和自然对数*/
function cal(){
   var square = Math.pow(data,2);    //计算随机整数的平方
   var squareRoot = Math.sqrt(data).toFixed(2); //计算随机整数的平方根
   var logarithm = Math.log(data).toFixed(2);   //计算随机整数的自然对数
   alert("随机整数"+data+"的相关计算\n 平方\t 平方根\t 自然对数\n"
     +square+"\t"+squareRoot+"\t"+logarithm);    //输出计算结果
}
</script>
```

step 03 为“随机数”按钮和“计算”按钮添加单击(onclick)事件，分别调用“随机数”函数(getRandom)和计算函数(cal)。将 HTML 文件中的<input type="button" value="随机数">、<input type="button" value="计 算">这两行代码修改成如下代码：

```
<input type="button" value="随机数" onClick="getRandom()">
<input type="button" value="计 算" onClick="cal()">
```

step 04 保存网页，浏览最终效果。

22.3 日 期 对 象

在 JavaScript 中，虽然没有日期类型的数据，但是在开发过程中经常会处理日期，因此，JavaScript 提供了日期(Date)对象来操作日期和时间。

22.3.1 创建日期对象

在 JavaScript 中，创建日期对象必须使用 new 语句。使用关键字 new 新建日期对象时，可以使用下述 4 种方法：

```
方法一：日期对象 = New Date()
方法二：日期对象 = New Date(日期字串)
方法三：日期对象 = New Date(年,月,日[时,分,秒,[毫秒]])
方法四：日期对象 = New Date(毫秒)
```

下面的示例分别使用上述 4 种方法来创建日期对象。

【例 22.5】创建日期对象。

```
<!DOCTYPE html>
<html>
<head>
<title>创建日期对象</title>
<script>
//以当前时间创建一个日期对象
var myDate1 = new Date();
//将字符串转换成日期对象，该对象代表的日期为 2010 年 6 月 10 日
var myDate2 = new Date("June 10,2010");
//将字符串转换成日期对象，该对象代表的日期为 2010 年 6 月 10 日
var myDate3 = new Date("2010/6/10");
//创建一个日期对象，该对象代表的日期和时间为 2011 年 10 月 19 日 16 时 16 分 16 秒
var myDate4 = new Date(2011,10,19,16,16,16);
//创建一个日期对象，该对象代表距离 1970 年 1 月 1 日 0 分 0 秒 20000 毫秒的时间
var myDate5 = new Date(20000);
//分别输出以上日期对象的本地格式
document.write("myDate1 所代表的时间为："+myDate1.toLocaleString()+"<br>");
document.write("myDate2 所代表的时间为："+myDate2.toLocaleString()+"<br>");
document.write("myDate3 所代表的时间为："+myDate3.toLocaleString()+"<br>");
document.write("myDate4 所代表的时间为："+myDate4.toLocaleString()+"<br>");
document.write("myDate5 所代表的时间为："+myDate5.toLocaleString()+"<br>");
</script>
</head>
<body>
</body>
</html>
```

在 IE 11.0 中浏览，效果如图 22-8 所示。

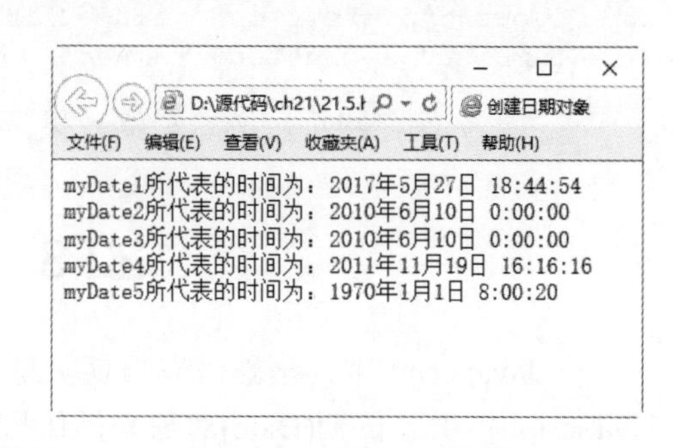

图 22-8　创建日期对象

22.3.2　日期对象常用方法的应用

日期对象的方法主要分为三大组：setXxx、getXxx 和 toXxx。

setXxx 方法用于设置时间和日期值；getXxx 方法用于获取时间和日期值；toXxx 方法主要是将日期转换成指定格式。

日期对象的常用方法如表 22-5 所示。

表 22-5　日期对象的常用方法

方　法	描　述
Date()	返回当日的日期和时间
getDate()	从 Date 对象返回一个月中的某一天(1~31)
getDay()	从 Date 对象返回一周中的某一天(0~6)
getMonth()	从 Date 对象返回月份(0~11)
getFullYear()	从 Date 对象以 4 位数字返回年份
getYear()	应当使用 getFullYear()方法代替
getHours()	返回 Date 对象的小时(0~23)

续表

方 法	描 述
getMinutes()	返回 Date 对象的分钟(0~59)
getSeconds()	返回 Date 对象的秒数(0~59)
getMilliseconds()	返回 Date 对象的毫秒(0~999)
getTime()	返回 1970 年 1 月 1 日至今的毫秒数
getTimezoneOffset()	返回本地时间与格林尼治标准时间(GMT)的分钟差
getUTCDate()	根据世界时从 Date 对象返回月中的一天(1~31)
getUTCDay()	根据世界时从 Date 对象返回周中的一天(0~6)
getUTCMonth()	根据世界时从 Date 对象返回月份(0~11)
getUTCFullYear()	根据世界时从 Date 对象返回 4 位数的年份
getUTCHours()	根据世界时返回 Date 对象的小时(0~23)
getUTCMinutes()	根据世界时返回 Date 对象的分钟(0~59)
getUTCSeconds()	根据世界时返回 Date 对象的秒钟(0~59)
getUTCMilliseconds()	根据世界时返回 Date 对象的毫秒(0~999)
parse()	返回 1970 年 1 月 1 日午夜到指定日期(字符串)的毫秒数
setDate()	设置 Date 对象中月的某一天(1~31)
setMonth()	设置 Date 对象中的月份(0~11)
setFullYear()	设置 Date 对象中的年份(4 位数字)
setYear()	应当使用 setFullYear()方法代替
setHours()	设置 Date 对象中的小时(0~23)
setMinutes()	设置 Date 对象中的分钟(0~59)
setSeconds()	设置 Date 对象中的秒钟(0~59)
setMilliseconds()	设置 Date 对象中的毫秒(0~999)
setTime()	以毫秒设置 Date 对象
setUTCDate()	根据世界时设置 Date 对象中月份的一天(1~31)
setUTCMonth()	根据世界时设置 Date 对象中的月份(0~11)
setUTCFullYear()	根据世界时设置 Date 对象中的年份(4 位数字)
setUTCHours()	根据世界时设置 Date 对象中的小时(0~23)
setUTCMinutes()	根据世界时设置 Date 对象中的分钟(0~59)
setUTCSeconds()	根据世界时设置 Date 对象中的秒钟(0~59)
setUTCMilliseconds()	根据世界时设置 Date 对象中的毫秒(0~999)
toSource()	返回该对象的源代码
toString()	把 Date 对象转换为字符串
toTimeString()	把 Date 对象的时间部分转换为字符串
toDateString()	把 Date 对象的日期部分转换为字符串
toGMTString()	应当使用 toUTCString()方法代替

续表

方 法	描 述
toUTCString()	根据世界时间格式，把 Date 对象转换为字符串
toLocaleString()	根据本地时间格式，把 Date 对象转换为字符串
toLocaleTimeString()	根据本地时间格式，把 Date 对象的时间部分转换为字符串
toLocaleDateString()	根据本地时间格式，把 Date 对象的日期部分转换为字符串
UTC()	根据世界时返回 1997 年 1 月 1 日到指定日期的毫秒数
valueOf()	返回 Date 对象的原始值

下面的示例将日期对象以 YYYY-MM-DD PM H:M:S 星期 X 的格式显示。

【例 22.6】以自定义格式输出日期。

```
<!DOCTYPE html>
<html>
<head>
<title>显示日期对象</title>
<script type="text/javascript">
var now = new Date();    //定义日期对象
//输出自定义的日期格式
document.write("今天是：" + now.toLocaleFormat("%Y-%m-%d %p %H:%M:%S %a");
</script>
</head>
<body>
</body>
</html>
```

由于 toLocaleFormat()方法是 JavaScript 1.6 新增加的功能，IE、Opera 等浏览器都不支持，但 Firefox 浏览器完全支持，网页预览结果如图 22-9 所示。

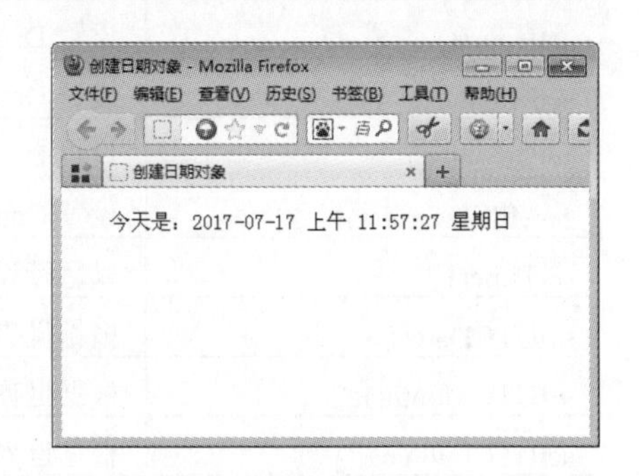

图 22-9 以自定义格式输出日期

22.3.3 日期间的运算

日期数据之间的运算通常包括一个日期对象加上整数年、月或日，以及两个日期对象进行相减运算。

1. 日期对象与整数年、月或日相加

日期对象与整数年、月或日相加，需要将它们相加的结果，通过 setXxx 函数设置成新的日期对象，实现日期对象与整数年、月和日相加，语法格式如下：

```
date.setDate(date.getDate()+value);            //增加天
date.setMonth(date.getMonth()+value);          //增加月
date.setFullYear(date.getFullYear()+value);    //增加年
```

2. 日期相减

JavaScript 中允许两个日期对象相减，相减之后将会返回这两个日期之间的毫秒数。通常

会将毫秒转换成秒、分、小时、天等。例如，下面的程序段实现了两个日期相减，并分别转换成秒、分、小时和天。

【例 22.7】日期对象相减。

```
<!DOCTYPE html>
<html>
<head>
<title>日期对象相减</title>
<script>
var now = new Date();    //以现在时间定义日期对象
var nationalDay = new Date(2011,10,1,0,0,0);   //以 2011 年国庆节定义日期对象
var msel = nationalDay-now;    //相差毫秒数
//输出相差时间
document.write("距离 2011 年国庆节还有: "+msel+"毫秒<br>");
document.write("距离 2011 年国庆节还有: "+parseInt(msel/1000)+"秒<br>");
document.write("距离 2011 年国庆节还有: "+parseInt(msel/(60*1000))+"分钟<br>");
document.write(
  "距离 2011 年国庆节还有: "+parseInt(msel/(60*60*1000))+"小时<br>");
document.write(
  "距离 2011 年国庆节还有: "+parseInt(msel/(24*60*60*1000))+"天<br>");
</script>
</head>
<body></body>
</html>
```

在 IE 11.0 中浏览，效果如图 22-10 所示。

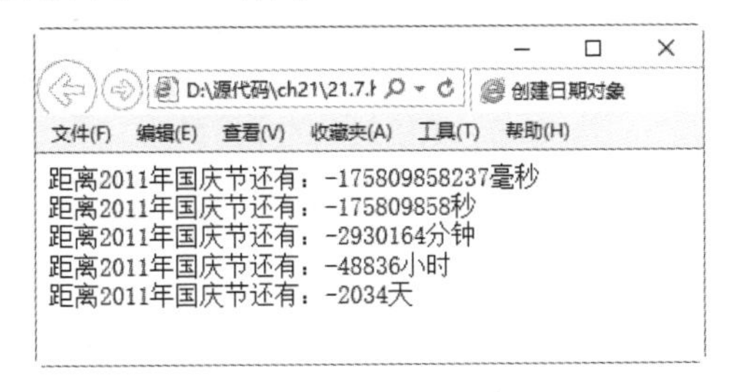

图 22-10 日期对象相减的运行结果

22.4 数组对象

数组是有序数据的集合，JavaScript 中的数组元素允许属于不同数据类型。用数组名和下标可以唯一地确定数组中的元素。

22.4.1 创建数组对象

数组是具有相同数据类型的变量集合，这些变量都可以通过索引进行访问。数组中的变量称为数组的元素，数组能够容纳元素的数量称为数组的长度。数组中的每个元素都具有唯一的索引(或称为下标)与其相对应，在 JavaScript 中，数组的索引从零开始。

数组对象使用 Array，创建数组对象有 3 种方法。

(1) 新建一个长度为零的数组：

```
var 数组名 = new Array();
```

例如，声明数组为myArr1，长度为0，代码如下：

```
var myArr1 = new Array();
```

(2) 新建一个长度为n的数组：

```
var 数组名 = new Array(n);
```

例如，声明数组为myArr2，长度为6，代码如下：

```
var myArr2 = new Array(6);
```

(3) 新建一个指定长度的数组，并赋值：

```
var 数组名 = new Array(元素1,元素2,元素3,...);
```

例如，声明数组为myArr3，并且赋值为1,2,3,4，代码如下：

```
var myArr3 = new Array(1,2,3,4);
```

上面这一行代码，创建了一个数组myArr3，并且包含4个元素myArr3[0]、myArr3[1]、myArr3[2]、myArr3[3]，这4个元素的值分别为1、2、3、4。

22.4.2 数组对象属性的应用

在JavaScript中，数组对象的属性主要有3个，如表22-6所示。

表22-6 数组对象的常用属性

属　性	描　述
constructor	返回对创建对象的数据函数的引用
length	设置或返回数组中元素的数目
prototype	使开发者有能力向对象添加属性和方法

1. constructor

constructor属性返回对创建对象的数据函数的引用，其语法格式如下：

```
object.constructor
```

【例22.8】constructor属性的使用。

```
<!DOCTYPE html>
<html>
<head></head>
<body>
<script type="text/javascript">
var test = new Array();
if (test.constructor==Array)
{
   document.write("这是数组对象");
```

```
}
if (test.constructor==Boolean)
{
   document.write("这是布尔对象");
}
if (test.constructor==Date)
{
   document.write("这是日期对象");
}
if (test.constructor==String)
{
   document.write("这是字符串对象");
}
</script>
</body>
</html>
```

在 IE 11.0 中浏览，效果如图 22-11 所示。

2. length

length 返回数组中元素的数目，其语法格式如下：

```
arrayObject.length
```

其中，arrayObject 表示数组对象。

【例 22.9】length 属性的使用。

```
<!DOCTYPE html>
<html>
<head></head>
<body>
<script type="text/javascript">
var arr = new Array(3)
arr[0] = "John"
arr[1] = "Andy"
arr[2] = "Wendy"
document.write("数组的长度: " + arr.length)
document.write("<br />")
arr.length=5
document.write("设置之后数组的长度: " + arr.length)
</script>
</body>
</html>
```

在 IE 11.0 中浏览，效果如图 22-12 所示。

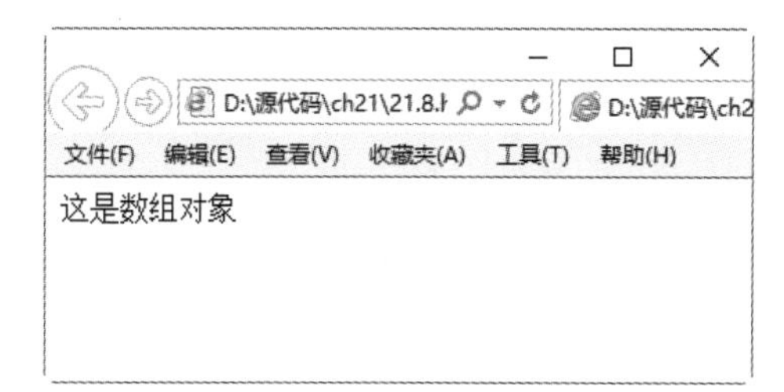

图 22-11　constructor 属性的使用

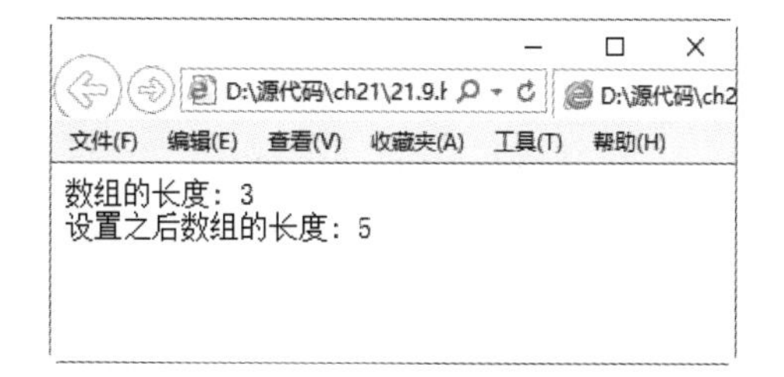

图 22-12　length 属性的使用

3. prototype

使用 prototype 属性可以为对象添加属性和方法。其语法格式如下：

```
object.prototype.name = value;
```

其中 object 为对象名；name 为要添加的属性名；value 为添加的属性值。

【例 22.10】使用 prototype 属性。

```
<!DOCTYPE html>
<html>
<head>
<title>显示数组中的全部数据</title>
</head>
<body>
<script language="javascript">
Array.prototype.outAll=function(ar)
{
    for(var i=0;i<this.length;i++)
    {
       document.write(this[i]);
       document.write(ar);
    }
    document.write("<br>");
}
var arr = new Array(1,2,3,4,5,6,7,8);
arr.outAll("");
</script>
</body>
</html>
```

在 IE 11.0 中浏览，效果如图 22-13 所示。

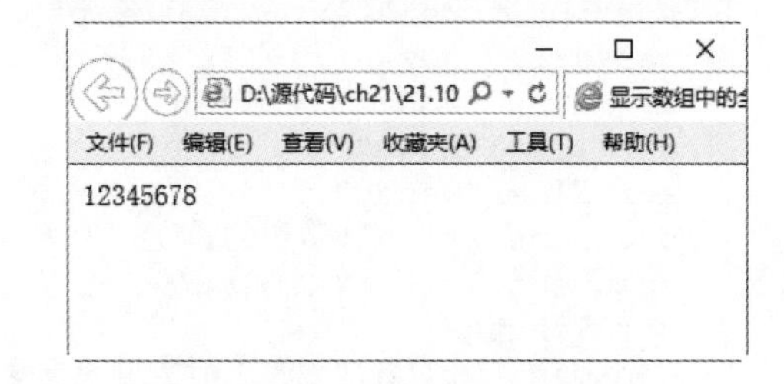

图 22-13　prototype 属性的使用

22.4.3　数组对象常用方法的应用

在 JavaScript 中，有大量数组常用的操作方法，如合并数组、删除数组元素、添加数组元素、数组元素排序等。

数组对象的方法如表 22-7 所示。

表 22-7　数组对象的方法

方　法	描　述
concat()	连接两个或更多的数组，并返回结果
join()	把数组的所有元素放入一个字符串。元素通过指定的分隔符进行分隔
pop()	删除并返回数组的最后一个元素
push()	向数组的末尾添加一个或更多元素，并返回新的长度
reverse()	颠倒数组中元素的顺序
shift()	删除并返回数组的第一个元素

续表

方　法	描　述
slice()	从某个已有的数组返回选定的元素
sort()	对数组的元素进行排序
splice()	删除元素，并向数组添加新元素
toSource()	返回该对象的源代码
toString()	把数组转换为字符串，并返回结果
toLocaleString()	把数组转换为本地数组，并返回结果
unshift()	向数组的开头添加一个或更多元素，并返回新的长度
valueOf()	返回数组对象的原始值

1. 数组的合并及数组元素的增加、删除

JavaScript 提供的 concat 方法可以合并数组，pop 方法和 shift 方法可以删除元素，push 方法和 unshift 方法可以增加数组元素。

【例 22.11】 数组的合并及数组元素的增加、删除。具体操作步骤如下。

step 01 创建 HTML 文件，代码如下：

```
<!DOCTYPE html>
<html>
<head>
<title>数组合并添加删除操作</title>
</head>
<body></body>
</html>
```

step 02 新建 JavaScript 文件，保存文件名为 1.js，保存在与 HTML 文件相同的位置。在 1.js 文件中键入如下代码：

```
var myArr = new Array("A","B","C");     //创建数组myArr
var myArr2 = new Array("J","K","L");    //创建数组myArr2
var myArr3 = new Array();               //创建数组myArr3
myArr3 =
  myArr3.concat(myArr,myArr2);  //数组myArr和myArr2合并，并赋给数组myArr3
/*输出合并后数组myArr3的元素值*/
document.write("合并后数组：");
for(i in myArr3)
{
    document.write(myArr3[i]+"  ");
}
myArr3.pop();   //删除myArr3数组的最后一个元素
/*输出删除最后一个元素后的数组*/
document.write("<br />删除最后一个元素：");
for(i in myArr3)
{
    document.write(myArr3[i]+"  ");
}
myArr3.shift();   //删除myArr3数组的第一个元素
```

```
/*输出删除第一个元素后的数组*/
document.write("<br />删除第一个元素: ");
for(i in myArr3)
{
    document.write(myArr3[i]+"  ");
}
myArr3.push("m","n","q");   //尾部追加三个元素
/*输出在尾部追加元素后的数组*/
document.write("<br />尾部追加三个元素: ");
for(i in myArr3)
{
    document.write(myArr3[i]+"  ");
}
myArr3.unshift("x","y","z");    //数组开头添加三个元素
/*输出在开头添加元素后的数组*/
document.write("<br />开头插入三个元素: <br />");
for(i in myArr3)
{
    document.write(myArr3[i]+"  ");
}
//在第二个位置删除 4 个数组元素，并将修改后的数组赋值给新数组 myArr4
var myArr4 = myArr3.slice(2,4);
//输出组成的新数组
document.write("<br />组成新的数组: <br />");
var s = myArr4.join("  ");       //将数组转换成字符串，用空格分隔
document.write(s);               //输出字符串
var s2 = "张三,李四,王五";        //声明字符串
var myArr5 = s2.split(",");      //以为逗号符，将字符串 s2 分隔到数组 myArr5
/*输出数组 myArr5*/
for(i in myArr5)
{
    document.write(myArr5[i]+"  ");
}
```

step 03 在 HTML 文件的 head 部分键入 JavaScript 代码，具体如下：

```
<script src=1.js>
</script>
```

网页程序的预览效果如图 22-14 所示。

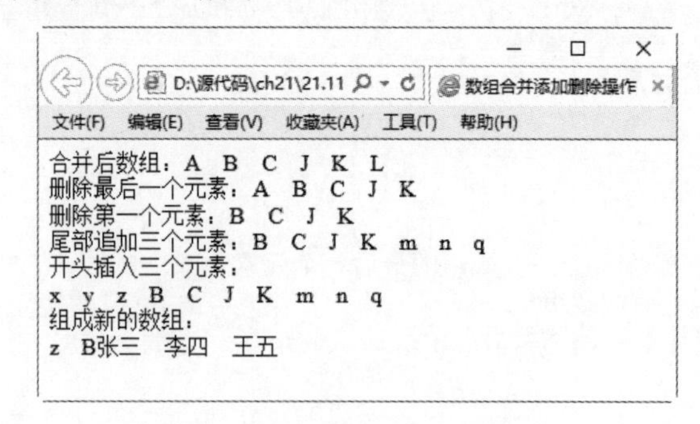

图 22-14 网页程序的预览效果

2. 排序数组和反转数组

JavaScript 提供了数组排序的方法 sort([比较函数名])，如果没有使用比较函数，元素将按照 ASCII 字符顺序升序排列。如果给出比较函数，则根据函数进行排序。

例如，下述代码使用 sort 方法对数组 arr 进行排序：

```
var arr = new Array(1,20,8,12,6,7);
arr.sort();
```

数组排序后，将得到结果 1,12,20,6,7,8。

上述没有使用比较函数的 sort 方法，是按字符的 ASCII 值排序的，先从第一个字符比较，如果第 1 个字符相等，再比较第 2 个字符，以此类推。

对于数值型数据，如果按字符比较，得到的结果并不是用户所需要的，因此需要借助于比较函数。比较函数有两个参数，分别代表每次排序时的两个数组项。sort()排序时，每次比较两个数组项都会执行这个参数，并把两个比较的数组项作为参数传递给这个函数。当函数的返回值大于 0 的时候，就交换两个数组的顺序，否则就不交换。即函数返回值小于 0，表示升序排列，函数返回值大于 0，表示降序排列。

【例 22.12】 新建数组 x 并赋值 1,20,8,12,6,7，使用 sort 方法排序数组，并输出 x 数组到页面。

具体操作步骤如下。

step 01 创建 HTML 文件，代码如下：

```
<!DOCTYPE html>
<html>
<head>
<title>数组排序</title>
</head>
<body></body>
</html>
```

step 02 新建 JavaScript 文件，保存文件名为 1.js，保存在与 HTML 文件相同的位置。在 1.js 文件中键入如下代码：

```
var x = new Array(1,20,8,12,6,7);                    //创建数组
document.write("排序前的数组:"+x.join(",")+"<p>");   //输出数组元素
x.sort();  //按字符升序排列数组
document.write(
  "没有使用比较函数排序后的数组:"+x.join(",")+"<p>");   //输出排序后的数组
x.sort(asc); //有比较函数的升序排列
/*升序比较函数*/
function asc(a,b)
{
    return a-b;
}
document.write("排序升序后的数组:"+x.join(",")+"<p>");    //输出排序后的数组
x.sort(des); //有比较函数的降序排列
/*降序比较函数*/
function des(a,b)
{
    return b-a;
```

```
}
document.write("排序降序后的数组:"+x.join(","));        //输出排序后的数组
```

step 03 在 HTML 文件的 head 部分，键入 JavaScript 代码，具体如下：

```
<script src=1.js>
</script>
```

网页程序预览效果如图 22-15 所示。

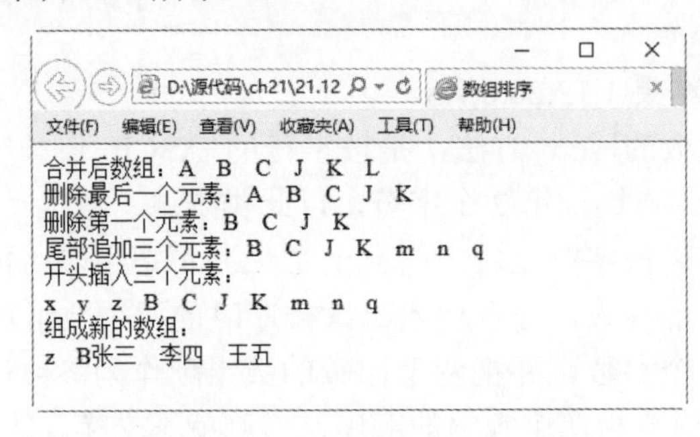

图 22-15　网页程序的预览效果

22.5　综合案例——制作网页随机验证码

网站为了防止用户利用机器人自动注册、登录、灌水，都采用了验证码技术。所谓验证码，就是把一串随机产生的数字或符号生成一幅图片，图片里加上一些干扰像素(防止 OCR)，由用户肉眼识别其中的验证码信息，输入表单，提交给网站进行验证，验证成功后才能使用某项功能。本例将产生一个由 n 位数字和大小写字母构成的验证码。

随机产生一个由 n 位数字和字母组成的验证码，如图 22-16 所示。单击“刷新”按钮，重新产生验证码，如图 22-17 所示。

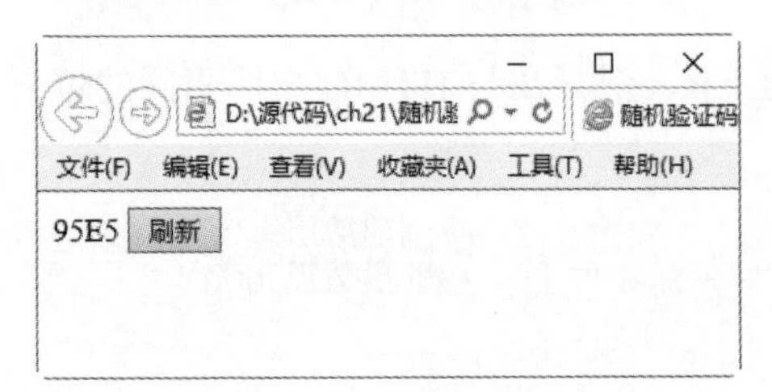

图 22-16　随机验证码

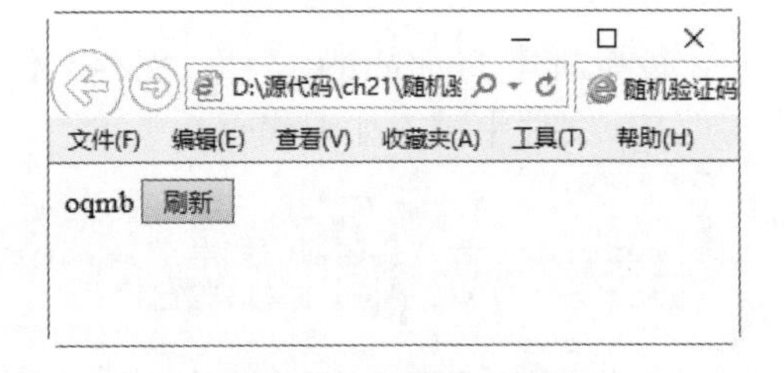

图 22-17　刷新验证码

使用数学对象中的随机数方法 random 和字符串的取字符方法 charAt。

具体操作步骤如下。

step 01 创建 HTML 文件，并输入代码如下：

```
<!DOCTYPE html>
<html>
<head>
```

```
<meta charset="utf-8" />
<title>随机验证码</title>
</head>
<body>
<span id="msg"></span>
<input type="button" value="刷新">
</body>
</html>
```

注意 span 标记没有什么特殊的意义，它显示某行内的独特样式，在这里主要是用于显示产生的验证码。为了保证后面程序的正常运行，一定不要省略 id 属性及修改取值。

step 02 新建 JavaScript 文件，保存文件名为 getCode.js，保存在与 HTML 文件相同的位置。在 getCode.js 文件中键入如下代码：

```
/*产生随机数的函数*/
function validateCode(n){
    /*验证码中可能包含的字符*/
    var s =
      "abcdefghijklmnopqrstuvwxyzABCDEFGHIJKLMNOPQRSTUVWXYZ0123456789";
    var ret = "";  //保存生成的验证码
    /*利用循环，随机产生验证码中的每个字符*/
    for(var i=0;i<n;i++)
    {
        var index = Math.floor(Math.random()*62); //随机产生一个 0~62 之间的数值
        //将随机产生的数值当作字符串的位置下标，在字符串 s 中取出该字符，并入 ret 中
        ret += s.charAt(index);
    }
    return ret;   //返回产生的验证码
}

/*显示随机数函数*/
function show(){
    //在 id 为 msg 的对象中显示验证码
    document.getElementById("msg").innerHTML = validateCode(4);
}
window.onload = show;   //页面加载时执行函数 show
```

注意 在 getCode.js 文件中，validateCode 函数主要用于产生指定位数的随机数，并返回该随机数。函数 show 主要是调用 validateCode 函数，并在 id 为 msg 的对象中显示随机数。

在 show 函数中，document 的 getElementById(“msg”)函数是使用 DOM 模型获得对象，innerHTML 属性是修改对象的内容。后面会详细讲述。

step 03 在 HTML 文件的 head 部分，键入 JavaScript 代码，具体如下：

```
<script src="getCode.js" type="text/javascript"></script>
```

step 04 在 HTML 文件中，修改“刷新”按钮的代码，把<input type=“button” value=“刷新”>这一行代码修改如下：

```
<input type="button" value="刷新" onclick="show()" />
```

step 05 保存网页后，即可查看最终效果。

注意 在本例中，使用了两种方法为对象增加事件。在 HTML 代码中增加事件，即为“刷新”按钮增加的 onclick 事件。在 JS 代码中增加事件，即在 JS 代码中为窗口增加 onload 事件。

22.6 跟我学上机——动态显示当前时间

本练习来制作一个动态时钟，实现动态显示当前时间，如图 22-18 所示。

需要使用定时函数：setTimeOut 方法，实现每隔一定时间调用函数。

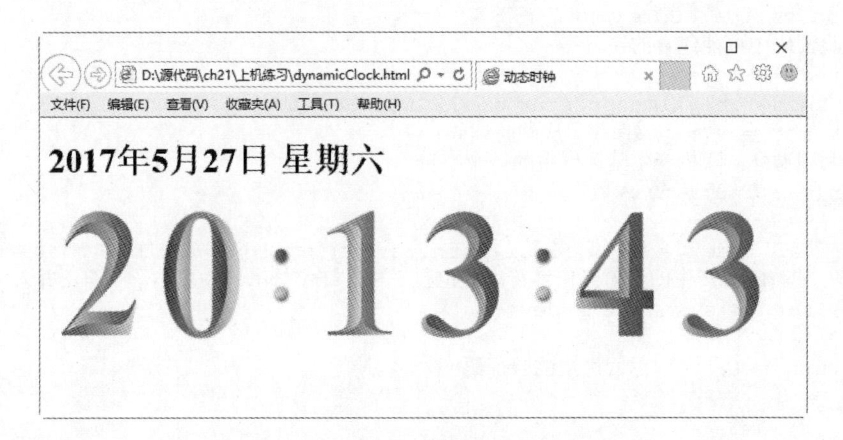

图 22-18 动态时钟

具体操作步骤如下。

step 01 创建 HTML 文件，输入如下代码：

```
<!DOCTYPE html>
<html>
<head>
<title>动态时钟</title>
</head>
<body>
<h1 id="date"></h1>
<span id="msg"></span>
</body>
</html>
```

注意 为了保证程序的正常运行，h1 标记和 span 标记的 id 属性不能省略，并且取值也不要修改，如果修改，后面的代码中也应保持一致。

step 02 新建 JavaScript 文件，保存文件名为 clock.js，保存在与 HTML 文件相同的位置。在 clock.js 文件中键入如下代码：

```
function showDateTime(){
   //声明数组存储一周七天
   var sWeek = new Array("日","一","二 ","三","四","五","六");

   var myDate = new Date();    // 当天的日期
   var sYear = myDate.getFullYear();    // 年
   var sMonth = myDate.getMonth()+1;    // 月
   var sDate = myDate.getDate();        // 日
   // 根据得到的星期数字，利用数组转换成星期汉字
   var sDay = sWeek[myDate.getDay()];

   var h = myDate.getHours();   //小时
   var m = myDate.getMinutes();  //分钟
   var s = myDate.getSeconds();  //秒钟

   //输入日期和星期
   document.getElementById("date").innerHTML = (sYear + "年" + sMonth
     + "月" + sDate + "日" + " 星期" + sDay + "<br>");
   h = formatTwoDigits(h);  //格式化小时，如果不足两位，前补 0
   m = formatTwoDigits(m);  //格式化分钟，如果不足两位，前补 0
   s = formatTwoDigits(s);  //格式化秒钟，如果不足两位，前补 0
   //显示时间
   document.getElementById("msg").innerHTML =
     (imageDigits(h) + "<img src='images/dot.png'>"
      + imageDigits(m) + "<img src='images/dot.png'>"
      + imageDigits(s) +  "<br>");
   setTimeout("showDateTime()",1000);  //每秒执行一次 showDateTime 函数
}
window.onload = showDateTime;  //页面的加载事件执行时，调用函数

//如果输入数是 1 位数，在十位上补 0
function formatTwoDigits(s) {
   if (s<10) return "0"+s;
   else return s;
}

//将数转换为图像，注意，在本文件的相同目录下已有 0~9 的图像文件，
//文件名为 0.png、1.png，以此类推
function imageDigits(s) {
   var ret = "";
   var s = new String(s);
   for (var i=0; i<s.length; i++) {
      ret += '<img src="images/' + s.charAt(i) + '.png">';
   }
   return ret;
}
```

注意

在 clock.js 文件中，showDateTime 函数主要用于产生日期和时间，并且对日期和时间进行格式化。formatTwoDigits 函数是将一位的日期或时间前面补 0，变成两位。imageDigits 是将数字用相应的图片代替。

setTimeout 是 window 对象的方法，按照指定的时间间隔，执行相应的函数。

step 03 在 HTML 文件的 head 部分，键入 JavaScript 代码，具体如下：

```
<script src="clock.js"></script>
```

22.7 疑难解惑

疑问 1：如何产生指定范围内的随机整数？

在实际开发中，会经常使用指定范围内的随机整数。借助于数学方法，总结出以下两种指定范围内的随机整数产生方法。

(1) 产生 0 至 n 之间的随机数：Math.floor(Math.random()*(n+1))。

(2) 产生 n1 至 n2 之间的随机数：Math.floor(Math.random()*(n2-n1))+n1。

疑问 2：如何对 alert 弹出窗口的内容进行格式化？

使用 alert 弹出窗口时，窗口内容的显示格式，可以借助于转义字符进行格式化。如果希望窗口内容按指定位置换行，就添加转义字符“\n”；如果希望转义字符间有制表位间隔，可以使用转义字符“\t”，其他均可借鉴转义字符部分。

疑问 3：JavaScript 中只有一维数组吗？

答：JavaScript 支持二维及二维以上数组。但是，在 JavaScript 中，二维及二维以上数组都需要先创建一维数组，然后把一维数组中的元素当作一个数组，依次嵌套，从而得到更多维数的数组。

第 23 章 HTML 5、CSS 3 和 JavaScript 的综合应用

网页的吸引人之处，莫过于具有动态效果，利用 CSS 伪类元素，可以轻易实现超级链接的动态效果。不过利用 CSS 能实现的动态效果非常有限。在网页设计中，还可以将 CSS 与 JavaScript 结合，创建出具有动态效果的页面。

23.1 JavaScript 在 HTML 中的使用

创建好 JavaScript 脚本后，就可以在 HTML 中使用 JavaScript 脚本了。把 JavaScript 嵌入 HTML 中有多种形式：在 HTML 网页头中嵌入、在 HTML 网页中嵌入、在 HTML 网页的元素事件中嵌入、在 HTML 中调用已经存在的 JavaScript 文件等。

23.1.1 在 HTML 网页头中嵌入 JavaScript 代码

如果不是通过 JavaScript 脚本生成 HTML 网页的内容，JavaScript 脚本一般放在 HTML 网页头部的<head>与</head>标签对之间。这样就不会因为 JavaScript 影响整个网页的显示结果。在 HTML 网页头部的<head>和</head>标签对之间嵌入 JavaScript 的格式如下：

```
<html>
<head>
<title>在 HTML 网页头中嵌入 JavaScript 代码<title>
<script language="JavaScript " >
<!--
...
JavaScript 脚本内容
...
//-->
</script>
</head>
<body>
...
</body>
</html>
```

在<script>和</script>标签中添加相应的 JavaScript 脚本，这样就可以直接在 HTML 文件中调用 JavaScript 代码，以实现相应的效果。

【**例 23.1**】在 HTML 网页头中嵌入 JavaScript 代码。

```
<html>
<head>
<script language = "javascript">
   document.write("欢迎来到 javascript 动态世界");
</script>
</head>
<body>
   <p>学习 javascript！！！
</body>
</html>
```

该示例的功能，是在 HTML 文档里输出一行字符串，即“欢迎来到 javascript 动态世界”；在 IE 11.0 中浏览，效果如图 23-1 所示，可以看到，网页输出了两句话，其中第一句就是 JavaScript 中输出的语句。

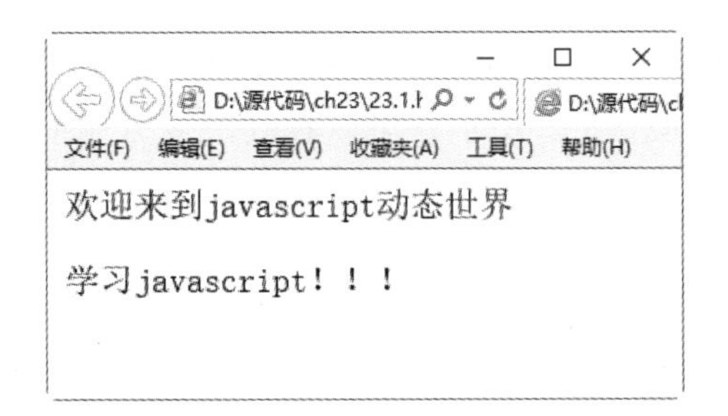

图 23-1 使用 head 中嵌入的 JavaScript 代码

在 JavaScript 语法中，分号“;”是 JavaScript 程序作为一个语句结束的标识符。

23.1.2 在 HTML 网页中嵌入 JavaScript 代码

当需要使用 JavaScript 脚本生成 HTML 网页内容时，如某些 JavaScript 实现的动态树，就需要把 JavaScript 放在 HTML 网页主体部分的<body>和</body>标签对中。

具体的代码格式如下：

```
<html>
<head>
<title>在 HTML 网页中嵌入 JavaScript 代码<title>
</head>
<body>
<script language="JavaScript " >
<!--
...
JavaScript 脚本内容
...
//-->
</script>
</body>
</html>
```

另外，JavaScript 代码可以在同一个 HTML 网页的头部与主题部分同时嵌入，并且在同一个网页中可以多次嵌入 JavaScript 代码。

【例 23.2】在 HTML 网页中嵌入 JavaScript 代码。

```
<html>
<head>
</head>
<body>
<p>学习 JavaScript！！！ </p>
<script language="javascript">
   document.write("欢迎来到 JavaScript 动态世界");
</script>
</body>
</html>
```

该例的功能是在 HTML 文档里输出一个字符串，即“欢迎来到 JavaScript 动态世界”；在 IE 11.0 中浏览，效果如图 23-2 所示，可以看到，网页输出了两句话，其中第二句就是 JavaScript 中输出的语句。

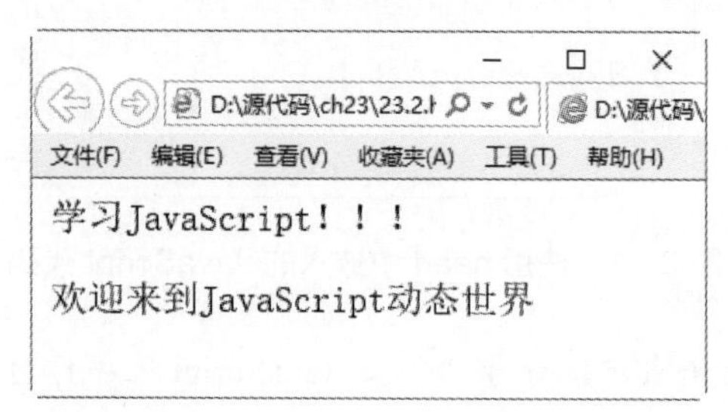

图 23-2　使用 body 中嵌入的 JavaScript 代码

23.1.3　在 HTML 网页的元素事件中嵌入 JavaScript 代码

在开发 Web 应用程序的过程中，开发者可以给 HTML 文档设置不同的事件处理器，一般是设置某 HTML 元素的属性，来引用一个脚本，如可以是一个简单的动作，该属性一般以 On 开头，如按下鼠标事件 OnClick()等。这样，当需要对 HTML 网页中的该元素进行事件处理时(如验证用户输入的值是否有效)，如果事件处理的 JavaScript 代码量较少，就可以直接在对应的 HTML 网页的元素事件中嵌入 JavaScript 代码。

【例 23.3】在 HTML 网页的元素事件中嵌入 JavaScript 代码。

下面的 HTML 文档的作用是对文本框是否为空进行判断，如果为空，则弹出提示信息，其具体内容如下：

```
<html>
<head>
<title>判断文本框是否为空</title>
<script language="JavaScript">
function validate()
{
   var _txtNameObj = document.all.txtName;
   var _txtNameValue = _txtNameObj.value;
   if((_txtNameValue == null) || (_txtNameValue.length < 1))
   {
      window.alert("文本框内容为空，请输入内容");
      _txtNameObj.focus();
      return;
   }
}
</script>
</head>
<body>
<form method=post action="#">
   <input type="text" name="txtName">
   <input type="button" value="确定" onclick="validate()">
</form>
</body>
</html>
```

在上面的 HTML 文档中使用了 JavaScript 脚本，其作用是当文本框失去焦点时，就会对文本框的值进行长度检验，如果值为空，即可弹出“文本框内容为空，请输入内容”的提示信息。上面的 HTML 文档在 IE 11.0 浏览器中的显示效果如图 23-3 所示。直接单击其中的“确定”按钮，即可看到相应的提示信息，如图 23-4 所示。

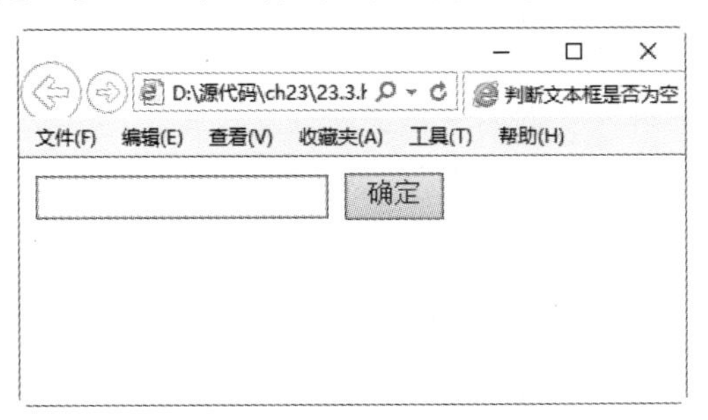

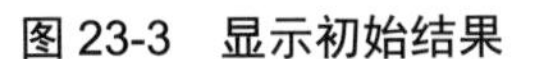
图 23-3　显示初始结果

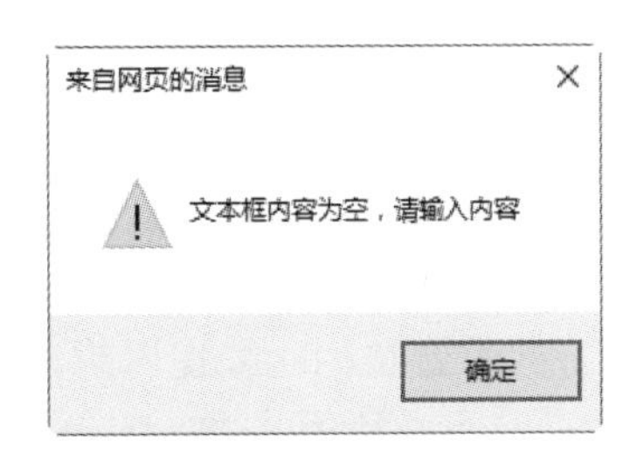

图 23-4　提示框

23.1.4　在 HTML 中调用已经存在的 JavaScript 文件

如果 JavaScript 的内容较长，或者多个 HTML 网页中都调用相同的 JavaScript 程序，可以将较长的 JavaScript 或者通用的 JavaScript 写成独立的.js 文件，直接在 HTML 网页中调用。

【例 23.4】在 HTML 中调用已经存在的 JavaScript 文件。

下面的 HTML 文件使用 JavaScript 脚本来调用外部的 JavaScript 文件：

```
<html>
<head>
<title>使用外部文件</title>
<script src="hello.js"></script>
</head>
<body>
<p>此处引用了一个 javascript 文件
</body>
</html>
```

在 IE 11.0 中浏览，效果如图 23-5 所示，可以看到，网页首先弹出一个对话框，显示提示信息。单击“确定”按钮后，会显示网页内容。

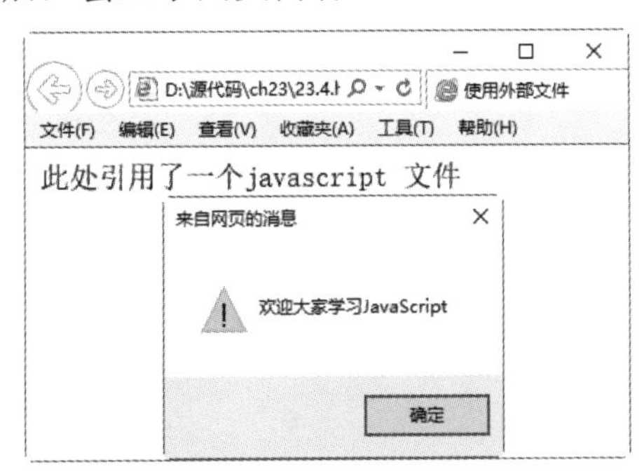

图 23-5　导入 JavaScript 文件

外部脚本文件 hello.js 中的代码为：

```
alert("欢迎大家学习 JavaScript","来自网页的消息");
```

(1) 可见，通过这种外部引用 JavaScript 文件的方式，也可以实现相应的功能，这种功能具有如下两个优点。

其一，将脚本程序与现有页面的逻辑结构分离。通过外部脚本，可以轻易实现多个页面完成同一功能的脚本文件，可以很方便地通过更新一个脚本内容实现批量更新。

其二，浏览器可以实现对目标脚本文件的高速缓存，这样可以避免引用同样功能的脚本代码而导致下载时间的增加。

(2) 与 C 语言使用外部头文件(.h 文件等)相似，引入 JavaScript 脚本代码时，使用外部脚本文件的方式符合结构化编程思想，但也有一些缺点，具体表现在以下两个方面。

其一，并不是所有支持 JavaScript 脚本的浏览器都支持外部脚本，如 Netscape 2 和 Internet Explorer 3 及以下都不支持外部脚本。

其二，外部脚本文件功能过于复杂，或其他原因导致的加载时间过长，则可能导致页面事件得不到处理或得不到正确处理，程序员必须小心使用，并确保脚本加载完成后，其中定义的函数才被页面事件调用，否则浏览器会报错。

综上所述，引入外部 JavaScript 脚本文件的方法是效果与风险并存的，设计人员应该权衡其优缺点，以决定是将脚本代码嵌入到目标 HTML 文件中，还是通过引用外部脚本的方式来实现相同的功能。一般情况下，应该将实现通用功能的 JavaScript 脚本代码作为外部脚本文件引用，而实现特有功能的 JavaScript 代码直接嵌入到 HTML 文件中的<head>与</head>标记对之间载入，使其能及时并正确地响应页面事件。

23.1.5 通过 JavaScript 伪 URL 引入 JavaScript 脚本代码

在多数支持 JavaScript 脚本的浏览器中，可以通过 JavaScript 伪 URL 地址调用语句来引入 JavaScript 脚本代码。伪 URL 地址的一般格式为：JavaScript:alert(“已点击文本框！”)。由此可知，伪 URL 地址语句一般以 JavaScript 开始，后面就是要执行的操作。

【例 23.5】使用伪 URL 地址来引入 JavaScript 代码。

```
<html>
<head>
<meta http-equiv=content-type content="text/html; charset=gb2312">
<title>伪 URL 地址引入 JavaScript 脚本代码</title>
</head>
<body>
<center>
<p>使用伪 URL 地址引入 JavaScript 脚本代码</p>
<form name="Form1">
    <input type=text name="Text1" value="点击"
      onclick="JavaScript:alert('已经用鼠标点击文本框!')">
</form>
</center>
</body>
</html>
```

在 IE 浏览器中预览上面的 HTML 文件，然后用鼠标点击其中的文本框，就会看到“已经用鼠标点击文本框!”的提示信息，其显示结果如图 23-6 所示。

伪 URL 地址可用于文档中的任何地方，同时触发任意数量的 JavaScript 函数或对象固有的方法。由于这种方式的代码短而精且效果好，所以在表单数据合法性验证上，如验证某些字段是否符合要求等方面应用广泛。

图 23-6 使用伪 URL 地址引入 JavaScript 脚本代码

23.2 JavaScript 与 CSS 3 的结合使用

JavaScript 是一种脚本语言，可以直接在网页上被浏览器解释运行。如果将 JavaScript 的程序与 CSS 的静态效果结合起来，可以创建出大量的动态特效，如动态内容、动态样式等。

23.2.1 动态添加样式

JavaScript 与 CSS 相结合，可以动态改变 HTML 页面元素内容和样式，这种效果是 JavaScript 常用的功能之一。其实现也比较简单，需要利用 innerHTML 属性。innerHTML 属性是一个字符串，用来设置或获取位于对象起始和结束标签内的 HTML。

【例 23.6】动态添加样式。

```
<!DOCTYPE html>
<html>
<head>
<title>改变内容</title>
<script type="text/javascript">
function changeit(){
   var html = document.getElementById("content");
   var html1 = document.getElementById("content1");
   var t = document.getElementById("tt");
   var temp = "<br><style>#abc {color:red;font-size:36px;}</style>"
     + html.innerHTML;
   html1.innerHTML = temp;
}
</script>
```

```
</head>
<body>
<div id="content">
    <div id="abc">
        祝祖国生日快乐!
    </div>
</div>
<div id="content1">
</div>
<input type="button" onclick="changeit()" value="改变 HTML 内容">
</body>
</html>
```

在上面的 HTML 代码中，创建了几个 DIV 层，层下面有一个按钮，并且为按钮添加了一个单击事件，即调用 changeit 函数。

在 JavaScript 程序的 changeit 函数中，首先使用 getElementById 方法获取 HTML 对象，然后使用 innerHTML 属性设置 html1 层的显示内容。

在 IE 11.0 中浏览，效果如图 23-7 所示，在显示页面中，有一个段落和按钮。当单击按钮时，会显示如图 23-8 所示的页面，会发现段落内容和样式发生了变化，即增加了一个段落，并且字体变大，颜色为红色。

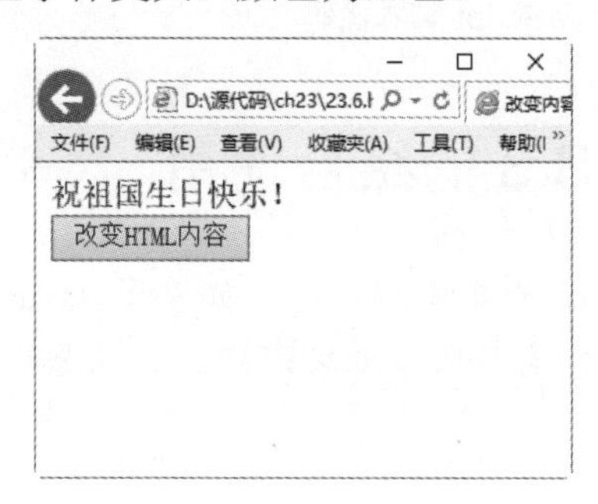

图 23-7　动态内容显示前

图 23-8　动态内容显示后

23.2.2　动态改变样式

要动态地改变 HTML 元素的样式，首先需要获取要改变的 HTML 对象，然后利用对象的相关样式属性设定不同的显示样式。在实现过程中，需要用到 styleSheets 属性，它表示当前 HTML 网页上的样式属性集合，可以以数组形式获取；属性 rules 表示是第几个选择器；属性 cssRules 表示是第几条规则。

【例 23.7】动态改变样式。

```
<!DOCTYPE html>
<html>
<head>
<link rel="stylesheet" type="text/css" href="23.7.css" />
<script>
function fnInit(){
    // 访问 styleSheet 中的一条规则，将其 backgroundColor 改为蓝色
    var oStyleSheet = document.styleSheets[0];
```

```
    var oRule = oStyleSheet.rules[0];
    oRule.style.backgroundColor = "#0000FF";
    oRule.style.width = "200px";
    oRule.style.height = "120px";
}
</script>
<title>动态样式</title>
</head>
<body>
</HEAD>
<div class="class1">
我会改变颜色
</div>
<a href=# onclick="fnInit()">改变背景色</a>
<body>
</html>
```

在上述 HTML 代码中，定义了一个 DIV 层，其样式规则为 class1，然后创建了一个超级链接，并且为超级链接定义了一个单击事件，当被单击时，会调用 fnInit 函数。在 JavaScript 程序的 fnInit 函数中，首先使用 document.styleSheets[0]语句获取当前的样式规则集合，然后使用 rules[0]获取第一条样式规则元素，最后使用 oRule.style 样式对象分别设置背景色、宽度和高度样式。

要链接的 CSS 样式：

```
.class1
{
    width:100px;
    background-color:red;
    height:80px;
}
```

此选择器比较简单，定义了宽度、高度和背景色。在 IE 11.0 中浏览，效果如图 23-9 所示，网页显示了一个 div 层和超级链接。当单击超级链接时，会变为如图 23-10 所示的页面，此时 DIV 层背景色变为蓝色，并且层高度和宽度变大。

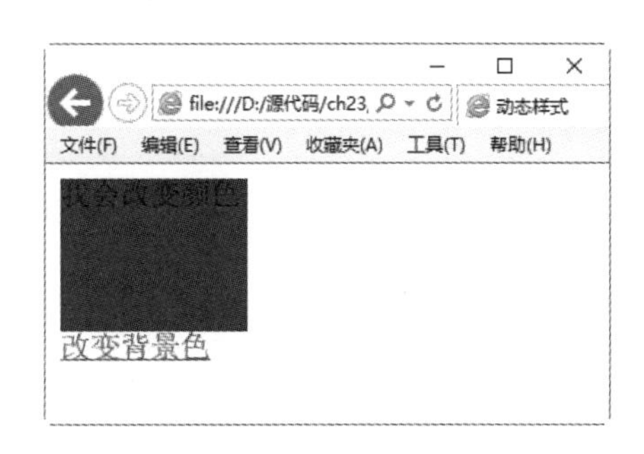

图 23-9　动态样式改变前

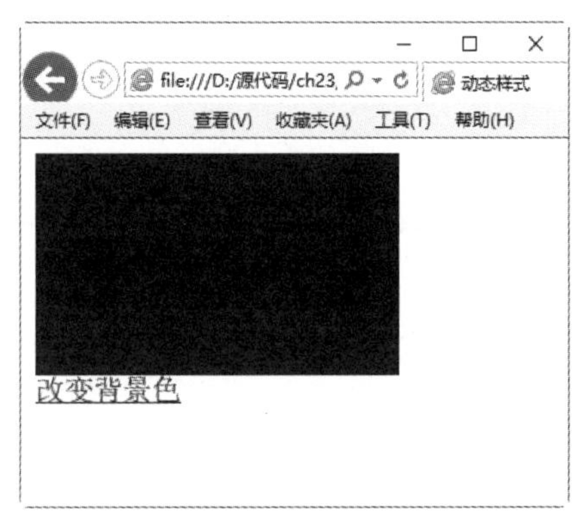

图 23-10　动态样式改变后

23.2.3 动态定位网页元素

JavaScript 程序结合 CSS 样式属性，可以动态地改变 HTML 元素所在的位置。如果动态改变 HTML 元素的坐标位置，需要重新设定当前 HTML 元素的坐标位置。此时需要使用新的元素属性 pixelLeft 和 pixelTop，其中 pixelLeft 属性返回定位元素左边界偏移量的整数像素值；因为属性的非像素值返回的是包含单位的字符串，例如 30px。利用这个属性，可以单独处理以像素为单位的数值。pixelTop 属性以此类推。

【例 23.8】动态定位网页元素。

```
<!DOCTYPE html>
<html>
<head>
<style type="text/css">
#d1 {
   position: absolute;
   width: 300px;
   height: 300px;
   visibility: visible;
   color: #fff;
   background: #555;
}
#d2 {
   position: absolute;
   width: 300px;
   height: 300px;
   visibility: visible;
   color: #fff;
   background: red;
}
#d3 {
      position: absolute;
      width: 150px;
      height: 150px;
      visibility: visible;
      color: #fff;
      background:blue;
}
</style>
<script>
var d1, d2, d3, w, h;
window.onload = function() {
   d1 = document.getElementById('d1');
   d2 = document.getElementById('d2');
   d3 = document.getElementById('d3');
   w = window.innerWidth;
   h = window.innerHeight;
}
function divMoveTo(d, x, y) {
   d.style.pixelLeft = x;
   d.style.pixelTop = y;
}
function divMoveBy(d, dx, dy) {
   d.style.pixelLeft += dx;
   d.style.pixelTop += dy;
}
```

```
</script>
</head>
<body id="bodyId">
<form name="form1">
<h3>移动定位</h3>
<p>
<input type="button" value="移动 d2" onclick="divMoveBy(d2,100,100)"><br>
<input type="button" value="移动 d3 到 d2(0,0)"
 onclick="divMoveTo(d3,0,0)"><br>
<input type="button" value="移动 d3 到 d2(75,75)"
 onclick="divMoveTo(d3,75,75)"><br>
</p>
</form>
<div id="d1">
   <b>d1</b>
</div>
<div id="d2">
   <b>d2</b><br><br>
   d2 包含 d3
   <div id="d3">
      <b>d3</b><br><br>
      d3 是 d2 的子层
   </div>
</div>
</body>
</html>
```

在 HTML 代码中，定义了 3 个按钮，并为 3 个按钮添加了不同的单击事件，即可以调用不同的 JavaScript 函数。下面定义了 3 个 div 层，分别为 d1、d2 和 d3，d3 是 d2 的子层。在 style 标记中，分别使用 ID 选择器定义了 3 个层的显示样式，如绝对定位、是否显示、背景色、宽度和高度。在 JavaScript 代码中，使用 window.onload = function()语句表示页面加载时执行这个函数，函数内使用 getElementById 获取不同的 DIV 对象。在 divMoveTo 函数和 divMoveBy 函数内，都重新定义了新的坐标位置。

在 IE 11.0 中浏览，效果如图 23-11 所示，页面显示了 3 个按钮，每个按钮执行不同的定位操作。下面显示了 3 个层，其中 d2 层包含 d3 层。当单击第二个按钮时，可以重新动态定位 d3 的坐标位置，其显示效果如图 23-12 所示。对于其他按钮，有兴趣的读者可以测试。

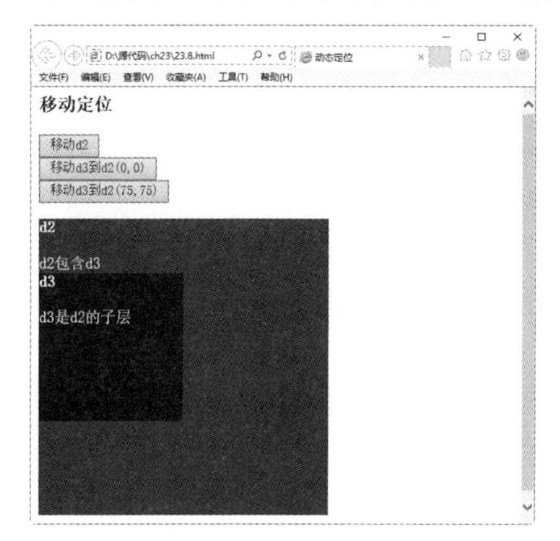

图 23-11　动态定位前

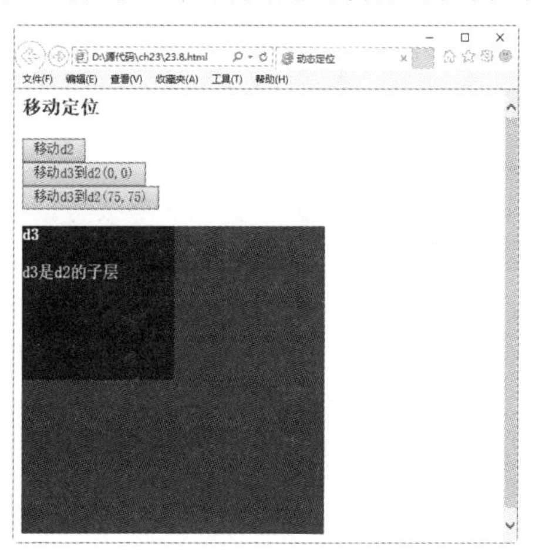

图 23-12　动态定位后

23.2.4 设置网页元素的显示与隐藏

在有的网站中，有时根据需要，会自动或手动隐藏一些层，从而为其他层节省显示空间。实现层手动隐藏或展开，需要把 CSS 代码和 JavaScript 代码相结合使用。实现该操作需要用到 display，通过该值可以设置元素以块显示，还是不显示。

【例 23.9】设置网页元素的显示与隐藏。

```
<!DOCTYPE html>
<html>
<head>
<title>隐藏和显示</title>
<script language="JavaScript" type="text/JavaScript">
<!--
function toggle(targetid){
    if (document.getElementById){
        target = document.getElementById(targetid);
        if (target.style.display=="block"){
            target.style.display = "none";
        } else {
            target.style.display = "block";
        }
    }
}
-->
</script>
<style type="text/css">
.div{border:1px #06F solid;height:50px;width:150px;display:none;}
a{width:100px; display:block}
</style>
</head>
<body>
<a href="#" onclick="toggle('div1')">显示/隐藏</a>
<div id="div1" class="div">
    <img src=11.jpg>
    <p>市场价：390 元</p>
    <p>购买价：190 元</p>
</div>
</body>
</html>
```

在上述代码中，创建了一个超级链接和一个 DIV 层 div1，DIV 层中包含了图片和段落信息。在类选择器 div 中，定义了边框样式、高度和宽度，并使用 display 属性设定层不显示。JavaScript 代码首先根据 ID 名称 targetid，判断 display 的当前属性值，如果值为 block，则设置为 none；如果值为 none，则设置值为 block。

在 IE 11.0 中浏览，效果如图 23-13 所示，页面显示了一个超级链接。当单击“显示/隐藏”超级链接时，会显示如图 23-14 所示的效果，此时显示一个 DIV 层，层里面包含了图片和段落信息。

图 23-13　动态显示前

图 23-14　动态显示后

23.3　HTML 5、CSS 3 和 JavaScript 的搭配应用

HTML 5、CSS 3 和 JavaScript 的搭配应用可以制作出各式各样的动态网页效果。下面就来介绍几个示例，来学习 HTML 5、CSS 3 和 JavaScript 搭配应用的技巧。

23.3.1　设定左右移动的图片

本例将使用 HTML 5、JavaScript 和 CSS 创建一个左右移动的图片。具体操作步骤如下。

step 01 分析需求。

实现左右移动的图片，需要在页面上定义一张图片，然后利用 JavaScript 程序代码获取图片对象，并使其在一定范围内，即水平方向上自由移动。完成后，效果如图 23-15 所示。

图 23-15　图片移动

step 02 创建 HTML 页面，导入图片：

```
<!DOCTYPE html>
<html>
<head>
<title>左右移动图片</title>
</head>
<body>
<img src="01.jpg" name="picture"
  style="position: absolute; top: 70px; left: 30px;"
  BORDER="0" WIDTH="200" HEIGHT="160">
<script LANGUAGE="JavaScript">
<!--
setTimeout("moveLR('picture',300,1)",10);
//-->
</script>
</body>
</html>
```

在上述代码中，定义了一张图片，图片是绝对定位，左边位置是(70,30)，无边框，宽度为 200 像素，高度为 160 像素。script 标记中使用 setTimeout 方法定时移动图片。

在 IE 11.0 中浏览，效果如图 23-16 所示，可以看到，网页上显示了一张图片。

图 23-16　图片显示

step 03 加入 JS 代码，实现图片左右移动：

```
<script LANGUAGE="JavaScript">
<!--
step = 0;
obj = new Image();
function anim(xp,xk,smer) //smer = direction
{
    obj.style.left = x;
    x += step*smer;
    if (x>=(xk+xp)/2) {
        if (smer == 1)
            step--;
        else
            step++;
```

```
    }
    else {
        if (smer == 1)
            step++;
        else
            step--;
    }
    if (x >= xk) {
        x = xk;
        smer = -1;
    }
    if (x <= xp) {
        x = xp;
        smer = 1;
    }
    // if (smer > 2) smer = 3;
    setTimeout('anim('+xp+','+xk+','+smer+')', 50);
}
function moveLR(objID,movingarea_width,c)
{
    if (navigator.appName=="Netscape")
        window_width = window.innerWidth;
    else
        window_width = document.body.offsetWidth;
    obj = document.images[objID];
    image_width = obj.width;
    x1 = obj.style.left;
    x = Number(x1.substring(0,x1.length-2)); // 30px -> 30
    if (c == 0) {
        if (movingarea_width == 0) {
            right_margin = window_width - image_width;
            anim(x,right_margin,1);
        }
        else {
            right_margin = x + movingarea_width - image_width;
            if (movingarea_width < x + image_width)
                window.alert("No space for moving!");
            else
                anim(x,right_margin,1);
        }
    }
    else {
        if (movingarea_width == 0)
            right_margin = window_width - image_width;
        else {
            x = Math.round((window_width-movingarea_width)/2);
            right_margin =
              Math.round((window_width+movingarea_width)/2)-image_width;
        }
        anim(x,right_margin,1);
    }
}
//-->
</script>
```

在 IE 11.0 中浏览，效果如图 23-17 所示，可以看到，网页上显示一张图片，并在水平方向上自由移动。

图 23-17　最终的图片移动效果

23.3.2　制作颜色选择器

本例将创建一个颜色选择器，可以自由获取颜色值。具体操作步骤如下。

step 01 分析需求。

本例的原理非常简单，就是将几个常用的颜色值进行组合，组合在一起后合并，就是所要选择的颜色值。这些都是利用 JS 代码完成的。完成后，实际效果如图 23-18 所示。

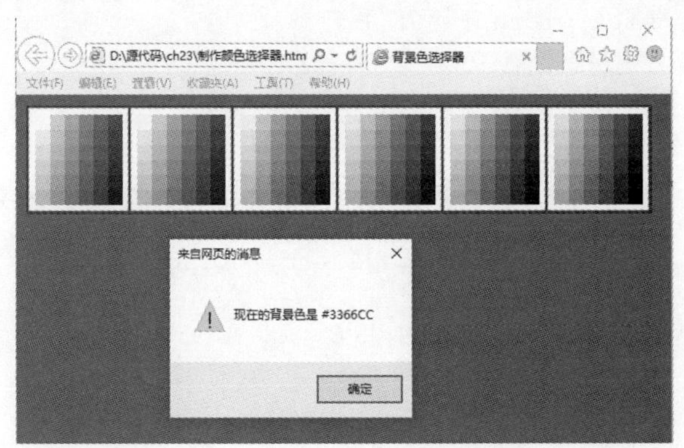

图 23-18　设定页面的背景色

step 02 创建基本的 HTML 页面：

```
<!DOCTYPE html>
<html>
<head>
<title>背景色选择器</title>
</head>
<body bgcolor="#FFFFFF">
</body>
</html>
```

上述代码比较简单，只是实现了一个页面框架。

step 03 添加 JavaScript 代码，实现颜色选择：

```
<script language="JavaScript">
<!--
var hex = new Array(6)
hex[0] = "FF"
hex[1] = "CC"
hex[2] = "99"
hex[3] = "66"
hex[4] = "33"
hex[5] = "00"
function display(triplet)
{
   document.bgColor = '#' + triplet
   alert('现在的背景色是 #' + triplet)
}
function drawCell(red, green, blue)
{
   document.write('<TD BGCOLOR="#' + red + green + blue + '">')
   document.write(
     '<A HREF="javascript:display(\'' + (red + green + blue) + '\')">')
   document.write('<IMG SRC="place.gif" BORDER=0 HEIGHT=12 WIDTH=12>')
   document.write('</A>')
   document.write('</TD>')
}
function drawRow(red, blue)
{
   document.write('<TR>')
   for (var i=0; i<6; ++i)
   {
      drawCell(red, hex[i], blue)
   }
   document.write('</TR>')
}
function drawTable(blue)
{
   document.write('<TABLE CELLPADDING=0 CELLSPACING=0 BORDER=0>')
   for (var i=0; i<6; ++i)
   {
      drawRow(hex[i], blue)
   }
   document.write('</TABLE>')
}
function drawCube()
{
   document.write('<TABLE CELLPADDING=5 CELLSPACING=0 BORDER=1><TR>')
   for (var i = 0; i < 6; ++i)
   {
      document.write('<TD BGCOLOR="#FFFFFF">')
      drawTable(hex[i])
      document.write('</TD>')
   }
   document.write('</TR></TABLE>')
```

```
}
drawCube()
// -->
</script>
```

在上述代码中，创建了一个数组对象 hex，用来存放不同的颜色值。下面几个函数分别将数组中的颜色组合在一起，并在页面显示，display 函数完成定义背景颜色和显示颜色值。

在 IE 11.0 中浏览，效果如图 23-19 所示，可以看到，页面显示了多个表格，每个单元格代表一种颜色。

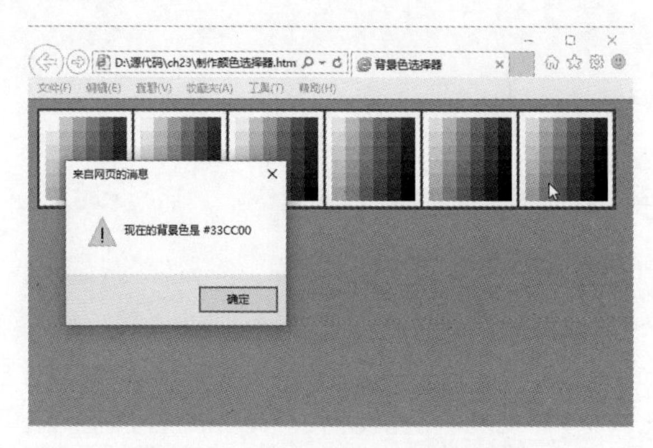

图 23-19　最终的颜色选择器效果

23.3.3　制作跑马灯效果

网页中有一种特效，称为跑马灯，即文字从左到右自动输出，与晚上写字楼的广告霓虹灯非常相似。在网页中，如果 CSS 样式设计非常完美，就会设计出更加亮丽的网页效果。具体操作步骤如下。

step 01 分析需求。

要完成跑马灯效果，需要使用 JavaScript 语言来设置文字内容、移动速度和相应的输入框，使用 CSS 设置显示文字的样式。输入框用来显示水平移动文字。示例完成后，实际效果如图 23-20 所示。

step 02 创建 HTML，实现输入表单：

```
<!DOCTYPE html>
<html>
<head>
<title>跑马灯</title>
</head>
<body onLoad="LenScroll()">
<center>
<form name="nextForm">
<input type=text name="lenText">
</form>
</center>
</body>
```

上面的代码非常简单，创建了一个表单，表单中存放了一个文本域，用于显示移动文字。在 IE 11.0 中浏览，效果如图 23-21 所示，可以看到，页面中只是存在一个文本域，没有其他显示信息。

图 23-20 跑马灯效果

图 23-21 实现基本表单

step 03 添加 JavaScript 代码，实现文字移动：

```
<script language="javascript">
var msg = "欢迎光临贝拉时尚风情杂货铺！";        //移动文字
var interval = 400;                            //移动速度
var seq = 0;
function LenScroll() {
   document.nextForm.lenText.value =
    msg.substring(seq, msg.length) + "   " + msg;
   seq++;
   if (seq > msg.length)
      seq = 0;
   window.setTimeout("LenScroll();", interval);
}
</script>
```

在上面的代码中，创建了一个变量 msg，用于定义移动的文字内容，变量 interval 用于定义文字移动速度，LenScroll()函数用于在表单输入框中显示移动信息。

在 IE 11.0 中浏览，效果如图 23-22 所示，可以看到，输入框中显示了移动信息，并且从右向左移动。

step 04 添加 CSS 代码，修饰输入框和页面：

```
<style type="text/css">
<!--
body{
   background-color:#FFFFFF;   /* 页面背景色 */
}
input{
   background:transparent;     /* 输入框背景透明 */
   border:none;                /* 无边框 */
   color:#ffb400;
   font-size:45px;
   font-weight:bold;
   font-family:黑体;
}
-->
</style>
```

上面的代码设置了页面背景颜色为白色，在 input 标记选择器中，定义了边框背景为透明，无边框，字体颜色为黄色，大小为 45 像素，加粗并黑体显示。

在 IE 11.0 中浏览，效果如图 23-23 所示，可以看到，页面中的字体与原来相比变大，颜色为黄色，没有输入框显示。

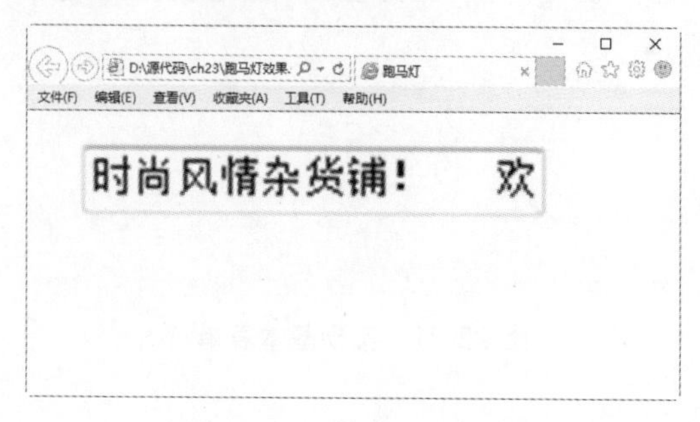

图 23-22　实现移动效果

图 23-23　最终的跑马灯效果

23.4　综合案例——制作树形导航菜单

树形导航菜单是网页设计中最常用的菜单之一。本例将创建一个树形导航菜单，具体操作步骤如下。

step 01 分析需求。

实现一个树形菜单，需要 3 个方面的配合，一个是<ul>无序列表，用于显示的菜单，一个是 CSS 样式，用于修饰树形菜单，一个是 JavaScript 程序，用于实现单击时展开菜单选项。完成后，效果如图 23-24 所示。

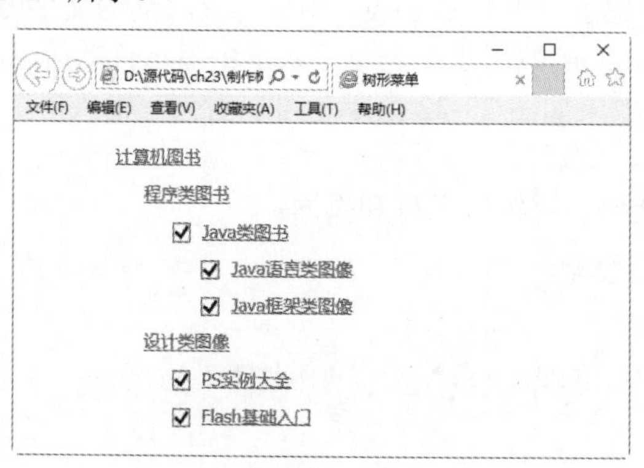

图 23-24　树形菜单

step 02 创建 HTML 页面，实现菜单列表：

```
<!DOCTYPE html>
<html>
<head>
<title>树形菜单</title>
</head>
<body>
```

```
<ul id="menu_zzjs_net">
 <li>
  <label><a href="javascript:;">计算机图书</a></label>
  <ul class="two">
   <li>
    <label><a href="javascript:;">程序类图书</a></label>
    <ul class="two">
     <li>
      <label><input type="checkbox" value="123456">
        <a href="javascript:;">Java 类图书</a></label>
      <ul class="two">
       <li><label><input type="checkbox" value="123456">
         <a href="javascript:;">Java 语言类图书</a></label></li>
       <li>
        <label><input type="checkbox" value="123456">
          <a href="javascript:;">Java 框架类图书</a></label>
        <ul class="two">
         <li>
          <label><input type="checkbox" value="123456">
            <a href="javascript:;">Struts2 图书</a></label>
          <ul class="two">
           <li><label><input type="checkbox" value="123456">
             <a href="javascript:;">Struts1</a></label></li>
           <li><label><input type="checkbox" value="123456">
             <a href="javascript:;">Struts2</a></label></li>
          </ul>
         </li>
         <li><label><input type="checkbox" value="123456">
           <a href="javascript:;">Hibernate 入门</a></label></li>
        </ul>
       </li>
      </ul>
     </li>
    </ul>
   </li>
   <li>
    <label><a href="javascript:;">设计类图书</a></label>
    <ul class="two">
     <li><label><input type="checkbox" value="123456">
       <a href="javascript:;">PS 实例大全</a></label></li>
     <li><label><input type="checkbox" value="123456">
       <a href="javascript:;">Flash 基础入门</a></label></li>
    </ul>
   </li>
  </ul>
 </li>
</ul>
</body>
</html>
```

在IE 11.0中浏览，效果如图23-25所示，页面上显示了无序列表，并且显示全部元素。

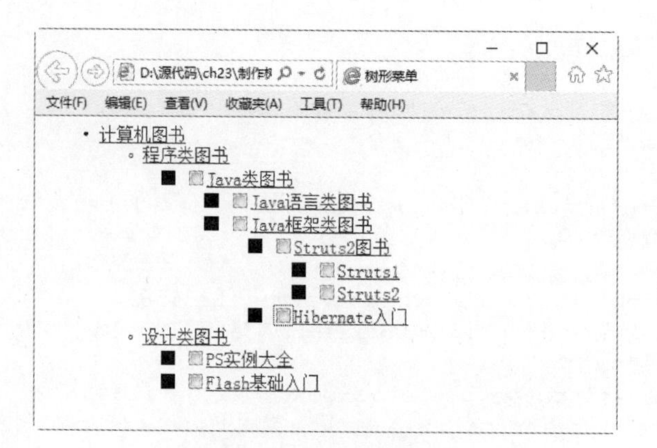

图 23-25 无序列表

step 03 添加 JavaScript 代码，实现单击展开效果：

```
<script type="text/javascript">
function addEvent(el,name,fn){ //绑定事件
   if(el.addEventListener) return el.addEventListener(name,fn,false);
   return el.attachEvent('on'+name,fn);
}
function nextnode(node){ //寻找下一个兄弟并剔除空的文本节点
   if(!node) return;
   if(node.nodeType == 1)
      return node;
   if(node.nextSibling)
      return nextnode(node.nextSibling);
}
function prevnode(node){ //寻找上一个兄弟并剔除空的文本节点
   if(!node) return;
   if(node.nodeType == 1)
      return node;
   if(node.previousSibling)
      return prevnode(node.previousSibling);
}
function parcheck(self,checked){ //递归寻找父亲元素，并找到 input 元素进行操作
   var par =  prevnode(self.parentNode.parentNode.parentNode
     .previousSibling),parspar;
   if(par&&par.getElementsByTagName('input')[0]){
      par.getElementsByTagName('input')[0].checked = checked;
      parcheck(par.getElementsByTagName('input')[0],
        sibcheck(par.getElementsByTagName('input')[0]));
   }
}
function sibcheck(self){ //判断兄弟节点是否已经全部选中
   var sbi = self.parentNode.parentNode.parentNode.childNodes,n=0;
   for(var i=0;i<sbi.length;i++){
      //由于孩子节点中包括空的文本节点，所以这里累计长度的时候也要算上去
      if(sbi[i].nodeType != 1)
         n++;
      else if(sbi[i].getElementsByTagName('input')[0].checked)
         n++;
   }
```

```
    return n==sbi.length?true:false;
}
//绑定 input 点击事件，使用 menu_zzjs_net 根元素代理
addEvent(document.getElementById('menu_zzjs_net'),'click',function(e){
    e = e||window.event;
    var target = e.target||e.srcElement;
    var tp = nextnode(target.parentNode.nextSibling);
    switch(target.nodeName){
    case 'A': //点击 A 标签展开和收缩树形目录，并改变其样式会选中 checkbox
        if(tp&&tp.nodeName == 'UL'){
            if(tp.style.display != 'block'){
                tp.style.display = 'block';
                prevnode(target.parentNode.previousSibling).className = 'ren';
            }else{
                tp.style.display = 'none';
                prevnode(target.parentNode.previousSibling).className = 'add';
            }
        }
        break;
    case 'SPAN': //点击图标只展开或者收缩
        var ap = nextnode(nextnode(target.nextSibling).nextSibling);
        if(ap.style.display != 'block'){
            ap.style.display = 'block';
            target.className = 'ren'
        }else{
            ap.style.display = 'none';
            target.className = 'add'
        }
        break;
    case 'INPUT'://点击 checkbox，父亲元素选中，则孩子节点中的 checkbox 也同时选中，
                //孩子节点取消，父元素随之取消
        if(target.checked){
            if(tp){
                var checkbox = tp.getElementsByTagName('input');
                for(var i=0;i<checkbox.length;i++)
                    checkbox[i].checked = true;
            }
        }else{
            if(tp){
                var checkbox = tp.getElementsByTagName('input');
                for(var i=0;i<checkbox.length;i++)
                    checkbox[i].checked = false;
            }
        }
        //当孩子节点取消选中的时候调用该方法递归其父节点的 checkbox，逐一取消选中
        parcheck(target,sibcheck(target));
        break;
    }
});
window.onload = function(){ //页面加载时给有孩子节点的元素动态添加图标
    var labels = document.getElementById('menu_zzjs_net')
                .getElementsByTagName('label');
    for(var i=0;i<labels.length;i++){
        var span = document.createElement('span');
```

```
        span.style.cssText =
          'display:inline-block;height:18px;vertical-align:middle;
           width:16px;cursor:pointer;';
        span.innerHTML = ' ';
        span.className = 'add';
        if(nextnode(labels[i].nextSibling)
          && nextnode(labels[i].nextSibling).nodeName=='UL')
            labels[i].parentNode.insertBefore(span,labels[i]);
        else
            labels[i].className = 'rem';
    }
}
</script>
```

在 IE 11.0 中浏览，效果如图 23-26 所示，可以看到，无序列表在页面上显示，使用鼠标单击，可以展开或关闭相应的选项，但其样式非常难看。

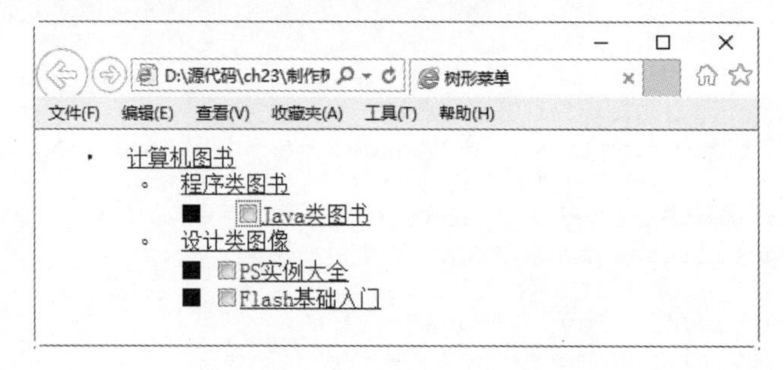

图 23-26　实现鼠标单击事件

step 04 添加 CSS 代码，修饰列表选项：

```
<style type="text/css">
body{margin:0;padding:0;font:12px/1.5 Tahoma,Helvetica,Arial,sans-serif;}
ul,li,{margin:0;padding:0;}
ul{list-style:none;}
#menu_zzjs_net{margin:10px;width:200px;overflow:hidden;}
#menu_zzjs_net li{line-height:25px;}
#menu_zzjs_net .rem{padding-left:16px;}
#menu_zzjs_net .add{background:url() -4px -31px no-repeat;}
#menu_zzjs_net .ren{background:url() -4px -7px no-repeat;}
#menu_zzjs_net li a{
    color:#666666;
    padding-left:5px;
    outline:none;
    blr:expression(this.onFocus=this.blur());
}
#menu_zzjs_net li input{vertical-align:middle;margin-left:5px;}
#menu_zzjs_net .two{padding-left:20px;display:none;}
</style>
```

在 IE 11.0 中浏览，效果如图 23-27 所示，可以看到，与原来相比，样式变得非常漂亮。

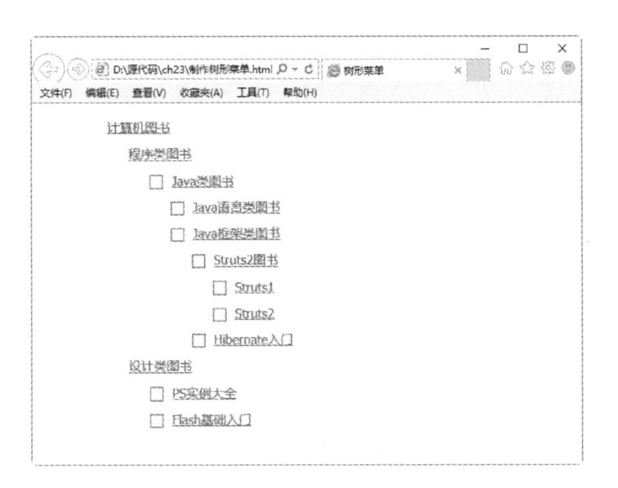

图 23-27　最终的树形导航菜单效果

23.5　跟我学上机——制作滚动的菜单

本练习将结合前面学习的内容，创建一个向上滚动的菜单。具体操作步骤如下。

step 01 分析需求。

实现菜单自动从下到上滚动，需要把握两个元素，一个是使用 JS 实现要滚动的菜单，即导航栏，另一个是使用 JS 控制菜单的移动方向。完成后，效果如图 23-28 所示。

step 02 构建 HTML 页面：

```
<!DOCTYPE html>
<html>
<head>
<title>向上滚动的菜单</title>
</head>
<body bgcolor="#FFFFFF" text="#000000">
</body>
</html>
```

上面的代码比较简单，只是实现了一个空白页面，页面背景色为白色，前景色为黑色。在 IE 11.0 中浏览，效果如图 23-29 所示，可以看到，显示了一个空白页面。

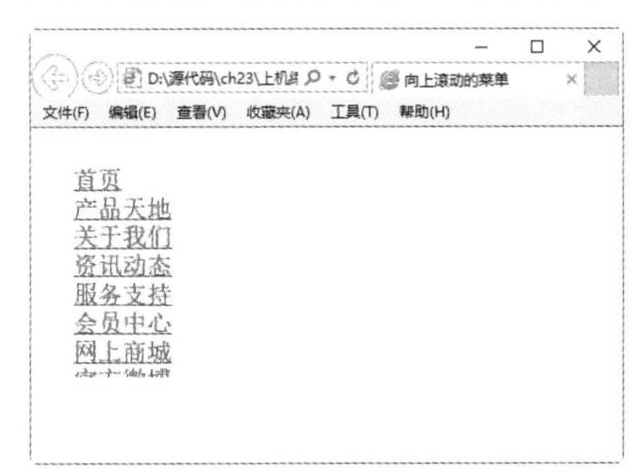

图 23-28　菜单滚动

图 23-29　空白 HTML 页面

step 03 加入 JavaScript 代码，实现菜单滚动：

```
<script language=javascript>
<!--
var index = 9;
link = new Array(8);
link[0] ='time1.htm'
link[1] ='time2.htm'
link[2] ='time3.htm'
link[3] ='time1.htm'
link[4] ='time2.htm'
link[5] ='time3.htm'
link[6] ='time1.htm'
link[7] ='time2.htm'
link[8] ='time3.htm'
text = new Array(8);
text[0] ='首页'
text[1] ='产品天地'
text[2] ='关于我们'
text[3] ='资讯动态'
text[4] ='服务支持'
text[5] ='会员中心'
text[6] ='网上商城'
text[7] ='官方微博'
text[8] ='企业文化'
document.write("<marquee scrollamount='1' scrolldelay='100' direction= 'up'
 width='150' height='150'>");
for (i=0;i<index;i++)
{
   document.write(" <img src='dian3.gif' width='12' height='12'>
     <a href="+link[i]+" target=' blank'>");
   document.write(text[i] + "</A><br>");
}
document.write("</marquee>")
// -->
</script>
```

上面的代码创建了两个数组对象，即 link 和 text，用来存放菜单链接对象和菜单内容，然后在 JS 代码中，使用<marquee>定义页面在垂直方向上移动。

在 IE 11.0 中浏览，效果如图 23-30 所示，可以看到，页面左侧有一个菜单，自下向上自由移动。

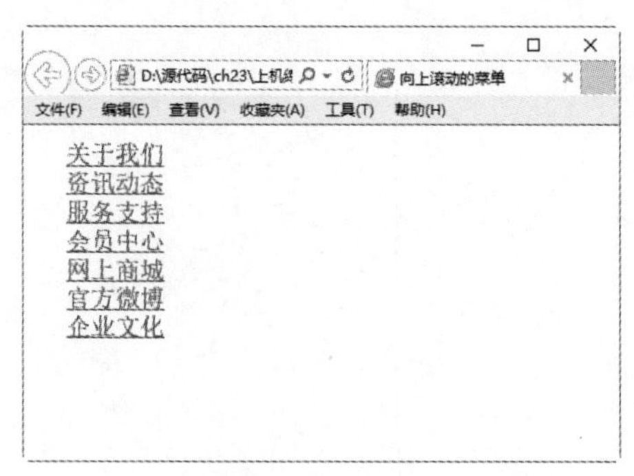

图 23-30 最终效果

23.6 疑难解惑

疑问 1：JS 中 innerHTML 与 innerText 的用法有何区别？

假设现在有个 DIV 层，具体如下：

```
<div id="test">
   <span style="color:red">test1</span>test2
</div>
```

innerText 属性表示从起始位置到终止位置的内容，但它去除 HTML 标签。例如上面示例中的 innerText 的值也就是"test1 test2"，其中 span 标签去除了。

innerHTML 属性表示除了全部内容外，还包含对象标签本身。例如上面示例中的 text.outerHTML 的值也就是<div id="test"><span style="color:red">test1</span> test2</div>。

疑问 2：JS 如何控制换行？

无论使用哪种引号创建字符串，字符串中间不能包含强制换行符。例如：

```
var temp = '<h2 class="a">A list</h2>
<ol>
</ol>';
```

这样是错误的写法。

正确写法是使用反斜杠来转义换行符：

```
var temp = '<h2 class="a">A list</h2>\
<ol>\
</ol>'
```

第 IV 篇

综合案例实战

- 第 24 章　制作企业门户类网页
- 第 25 章　制作在线购物类网页
- 第 26 章　移动设备类型网站开发

第 24 章 制作企业门户类网页

一般小型企业门户网站的规模不是太大，通常包含 3~5 个栏目，例如产品、客户和联系我们等栏目，并且有的栏目甚至只包含一个页面。此类网站通常都是为了展示公司形象、说明一下公司的业务范围和产品特色等。

24.1 构 思 布 局

本例是模拟一个小型计算机公司的网站。网站上包括首页、产品信息、客户信息和联系我们等栏目。本例中采用灰色和白色配合，灰色部分显示导航菜单，白色显示文本信息。在IE 11.0中浏览，其效果如图24-1所示。

图24-1　网站首页

24.1.1　设计分析

作为一个电子科技公司网站的首页，其页面需要简单、明了，给人以清晰的感觉。页头部分主要放置导航菜单和公司Logo信息等，其Logo可以是一张图片或者文本信息等。页面主体左侧是新闻、产品等信息，其中产品的链接信息以列表形式对重要信息进行介绍，也可以通过页面顶部的导航菜单进入相应的介绍页面。

对于网站的其他子页面，篇幅可以比较短，其重点是介绍软件公司的业务、联系方式、产品信息等，页面需要与首页风格相同。总之，科技类型企业的网站重点就是要突出企业文化、企业服务特点，通常具有稳重厚实的色彩风格。

24.1.2　排版架构

从图24-1所示的效果图可以看出，页面结构并不是太复杂，采用的是上、中、下结构，页面主体部分又嵌套了一个上下版式的结构，上面是网站的Banner条，下面是公司的相关资讯信息，页面总体框架如图24-2所示。

图 24-2　页面总体框架

在 HTML 页面中，通常使用 DIV 层对应上面不同的区域，可以是一个 DIV 层对应一个区域，也可以是多个 DIV 层对应同一个区域。本例的 DIV 代码如下：

```
<body>
<div id="top"></div>
<div id="banner"></div>
<div id="mainbody"></div>
<div id="bottom"></div>
</body>
```

24.2 内 容 设 计

当页面整体架构完成后，就可以动手制作不同的模块区域了。其制作流程采用自上而下、从左到右的顺序。完成后，再对页面样式进行整体调整。

24.2.1 使用 JavaScript 技术实现 Logo 与导航菜单

一般情况下，Logo 信息和导航菜单都放在页面顶部，作为页头部分。其中 Logo 信息作为公司标志，通常放在页面的左上角或右上角；导航菜单放在页头部分和页面主体二者之间，用于链接其他的页面。在 IE 11.0 中浏览，效果如图 24-3 所示。

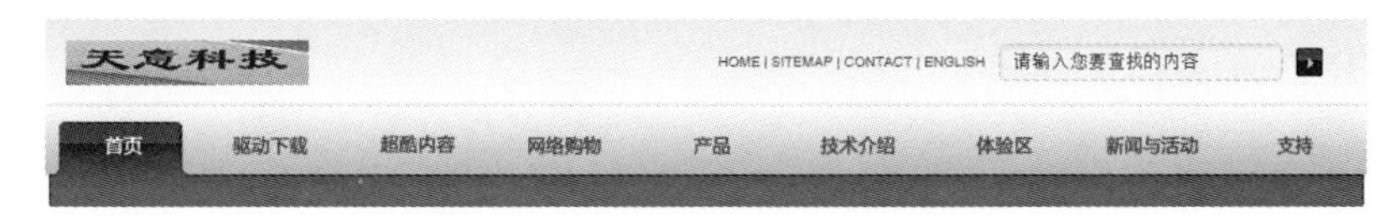

图 24-3　页面 Logo 和导航菜单

在 HTML 文件中，用于实现页头部分的 HTML 代码如下：

```
<div id="top">
   <div id="header">
      <div id="logo">
         <a href="index.html">
           <img src="images/logo.gif" alt="天意科技官网" border="0" /></a>
      </div>
      <div id="search">
         <div class="s1 font10"></div>
```

```
            <div class="s2"></div>
            <div class="s3"></div>
        </div>
    </div>
    <div id="menu">
        <a href="index.html" onmouseout="MM_swapImgRestore()"
          onmouseover="MM_swapImage('Image30','','images/menu1-0.gif',5)">
          </a>
        省略……
    </div>
</div>
```

在上面的代码中，层 top 用于显示页面 Logo，层 header 用于显示页头的文本信息，例如公司名称；层 menu 用于显示页头的导航菜单，层 search 用于显示搜索信息。

在 CSS 样式文件中，对应上面标记的 CSS 代码如下：

```
#top,#banner,#mainbody,#bottom,#sonmainbody{margin:0 auto;}
#top{width:960px; height:136px;}
#header{height:58px; background-image:url(../images/header-bg.jpg)}
#logo{float:left; padding-top:16px; margin-left:20px; display:inline;}
#search{float:right; width:444px; height:26px; padding-top:19px;
  padding-right:28px;}
.s1{float:left; height:26px; line-height:26px; padding-right:10px;}
.s2{float:left; width:204px; height:26px; padding-right:10px;}
.search-text{width:194px; height:16px; padding-left:10px;
  line-height:16px; vertical-align:middle; padding-top:5px;
  padding-bottom:5px; background-image:url(../images/search-bg.jpg);
  color:#343434; background-repeat:no-repeat;}
.s3{float:left; width:20px; height:23px; padding-top:3px;}
.search-btn{height:20px;}
#menu{width:948px; height:73px; background-image:url(../images/menu-bg.jpg);
  background-repeat:no-repeat; padding-left:12px; padding-top:5px;}
```

在上面的代码中，#top 选择器定义了背景图片和层高度；#header 定义了背景图片、高度和顶部外边距；#menu 定义了层定位方式和坐标位置。其他选择器分别定义了上面 3 个层中元素的显示样式，如段落显示样式、标题显示样式、超级链接样式等。

24.2.2 Banner 区

Banner 区中显示了一张图片，用于显示公司的相关信息，如公司最新活动、新产品信息等。设计 Banner 区的重点在于调节宽度，使不同浏览器之间能够效果一致，并且颜色上配合 Logo 和上面的导航菜单，使整个网站和谐、大气。在 IE 11.0 中浏览，效果如图 24-4 所示。

图 24-4 页面 Banner

在 HTML 文件中，创建页面 Banner 区的代码如下：

```
<div id="banner"><img src="images/tu1.png" /></div>
```

在上述代码中，层 id 是页面的 Banner，该区只包含一张图片。

在 CSS 文件中，对应上面 HTML 标记的 CSS 代码如下：

```
#banner{width:960px; height:365px; padding-bottom:15px;}
```

在上述代码中，#banner 层定义了 Banner 图片的宽度、高度、对齐方式等。

24.2.3 资讯区

资讯区包括 3 个小部分，该区域的文本信息不是太多，但非常重要。它们是首页用于链接其他页面的导航链接，如公司最新的活动消息、新闻信息等。在 IE 11.0 中浏览，页面效果如图 24-5 所示。

图 24-5 页面资讯区

从图 24-5 所示的效果图可以看出，需要包含几个无序列表和标题，其中列表选项为超级链接。HTML 文件中用于创建页面资讯区版式的代码如下：

```
<div id="mainbody">
   <div id="actions">
      <div class="actions-title">
         <ul class="actions">
            <li id="one1" onmouseover="setTab('one',1,3)"
             class="hover green">活动</li>
            省略….
         </ul>
      </div>
      <div class="action-content">
         <div id="con_one_1" >
            <dl class="text1">
               <dt><img src="images/CUDA.gif" /></dt>
               <dd></dd>
            </dl>
         </div>
         <div id="con_one_2" style="display:none">
            <div id="index-news">
               <ul class="list">
                  <li></li>
                  省略…
               </ul>
            </div>
         </div>
         <div id="con_one_3" style="display:none">
```

```
                <dl class="text1">
                    <dt><img src="images/cool.gif" /></dt>
                    <dd></dd>
                </dl>
            </div>
        </div>
        <div class="mainbottom"></div>
    </div>
    <div id="idea">
        <div class="idea-title green">创造</div>
        <div class="action-content">
            <dl class="text1">
                <dt><img src="images/chuangzao.gif" /></dt>
                <dd></dd>
            </dl>
        </div>
        <div class="mainbottom"><img src="images/action-bottom.gif" /></div>
    </div>
    <div id="quicklink">
        <div class="btn1"><a href="#">立刻采用三剑平台的 PC</a></div>
        <div class="btn1"><a href="#">computex 最佳产品奖</a></div>
    </div>
    <div class="clear"></div>
</div>
```

在 CSS 文件中，用于修饰上面 HTML 标记的 CSS 代码如下：

```
#mainbody{width:960px; margin-bottom:25px;}
#actions,#idea{height:173px; width:355px; float:left;
  margin-right:15px; display:inline;}
.actions-title{color:#FFFFFF; height:34px; width:355px;
  background-image:url(../images/action-titleBG.gif);}
.actions li{float:left;display:block;cursor:pointer;text-align:center;
  font-weight:bold;width:66px;height:34px;line-height:34px;
  padding-right:1px;}
.hover{padding:0px; width:66px; color:#76B900; font-weight:bold;
  height:34px; line-height:34px;
  background-image:url(../images/action-titleBGhover.gif);}
.action-content{height:135px; width:353px; border-left:1px solid #cecece;
  border-right:1px solid #cecece;}
.text1{height:121px; width:345px; padding-left:8px; padding-top:14px;}
.text1 dt,.text1 dd{float:left;}
.text1 dd{margin-left:18px; display:inline;}
.text1 dd p{line-height:22px; padding-top:5px; padding-bottom:5px;}
h1{font-size:12px;}
.list{height:121px; padding-left:8px; padding-top:14px; padding-right:8px;
  width:337px;}
.list li{
   background:url(../images/line.gif) repeat-x bottom; /*列表底部的虚线*/
   width:100%;
}
.list li a{
   display:block;
   padding:6px 0px 4px 15px;
   /*列表左边的箭头图片*/
```

```
    background:url(../images/oicn-news.gif) no-repeat 0 8px;
    overflow:hidden;
}
.list li span{float: right;/*使 span 元素浮动到右面*/
  text-align:right;/*日期右对齐*/ padding-top:6px;}
/*注意:span 一定要放在前面，反之会产生换行*/
.idea-title{font-weight:bold; color:##76B900; height:24px; width:345px;
  background-image:url(../images/idea-titleBG.gif); padding-left:10px;
  padding-top:10px;}
#quicklink{height:173px; width:220px; float:right;
  background:url(../images/linkBG.gif);}
.btn1{height:24px; line-height:24px; margin-left:10px; margin-top:62px;}
```

在上述代码中，#mainbody 定义了背景图片、宽度等信息。其他选择器定义了其他元素的显示样式，如无序列表样式、列表选项样式、超级链接样式等。

24.2.4 版权信息

版权信息一般放置到页面底部，用于介绍页面的作者、地址信息等，是页脚的一部分。页脚部分与其他网页部分一样，需要保持简单、清晰的风格。

在 IE 11.0 中浏览，效果如图 24-6 所示。

公司信息 | 投资者关系 | 人才招聘 | 开发者 | 购买渠道 | 天意科技通讯

版权© 2014 天意科技 公司 | 法律事宜 | 隐私声明 | 天意科技 Widget | 订阅 RSS | 京ICP备01234567号

图 24-6 页脚部分

从图 24-6 所示的效果图可以看出，此页脚部分分为两行，第一行存放底部次要导航信息，第二行存放版权所有等信息。其代码如下：

```
<div id="bottom">
    <div id="rss">
        <div id="rss-left"><img src="images/link1.gif" /></div>
        <div class="white" id="rss-center">
            <a href="#" class="white">公司信息</a>
              | <a href="#" class="white">投资者关系</a>
              | <a href="#" class="white">人才招聘</a>
              | <a href="#" class="white">开发者</a>
              | <a href="#" class="white">购买渠道</a>
              | <a href="#" class="white">天意科技通讯</a>
        </div>
        <div id="rss-right"><img src="images/link2.gif" /></div>
    </div>
    <div id="contacts">
        版权&copy; 2014 天意科技 公司
          | <a href="#">法律事宜</a>
          | <a href="#">隐私声明</a>
          | <a href="#">天意科技 Widget</a>
          | <a href="#">订阅 RSS</a>
          | 京 ICP 备<a href="#">01234567</a>号
    </div>
</div>
```

在 CSS 文件中，用于修饰上面 HTML 标记的样式代码如下：

```
#bottom{width:960px;}
#rss{height:30px; width:960px; line-height:30px;
  background-image:url(../images/link3.gif);}
#rss-left{float:left; height:30px; width:2px;}
#rss-right{float:right; height:30px; width:2px;}
#rss-center{height:30px; line-height:30px; padding-left:18px; width:920px;
  float:left;}
#contacts{height:36px; line-height:36px;}
```

在上面的代码中，#bottom 选择器定义了页脚部分的宽度。其他选择器定义了页脚部分文本信息的对齐方式、背景图片的样式等。

24.3 设置链接

本例中的链接 a 标签样式定义如下：

```
a:link,a:visited,a:active{text-decoration:none; color:#343434;}
a:hover{text-decoration:underline; color:#5F5F5F;}
```

24.4 疑难解惑

疑问 1：Firefox 和 IE 浏览器，各自如何处理负边界问题？

在 IE 中，对于超出父元素的部分，会被父元素覆盖，而在 Firefox 中，对于超出父元素的部分，会覆盖父元素，但前提是父元素有边框或内边距，不然负边距会显示在父元素上，使得父元素拥有负边距。在进行网页设计时，针对上述情况，可以对元素进行相对定位。

疑问 2：在定义子元素的上边距时，如果超出元素高度，怎么处理？

在 IE 中，子元素上边距显示正常，而在 Firefox 浏览器中，子元素上边距显示在父元素上方。解决办法是在父元素增加 overflow:hidden 语句，或给父元素增加边框或内边距。

第25章 制作在线购物类网页

在线购物网站是当前比较流行的一类网站。随着网络购物、互联网交易的普及，如淘宝、京东、亚马逊等类型的在线网站在近几年的风靡，越来越多的公司和企业都已经着手架设在线购物网站平台。

25.1 整体布局

在线购物类网页主要用来实现网络购物、交易等功能，因此所要体现的组件相对较多，主要包括产品搜索、账户登录、广告推广、产品推荐、产品分类等内容。本例最终的网页效果如图 25-1 所示。

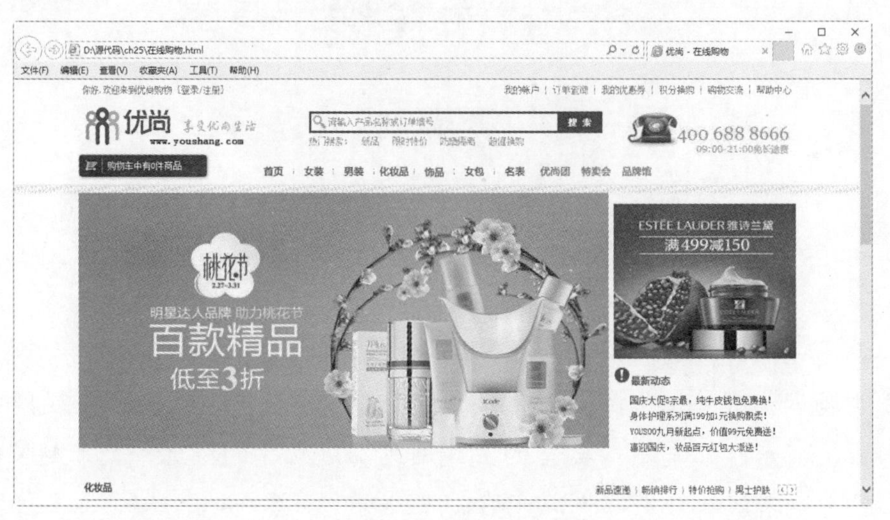

图 25-1　网页效果

25.1.1　设计分析

购物网站一个重要的特点，就是突出产品，突出购物流程、优惠活动、促销活动等信息。首先，要用逼真的产品图片来吸引用户；然后，结合各种吸引人的优惠活动、促销活动来增强用户的购买欲望；最后，在购物流程上要方便快捷，比如货款支付情况，要给用户多种选择的可能，让各种情况的用户都能在网上顺利支付。

在线购物类网站的主要特性体现在如下几个方面。

(1)　商品检索方便。要有商品搜索功能，有详细的商品分类。

(2)　有产品推广功能。增加广告活动位，帮助特色产品推广。

(3)　热门产品推荐。消费者的搜索很多带有盲目性，所以可以设置热门产品推荐位。对于产品要有简单、准确的展示信息。页面整体布局要清晰、有条理，让浏览者知道在网页中如何快速地找到自己需要的信息。

25.1.2　排版架构

本例的在线购物网站整体上是上下的架构。上部为网页头部、导航栏，中间为网页的主要内容，包括 Banner、产品类别区域，下部为页脚信息。

网页的整体架构如图 25-2 所示。

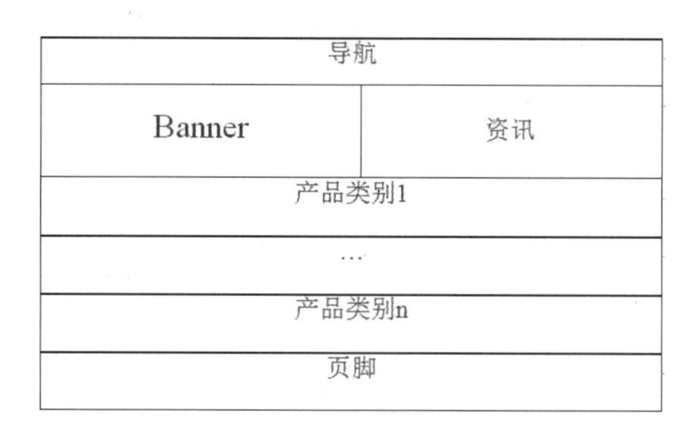

图 25-2 网页的架构

25.2 模块分割

当页面整体架构完成后，就可以动手制作不同的模块区域了。其制作流程，是采用自上而下、从左到右的顺序。本实例模块主要包括 4 个部分，分别为导航区、Banner 资讯区、产品类别和页脚。

25.2.1 Logo 与导航区

导航使用水平结构，与其他类别网站相比，是前边有一个购物车显示情况的功能，把购物车功能放到这里，用户更能方便快捷地查看购物情况。本示例中网页头部的效果如图 25-3 所示。

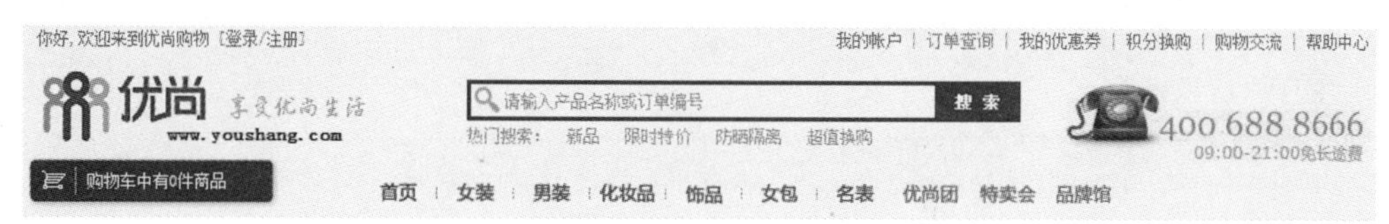

图 25-3 页面 Logo 和导航菜单

其具体的 HTML 框架代码如下：

```
<!-------------------------------NAV------------------------------------>
<div id="nav">
   <span>
   <a href="#">我的账户</a> | <a href="#" style="color:#5CA100;">订单查询</a>
    | <a href="#">我的优惠券</a> | <a href="#">积分换购</a>
    | <a href="#">购物交流</a> | <a href="#">帮助中心</a>
   </span> 你好,欢迎来到优尚购物 [<a href="#">登录</a>/<a href="#">注册</a>]
</div>
<!-------------------------------Logo------------------------------------>
<div id="logo">
   <div class="logo left">
      <a href="#"><img src="images/logo.gif" border="0" /></a>
   </div>
   <div class="logo center">
      <div class="search">
```

```
            <form action="" method="get">
            <div class="search text">
                <input type="text" value="请输入产品名称或订单编号"
                  class="input text"/>
            </div>
            <div class="search btn">
               <a href="#"><img src="images/search-btn.jpg" border="0" /></a>
            </div>
            </form>
        </div>
        <div class="hottext">
            热门搜索：  <a href="#">新品</a>   
            <a href="#">限时特价</a>   
            <a href="#">防晒隔离</a>   
            <a href="#">超值换购</a>
        </div>
    </div>
    <div class="logo right">
        <img src="images/telephone.jpg" width="228" height="70" />
    </div>
</div>
<!-------------------------------MENU------------------------------------>
<div id="menu">
    <div class="shopingcar"><a href="#">购物车中有 0 件商品</a></div>
    <div class="menu box">
        <ul>
        <li><a href="#"><img src="images/menu1.jpg" border="0" /></a></li>
        <li><a href="#"><img src="images/menu2.jpg" border="0" /></a></li>
        <li><a href="#"><img src="images/menu3.jpg" border="0" /></a></li>
        <li><a href="#"><img src="images/menu4.jpg" border="0" /></a></li>
        <li><a href="#"><img src="images/menu5.jpg" border="0" /></a></li>
        <li><a href="#"><img src="images/menu6.jpg" border="0" /></a></li>
        <li style="background:none;">
            <a href="#"><img src="images/menu7.jpg" border="0" /></a>
        </li>
        <li style="background:none;">
            <a href="#"><img src="images/menu8.jpg" border="0" /></a>
        </li>
        <li style="background:none;">
            <a href="#"><img src="images/menu9.jpg" border="0" /></a>
        </li>
        <li style="background:none;">
            <a href="#"><img src="images/menu10.jpg" border="0" /></a>
        </li>
        </ul>
    </div>
</div>
```

上述代码主要包括 3 个部分，分别是 NAV、Logo、MENU。其中 NAV 区域主要用于定义购物网站中的账户、订单、注册、帮助中心等信息；Logo 部分主要用于定义网站的 Logo、搜索框信息、热门搜索信息以及相关的电话等；MENU 区域主要用于定义网页的导航菜单。

在 CSS 样式文件中，对应上述代码的 CSS 代码如下：

```
#menu{margin-top:10px; margin:auto; width:980px; height:41px;
  overflow:hidden;}
.shopingcar{float:left; width:140px; height:35px;
```

```
  background:url(../images/shopingcar.jpg) no-repeat;
  color:#fff; padding:10px 0 0 42px;}
.shopingcar a{color:#fff;}
.menu_box{float:left; margin-left:60px;}
.menu_box li{float:left; width:55px; margin-top:17px; text-align:center;
  background:url(../images/menu_fgx.jpg) right center no-repeat;}
```

在上述代码中，#menu 选择器定义了导航菜单的对齐方式、高度、宽度、背景图片等信息。

25.2.2 Banner 与资讯区

购物网站的 Banner 区域与企业型比较起来差别很大，企业型 Banner 区多是突出企业文化，而购物网站 Banner 区主要放置主推产品、优惠活动、促销活动等。

本例中，网页 Banner 与资讯区的效果如图 25-4 所示。

图 25-4　页面 Banner 和资讯区

其具体的 HTML 代码如下：

```
<div id="banner">
    <div class="banner box">
        <div class="banner pic">
            <img src="images/banner.jpg" border="0" />
        </div>
        <div class="banner right">
            <div class="banner right top">
                <a href="#">
                    <img src="images/event banner.jpg" border="0" />
                </a>
            </div>
            <div class="banner right down">
                <div class="moving title">
                    <img src="images/news title.jpg" />
                </div>
                <ul>
                    <li>
                        <a href="#"><span>国庆大促 5 宗最，纯牛皮钱包免费换！</span>
                        </a>
                    </li>
                    <li><a href="#">身体护理系列满 199 加 1 元换购飘柔！</a></li>
                    <li>
                        <a href="#">
                            <span>YOUSOO 九月新起点，价值 99 元免费送！</span>
                        </a>
                    </li>
```

```
                <li><a href="#">喜迎国庆，妆品百元红包大派送！</a></li>
            </ul>
        </div>
    </div>
  </div>
</div>
```

在上述代码中，Banner 分为两个部分，左边放大尺寸图，右侧放小尺寸图和文字消息。在 CSS 样式文件中，对应上述代码的 CSS 代码如下：

```
#banner{background:url(../images/banner_top_bg.jpg) repeat-x;
 padding-top:12px;}
.banner_box{width:980px; height:369px; margin:auto;}
.banner_pic{float:left; width:726px; height:369px; text-align:left;}
.banner_right{float:right; width:247px;}
.banner_right_top{margin-top:15px;}
.banner_right_down{margin-top:12px;}
.banner_right_down ul{margin-top:10px; width:243px; height:89px;}
.banner_right_down li{margin-left:10px; padding-left:12px;
 background:url(../images/icon_green.jpg) left no-repeat center;
 line-height:21px;}
.banner_right_down li a{color:#444;}
.banner_right_down li a span{color:#A10288;}
```

在上述代码中，#banner 选择器定义了背景图片、背景图片的对齐方式、链接样式等信息。

25.2.3 产品类别区域

产品类别也是图文混排的效果。购物网站中大量运用图文混排方式。如图 25-5 所示为化妆品类别区域，如图 25-6 所示为女包类别区域。

图 25-5　化妆品产品类别

图 25-6　女包产品类别

其具体的 HTML 代码如下：

```
<div class="clean"></div>
<div id="content2">
    <div class="con2 title">
        <b><a href="#"><img src="images/ico jt.jpg" border="0" /></a></b>
        <span>
          <a href="#">新品速递</a> | <a href="#">畅销排行</a>
          | <a href="#">特价抢购</a> | <a href="#">男士护肤</a>  
        </span>
        <img src="images/con2 title.jpg" />
    </div>
    <div class="line1"></div>
    <div class="con2 content">
        <a href="#">
            <img src="images/con2 content.jpg" width="981" height="405"
              border="0" />
        </a>
    </div>
    <div class="scroll brand">
        <a href="#"><img src="images/scroll brand.jpg" border="0" /></a>
    </div>
    <div class="gray line"></div>
</div>
<div id="content4">
    <div class="con2 title">
        <b><a href="#"><img src="images/ico jt.jpg" border="0" /></a></b>
        <span>
          <a href="#">新品速递</a> | <a href="#">畅销排行</a>
          | <a href="#">特价抢购</a> | <a href="#">男士护肤</a>  
        </span>
        <img src="images/con4 title.jpg" width="27" height="13" />
    </div>
    <div class="line3"></div>
    <div class="con2 content">
        <a href="#">
            <img src="images/con4 content.jpg" width="980" height="207"
              border="0" />
        </a>
    </div>
    <div class="gray line"></div>
</div>
```

在上述代码中，content2 层用于定义化妆品产品类别；content4 层用于定义女包产品类别。在 CSS 样式文件中，对应上述代码的 CSS 代码如下：

```
#content2{width:980px; height:545px; margin:22px auto; overflow:hidden;}
.con2_title{width:973px; height:22px; padding-left:7px; line-height:22px;}
.con2_title span{float:right; font-size:10px;}
.con2_title a{color:#444; font-size:12px;}
.con2_title b img{margin-top:3px; float:right;}
.con2_content{margin-top:10px;}
.scroll_brand{margin-top:7px;}
#content4{width:980px; height:250px; margin:22px auto; overflow:hidden;}
#bottom{margin:auto; margin-top:15px; background:#F0F0F0; height:236px;}
.bottom_pic{margin:auto; width:980px;}
```

上述 CSS 代码定义了产品类别的背景图片、高度、宽度、对齐方式等。

25.2.4 页脚区域

本例的页脚使用一个 DIV 标签放置一个版权信息图片，比较简洁，如图 25-7 所示。

关于我们 | 联系我们 | 配送范围 | 如何付款 | 批发团购 | 品牌招商 | 诚聘人才
优尚 版权所有

图 25-7 页脚区域

用于定义页脚部分的代码如下：

```
<div id="copyright"><img src="images/copyright.jpg" /></div>
```

在 CSS 样式文件中，对应上述代码的 CSS 代码如下：

```
#copyright{width:980px; height:150px; margin:auto; margin-top:16px;}
```

25.3 设 置 链 接

本例中的链接 a 标签定义如下：

```
a{text-decoration:none;}
a:visited{text-decoration:none;}
a:hover{text-decoration:underline;}
```

25.4 疑 难 解 惑

疑问 1：在 Firefox 浏览器下，多层嵌套时，内层设置了浮动，外层设置了背景，但是背景为何不显示呢？

这主要是内层设置浮动后，外层高度在 Firefox 下变为 0，所以应该在外层与内层间再嵌一层，设置浮动和宽度，然后再给这个层设置背景。

疑问 2：在 IE 浏览器中，如何解决双边距问题？

浮动元素的外边距会加倍，但与第一个浮动元素相邻的其他浮动元素外边距不会加倍。其解决方法是：对此浮动元素增加样式 display:inline。

疑问 3：在定义元素外边距时，应注意哪些问题？

在对元素使用绝对定位时，如果需要定义元素外边距，在 IE 中，外边距不会视为元素的一部分，因此在对此元素使用绝对定位时外边距无效。但在 Firefox 中，外边距会视为元素的一部分，因此在对此元素使用绝对定位时外边距有效(例如 margin_top 会与 top 相加)。

第 26 章 移动设备类型网站开发

随着移动电子科技的发展，网站开发也进入了一个新的阶段。常见的移动设备有智能手机、平板电脑等，平板电脑与手机的差异在于设置网页的分辨率不同。下面就以制作一个适合智能手机浏览的网站为例，来介绍开发网站的方式。

26.1　网站设计分析

由于手机和电脑相比，屏幕小很多，所有手机网站制作在板式上相对比较固定，通常都是“1+（n）+1”版式布局。最终效果如图 26-1 所示。

图 26-1　手机网站首页

26.2　网站结构分析

手机网站制作由于版面限制，不能把传统网站上的所有应用、链接都移植过来，这不是简单的技术问题，而是用户浏览习惯的问题，所以手机网站设计的时候首要考虑的问题是怎么精简传统网站上的应用，保留最主要的信息功能。

确定你的服务中最重要的部分。如果是新闻或博客等信息，那就让你的访问者最快地接触到信息；如果是更新信息等行为，那么就让他们快速地达到目的。

如果功能繁多，要尽可能地删减。剔除一些额外的应用，让其集中在重要的应用。如果一个用户需要改变设置或者做大改动，那他们可以有选项去使用电脑版。

可以提供转至全版网站的方式。手机版网站不会具备全部的功能设置，虽然重新转至全版网站的用户成本要高，但是这个选项至少要有。

总的来说，成功的手机网站的设计秉持一个简明的原则：能够让用户快速地得到他们想知道的，最有效率地完成他们的行为，所有设置都能让他们满意。

与传统网站比较起来，手机网站架构可选择性比较少，本例的排版架构如图 26-2 所示。

图 26-2　网页结构

26.3　网站主页面的制作

由于手机浏览器支持的原因，手机的导航菜单也受到一定程度上的限制，没有太多复杂的生动的效果展现，一般都以水平菜单为主。其代码如下：

```
<DIV class="w1 N1">
<P><A
href="#">导航</A>
<A href="#">天气</A>
  <A href="#">微博</A>
  <A href="#">笑话</A>
  <A href="#">星座</A></P>
<P><A href="#">游戏</A>
  <A href="#">阅读</A> <A
href="#">音乐</A> <A
href="#">动漫</A>
  <A
href="#">视频</A>
</P>
</DIV>
```

网页中的菜单制作完毕后，下面还需要为菜单添加 CSS 样式，具体代码如下：

```
.w1 {
PADDING-BOTTOM: 3px; PADDING-LEFT: 10px; PADDING-RIGHT: 10px; PADDING-TOP:
3px
}
.N1 A {
MARGIN-RIGHT: 4px
}
```

运行结果如图 26-3 所示。

导航　天气　微博　笑话　星座
游戏　阅读　音乐　动漫　视频

图 26-3　美化后的网页菜单

下面设置手机网页的模块内容，手机网页各个模块布局内容区别不大，基本上以 div、p、a 这 3 个标签为主，具体代码如下：

```
<DIV class=w1>
<P><A href="#"><SPAN
style="COLOR: rgb(51,51,51)"><STRONG>淘宝砍价，血拼到底</STRONG></SPAN></A>
</P>
<P><A href="#"><SPAN
style="COLOR: rgb(51,51,51)">不是 1 折</SPAN></A><I class=s>|</I><A
href="#"><SPAN
style="COLOR: rgb(51,51,51)">不要钱</SPAN></A> </P></DIV>
<DIV class="w a3">
<P class="hn hn1"><A
href="#"><IMG
alt="淘宝砍价，血拼到底" src="images/1.jpg"></A> </P></DIV>
<DIV class="ls pb1">
<P><I class=s>.</I><A
href="#"><SPAN
style="COLOR: rgb(51,51,51)">信息内容标题信息内容标题</SPAN></A></P>
<P><I class=s>.</I><A
href="#"><SPAN
style="COLOR: rgb(51,51,51)">信息内容标题信息内容标题</SPAN></A></P>
<P><I class=s>.</I><A
href="#"><SPAN
style="COLOR: rgb(51,51,51)">信息内容标题信息内容标题</SPAN></A></P>
<P><I class=s>.</I><A
href="#"><SPAN
style="COLOR: rgb(51,51,51)">信息内容标题信息内容标题</SPAN></A></P></DIV>
```

下面为模块添加 CSS 样式，具体代码如下：

```
.ls {
MARGIN: 5px 5px 0px; PADDING-TOP: 5px
}
.ls A:visited {
COLOR: #551a8b
}
.ls .s {
COLOR: #3a88c0
}
.a3 {
TEXT-ALIGN: center
}
.w {
PADDING-BOTTOM: 0px; PADDING-LEFT: 10px; PADDING-RIGHT: 10px; PADDING-TOP:
0px
}
.pb1 {
PADDING-BOTTOM: 10px
}
```

实现的效果如图 26-4 所示。

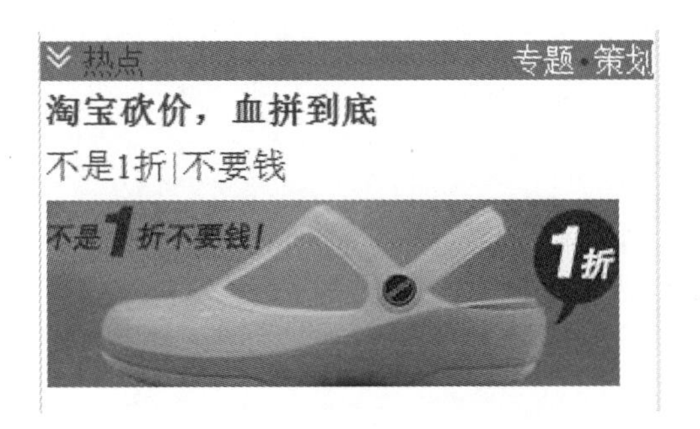

图 26-4 热点模块预览效果

26.4 网站成品预览

下面给出网站成品的源代码，具体的代码如下：

```
<!DOCTYPE HTML >
<HTML>
<HEAD>
<TITLE>手机网页</TITLE>
<META content="text/html; charset=utf-8" http-equiv=Content-Type>
<META content=no-cache http-equiv=Cache-Control>
<META name=MobileOptimized content=240>
<META name=viewport
content=width=device-width,initial-scale=1.33,minimum-scale=1.0,maximum-
scale=1.0>
<LINK rel=stylesheet
type=text/css href="images/css.css" media=all><!--开发过程中用外链样式，开发完成
后可直接写入页面的 style 块内--><!-- 股票碎片 1 -->
<STYLE type=text/css>.stock_green {
    COLOR: #008000
}
.stock_red {
    COLOR: #f00
}
.stock_black {
    COLOR: #333
}
.stock_wrap {
    WIDTH: 240px
}
.stock_mod01 {
    PADDING-BOTTOM: 2px; LINE-HEIGHT: 18px; PADDING-LEFT: 10px; PADDING-
RIGHT: 0px; FONT-SIZE: 12px; PADDING-TOP: 10px
}
.stock_mod01 .stock_s1 {
    PADDING-RIGHT: 3px
}
.stock_mod01 .stock_name {
    COLOR: #039; FONT-SIZE: 14px
}
.stock_seabox {
```

```
    PADDING-BOTTOM: 6px; PADDING-LEFT: 10px; PADDING-RIGHT: 0px; FONT-SIZE:
14px; PADDING-TOP: 0px
}
.stock_seabox .stock_kw {
    BORDER-BOTTOM: #3a88c0 1px solid; BORDER-LEFT: #3a88c0 1px solid;
PADDING-BOTTOM: 2px; PADDING-LEFT: 0px; WIDTH: 130px; PADDING-RIGHT: 0px;
HEIGHT: 16px; COLOR: #999; FONT-SIZE: 14px; VERTICAL-ALIGN: -1px; BORDER-
TOP: #3a88c0 1px solid; BORDER-RIGHT: #3a88c0 1px solid; PADDING-TOP: 2px
}
.stock_seabox .stock_btn {
    BORDER-BOTTOM: medium none; TEXT-ALIGN: center; BORDER-LEFT: medium
none; PADDING-BOTTOM: 0px; PADDING-LEFT: 4px; PADDING-RIGHT: 4px;
BACKGROUND: #3a88c0; HEIGHT: 22px; COLOR: #fff; FONT-SIZE: 14px; BORDER-TOP:
medium none; CURSOR: pointer; BORDER-RIGHT: medium none; PADDING-TOP: 0px
}
.stock_seabox SPAN {
   PADDING-BOTTOM: 0px; PADDING-LEFT: 4px; PADDING-RIGHT: 0px; PADDING-TOP:
4px
}
.stock_seabox A {
    COLOR: #039; TEXT-DECORATION: none
}
</STYLE>
<!-- 股票碎片 1 -->
<META name=GENERATOR content="MSHTML 8.00.6001.19328"></HEAD>
<BODY>
<DIV class="w h Header">
<TABLE>
  <TBODY>
  <TR>
    <TD>
      <H1><IMG class=Logo alt=手机搜狐 src="images/logo.png"
      height=32></H1></TD>
    <TD>
      <DIV class="as a2">
      <DIV id=weather_tip class=weather_min><A
      href="#" name=top><IMG style="HEIGHT: 32px"
      id=weather_icon src="images/1-s.jpg"></IMG> 北京<BR>6℃~19℃
      </A></DIV></DIV></TD></TR></TBODY></TABLE></DIV>
<DIV class="w1 N1">
<P><A
href="#">导航</A>
<A href="#">天气</A>
  <A href="#">微博</A>
  <A href="#">笑话</A>
  <A href="#">星座</A></P>
<P><A href="#">游戏</A>
  <A href="#">阅读</A> <A
href="#">音乐</A> <A
href="#">动漫</A>
  <A
href="#">视频</A>
</P></DIV>
<DIV class="w1 c1"></DIV>
```

```
<DIV class="w h">
<TABLE>
  <TBODY>
  <TR>
    <TD width="54%">
      <H3><IMG alt="" src="images/caibanlanmu.jpg" height=16><I
      class=s></I>热点</H3></TD>
    <TD width="46%">
      <DIV class="as a2"><A
      href="#">专题</A><I
      class=s>•</I><A
      href="#">策划</A></DIV></TD></TR></TBODY></TABLE></DIV>
<DIV class=w1>
<P><A href="#"><SPAN
style="COLOR: rgb(51,51,51)"><STRONG>淘宝砍价，血拼到底</STRONG></SPAN></A>
</P>
<P><A href="#"><SPAN
style="COLOR: rgb(51,51,51)">不是 1 折</SPAN></A><I class=s>|</I><A
href="#"><SPAN
style="COLOR: rgb(51,51,51)">不要钱</SPAN></A> </P></DIV>
<DIV class="w a3">
<P class="hn hn1"><A
href="#"><IMG
alt="淘宝砍价，血拼到底" src="images/1.jpg"></A> </P></DIV>
<DIV class="ls pb1">
<P><I class=s>.</I><A
href="#"><SPAN
style="COLOR: rgb(51,51,51)">信息内容标题信息内容标题</SPAN></A></P>
<P><I class=s>.</I><A
href="#"><SPAN
style="COLOR: rgb(51,51,51)">信息内容标题信息内容标题</SPAN></A></P>
<P><I class=s>.</I><A
href="#"><SPAN
style="COLOR: rgb(51,51,51)">信息内容标题信息内容标题</SPAN></A></P>
<P><I class=s>.</I><A
href="#"><SPAN
style="COLOR: rgb(51,51,51)">信息内容标题信息内容标题</SPAN></A></P></DIV>
<DIV class="w h">
<TABLE>
  <TBODY>
  <TR>
    <TD width="55%">
      <H3><IMG alt="" src="images/caibanlanmu.jpg" height=16><I
      class=s></I><A
      href="#">新闻</A></H3></TD>
    <TD width="45%">
      <DIV class="as a2"><A
      href="#">分类</A><I
      class=s>•</I><A
      href="#">分类</A></DIV></TD></TR></TBODY></TABLE></DIV>
<DIV class=ls>
<P><I class=s>.</I><A
href="#">信息内容标题信息内容标题</A></P>
<P><I class=s>.</I><A
```

```
href="#">信息内容标题信息内容标题</A></P>
<P><I class=s>.</I><A
href="#"><SPAN
style="COLOR: rgb(194,0,0)">微博</SPAN></A><I class=v>|</I><A
href="#"><SPAN
style="COLOR: rgb(194,0,0)">信息内容</SPAN></A></P>
<P><I class=s>.</I><A
href="#">信息内容标题信息内容标题</A></P>
<P><I class=s>.</I><A
href="#">信息内容标题信息内容标题</A></P>
<P><I class=s>.</I><A
href="#">信息内容标题信息内容标题</A></P>
<P><I class=s>.</I><A
href="#">信息内容标题信息内容标题</A></P>
<P><I class=s>.</I><A
href="#">信息内容标题信息内容标题</A></P>
<P><I class=s>.</I><A
href="#">信息内容标题信息内容标题</A></P>
<P><I class=s>.</I><A
href="#">信息内容标题信息内容标题</A></P>
<P><I class=s>.</I><A
href="#">信息内容标题信息内容标题</A></P>
<P><I class=s>.</I><A
href="#">信息内容标题信息内容标题</A></P></DIV>
<P class="w f a2 pb1"><A href="#">更多&gt;&gt;</A></P>
<DIV class="w h">
<TABLE>
  <TBODY>
  <TR>
    <TD width="55%">
      <H3><IMG alt="" src="images/caibanlanmu.jpg" height=16><I
      class=s></I><A
      href="#">分类</A></H3></TD>
    <TD width="45%">
      <DIV class="as a2"><A
      href="#">分类</A><I
      class=s>•</I><A
      href="#">分类</A></DIV></TD></TR></TBODY></TABLE></DIV>
<DIV class="ls ls2">
  <P><I class=s>.</I><A
href="#">信息内容标题信息内容标题</A></P>
<P><I class=s>.</I><A
href="#">信息内容标题信息内容标题</A></P>
<P><I class=s>.</I><A
href="#">信息内容标题信息内容标题</A></P>
<P><I class=s>.</I><A
href="#">信息内容标题信息内容标题</A></P>
<P><I class=s>.</I><A
href="#">信息内容标题信息内容标题</A></P>
<P><I class=s>.</I><A
href="#">信息内容标题信息内容标题</A></P></DIV>
<P class="w f a2 pb1"><A href="#">更多&gt;&gt;</A></P>
<DIV class="ls c1 pb1">•<A class=h6
href="#">信息内容标题信息内容标题!</A><BR>•<A
```

```
class=h6
href="#">信息内容标题信息内容标题</A><BR></DIV>

<DIV class=c1><!--UCAD[v=1;ad=1112]--></DIV>
<DIV class="w h">
<H3>站内直通车</H3></DIV>
<DIV class="w1 N1">
<P><A
href="#">导航</A>
<A
href="#">新闻</A>
<A href="#">娱乐</A> <A
href="#">体育</A> <A
href="#">女人</A> </P>
<P><A href="#">财经</A> <A
href="#">科技</A> <A
href="#">军事</A> <A
href="#">星座</A> <A
href="#">图库</A> </P></DIV>
<P class="w a3"><A class=Top href="#">↑回顶部</A></P>
<DIV class="w a3 Ftr">
<P><A href="#">普版</A><I
class=s>|</I><B class=c2>彩版</B><I class=s>|</I><A
href="#">触版</A><I
class=s>|</I><A href="#">PC</A></P>
<P class=f12><A href="#">合作</A><I class=s>-</I><A
href="#">留言</A></P>
<P class=f12>Copyright © 2012 xfytabao.com</P></DIV></BODY></HTML>
```

最终成品的网页预览效果如图 26-5 所示。

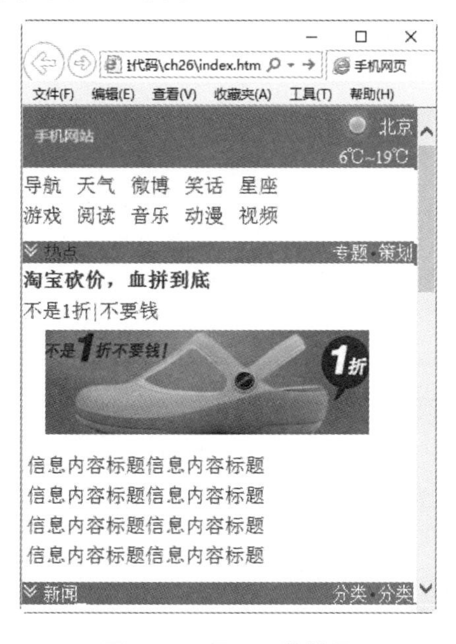

图 26-5　网页预览效果

26.5 疑难解惑

疑问 1：制作手机设备网页需要考虑哪些问题？

制作手机设备网页，需要特别注意以下问题。

(1) 明确网页内容。

在手机网站制作之前应该明确自己想在手机网站上展示什么，分析一下可能的浏览者会有哪些，然后有针对性地策划和设计网站上的相关内容。

(2) 设定符合滑动屏幕的方式。

由于手机的屏幕比较小，所以网页的文字看起来比较麻烦。为了解决这个问题，需要通过滑动屏幕的方式来阅读网页。

(3) 浏览器的兼容问题。

现在的移动浏览器能够处理大多数网站，一般的浏览器都能够正常浏览网页。但由于手机上的浏览器也有多种，比如 UC 浏览器、360 浏览器、搜狗浏览器等，如此多的浏览器在浏览网页的时候，如果手机网站的兼容性差，就很可能会出现在某些浏览器上出现网页变形、内容显示不全的情况。因此，手机网站制作必须考虑到兼容于多种浏览器。

疑问 2：制作手机设备网页时怎么考虑推广问题？

在手机网站制作时，不要忽略用户体验，否则在日后的网站推广时将会遇到麻烦。任何一个手机网站，都必须经过策划、设计和推广的过程。在手机网站制作时需要考虑日后的推广。手机网站应该在丰富站内内容的同时，提供详尽的产品信息以及联系方式，并收集有关产品的用户满意度和顾客需求方面的反馈信息。这样的手机网站上线后，其推广工作也会非常有效果。